Joac

Studien und Beobachtungen aus der Südsee

Joachim Pfeil

Studien und Beobachtungen aus der Südsee

ISBN/EAN: 9783741113512

Hergestellt in Europa, USA, Kanada, Australien, Japan

Cover: Foto ©Lupo / pixelio.de

Manufactured and distributed by brebook publishing software
(www.brebook.com)

Joachim Pfeil

Studien und Beobachtungen aus der Südsee

STUDIEN

UND

BEOBACHTUNGEN

AUS DER

SÜDSEE

VON

JOACHIM GRAF PFEIL

SCHLOSS FRIEDERSDORF, SCHLESIEN

MIT BEIGEGEBENEN TAFELN NACH AQUARELLEN UND ZEICHNUNGEN
DES VERFASSERS UND PHOTOGRAPHIEN VON PARKINSON

BRAUNSCHWEIG
DRUCK UND VERLAG VON FRIEDRICH VIEWEG UND SOHN
1899

Studien und Beobachtungen
aus der Südsee

ANKÜNDIGUNG.

Das vorliegende Werk dürfte zur Zeit das einzige sein, welches in umfassender Weise den Bismarckarchipel und seine Bewohner schildert. In das Gedankenreich der letzteren ist der Verfasser bemüht gewesen, einzudringen, ihre Lebensweise, soweit sie dem Reisenden äusserlich sichtbar wird, hat er genau beobachtet und ausführlich geschildert. Von Interesse dürften die öfters wiederkehrenden Parallelen zwischen den Eingeborenen der Südsee und den vielen anderen farbigen Völkern, namentlich afrikanischen Negern, sein, die dem Verfasser im Laufe langer Reisejahre bekannt geworden sind. Eingehende Berücksichtigung ist der Landesgestaltung gewidmet worden, nicht allein der bewohnten und allgemein zugänglichen Gebiete, sondern auch solcher Theile, die bisher von anderen Besuchern nicht betreten worden sind.

Das Land ist stets in der Richtung auf seine etwaigen wirthschaftlichen Hülfsquellen, dessen Bewohner immer im Hinblick darauf beobachtet worden, in welcher Weise sie zum Werkzeuge gemacht werden können oder als solches schon verwendbar sind, jenes auszubeuten. Unter dem ethnogeographischen Gewande trägt das Buch einen ausgesprochenen colonialpolitischen Charakter und bietet daher sowohl dem Geographen wie dem Colonialpolitiker eine Fülle beachtenswerthen Materials.

Braunschweig, im Juni 1899.

Friedrich Vieweg und Sohn.

Durchlauchtigster Grossherzog
Gnädigster Grossherzog und Herr!

E̤w. Königliche Hoheit haben geruht, die Zu-
eignung nachstehenden Werkes gnädigst entgegen
nehmen zu wollen, und durch diesen, während
genussreicher Stunden kund gegebenen, ihn hoch
ehrenden Entschluss dem Verfasser aufrichtige
Freude bereitet.

Die huldvollst ertheilte Genehmigung, seine
„Studien und Beobachtungen" Ew. Königlichen
Hoheit darbringen zu dürfen, ist dem Verfasser
einer der vielen ihm gewordenen Beweise für das
so oft in weitem Maasse praktisch bethätigte Interesse, mit welchem Ew. Königliche Hoheit das
Werk deutscher Colonisation verfolgen.

Ew. Königlichen Hoheit gnädige Erlaubniss
erfüllt aber den Verfasser mit Gefühlen wärmsten
Dankes, ganz besonders deswegen, weil er sich

bewusst ist, darin den neuen Ausdruck einer ihm seitens Ew. Königlichen Hoheit stets bewiesenen Güte erblicken zu dürfen, wie er sie sonst nirgends auf seinem viel verschlungenen Lebenswege hat erblühen sehen.

Geruhen Ew. Königliche Hoheit gnädigst, in der Widmung nachstehenden Werkes den Ausdruck unwandelbarer aufrichtiger Verehrung entgegen zu nehmen von Ew. Königlichen Hoheit

unterthänigstem Diener

Graf Pfeil.

Weimar, im März 1899.

VORWORT.

Neun Jahre sind verflossen, seit der Verfasser aus den Gegenden heimkehrte, welche er versucht hat, in nachstehendem Werke seinen Lesern vor Augen zu führen. Wenn auch diese Zeit hinreichen dürfte, manches Bild verblassen zu lassen, manchen Eindruck zu verwischen, so steht doch alles, was wirklich wissenswerth und darum der Mittheilung würdig ist, gestützt auf das Material umfangreicher Aufzeichnungen, so deutlich vor dem geistigen Auge des Verfassers, als weile er noch heute auf seiner palmenbeschatteten, wellenumbrandeten, so vollkommen culturentlegenen kleinen Koralleninsel, als besuche er noch heute die von fern so bunten, malerischen, inwendig so schmutzigen Kanakendörfer, als bemühte er sich noch gegenwärtig, die Reserve misstrauischer Kanaken durch Fragen zu durchbrechen, die ihm so wichtig, jenen so unglaublich langweilig waren. Im Stich gelassen hat den Verfasser die Erinnerung nur da, wo es nützlich schien.

Der Verfasser hofft mit dem von ihm gesammelten Material auch der Wissenschaft zu dienen, wenngleich seinen Ausführungen Mängel anhaften, welche er selbst am deutlichsten empfindet, — er ist bestrebt gewesen, sie durch Gewissenhaftigkeit der Arbeit auszugleichen. Abenteuer, die dem Verfasser in den zwanzig Jahren seines Reiselebens genug begegneten, hat er nicht über sich vermocht, zum besten zu geben. Er wendet sich vorzugsweise an solche Leser, die seinen Geschmack in dieser Richtung theilen.

Sollten einige Leser mit den colonialpolitischen Ausführungen wegen der diesen mitunter anhaftenden Gegensätzlichkeit zu althergebrachten Anschauungen nicht einverstanden sein, so ist der Verfasser sofort bereit, seine Segel vor denen zu streichen, die ihm beweisen, dass sie auf beliebigem anderen Wege die von ihm angeregten colonialen Fragen gelöst oder ihrer Lösung näher gebracht haben.

Den Eingeborenen betrachtet der Verfasser niemals lediglich als ethnographisches Object, sondern stets vom psychologischen Standpunkte aus. Nach seiner Auffassung ist zur Eröffnung und Nutzbarmachung des Landes dessen Einwohner das einzig brauchbare Instrument; um dieses geschickt und mit Erfolg zu handhaben, ist genaue Kenntniss seiner Eigenschaften, sowie seiner Eigenheiten, unabweisbares Erforderniss.

Während des Schreibens bei der Wiedervergegenwärtigung der Arbeit vergangener Tage ist dem Verfasser mit erneuter Deutlichkeit vor Augen getreten, welche wichtige Mission Deutschland in jenen Gebieten zu erfüllen hat, welche hohe Bedeutung in selbst rein materiellem Sinne den Aufgaben innewohnt, die dort seiner harren. An deren Lösung mitgearbeitet zu haben, ist dem Verfasser eine liebe Erinnerung, und wenn es ihm gelingt, durch nachstehende Aufzeichnungen die Aufmerksamkeit denkender Leser auf das grosse Werk deutscher Colonisation in der Südsee zu richten und ihr Interesse dafür zu gewinnen, so sind seine „Studien und Beobachtungen" nicht umsonst gewesen.

Weimar, im März 1899.

Joachim Graf Pfeil.

INHALTSVERZEICHNISS.

Uebersicht.

Erstes Capitel.

Zweites Capitel.

— XIII —

VERZEICHNISS DER ABBILDUNGEN.

Uebersicht.

Wer sich nicht eingehender mit den verschiedenen Inselgruppen
der Südsee beschäftigt hat, der bevölkert letztere in seiner Phantasie
mit Stämmen, deren Wohlgestaltung nur von ihrer Liebenswürdigkeit
im Umgange mit Fremden übertroffen wird und deren im tiefsten
Geheimniss ausgeübte Unsitten in scharfem Contrast stehen zu der
kindlichen sonst zur Schau getragenen Naivität. Wem wäre die fröhliche Vertraulichkeit der schönen Töchter Hawais und Samoas nicht
schon als verlockender Traum erschienen, wem ist unbekannt, wie von
früheren Reisenden werthvolle Producte, Schmuckgegenstände und Waffen
für kindlichen glitzernden Tand erworben wurden, wer wäre nicht vertraut mit den Erzählungen älterer Missionare, von den grauenhaften
Schensslichkeiten, die jene, anscheinend so harmlosen Naturkinder
aus Anlass besonderer festlicher Gelegenheiten in den Tiefen ihrer unzugänglichen Wälder begingen, wie sie Menschen unter entsetzlichen Martern
schlachteten und dann verzehrten, um nach beendetem Tigermahle aus
ihren entlegenen Verstecken hervorzukommen und sich in früherer
Heiterkeit und Harmlosigkeit, freundlich, fast zartsinnig im Schmucke
bunter Blumen zu zeigen. Wir bewundern die Intelligenz jener „Wilden",
die sie befähigte, im Laufe nur weniger Jahrzehnte sich die Lehren
europäischer Gesittung so weit zu eigen zu machen, dass sie ihren
blutbefleckten Gewohnheiten fast völlig entsagten und Menschen wurden, wir sehen sie im Geiste rasch weiter schreiten und sich zu noch
höherer Stufe emporschwingen, ein Schluss, der ja, mit dem Vorbilde
Fidjis im Auge, so ungerechtfertigt nicht erscheint.

Mit besonderem Interesse verfolgt das deutsche Publicum schon seit Jahren die Vorgänge in Samoa, wo nicht allein deutscher Fleiss und deutsches Capital sich maassgebenden Einfluss errungen haben, wo auch das Volk der Eingeborenen selbst unsere Verwunderung wachruft durch seine innere politische Gährung. König wird bedroht vom Gegenkönig, jeder hat zahlreiche Anhänger, die unter genauer Beobachtung des Legitimitätsprincipes in dem feindlichen Rivalen den schändlichsten Usurpator erblicken. Fast gemahnt dies Treiben an die Zustände des eigenen Vaterlandes in früheren Jahrhunderten, und man ist geneigt, Völkern, die so augenscheinlich mit sich selbst ringen, eine nicht unerhebliche Menge Kraft und Elasticität zuzusprechen, durch welche Eigenschaften sie vielleicht dereinst zur Stufe eines Culturvolkes sich emporzuheben vermögen.

Man trug sich einst mit der Hoffnung — sie ist ja kürzlich wieder ein wenig angefacht worden —, Samoa werde eine deutsche Colonie werden, es ist daher kaum Wunder zu nehmen, wenn in unseren Vorstellungen unser später erworbener colonialer Besitz in der Südsee mehr oder weniger samoanisch gefärbt erschien, wenn die oberflächlich bekannten idealistischen Anlagen des hellfarbenen Samoaners auf den Bewohner, der zauberhafte Landschaftscharakter jener glücklichen Insel auf das Landgebiet unserer Colonie übertragen wurden. Man sah im Geiste eine friedliche, fröhliche Bevölkerung mit freudigem Erstaunen die Ankunft des weissen Fremden in ihren palmenbeschatteten, am Meeresgestade oder am schäumenden Bache gelegenen Dörfern begrüssen. Man sah, wie mit der Hülfe willig herbeiströmender anstelliger Eingeborener der Wald sich lichtete und der den Sonnenstrahlen zugänglich gemachte reiche Boden gezwungen wurde, dem Bebauer doppelte Ernten werthvoller tropischer Producte zu tragen. Man träumte von freundschaftlichen Beziehungen mit den Farbigen, deren natürliche Intelligenz sie bald den Vortheil der Culturarbeit würde erkennen und sich zu eigen machen lassen.

Der Verfasser muss bekennen, dass er seine Vorstellungen von unserem Colonialbesitz in der Südsee, wenn sie auch nicht ganz so farbenreich als die eben wiedergegebene populäre Anschauung waren, doch nicht gänzlich jedes idyllischen Beigeschmackes zu entkleiden vermochte, als er auszog, seinen Aufenthalt im Schutzgebiet von Neu-Guinea zu nehmen. Der erste Eindruck war auch völlig geeignet, die Farben der bunten Bilder früherer Reiseberichte aufrecht zu erhalten. Der Verfasser fuhr auf einem kleinen Dampfer bei herrlichem Wetter durch den Archipel der Lousiaden. Spiegelglatt lag die tiefblaue See,

nur um den Bug des Fahrzeuges kräuselte sich weisser Gischt. Die
Sonne war gerade im Begriff, in das Meer zu tauchen und die unbeschreiblichen Farbentöne, welche sie an den tropischen Abendhimmel
zaubert, um dem Menschen ihr Scheiden leichter zu machen, ver-
mengten sich mit dem am Horizont ins Purpurne übergehenden Ultra-
marin der Wasserfläche. Um uns her lagen eine Anzahl winzig kleiner
Inseln, wohl nur Atolle, deren hoch gewachsene Palmen dicht an den
Strand gebaute freundliche Hütten beschatteten. Auf freien Plätzen
standen in Gruppen die Eingeborenen und blickten neugierig nach
dem Schiffe, um offene Feuer sassen die Frauen und Kinder, vermuthlich mit der Zubereitung der Abendmahlzeit beschäftigt. Fast auf
Steinwurf näherte sich der Dampfer den Inseln und man konnte bei
langsamer Fahrt mit Musse an dem bunten, lebensvollen Bilde sich erfreuen.

Wenn nun auch mit der Zeit bezüglich dieser Idyllen das englische Sprichwort „distance lends enchantment to the view" sich be-
wahrheitet, so bietet doch die aller Illusion entkleidete Wirklichkeit
genug des interessanten Beobachtungsstoffes und der Verfasser will
versuchen, diese nackte Wirklichkeit, ohne jegliche Verschönerung,
aber auch ohne Verunzierung, dem Leser vorzuführen. Zerstört er
dann auch vielleicht einige malerische Phantasiegebilde, so hofft er
dafür doch Thatsachen an deren Stelle zu setzen, die wohl mitunter
selbst zum stimmungsvollen Bilde sich gruppiren können und welche
durchweg der Aufmerksamkeit würdig sein dürften.

Unser Colonialbesitz in der Südsee — wenn wir von den Marschall-
inseln absehen wollen — gehört nicht zu dem aus Reisebeschreibungen
besser bekannten Polynesien, sondern umfasst beinahe die Hälfte der
als Melanesien bezeichneten Inselwelt. Riesengross, fast unnahbar, ein
dunkles Geheimniss, liegt die grösste Insel der Erde, Neu-Guinea, im
Westen unseres Gebietes, zu welchem sie ein Areal von etwa der halben
Ausdehnung des Königreichs Preussen beisteuert. Schwach gegliedert
im Verhältniss zu seinem langen Küstenlaufe gestattet der Inselcoloss
nur an wenigen Stellen dem Ansiedler das Betreten seines geheimnissvollen Gestades. Wildes Bergland, bedeckt von dunklem Urwald, scheint
das Innere der Insel zu erfüllen; steile Terrassen, wilde Schluchten, tiefe
Abstürze zeigen sich dem an der Küste entlang fahrenden Beobachter,
und aus dem Chaos der Bergzüge, die sich landeinwärts stets höher und
höher aufthürmen, erheben sich in solcher Ferne, dass sie nur an einem
hellen Tage dem Auge wahrnehmbar werden, Gipfel, welche nächst
dem Schneedome des afrikanischen Kilimandjaro wohl die höchsten in
deutschen Landen sein dürften.

1*

Es lässt sich mit einigem Recht vermuthen, dass die hohen Gebirgszüge im Innern Neu-Guineas diese Insel in der Richtung ihrer grössten Ausdehnung durchziehen. Wegen ihrer bedeutenden Erhebung bedürfen sie einer breiten Basis und da ihr Kamm der nördlichen Küste näher liegt als der südlichen, so ergiebt sich auch von selbst deren damit verbundene geringere Gliederung im Gegensatz zu der auch ein breites Flachland aufweisenden Südhälfte der Insel. Solche mächtige Gebirge, als das im Innern Neu-Guineas, sind selten so compacter Natur, dass sie nicht einzelne Ausläufer abzweigten, und wo diese sich der Küste nähern, finden sich auch meist zu Häfen dienliche Einbuchtungen. Allerdings haben die meisten bis jetzt bekannten oder benutzten Häfen Neu-Guineas den Charakter von Buchten, die ihren Ursprung der hindernden Wirkung von süssem Wasser auf das Wachsthum der Korallen verdanken, oder werden gebildet durch geschützte Stellen zwischen der Küste und vorgelagerten kleinen Koralleninseln. Es unterliegt kaum einem Zweifel, dass das Bedürfniss kräftigerer Besiedelung auch die Entdeckung weiterer Häfen, oder wenigstens die Nutzbarmachung solcher Stellen, welche nicht als vollwerthige Naturhäfen bezeichnet werden können, mit sich führen wird. Es darf jedoch nicht verkannt werden, dass die deutsche Küste Neu-Guineas auf ihrer Gesammtlänge von rund 1000 km anscheinend wenig wirkliche Häfen aufzuweisen hat.

Das Flusssystem Neu-Guineas hat sich noch nicht aufklären lassen. Anscheinend nehmen einige der Flüsse ihren Lauf zwischen parallelen Bergzügen, ob diese letzteren deswegen als getrennte Gebirge betrachtet werden müssen, ob die Flüsse den Charakter grösserer Bergströme mit stellenweise wenig geneigtem Strombett besitzen, harrt der Aufklärung. Nur ein einziger, der Kaiserin Augusta-Fluss, ist bisher auf eine Strecke von etwa 300 km befahren worden, hat sich indessen, in diesem Theile seines Laufes als Strom einer Ebene charakterisirt, indem auf seinen beiden Seiten ausgedehnte Niederungen sich hinziehen. Auch in der Astrolabebai hat man eine derartige, hier nur von einem kleinen Fluss Golgol durchströmte Ebene angetroffen. Noch ist selbst in Bezug auf den Kaiserin Augusta-Fluss völlig unentschieden, in wie weit die Wasseradern Neu-Guineas als Verkehrsstrassen in das Innere des Landes und somit als Hülfsmittel zur Culturentwickelung sich verwendbar erweisen werden. Ohne Zweifel sind die erwähnten Niederungen vielversprechend hinsichtlich ihrer dereinstigen Cultivirbarkeit, allein noch hat sich, mit Ausnahme eines Theiles der Ebene der Astrolabebai, die Möglichkeit nicht geboten, deren Verwerthung in Angriff zu nehmen. Ausser der erwähnten Befahrung des Kaiserin Augusta-Flusses und einem

Vorstoss in der Richtung nach den Bismarckbergen sind bisher keine nennenswerthen Anstrengungen zur Erweiterung unserer Kenntniss von dem Innern der Insel gemacht worden[1]). Die vereinzelten Versuche ergaben, dass das Vordringen in diesem wild zerklüfteten, von üppiger Vegetation bekleideten Gebiete mit ausserordentlichen Schwierigkeiten verknüpft ist. Auffallender Weise hat man in diesem Lande, welches nahezu den grössten atmosphärischen Niederschlag der Erde aufzuweisen hat, auf Reisen leicht mit Wassermangel zu kämpfen. Dieser Umstand erklärt sich indessen durch die Steilheit des Geländes. Das Wasser findet wenig Stellen, wo es sich sammeln kann, und läuft rasch dem Thale zu. Der Reisende wird natürlich stets suchen, seine Route auf den Kamm einer Wasserscheide zu legen und kann somit leicht in die Lage kommen, wirklich Mangel zu leiden, nicht weil kein Wasser vorhanden ist, sondern weil die durch dichte Vegetation noch erschwerte Unwegsamkeit ihn hindert, sich so rasch vorwärts zu bewegen, dass er innerhalb bequemer Zeiträume von Wasserstelle zu Wasserstelle gelangen kann.

Bedenkt man weiter, dass in dieser fast undurchdringlichen Wildniss all und jeder Proviant mitgeführt werden muss, dass die Natur nur wenige, und dann nur minderwerthige Nahrungsmittel, wie wilde Mangos, einige Nussarten und andere wilde Früchte bietet, dass, so weit bekannt, das gebirgige Land nur dünn bewohnt ist, die Einwohner gewohnt sind, jeden farbigen Fremden, wie viel eher also den Weissen, als Feind zu betrachten und somit keine Nahrungsmittel abgeben, so erklärt sich wohl, dass gegenüber solch unermesslichen Schwierigkeiten sich wenig Verlangen nach Forschungsreisen in diesem unnahbaren Lande entwickelte, und die wenigen angestellten Versuche zu solchen sich ihre Ziele innerhalb enger Grenzen stecken mussten. Es ergiebt sich mithin, dass wir in dieser gewaltigen Insel — von ihren unter anderer Oberhoheit stehenden Theilen gilt im grossen Ganzen vorstehende Charakterisirung ebenfalls — ein nicht allein unerforschtes, sondern auch mit gewöhnlichen Mitteln fast unerforschbares Gebiet vor uns haben. Nach menschlicher Berechnung dürften noch Jahre vergehen, ehe Wissensdurst, Gewinnsucht oder Zufall dem Europäer den Weg in jene finsteren Schluchten und dunklen Wälder bahnt, und sicherlich Jahrzehnte, ehe von den stolzen, jungfräulichen Gipfeln der wilden Riesengebirgswelt Neu-Guineas das Licht der

---

[1]) Während der Drucklegung erscheint der Bericht der Lauterbach'schen Expedition, die des Verfassers Vermuthung über das Vorhandensein paralleler Bergzüge bestätigt.

Cultur auf Berge, Thäler und Ströme dieser geheimnissvollen Insel herniederleuchtet. Dem Träger dieses Lichtes aber, dem, der zuerst aus dem Tiefinneren von Neu-Guinea Kunde bringt über die Lebensbedingungen dieses mächtigen Körpers und dadurch die ersten Fussstapfen tritt, die sich später zum Pfad, dann zum Hochweg der Cultur entwickeln, wird die Mit- und Nachwelt ein Denkmal errichten, zum Zeugniss der Lösung der vielleicht letzten, wohl aber auch schwierigsten Aufgabe geographischer Entdeckungen.

Der zweite mehr erforschte und zugängliche Theil unseres Schutzgebietes ist der sogenannte Bismarckarchipel. Dieser setzt sich zusammen aus den fünf grossen Inseln Neu-Pommern, Neu-Mecklenburg und den Salomonen Bougainville, Choiseul und Isabel, von denen die beiden ersteren und die drei letzteren zwei räumlich weit von einander getrennte Gruppen bilden. Ausserdem gehört zu jeder Hauptgruppe eine Anzahl kleinerer Inseln und Inselchen, von denen die weitaus grössere Anzahl kaum je von Europäern betreten werden.

Welche respectable Grösse die genannten Hauptinseln besitzen, erhellt aus dem Umstande, dass der Gesammtarchipel ein Landgebiet von etwa der Grösse des Königreiches Bayern umfasst. Die grösste der Inseln, Neu-Pommern, überragt wahrscheinlich an Flächeninhalt die gleichnamige Provinz des Königreiches Preussen und stellt sich zwischen diese und die Provinz Schlesien. Ueber die Einwohnerzahl lassen sich durchaus keine Angaben auf sicheren Grundlagen machen, man schätzt sie auf annähernd 60000 bis 70000, indessen ist diese Zahl wahrscheinlich noch zu hoch gegriffen. Wie ausserordentlich unerforscht diese Inselwelt noch heutigen Tages ist, beweist die Thatsache, dass von noch keiner der grösseren Inseln eine auch nur annähernd genaue Aufnahme der gesammten Küste vorliegt, die kleinen sind selbstredend nur der Position nach bestimmt.

Alle grösseren, dem Bismarckarchipel angehörigen Inseln, mit Ausnahme von Neu-Pommern, erstrecken sich in nordwestlicher bis südöstlicher Richtung, d. i. etwa parallel der Längsküste von Neu-Guinea. Man darf wohl annehmen, dass bei der Entstehung der Inseln des Archipels, trotz der räumlichen Trennung der beiden Hauptgruppen, die sie bildenden Kräfte in gleicher Richtung thätig waren. Sämmtliche Inseln haben demgemäss auch gemeinsame Charaktereigenthümlichkeiten aufzuweisen, die in ihren Formbildungen zum Ausdruck kommen. Fast alle haben an ihren Längsseiten sogenannte Absperrungsküsten von so geringer Gliederung, dass nirgends Raum zu Hafenbildung sich findet. Die wenigen vorhandenen Buchten, so weit sie

Mioko. Im Hintergrund die Berge Neu-Mecklenburgs.

Zu Seite 7.

nicht durch vorgelagerte Inselchen oder Riffe gebildet werden, befinden sich an den schmalen Nord- oder Südenden der Inseln. Die durch so geringe Küstengliederung bedingte Unzugänglichkeit dieser Gebiete hat sich gegenüber dem Europäer durchaus wirksam erwiesen, insofern namentlich die grösseren Salomonsinseln nur höchst selten von Europäern betreten werden, noch niemals aber auch nur der Versuch, tiefer in ihr Inneres einzudringen, unternommen worden ist. Zwei weitere Momente haben hier hindernd mitgewirkt. Einmal der gebirgige Charakter der Inseln, deren höchste Berge sich bis zu 10000 und 12000 Fuss erheben, sowie das dadurch bedingte Fehlen schiffbarer Flüsse, zweitens der überaus feindselige Charakter der Eingeborenen, deren grosse Zahl und muthige Angriffsfreudigkeit die Untersuchung ihres Landes sehr erschwert. Aufschlüsse über die Tektonik der Inseln sind uns mithin bis heute noch nicht geworden, der grosse, mitunter noch active Vulcan auf Bougainville belehrt uns, dass vulcanische Kräfte einen nicht unwesentlichen Theil zur Entstehung der Inseln beitrugen. Die Insel Neu-Mecklenburg, welche zwar keinen Vulcan aufzuweisen hat, beweist indessen durch Theile des sie bildenden Materials, dass auch hier vulcanische Kräfte thätig waren. Von allen Inseln des Archipels ist sie die einzige, welche Gegenstand europäischer Untersuchungen wurde, auf ihrem Südende hat man einst die Gründung einer französischen Colonie mit argem Misserfolg angestrebt, und ihre geringere Entfernung von europäischen Niederlassungen lud dazu ein, den Versuch ihrer Erschliessung zu machen, zu welchem Zwecke der Verfasser sie mehrmals durchquerte.

Darf nun bei der Charakterverwandtschaft der Inseln des Archipels eine Aehnlichkeit der Kräfte, die sie gestalteten, angenommen werden, so ist doch wegen der grossen Räumlichkeit der Trennung der Inseln der Salomonsgruppe und ihrer Unzugänglichkeit bisher der Grad ihrer geographischen Zusammengehörigkeit mit Neu-Guinea noch nicht bestimmt worden, es lässt sich aber die Vermuthung rechtfertigen, dass die Inseln und Inselchen von Neu-Mecklenburg, Neu-Pommern und Neu-Lauenburg mit Neu-Guinea dereinst ein Ganzes bildeten. Noch liegt kaum genügendes Material vor, um den Beweis zu erbringen; allein über die geographische Zusammengehörigkeit dieser Inseln mit Neu-Guinea kann kein Zweifel obwalten. Zwar scheint die Loslösung der einzelnen Landcomplexe von einander sich zu einem Zeitpunkte vollzogen zu haben, der lange genug zurück liegt, dass in Flora und Fauna eine Differenzirung hat eintreten können, diese ist jedoch nicht stark genug, um den gemeinsamen Charakter zu verwischen,

der ohne Zweifel bei eingehender Forschung noch genauer dargelegt
werden wird. Deutlicher vor die Augen geführt wird die Zusammengehörigkeit der in Rede stehenden Inseln durch deren Lage und Gestalt.
Zwischen Neu-Mecklenburg und Neu-Guinea liegt, sie gleichsam verbindend, die grosse Insel Neu-Pommern, die im Gegensatz zu dem
früher schon erwähnten Parallelismus der anderen Inseln mit Neu-
Guinea, sich von Westen nach Osten erstreckt. Ihr Westende ist nur
durch die enge inselerfüllte Dampierstrasse von Neu-Guinea getrennt,
von ihrem Ostende blicken die Einwohner tagtäglich auf Neu-Mecklenburg hinüber, zwischen dieser Insel und Neu-Pommern liegt als Bindeglied die Lauenburggruppe, welche ohne Zweifel einst eine grössere
Ausdehnung als flaches Korallenriff hatte. Die im Osten aufgehobenen
Ränder der Neu-Lauenburg-Inselchen zeigen, dass hier einst mächtige
Kräfte zersprengend wirkten. Damals fand muthmaasslich die Trennung
der Inseln von einander statt. Riffbauende Korallen sind inzwischen
ausbessernd thätig gewesen und haben im Westen das Areal der Inselchen vergrössert, sowie den Versuch gemacht, deren Zusammenhang
unter einander wieder herzustellen. Mit Hülfe der sandeinführenden
Brandung gelang die Vereinigung der Inseln Karawarra nnd Kabakon
in überraschend kurzer Zeit. An der Nordwestspitze Neu-Mecklenburgs
liegt die nur durch eine enge, inselbesetzte Meeresstrasse getrennte
Insel Neu-Hannover und in der Linie der Verbindungsrichtung dieser
beiden Inseln weiter westlich die Admiralitätsgruppe. Verlängerte man
die Linie genügend, so würde sie über die kleinen Koralleninselchen der
L'Echiquiergruppe die Schouteninsel und damit das Festland von Neu-
Guinea erreichen. In entgegengesetzter Richtung von Neu-Mecklenburg
aus, würde die Linie über die Nissen-Atolle und Bouka gehend, die Insel
Bougainville und damit die Salomonsgruppe berühren. Die von dieser
Grenzlinie umfassten Inseln bilden den deutschen Theil von dem Wohnsitze der „Papua" genannten Menschenrasse. Merkwürdiger Weise hat
die Loslösung der Ländergebiete von einander auf deren menschliche
Bewohner in weit höherem Grade differenzirend gewirkt als auf ihre
thierischen oder pflanzlichen Lebewesen. Selbst wenn man von der
Voraussetzung ausgeht, dass man in der Einwohnerschaft der vielen
Inseln zwei getrennte Rassen vor sich hat, und daraus die Verschiedenheit der mannigfaltigen Volksgruppen erklären will, so wird man doch
unter den, jeder der beiden Rassen zuzurechnenden zahlreichen Stämmen
so erhebliche Unterscheidungsmerkmale in Sprache, Wesen und Aussehen wahrnehmen, dass man selten auf Erden eine derartig markante
Gruppenbildung innerhalb verhältnissmässig wenig Individuen zählender

Rassen finden wird. Da wir erst mit einem kleinen Theile der Bevölkerung in Verkehr zu treten vermochten, so unterliegt es kaum einem Zweifel, dass deren uns bis jetzt bekannt gewordene Separatgruppen nur ein Theil sind, von denen, die wir bei grösserer Ausdehnung unserer Kenntniss der Bewohner noch entdecken werden. Kaum aber dürfen wir hoffen, dass es uns jemals gelingen wird, nachzuweisen, aus welchen Gruppen sich jede Rasse zusammensetzt, welche von letzteren die autochthone, welche die eingewanderte ist, noch wo man den Ursprung einer jeden zu suchen habe. Die Bewohner von Neu-Guinea haben sich, trotz vorgekommener Angriffe auf Weisse und einzelner Morde, im Allgemeinen friedlicher erwiesen, als die Eingeborenen des Archipels, von denen sie sich im Charakter sowohl als äusserlich unterscheiden. Ein merkwürdiger semitischer Zug kommt oft in ihren Physiognomien und eine gewisse Weichheit des Gemüthes in ihrem Wesen vor, welche beiden Merkmale man vergeblich bei den uns bekannten Einwohnern des Archipels suchen würde. Obwohl sie im Allgemeinen schlank und wohlgebaut sind, sollen doch nur die Bewohner der Ufer des Kaiserin Augusta-Flusses so kräftige Gestalten aufweisen, wie sie z. B. auf der Gazelleninsel häufig gefunden werden. Die sprachlichen Unterschiede sind unter den einzelnen Gruppen ganz bedeutend und noch ist auf philologischem Wege keine nennenswerthe Zusammengehörigkeit einzelner Stämme gefunden worden. Die einzige wahrnehmbare Mischung hat auf der Insel Neu-Mecklenburg stattgefunden, wo sich in der Mitte ihrer Urbewohner, diese trennend, ein ausgewanderter Zweig der Einwohner der Gazellenhalbinsel hingeschoben hat. Doch sind diese Eindringlinge nicht nur an ihrer wenig veränderten Sprache, sondern auch schon durch ihr Aeusseres kenntlich. Viel grösser und kräftiger als der zierliche Neu-Mecklenburger sind sie körperlich und anscheinend auch geistig plumper und weniger gewandt als dieser, gleichviel aus welcher Gegend der Insel er stammt. Bei Arbeiten, welche grössere Körperkräfte erfordern, werden vorzugsweise Neu-Pommern, ist mehr Geschicklichkeit nöthig, Neu-Mecklenburger verwendet. Wesentlich über den genannten drei Gruppen der uns bekannten Papua-Stämme stehen die Bewohner der Salomonsinseln. Aeusserlich unterscheiden sie sich durch ihre tiefere Hautfarbe[1]), durch langes, schlichtes Haar, welches bei einigen gefunden wird, durch feurigen Kriegsmuth und durch nicht abzuleugnende Fähigkeiten, welche

---

[1]) Die Bewohner von Choiseul und Isabel sollen zum Theil sehr hell sein, doch ist unsere Bekanntschaft mit ihnen noch auf ein Minimum beschränkt, so dass sie ausserhalb des Rahmens unserer Betrachtung liegen müssen.

sie sehr bald im Umgang mit Europäern entwickeln. Sie sind nicht allein brauchbare Arbeiter, sondern man findet unter ihnen Individuen, welche sich vortrefflich zu kleinen Vertrauensstellungen, wie z. B. zu Arbeiteraufsehern, eignen. Gleichviel wie man über die anderen Stämme der Kanaken (Sammelname für Melanesier) unserer Colonie denken mag, und die Ansichten über ihre Fähigkeit, einen ihnen zugewiesenen Platz im Rahmen der vordringenden Cultur zu behaupten, sind recht verschieden und keineswegs durchaus günstig; darüber sind wohl die meisten Stimmen einig, dass die schwarzen Salomonier sehr wohl berufen sein können, unsere Helfer zu werden in dem Culturwerke, welches zu unserer eigenen Erhaltung auszuüben uns ein unerbittliches Naturgesetz zwingt.

Die ersten Ansiedler in unserem Gebiete waren australische Missionare der Wesleyaner. Ihnen war, da die meisten der Inseln ohne genauere Untersuchung ihrer Küsten durchaus unzugänglich erscheinen, eigentlich nur geringe Auswahl für einen Wohnsitz gelassen. Es konnte nur die reich gegliederte grosse Insel Neu-Pommern oder die aus einer Anzahl kleiner Inseln zusammengesetzte, viele gute Ankerplätze und dichte Bevölkerung aufweisende, einen scharf begrenzten Wirkungskreis bietende und darum einladende Gruppe von Neu-Lauenburg in Betracht kommen. Auf dem Nordende der Insel Neu-Lauenburg, in dem kleinen romantischen Hunterhafen, erfolgte im Jahre 1875 die erste Niederlassung von Weissen in diesem Theile der Welt. Von Interesse ist dabei der Umstand, dass ohne die aufs praktische gerichtete Energie eines biederen Schiffscapitäns die frommen Missionare leicht unverrichteter Sache hätten umkehren müssen. Das Gestade am Hafen war Eigenthum des im Leben der Eingeborenen eine grosse Rolle spielenden Duk-Duk und durfte daher von Fremden nicht betreten werden. Um nicht gleich zu Anfang ihrer Thätigkeit mit den Eingeborenen in Conflict zu kommen, trugen die Missionare Bedenken zu landen. Der Capitän des Schiffes erkannte die Schwierigkeit der Lage und beseitigte sie rasch entschlossen, indem er für den Preis von einigen Faden Dewarra das ganze Terrain erwarb und es den Missionaren zum Geschenk machte. Zum Dank wurde der Hafen nach dem Capitän benannt und noch heute lebt dessen Name weiter im Port „Hunter". Gleichzeitig mit den Missionaren oder doch unmittelbar nach ihnen liessen sich Händler im Archipel nieder. Diese waren meistens Abenteurer guter oder schlimmer Sorte. Man fand unter ihnen respectable Leute, die es von dem schlecht bezahlten Commis eines kleinen Krämerladens irgend einer Colonialstadt bis zum Coprahändler für ein grosses Haus gebracht hatten und als solche hier neben guter Bezahlung sich des ungebundensten Lebens erfreuten; man fand aber auch Angehörige der höchsten Gesellschaftsclassen, die, für alle anderen Berufszweige untauglich, zu einer Beschäftigung gelangt waren, die sie auf eine Stufe mit den uncultivirtesten Barbaren der Welt stellte, unter deren Niveau sie unmöglich zu sinken vermochten. Ein Repräsentant der letzteren Classe war der Engländer Littleton, der, einer reichen und vornehmen Adelsfamilie angehörig, seiner Lebensführung wegen von den Seinen gänzlich fallen gelassen worden war und seine verbummelte Existenz durch eigene Schuld unter den Mordstreichen der Eingeborenen endete. In der Reihe der Ausiedler folgte das Haus Godefroy, welches auf Mioko eine Niederlassung gründete, um seine Coprahändler besser übersehen und ihre Waare rascher abnehmen zu können. Auf Makada liess sich im Jahre 1879 der Kaufmann Hernsheim nieder, verlegte jedoch bald seine Ansiedlung auf die Insel Matupit in der Blanchebai. Er wurde später eine Zeit lang mit Wahrnehmung deutscher Consulatsgeschäfte betraut und trug nicht wenig zur Einführung deutscher Herrschaft bei. Auch andere Ausiedler von weniger Bedeutung hatten sich in denselben Jahren niedergelassen. Zu ihnen gehörten die Ueberlebenden von der Expedition des Marquis de Ray. Dieser hatte auf dem Südende der Insel Neu-Mecklenburg eine Colonie zu errichten versucht, deren Gründung in jeder Hinsicht scheiterte, Unsummen verschlang und viele Menschenleben kostete. Die Ueberlebenden flüchteten zu den Ansiedlern auf Neu-Lauenburg und waren die ersten, welche Versuche mit Bodenculturen anstellten, durch welche sie, so lange mangelnder Verkehr Schwierigkeit des Absatzes von Producten bedingte, nur ein kümmerliches Dasein fristeten. In späteren Jahren, als die Beziehungen zu den Eingeborenen sich so gestalteten, dass letztere sich als Arbeiter stellten, als wachsender Verkehr den Weltmarkt näher brachte, wurden diese Unternehmen lohnend und konnten auf das Vielfache des einstmaligen Umfanges ausgedehnt werden. Ganz ohne Störung des Friedens vollzog sich indessen die Entwickelung dieser neu erschlossenen Gebiete nicht. So lange die Missionare ausschliesslich hier thätig waren und, lediglich ihren idealen Zielen obliegend, durch überlegene Einsicht den Kampf mit heidnischen Gewohnheiten führten, dadurch aber den Eingeborenen auch materielle Vortheile zuwandten, war der gänzlich auf die Neu-Lauenburggruppe beschränkte Verkehr durchaus friedlich. Als sich jedoch Händler im Gebiete niederliessen, entstanden naturgemäss Beziehungen, in welchen nicht allein der Weisse der gebende, der Farbige der nehmende Theil war, sondern der erstere erwartete Gegenleistungen für das, was er brachte. Natürlich konnte er auch den Bereich seiner Thätigkeit nicht begrenzen, sondern war darauf angewiesen, ihn so viel als irgend möglich auszudehnen und mit den Eingeborenen der verschiedensten Gegenden in Verkehr zu treten. Welche Form dieser Verkehr angenommen hätte, wären die Händler, so wie die Missionare, einwandsfreie Charaktere gewesen, lässt sich nicht sagen; dass sie es zum grossen Theile nicht waren, wurde schon erwähnt. Die Berührung mit Leuten dieser Art konnte nicht zur Entwickelung guter Beziehungen zwischen Weissen und Farbigen führen. In moralischer Hinsicht wo möglich unter den Eingeborenen stehend, verkehrten die Weissen in familiärster Form mit den ersteren, von denen sie im Augenblicke auftauchender Meinungsverschiedenheiten doch sofort die der weissen Farbe und höheren Intelligenz zukommende Achtung beanspruchten. Grobe Uebervortheilungen — diese entschuldigt der Kanake nur, wenn der Vortheil auf seiner Seite liegt — fanden statt und führten zu Repressalien, die Achtung und damit die Furcht vor den Weissen sank und die Stimmung wurde auf beiden Seiten eine gespannte. Inzwischen hatten die Missionare eine umfassendere Thätigkeit entwickelt. Sie hatten Stationen auf den grossen Inseln errichtet und zu deren Besetzung Fidjileute eingeführt. Diese sind von heller Farbe, hoch begabt, besitzen fast ausnahmslos die Fähigkeit, rasch Sprachen zu erlernen und zeichnen sich durch riesigen Wuchs des Körpers aus. Diese Leute wurden als sogenannte Katecheten auf jene neuen Stationen geschickt, wo sie, als Farbige unter Farbigen lebend, bald einen nicht zu läugnenden Einfluss gewannen und das Missionswerk als solches jedenfalls wesentlich fördern halfen. Ursprünglich haben die Eingeborenen die neuen Ankömmlinge wohl auch für Europäer gehalten und ihnen die gebührende Unterwürfigkeit entgegengebracht. Trotz bester Absichten mag es indessen bei diesen Leuten wohl auch oft an der ruhigen Ueberlegung, dem richtigen Tact gefehlt haben, möglich ist auch, dass nach dem Solidaritätsbegriff der Eingeborenen ihnen ein Theil der Schuld an dem Vorgehen ihrer vermeintlichen Stammesgenossen, der weissen Händler, zur Last gelegt wurde und als das Bedürfniss nach Wiedervergeltung so stark angewachsen war, dass es einen Ausdruck finden musste, erschlugen die Eingeborenen im Jahre 1878 diejenigen vermeintlichen Weissen, welcher sie am ersten habhaft werden konnten, es waren vier Fidjikatecheten der Wesleyanischen Mission. Dieser Erfolg lehrte den Eingeborenen, dass die Weissen sterblich seien. Es war ihnen inzwischen wohl auch das Bestreben der Missionare, heidnische Ansichten, wie Cannibalismus etc. auszurotten, andere Gewohnheiten einzuführen u. dgl. mehr, lästig geworden, auch glaubten sie vielleicht, dass sie mit der Hinwegräumung der wenigen im Archipel ansässigen weissen Individuen, sich die ganze unbequeme Rasse abschütteln konnten, jedenfalls trat eine Aenderung in ihrer Haltung gegenüber den Europäern ein, welche abermals in Mord von diesmal europäischen Händlern ausartend, die Lage der Weissen äusserst gefährlich gestaltete. Um die Fortdauer der Ansiedlungen, den Verbleib der Weissen überhaupt zu ermöglichen, gab es nur ein Mittel. Es musste den Eingeborenen gezeigt werden, dass die Europäer eine auch dem kräftigsten Kriegsunternehmen der ersteren überlegene Macht zu entfalten vermöchten. Nach längerer Berathschlagung mit den Ansiedlern organisirte auf deren Wunsch der Träger der Cultur und Prediger des Friedens, der Missionar Brown, einen Bestrafungszug gegen die Kanaken der Gazellenhalbinsel, dessen Führung er auf allgemeinen Wunsch übernahm. Man hat gesagt, er hätte einem Ansiedler die Führung überlassen sollen, allein, abgesehen davon, dass damals unter den Ansiedlern keine zur Führung geeignete Persönlichkeit sich fand, bot gerade sein Charakter die Garantie, dass die Strafe nicht zu einem unsinnigen Gemetzel ausarten würde. Mit Hülfe der Ansiedler erfolgte eine exemplarische Bestrafung, die ihren Zweck nicht verfehlte, da eine grosse Quantität Dewarra den Kanaken abgenommen wurde und diese sich darauf zunächst ruhig verhielten. Obwohl der Fortbestand der Niederlassungen durch dieses kräftige Einschreiten gewährleistet war, wurden von einem philanthropisch verblendeten europäischen Publicum doch die schwersten Anklagen gegen den Missionar Brown erhoben. Man musste ihn seiner Stellung entheben und unter Anklage stellen. Abermals kam ein Seemann der Mission zu Hülfe. Ein deutsches Kriegsschiff kreuzte kurze Zeit in jenen Gewässern und sein Capitän vermochte aus eigener Anschauung der Sachlage durch seinen Bericht die Handlungsweise des Missionars nicht nur zu rechtfertigen, sondern den Beweis zu erbringen, dass ohne dessen energisches Auftreten die Existenz vieler Weisser ernstlich bedroht gewesen wäre.

Die nun folgende Zeit der Ruhe führte zur weiteren Ausbreitung von Mission und Handel. Ueberall entstanden neue Stationen beider, von welchen fast direct entgegengesetzte Tendenzen unter den Eingeborenen verbreitet wurden. Der Wettbewerb der verschiedenen nunmehr vertretenen Handelshäuser konnte den Eingeborenen nicht verborgen bleiben, ebenso wenig die Thatsache, dass die inzwischen Fuss fassende Mission des Sacré coeur andere Anschauungen lehrte, als die ersteingewanderten Wesleyaner, und dass das Einvernehmen zwischen diesen beiden kein freundschaftliches war. Die Folge war unausbleiblich. Die Kanaken kehrten wieder ihre brutale Seite heraus und glaubten, dass die Ermordung einiger Individuen die übrigen zum Abzuge bringen würde. Das Opfer wurde ein völlig unschuldiger deutscher Naturforscher namens Kleinschmidt, der die damals zugänglichen Gegenden des Archipels bereiste. Ohne selbst den Kanaken irgend welche Veranlassung gegeben zu haben, wurde er im Jahre 1881 auf der kleinen Insel Utuan der Lauenburggruppe erschlagen. Diesmal traten die Ansiedler ohne die Mission zusammen und bestraften die sich heftig wehrenden Einwohner von Utuan aufs Nachdrücklichste. Ein kurz darauf eintreffendes deutsches Kriegsschiff belehrte die Kanaken ebenfalls, dass sie sich nicht ungestraft am Leben und Eigenthum der europäischen Ansiedler vergreifen durften. Inzwischen waren deutsche Handelsinteressen in dieser Gegend mächtig angewachsen, Dr. Finsch machte seine berühmten Reisen an der Küste von Neu-Guinea, durch welche diese entlegenen Erdenwinkel dem Interesse Deutschlands näher gerückt wurden. Auf Betreiben von Hernsheim war ein deutscher Consularbeamter im Archipel stationirt worden und das in Folge kräftigen nationalen und wirthschaftlichen Aufschwunges des Deutschen Reiches mächtig rege gewordene Expansionsbedürfniss unseres Volkes führte im Jahre 1884 zur Erwerbung eines Theiles von Neu-Guinea und dem Bismarckarchipel, welche Gebiete Anfang 1885 einen kaiserlichen Schutzbrief erhielten. Damit war die sichere Grundlage zu weiterer nun sich rasch anbahnender wirthschaftlicher Entwickelung dieser Gebiete gegeben und erst von diesem Augenblick an beginnt unsere Kenntniss dieser Länder und ihrer Bewohner die Grenzen zu überschreiten, deren Markpfähle durch die Expedition des deutschen Kriegsschiffes „Gazelle" im Jahre 1868 gesetzt worden waren.

Erstes Capitel.

In den Jahren, in welchen der Verfasser sein in diesem Werkchen zusammengestelltes Material sammelte, war zwar die Möglichkeit, umfassendere Theile unseres Schutzgebietes zu erforschen, noch äusserst gering, die Grösse der erforderlichen Mittel, die Bewegungsunfreiheit der Beamten, die unzulänglichen menschlichen Hülfskräfte, waren alles so viel Hinderungsgründe, den Charakter des Landes kennen zu lernen. Besser war es bestellt um den Umgang mit Eingeborenen verschiedener Inseln. Der Aufschwung des Handels und der Plantagenarbeiten brachte die Bewohner des Inlandes der Gazellenhalbinsel an die Küste. Auf Neu-Mecklenburg und Bouka wurden Arbeiter angeworben und in Depôts untergebracht; es war mithin möglich, Angehörige sehr verschiedener Zugehörigkeit kennen zu lernen, wenn auch unter Verhältnissen, in denen sie kaum dazu kamen, ihr volles Naturell hervorzukehren. Da eine ergründende Beobachtung der einzelnen Stämme erst möglich sein wird, wenn es gelingen wird, unter Sicherheit für das eigene Leben zwischen ihnen zu wohnen, ohne sie sofort unseren wirthschaftlichen Interessen dienstbar zu machen, dieser Zeitpunkt aber wohl noch in etwas weiter Ferne liegen dürfte, so muss man sich begnügen, den Kanaken zu studiren, wo man seiner habhaft werden kann. Das war jener Zeit, und ist vermuthlich auch noch heute das Arbeiterdepôt. Junge tropische Colonien sind zumeist durchaus auf ihre farbigen Einwohner zugeschnitten. Der Handel lebt von dem, was der Farbige bringt und was er bedarf, Plantagenwirthschaft ist nur möglich, wenn sich die Arbeitskraft des klimatisch wenig angefochtenen Eingeborenen in ihren Dienst stellt. Kein Wunder, wenn daher der Eingeborene das unerschöpfliche Hauptthema der Unterhaltung europäischer Ansiedler ist, wenn sein Charakter, sein Thun und Lassen, seine Stellungnahme zum Weissen, den stetigen Brennpunkt des allgemeinen Interesses bilden. Kennt man den Charakter eines Menschen, so wird man mit einiger Sicherheit schliessen können, wie er sich unter gegebenen Verhältnissen benehmen wird. Umgekehrt ist es richtig, zu sagen, dass man aus dem Benehmen eines Menschen seinen Charakter erkennen lernt. Der letztere Weg ist der einzige den man zum Zweck von Charakterstudien ein-schlagen kann, wenn äussere Umstände das Vertrautwerden mit dem Menschen verhindern. Da also, wo sprachliche Hindernisse den directen Zugang zu Kopf und Herz anderer Menschen verwehren, sind wir ge-zwungen, deren Handlungen, Sitten und Gebräuche, und ihr Benehmen uns gegenüber und gegen einander um so genauer zu beobachten, wollen wir ihre Charaktereigenschaften kennen lernen. Wenn verschiedenartige Menschenrassen von ungleicher cultureller Entwickelung mit einander in Berührung treten, so giebt es nur zwei Möglichkeiten. Es wird eine Rasse von der anderen völlig verdrängt und aufgerieben werden, wie z. B. die rothen Indianer Amerikas von den Weissen, oder die Busch-männer Afrikas von Weissen und Schwarzen. Die andere Möglichkeit ist die, dass das überlegene Volk sich zur Führung emporschwingen und das andere sich dienstbar machen wird. Ausschlaggebend ist dabei die zähere Lebensfähigkeit, denn auch die überlegene Cultur vermag sich nur eine Zeit lang herrschend zu behaupten, wenn ihre Träger bald körperlich siechen. Der beste Beleg für die Wahrheit letzteren Satzes ist Indien, in dem schon in 50 Jahren seine Urbevölkerung wieder das Uebergewicht besitzen würde, ergänzte sich nicht fortwährend die herr-schende weisse Rasse aus dem Ueberschuss der Heimath. Einen dritten Modus, den des gleichberechtigten, aber beziehungslosen neben einander Hergehens, oder gar der gänzlichen Vermengung unähnlicher Rassen, giebt es nirgends in Wirklichkeit, es ist ein unrealisirbarer Traum theoretischer, mit dem nüchternen Leben und dem Kampf ums Dasein praktisch unbe-kannter Humanitätsapostel. Die Art der Beziehungen zweier unähnlicher in Berührung tretender Völker zu einander wird abhängig werden von den Anforderungen, welche beide an einander zu stellen haben, die Form des entstehenden Verkehrs, von den Charaktereigenschaften der beiden in Betracht kommenden Rassen. Ist dieser Grundsatz richtig, so wird er maassgebend werden für das Loos unserer Colonie, fordert aber um so dringender das Studium des Eingeborenen, denn nur die genauere Kenntniss seines Wesens wird uns lehren, in welcher Richtung wir berechtigte Anforderungen an ihn stellen dürfen, ebenso inwieweit er willens oder fähig ist, ihnen nachzukommen. Mit dieser Erkenntniss ist aber uns, der überlegenen Rasse, die Richtschnur des eigenen Verhaltens gegeben und damit der Weg unseres wirthschaftlichen Entwickelungsganges vorgezeichnet. Im Anschluss an den Vorgang, wie er sich im praktischen Leben vollzieht, wollen wir auch hier erst am äusseren Kanaken seine Lebensweise, sein Verhalten zu uns und zu seinen Stammesgenossen kennen lernen, ehe wir den schwierigen Versuch wagen, das etwas complicirte Räthsel seines Geisteslebens zu ergründen.

Kein Fürstensohn, keine Millionärstochter kann mit mehr Umständlichkeit ins Leben gebracht werden, als das Kind eines Kanaken. Vor seiner Geburt schon ist es der Gegenstand abergläubischer Fürsorge und Furcht und durch allerhand Kasteiungen, Entbehrungen oder Handlungen weniger negativer Richtungen sucht die Mutter das neugeborene Wesen zu beeinflussen. Sie geniesst oder vermeidet gewisse Speisen, die jedoch der Mode unterworfen sind, damit das Kind schön und stark werde, dichten Haarwuchs, gute Zähne habe und wohlgestaltet sei etc. Fühlt die Mutter den Tag ihrer Entbindung herannahen, so begiebt sie sich an den Meeresstrand und wirft sich, belastet mit einem Stein, den sie in beiden Händen trägt, in die Brandungswelle. Diese ist mitunter so stark, dass ein Entgegenstemmen und Aufrechtstehen unmöglich wird, das Weib wird schonungslos untergerollt, steht aber muthig wieder auf, um von Neuem sich der Brandung entgegenzustürzen. Natürlich ist es unmöglich, dieses Spiel lange auszuhalten, dies wird auch nicht erwartet, ein- bis zweimalige Wiederholung genügt. Damit glauben die Weiber sich eine leichte Entbindung und dem Kinde Wohlbefinden gesichert zu haben, aus diesem Grunde sind sie auch taub für alle Vorstellungen der Europäer gegen eine so augenfällig verderbliche Sitte. Zu bemerken ist indessen, dass durch diese Gewohnheit anscheinend niemals Früh- oder Fehlgeburten herbeigeführt werden, wenigstens konnte ich keine in Erfahrung bringen und auf das Gewaltbad zurückführen. Die Entbindung verläuft meist ausserordentlich normal. Ist der Augenblick gekommen, so zieht sich die Mutter in ihre Hütte zurück, wohin eine oder zwei ihrer Freundinnen sie begleiten, um ihr bei der Geburt Beistand zu leisten, während welcher das Weib eine knieende Stellung einnimmt. Die Hülfe leistenden Weiber werden vom Vater des

Graf Pfeil, Aus der Südsee.   2

Kindes mit Dewarra, Tabak oder irgend einem nützlichen und werthvollen Gegenstande beschenkt; es ist dies indessen eine Ausnahme von der Regel, denn die Kinder sind nicht Eigenthum des Vaters, der in keiner Weise verpflichtet ist, für ihren Unterhalt zu sorgen, oder ihretwegen sich Ausgaben zu machen, dies auch im späteren Leben nicht thut. Die Geburtshelferinnen treten in ein eigenthümliches Verhältniss zu dem Neugeborenen, sie werden von dem Kinde so lange „Mutter" angeredet, bis es, ein Mädchen, selbst heirathet, oder, ein Knabe, das Haus der Mutter verlässt, um mit den Männern zu wohnen. Somit ist der Kanake in der Lage, sich mehrerer Mütter rühmen zu können, und um zu erfahren, welche denn die richtige Mutter ist, muss man bei der Frage nach ihr hinzusetzen, dass man diejenige meint, welche die gefragte Person geboren habe. Die junge Mutter darf nach erfolgter Geburt ihre Hütte eine Woche lang nicht verlassen, und erst nach einem Monat ist ihr erlaubt, wieder Besuche zu empfangen oder ihren anderweitigen Pflichten nachzugehen. Während dieser Zeit ist sie auf den Umgang und die Unterstützung ihrer Geburtshelferinnen angewiesen. Das Aussetzen von Kindern scheint unbekannt zu sein, weder werden Zwillinge noch Missgeburten officiell dem Tode preisgegeben. Wenn man dennoch niemals missgestaltete Kinder zu sehen bekommt, so ist dies auf die von den Müttern oft ausgeübte heimliche Tödtung zurückzuführen, welcher in erster Linie vermuthlich krüppelhafte Geburten zum Opfer fallen. Da sie den Zuwachs an Mühe, der ihnen neben ihren häuslichen Lasten durch Erziehung und Ernährung eines Kindes entsteht, sehr drückend empfinden, scheinen die Weiber wunderbarer Weise lange nicht den Grad von Zuneigung zu ihren Kleinen zu besitzen, der die Männer auszeichnet. Sie legen deswegen oft die Hand auf den Mund des Kindes, bis es erstickt, oder sie drücken so lange auf das Herz, bis dieses aufhört zu schlagen, dann geben sie irgend einen gleichgültigen Grund für den unvorhergesehenen Tod des Kindes an und die Sache ist erledigt. Natürlich können diese Operationen nur bei ganz jungen Kindern vollzogen werden, und die Weiber gestehen die That niemals ein, nur von den Männern erfährt man, dass in dieser Weise gehandelt wird. Welcher Procentsatz der Todesfälle unter Kindern auf vorsätzliche Tödtung zurückzuführen ist, lässt sich natürlich nicht ermitteln. Im Laufe von 1½ Jahren wurden auf der Insel Karawarra 13 Kinder geboren, von diesen starben vier, was eine Sterblichkeit von etwa 25 Proc. bedeuten würde. In zwei Fällen konnte ernstliche Krankheit als Ursache des Todes festgestellt werden, doch handelte es sich dabei nicht um neugeborene, sondern etwa jährige

Kinder. Bleibt das Kind am Leben, so erhält es schon wenige Tage nach der Geburt einen Namen, der, ist es ein Knabe, meistens mit „To" anfängt, was gleichbedeutend ist mit unserem „Herr" oder dem engl. Mr., z. B. Tokálue, Topilai, Tokubánmana etc. Die Namen haben meist eine Bedeutung, indem sie einer Blume, einem Stein, einem Ereigniss, einer Handlung entlehnt sind. Die Mütter säugen ihre Kinder lange, meistens, bis sie ein wenig laufen gelernt haben, was etwa mit dem zweiten Jahre der Fall ist. Tritt dann keine neue Geburt ein, so finden die Mütter nichts darin, ihren Kindern länger, ja noch im vierten Jahre die Brust zu reichen. Es herrscht in diesem Punkte eine den Europäern befremdende Unbefangenheit, ist das eigene Kind nicht zur Stelle, und fühlt die Frau das Bedürfniss, die Brust zu geben, so reicht sie sie dem ersten Kinde, dessen sie habhaft werden kann. In Neu-Mecklenburg herrscht die grauenhafte Sitte, dass Weiber, welche ihre eigenen Kinder verloren haben, die Brust ihren kleinen Schweinen reichen, und ich selbst habe wiederholt Weiber gesehen, in deren Armen ein kleines, dünnes, langbeiniges, langschwänziges, stachelhaariges, schwarzes Schwein im Alter von etwa sechs Wochen behaglich sich reckelte, und mit ungeduldigem Grunzen nach der Brust langte. So lange die Kinder noch sehr jung sind, werden sie namentlich von den Männern sehr verhätschelt. Oft kann man baumlange bärtige Kanaken beobachten, wie sie mit unveränderlicher Geduld schreiende kleine Rangen zu begütigen versuchen, und ihnen zu dem Zweck allerhand Leckerbissen in den Mund stecken. Dabei kann man eine eigenthümliche Wahrnehmung machen, wie die menschliche Constitution sich den Verhältnissen anpasst. Ich sah einst, wie ein Kanake in dem angeführten Bestreben ein etwa einjähriges Kind mit grossen Mengen junger Cocosnuss fütterte, die es gierig verschlang. Das Kind verzehrte fast eine ganze Cocosnuss, ohne, wie ich durch tagelang wiederholten Besuch feststellte, im geringsten in der Verdauung gestört zu werden, oder andere Zeichen zu geben, dass ihm die Nahrung schlecht bekommen sei. Ob wohl ein europäisches einjähriges Baby eine gleiche Menge dieser schweren, öligen Substanz ohne üble Folgen vertragen würde? Als in dieses Gebiet gehörende Eigenthümlichkeit mag gleich erwähnt werden, dass Kanaken, Kinder sowohl wie Erwachsene, keinen Geschmack an unserem Zucker oder Zuckerwerk finden, und das dargereichte, nachdem sie es gekostet, meist wieder zurückgeben. Allerdings weicht diese Geschmacksrichtung dem dauernden Umgange mit Europäern, und wenn ein Kanake einige Zeit lang Dienstbote bei einem Europäer gewesen ist, so stiehlt er gerade so gut Zucker, als ein anderer. Den Müttern bleibt natürlich

2*

die eingehendere Pflege des Kindes überlassen. Sie schleppen die Kleinen, die sie in reitender Stellung auf der Hüfte sitzen lassen, überall mit sich umher. Aus weich gemachtem Pandanusblatt wird eine Art Shawl hergestellt, und um das Kind geschlungen, so dass es nicht abgleiten kann. Die beiden Zipfel des Tragetuches werden auf der gegenüberliegenden Schulter des Weibes zusammengeknotet und trotz des unbequemen Sitzes scheinen die getragenen Kleinen sich recht behaglich zu fühlen. Man sieht sie oft in dieser reitenden Stellung, die sie auch einnehmen, wenn sie auf dem Rücken des Weibes getragen werden, schlafen. Meist sinkt dann ihr Kopf weit hintenüber, nur im Genick gestützt durch den Rand des Tragetuches. Europäische Mütter würden, von Grauen ergriffen, sogleich Kropf und andere unheilvolle Dinge prophezeien, doch ist gerade diese Entstellung noch niemals unter Kanaken beobachtet worden, wohl aber mag die frühzeitige Gewöhnung an alle möglichen Kopflagen während des Schlafes dazu beitragen, das Schnarchen zu verhindern, eine Untugend, die unter farbigen Völkern weitaus seltener zu sein scheint, als unter Europäern. Oft werden die jüngsten Kinder der Obhut der älteren anvertraut, und man kann dann beobachten, wie ein kleines Wurm, das zur Noth gerade selbst laufen kann, nach Frauensitte ein noch nicht lauffähiges Baby auf der Hüfte herumschleppt, und es wartet. So lange die Kinder klein sind, sind sie mitunter ganz niedlich, obwohl sie den Negerkindern in keiner Weise zur Seite gestellt werden können. Indessen schon in früher Jugend verlieren sie ihre kindliche Grazie; die Mädchen, weil sie sich sehr früh an den Arbeiten der Mütter betheiligen müssen, die Knaben, weil in ihnen nie ein wirklicher lebhafter Knabensinn zum Durchbruch kommt, er wird erstickt durch das zeitige Einleben in das düstere Gebahren der Alten. So schwindet denn auch die Anmuth und Grazie der Jugend bald dahin, und in beiden Geschlechtern macht sich früh ein Zug von Rohheit und Vulgarität im Gesichtsausdruck geltend, den man kaum bei anderen farbigen Völkern findet, und der durchaus unsympathisch berührt. Dies ist indessen bei den Bewohnern der Gazellenhalbinsel und den Neu-Lauenburgs mehr, als bei allen anderen Kanaken des Archipels der Fall. Am wenigsten kann man das Gesagte von den Salomonsinsulanern behaupten, die in ihrem Aeusseren am meisten den Negern ähneln. Ja auf Bongainville sah ich in dem Dorfe Tobberoi ganz auffallend hübsche Kinder, unter denen ein kleiner Knabe mit seidenweichen Locken, grossen, glänzenden Augen, regelmässigen Gesichtszügen und sammetweicher schwarzer Haut als Typus für einen niedlichen Negerknaben hätte gelten können. Ist ein Ehepaar kinderlos, so be-

schliessen sie mitunter, ein Kind zu adoptiren, was am einfachsten geschieht, indem sie es kaufen. Es giebt Fälle, wo einem Manne, der
Besitzer mehrerer Weiber ist, mehrere Kinder fast zu gleicher Zeit
geboren werden, dann erscheint den Eltern der Segen zu reichlich bemessen, und eins der Kinder wird verkauft. Den Kaufpreis erhält der
Bruder, resp. nächstberechtigte männliche Verwandte der Mutter. Ist
das Kind ein Knabe, so ist der Kauf mit einmaliger Erlegung des
Preises abgethan, und das Kind gehört den Käufern zu eigen. War
es ein Mädchen, so haben, wenn es heirathet, die Adoptiveltern noch
einen Theil des als Heirathspreis erhaltenen Dewarras an die früher
Berechtigten abzugeben.

Ihren Unterhalt empfangen die Kinder natürlich von den Eltern, d. h.
von der Mutter, der Vater kümmert sich kaum mehr um sie, sobald sie
laufen können. Die Mahlzeiten nehmen sie in Gesellschaft der Mutter
zu sich, ein Verhältniss, welches bei den Mädchen auch bis zu ihrer Verheirathung fortdauert; die Knaben fangen schon in sehr frühem Alter
an, eine gewisse Selbständigkeit zu fühlen, der sie durch herrisches
Wesen gegenüber allen weiblichen Verwandten Ausdruck geben. Sie
gehen deswegen schon als kleine Knaben truppweise in den Wald,
an den Strand, und suchen sich aus den Vorräthen, welche Busch und
See reichlich spenden, selbst ihre Mahlzeit zusammen. Dennoch erwartet auch der Knabe, dass die Mutter für die Hauptmahlzeit Sorge
trage. In vielen Fällen machen namentlich die Knaben ihre Mahlzeit auch
von den Ueberresten dessen, was den Erwachsenen vorgesetzt wurde.
Sie sitzen während des Essens in der Nähe jener, und warten darauf,
dass ihnen eine ausgetrunkene Cocosnuss zugeworfen werde, welche sie
dann aufbrechen und den weichen Kern mit einem Stück der harten
Schale herauskratzen und verzehren. Ab und zu reicht auch wohl einer
der Männer den Knaben eine noch halb gefüllte Schüssel hin, deren Inhalt dann als Leckerbissen genossen wird. Dabei kann man bemerken,
dass, wie bei allen farbigen Rassen, die Kinder einige ihrer natürlichen
Instincte vorzüglich beherrschen. Es wird nie geschehen, dass ein Knabe
durch ungebührliches Fragen die Speisenden belästigt, oder ihrem Mahle
mit gierigen Blicken folgt, noch weniger, dass der Inhalt der darge-
reichten Schüssel unter Freudengeschrei vertilgt, oder sogar zum Gegenstand der Schlägerei gemacht würde, wie man wohl Gelegenheit hat,
unter weissen Kindern wahrzunehmen. Dagegen fehlt unter den Kanaken
die frohe Mittheilsamkeit, welche ein so liebenswürdiger Zug im Charakter
des Negers ist. Sie geben einander, allein es fehlt die hübsche Form,
und wer das freundliche „Karibu, Tunakula" der Afrikaner zu hören

gewohnt war, wird frostig berührt durch die mehr passive Gastfreiheit
des phlegmatischen Kanaken. Nur so lange die Kinder sehr klein sind,
spielen die beiden Geschlechter mit einander. Allerdings fehlen ihnen fast
alle Belustigungen, denen irgend welcher Sinn beigelegt werden könnte,
ihr Vergnügen besteht hauptsächlich in einem planlosen Herumstreifen
im Busch und am Strande. Aber selbst bei den kleinen Kindern fällt
bereits die Lautlosigkeit ihrer Unterhaltung auf. Sie laufen in kleinen
Trupps umher, reden thun sie wenig, auf kurze Entfernungen schon rufen
sie einander nicht mehr an, sondern winken sich zu. Erblicken sie Menschen, d. h. Leute der eigenen Farbe, so hören sie mitten in ihrer Unterhaltung auf, und warten, bis die anderen sich entfernt haben, beim Erscheinen von Weissen ergreifen sie meistens die Flucht, auch wenn sie
mit deren Erscheinung sonst ganz vertraut sind. Im Uebrigen bestehen
ihre Spiele hauptsächlich in der Nachahmung der Beschäftigung der
Eltern. Die Mädchen tragen kleine Holzbündel zusammen und schleppen
Wurzeln herbei, welche als angebliche Taro auf imginären Feuern geröstet werden; die Knaben fertigen kleine Paddeln, um damit im Wasser
herumzupanschen. Lange dauern indessen die gemeinsamen Spiele
nicht. Die Mädchen müssen schon in frühem Alter den Müttern behülflich sein. Sie gehen mit in den Busch, um Brennholz zu suchen,
auf die Felder, um Taro zu ziehen und heimzubringen, im Hause
helfen sie beim Kochen, und haben den Müttern Wasser herbeizutragen.
Manchmal sieht man Abends Züge von Weibern vom Felde herein-
kommen, unter denen kleine, vielleicht achtjährige Mädchen mit Lasten
einherschreiten, die manchen Europäer empfindlich drücken würden,
sollte er sie auf eine weit kürzere Entfernung tragen, als diese kleinen
Wesen dies täglich zu thun gezwungen sind. Die Knaben haben es
darin besser. Sie sind sich völlig selbst überlassen, und Niemand zwingt
sie, sich an einer Arbeit zu betheiligen. Ihre Periode der Kinderspiele
dauert daher auch länger, als die der Mädchen. Bald kommen nun andere
Unterhaltungen als lediglich Nachahmung der Männer. Am Seeufer
werden verschlungene Arabesken in den feuchten Sand gezeichnet, und so
oft, als sie nicht symmetrisch gelingen wollen, wieder ausgewischt. Mit der
Zeit erwerben manche der Knaben hierin eine so grosse Uebung, dass
die von ihnen gezeichneten Figuren von einem wunderbaren Ebenmaass
sind, vergeblich würde ein Europäer sich bemühen, dieselbe Zeichnung
so leicht und schnell in ähnlicher Vollendung in den Sand zu ziehen.
Dieses Spiel ist indessen Vorübung zu späterer Kunstfertigkeit, denn
die Knaben, welche die erforderliche Geschicklichkeit erlangen, verwenden
sie später in der Bemalung ihrer Canoepaddeln, Masken, Tambuhäuser

oder anderer Dinge. Ferner tanzen die Knaben auch zusammen, wie
sie es Erwachsene thun sehen, so dass, wenn die Zeit kommt, wo sie
selbst an den Tänzen theilnehmen können, sie die dazu erforderliche
Uebung besitzen. Eine grausame Unterhaltung ist die folgende. Einem
ziemlich häufig vorkommenden Käfer, dessen obere Beine von ziemlicher
Dicke sind, wird ein Bein halb abgebrochen und in den Stumpf ein
elastischer Grashalm hineingesteckt. Jetzt wird er fliegen gelassen,
da ihn indessen der Grashalm an die Hand des Knaben fesselt, so
kann er nur im Kreise herumfliegen, wobei er ein lautes, surrendes
Geräusch verursacht. Das Spiel besteht nun darin, abzuwarten, wessen
Käfer am lautesten brummen und am längsten fliegen wird. Bei ihren
Spielen zanken sich die Knaben im Allgemeinen wenig, ist es der Fall,
so verläuft der Streit in Worten, zu einer gesunden Schlägerei, wie
unter europäischen Schulknaben, kommt es nie, dazu fehlt die Courage,
das Temperament und die Concentration des Willens. Vielleicht heben
sie einmal die Stöcke gegen einander, allein sie verletzen sich nie. Dass
aus solchen Knaben keine Helden heranwachsen, ist ohne Weiteres
ersichtlich. Bei aller Furchtsamkeit entwickeln die Knaben dennoch
eine unglaubliche Herrschsucht und eine sich bis zur Grausamkeit
steigernde Rücksichtslosigkeit gegenüber dem Schwächeren, namentlich
dem weiblichen Geschlechte. Es gilt für männlich, die Weiber zu
verachten, welches Gefühl im weitesten Umfange selbst auf die eigene
Mutter ausgedehnt wird. Obwohl zu furchtsam zuzuschlagen, wo Aussicht, den Gegenschlag empfangen zu müssen, vorhanden ist, sind
selbst halberwachsene Knaben sofort mit Schlägen bei der Hand, wo
deren Rückerstattung ausgeschlossen ist. Spielkameradinnen, Schwestern
und Mutter haben unter den Launen der jungen Tyrannen zu leiden.
Folgendes Beispiel erlebte ich selbst. Ein kleines Mädchen hatte
sich in einem Nachbardorfe aufgehalten und war von Freunden bei
ihrer Abreise mit einem Pudding aus der sehr wohlschmeckenden Nuss
„Temap" beschenkt worden, um ihn in ihr Heimathdorf mitzunehmen.
Das Mädchen vertheilte den ganzen Pudding unter ihre Altersgenossen,
Knaben und Mädchen, während sie selbst nichts zurückbehielt. Auch
ihr Bruder, ein etwa 10- bis 12jähriger Knabe, erhielt ein Stück,
welches er jedoch zu klein erachtete für das ihm in seiner Eigenschaft
als Bruder gebührende Theil. Voll Wuth verzehrte er erst das gegebene und begehrte dann in herrischer Weise mehr. Das Mädchen
konnte ihm nicht willfahren, da sie nichts mehr zu vergeben hatte.
Der Knabe begann jetzt seine Schwester mit seinem Stocke zu be-
arbeiten und als sie entlief, warf er sie mit Steinen. Seiner Mutter,

die sich nunmehr ins Mittel legte, versetzte er einige kräftige Hiebe, als jedoch diese ihm den Stock aus den Händen wand, lief er eiligst nach Hause und zerstörte alles, was ihm in die Hände kam, besonders die Wassergefässe, die seiner Mutter zum täglichen Gebrauche dienten.

Erhielt der Bengel die wohlverdienten Prügel? O nein, ein Weib darf ein männliches Wesen nicht schlagen, die Mutter höchstens den kleinen Knaben, wenn er nach Nahrung schreit, in einem Augenblick, wo zufällig nichts vorhanden ist. Da nur ganz kleine Kinder dies thun werden, so ist in praxi das Züchtigungsrecht der Mutter völlig illusorisch. Jeder Knabe im Alter des kleinen Sünders in unserer Erzählung würde den Züchtigungsversuch der Mutter mit ganz ungeheuren Schlägen ahnden. Aber auch der Vater steht Vorgängen der erwähnten Art wenn nicht machtlos, so doch völlig passiv gegenüber. Die Kinder sind nicht sein Eigenthum, weswegen soll er sich ihretwegen irgend welche Mühe auferlegen. Dass ein Weib geprügelt wird, ist eine so unbedeutende Angelegenheit, dass es sich nicht lohnt, deswegen sich zu erregen. Im Allgemeinen geben ja Knaben, die beim Erscheinen eines Erwachsenen nicht nur Spiel und Unterhaltung, sondern fast alle Bewegung einstellen, wenig oder gar keinen Anlass zur Züchtigung, und wenn ein solcher vorliegt, so ist es ja immer noch Zeit genug, einzuschreiten. Allerdings sind die Anlässe selten, als solche werden nur Handlungen betrachtet, welche den Erwachsenen direct schädigen; zerbricht also ein Knabe z. B. ein Paddel, ruinirt er ein Canoe, oder er begeht die fast einzige Todsünde, die der Kanake kennt, d. i. Diebstahl an Dewarra, so erhält er eine gehörige Tracht Prügel. Allerdings wird dann nicht die im Vergehen liegende Unmoral geahndet und damit eine erziehende Thätigkeit ausgeübt, sondern es stellt sich die Strafe vielmehr dar als eine Art Racheact des Stärkeren am Schwächeren für Schaden, welchen letzterer dem zufügte, der die Macht der Wiedervergeltung besitzt. Wäre es anders, d. h. enthielte die Strafe das pädagogische Moment, so müsste sich letzteres folgerichtig auch in anderen Handlungen, z. B. der Belohnung, der Ermahnung, äussern. Dies ist jedoch nicht der Fall, die Eltern geben ihren Kindern in keiner Weise Lehren oder Verhaltungsmaassregeln für diese oder jene Lebenslage, ja abgesehen von den Mädchen, welche von klein auf arbeiten müssen, erhalten sie kaum Unterricht in den gewöhnlichen Fertigkeiten, die schliesslich jeder Kanake besitzen muss, um selbst bei dem faulsten Leben nicht zu verhungern, ehe er ein Weib nimmt und diesem dann die Last aufbürdet, für den gemein-

samen Unterhalt zu sorgen. Alle solche Arbeiten, wie Reusen flechten,
Speere machen, Canoes zimmern, erlernen die Jungen vom Zusehen,
nicht durch Belehrung mittelst des Wortes.

Die mangelnde Mittheilsamkeit in dieser Richtung entspringt zwei
Gründen, einmal der Bequemlichkeit der Erwachsenen, welche die mit
Ertheilung des Unterrichts verknüpfte geringe Mühe scheuen, dann aber
einem verschlossenen Zuge im Charakter des Kanaken, der ihn an allem
Gedankenaustausch hindert. Wir werden später über diese Charakter-
eigenschaft noch Manches zu berichten haben. Der Mangel an Jugend-
erziehung erbringt uns aber den Beweis, dass der Kanake wirklich tief
unter anderen farbigen Völkern steht, unter deren meisten doch von einer
mitunter sogar verhältnissmässig weit gehenden Erziehung der Jugend
gesprochen werden kann. Wem wäre nicht die stramme militärische
Erziehung der Knaben unter den südafrikanischen Kafferstämmen bekannt, und wer, der es gehört hat, kann vergessen, wie die gemüth-
lichen centralafrikanischen Neger sich lange um Etikettenformen
streiten und im Tone überlegener Einsicht am Lagerfeuer den jüngeren
Mitgliedern der Karawane kluge Lebensregeln mittheilen. Nichts von
alledem bei den Kanaken. Kein Wunder darum, wenn ihre technischen Fertigkeiten in keiner Richtung fortschreiten, wenn ihr Charakter wegen Mangels jeglichen moralischen Einflusses recht häss-
liche Seiten entwickelt. Unbegrenzte Rücksichtslosigkeit und schroffster
Egoismus, Feigheit und Heimtücke dürfen darunter gezählt werden.
Demgemäss ist der Zusammenhang der Familienmitglieder unter einander ein ziemlich loser; wie schon erwähnt, werden kleine Kinder
namentlich von den Vätern sehr verzogen, in reiferen Jahren tritt die
innerliche Abschliessung, die Concentration auf sich selbst ein, und
wenn auch das Bewusstsein der Zusammengehörigkeit entschieden vorhanden ist, und namentlich wo es sich um materielle Interessen handelt, gelegentlich sehr energisch hervorgekehrt werden kann, so beobachtet man doch höchst selten die Bethätigung des Bedürfnisses nach
Gemüthsanschluss. Inwieweit das Gefühl der Zusammengehörigkeit
durch Blutsverwandtschaft bedingt wird, bis zu welchem Grade letztere
anerkannt und überhaupt gekannt ist, lässt sich sehr schwer ermitteln.
Das Kind nennt, wie schon erwähnt, mehrere Frauen, darunter seine
Mutterschwestern Mutter, „Nama", seine richtige Mutter „Kaki", d. i.
die Mutter, die mich gebar. Rechter Geschwister-Kinder nennen sich
Bruder und Schwester und zwischen diesen ist auch Heirath verboten.
Will man den Grad der Verwandtschaft kennen lernen, muss man fragen,
ob die betreffende Person diesen oder jenen erzeugt habe. Der richtige Vater

heisst Maki, der Vater — Onkel Tamane, Bruder Turaue, Schwester Taine, Neffe — Nichte Matuane, jede weitere Verwandtschaft Muiraue. Für Verwandte zweiten Grades scheint keine Beziehung zu bestehen, ja es scheint zweifelhaft, ob Vettern zweiten Grades als Verwandte betrachtet werden. Vergegenwärtigt man sich, wie schwierig es sein muss, allein die Nachkommen der Geschwister von verschiedenen Müttern zu unterscheiden, so wird man sich nicht wundern, wenn sich der Kanake der Mühe nicht unterzieht. Verwandtschaften zweiten Grades, in welche durch verschiedene Mütter wieder möglichste Verwickelung hineingetragen ist, zu kennen oder anzuerkennen. Sind gar diese Verwandten in einige Entfernung verzogen, so kann es leicht kommen, dass man sich völlig fremd und daher feindlich gegenüber steht. Gemüthsanschluss scheint mithin dem Kanaken höchstens in geringem Grade bekannt, keinesfalls ein Bedürfniss zu sein.

Eine merkwürdige Sitte ist die der künstlichen Verwandtschaft, die indessen anscheinend nur unter Häuptlingen geschlossen wird. Ein Chief von Nodup auf der Gazellenhalbinsel besuchte einen anderen in Giniguuau ebendaselbst. Sie fanden solchen Gefallen an einander, dass sie beschlossen, Verwandte zu werden. Eine besondere Ceremonie scheint nicht erforderlich zu sein, der Beschluss genügt. Nachdem dieser den Zugehörigen eines jeden der beiden Häuptlinge mitgetheilt worden war, durften Heirathen unter den beiden Völkern (wenn man eine sehr kleine Gruppe von Menschen desselben Stammes so bezeichnen darf) wegen zu naher Verwandtschaft nicht mehr vollzogen werden.

Das über mangelnde Gemüthsregungen Gesagte erstreckt sich sowohl auf die Erwachsenen unter einander als auf die Kinder mit Hinblick auf ihre Eltern. Gegen den Vater ist der Knabe ungehorsam, für die Mutter empfindet er Verachtung. Weibliche Wesen sind erst junge, später alte Lastthiere, denen die Pflicht der Fortpflanzung obliegt. Die Ehemündigkeit knüpft sich an kein bestimmtes Lebensalter, sondern hängt vielmehr davon ab, ob der Heirathscandidat den Kaufpreis für das Weib erschwingen oder sich erborgen kann. Wenn ein Knabe die Reife erlangt, was weder durch Beschneidung gefeiert wird, noch mit irgend welcher Ceremonie verbunden ist, mag er so viel Weiber nehmen, als ihm sein Dewarrasäckel gestattet. Zwar ist Vielweiberei durchaus die Regel, doch findet man selten mehr als zwei, kaum je mehr als sechs Weiber im Besitze eines Mannes. Das früheste Lebensalter, in welchem eine Ehe vollzogen wird, ist etwa 14 bis 15 Jahre für einen Knaben und 9 bis 10 Jahre für ein Mädchen. Fälle so früher Verheirathung sind indessen selten, weil Knaben in diesem

Lebensalter noch nicht genügend Dewarra besitzen. Dagegen dürfte
selten ein Mädchen über das 15. Jahr hinaus unverheirathet bleiben.
Im Gegensatz zu Indien, wo die Folgen der Ehen in so jungen Jahren
sich an den Nachkommen in deutlichster Weise zeigen, scheint hier
der herrschende Zustand der von der Natur gewollte normale zu sein.
Obwohl der Kanake im Allgemeinen nicht mit dem afrikanischen
Neger hinsichtlich seines Körperbaues rivalisiren kann, ist er doch
meist von kräftiger, hoher Statur und zeigt keine Spur physischer Ent-
artung. Der Verheirathung stehen jedoch ganz bestimmte, nicht unerhebliche Schranken entgegen. Die Einwohner der Gazellenhalbinsel,
so weit wir sie kennen, die Neu-Lauenburger und diejenigen Einwohner
Neu-Mecklenburgs, welche von den aus der Gazellenhalbinsel ein-
gewanderten Ansiedlern abstammen, theilen sich in zwei Gruppen,
die sich die Namen „Maramara" und „Pikalaba" beilegen. Diese
Gruppen unterscheiden sich äusserlich in keiner durch den Europäer
wahrnehmbaren Weise. Auch ihre Gewohnheiten sind vollkommen
dieselben. Der einzige kennbare Unterschied besteht in der Verehrung, die jede Gruppe einem ekelhaften Insect darbringt. Dennoch
ist die Zugehörigkeit zu jeder Gruppe markirt, dass der Eingeborene
z. B. sofort erkennen kann, ob er mit einem Maramara oder Pikalaba
redet. Uebrigens ist es wohl möglich, dass später auch hier äussere
Merkmale aufgedeckt werden, über welche die Leute jetzt Schweigen
beobachten.

Es besteht nun die Sitte, dass kein Glied der Gruppe innerhalb
dieser heirathen darf, sondern Mann oder Frau aus der entgegengesetzten Gruppe wählen muss. Dabei verliert indessen das Weib
nicht etwa nach der Heirath die Zugehörigkeit zu ihrer Gruppe, indem
sie Mitglied derjenigen wird, in welche sie geheirathet hat, sie bleibt
vielmehr eine Pikalaba, wenn sie vorher eine solche war und selbst
ihre Kinder nehmen Kaste von ihr. Eine Ehe innerhalb der Gruppe
wird für schlimmer gehalten als Heirath zwischen Bruder und
Schwester und ist an dem Weibe unter Umständen mit dem Tode
strafbar. Wir haben es hier mit einer wunderbaren, fast an muham-
medanische Anschauungen erinnernden Sitte zu thun, die indessen
streng auf die Heirath beschränkt ist. Auf das Recht der Erbfolge
dehnt sie sich nicht aus, es vererbt z. B. die Häuptlingswürde,
wenn von einer solchen geredet werden kann, stets im männlichen
Stamm, dagegen geht Grundbesitz nie von einer Gruppe in die
andere über.

Jede Gruppe betrachtet eine verschiedene Gattung Mantis, die der

Maramara's wird „Kam", die der Pikalaba's „Kogilele" genannt, als
eine Art Schutzpatron, dem gewisse übersinnliche Eigenschaften zugeschrieben werden. Sollte Jemand dieses Insect tödten und zufällig
von denen entdeckt werden, deren Patron das Thier ist, so würde
an dem Frevler ohne Gnade die Todesstrafe vollzogen werden. Für
dieses Verbrechen soll sogar eine Sühne durch Dewarra sehr schwierig
sein. Der Heirathscandidat darf seine Braut nicht selbst wählen, dies
thut vielmehr der Bruder der Mutter, der eigene ältere Bruder oder
der Häuptling, niemals der Vater. Dieses Gesetz darf indessen
lediglich als ein in der Theorie bestehendes aufgefasst werden, weil
es gänzlich der Natur des Kanaken widerspricht, seinen Willen durchzusetzen, wo ihm eventuell ein energischer Widerstand geboten werden
dürfte. Widersetzte sich also der Heirathscandidat der für ihn getroffenen Wahl, so wäre weder Onkel, Bruder oder Häuptling in der
Lage, ihn zu deren Anerkennung zu zwingen. In der Praxis gestaltet
sich daher die Sache meist so, dass der gewählt habende Jüngling
seine Wahl dem zuständigen Wähler mittheilt und dieser dann das
Gefecht eröffnet. Das Weib wird natürlich gekauft und es hängt ihr
Preis sowohl von der Stellung ihrer Familie als von der des Käufers,
erst in letzter Linie von ihren persönlichen Vorzügen ab. Ein einflussreicher Mann verkauft seine Tochter nicht billig, noch erhält er
ein Mädchen für den Preis, den ein nur minderbegüterter zu geben
brauchte. Der Kaufpreis schwankt indessen ungemein, für 15 Fäden
Dewarra ist schon ein Weib geringerer Qualität zu haben, für Prima-
waare, im Sinne des Kanaken, werden unter Umständen 200 Fäden
Dewarra und darüber bezahlt.

Den Preis empfängt der Bruder von der Mutter des Mädchens,
die Mutter nur einen Theil. Ist kein Onkel vorhanden, so tritt der
Bruder oder der nächste männliche Verwandte an die Stelle. Man
sieht also, dass, wenn auch der Vater kaum ein Anrecht an die Kinder
hat, und wenn auch der Mutter die Sorge für sie obliegt, es doch die
männlichen Verwandten sind, die den durch Verkauf der Töchter erzielten Vortheil einstecken, ein Recht, welches sich indessen durch die
Mutter vererbt.

Wenn alle Präliminarien bezüglich der einzugehenden Ehe erledigt sind, so begiebt sich der glückliche Bräutigam drei Monate lang
in den Busch, wo er von den Früchten des Waldes resp. denen der
See und ohne ordentliches Obdach lebt. Erstens kann er hier kein
anderes Weib finden, die seine Gedanken von seiner Erwählten ab-
lenkt, ferner soll er hierdurch an sich selbst die Erfahrung machen,

wie unbequem das Leben für den Mann ist, wenn er es ohne den
Beistand und die Fürsorge einer Frau verbringen muss, und es soll
in ihm das Verlangen nach der durch die in Aussicht stehende Heirath zu erwartenden Bequemlichkeit geweckt werden. Während dieser
Probezeit darf er von keinem Mitgliede der Familie oder des Dorfes
erblickt werden, wer ihn sieht, ist gezwungen, ihm ein kleines Geschenk an Dewarra zu machen. Natürlich sucht der Einsiedler auf
einsamen Wegen seinen Bekannten und Verwandten in den Weg zu
treten, da die auf diese Weise leicht erworbenen Capitalien eine
nicht zu verachtende Mitgift in die Ehe sind. Wird er dagegen in
der Nähe des Dorfes ertappt, muss er nicht allein Strafe zahlen,
sondern erhält auch eine ordentliche Tracht Prügel, wenn er gerade
mehreren jungen Leuten in den Weg läuft. Nach Ablauf der Probezeit kann die Hochzeit vor sich gehen. Das Mädchen wird durch
ihre Mutter zum Hause des Mannes geführt. Dieser giebt ein grosses
„Kai-Kai", d. i. ein Essen, zu welchem alle Verwandte und Bekannte
die feinsten Delicatessen beisteuern. Zur Vollziehung der Hochzeit
gehört auch, dass der junge Gatte nunmehr seinen Namen wechselt
und einen neuen annimmt, mit dem alten angeredet zu werden, gilt als
Zeichen der Geringschätzung. Den Verwandten seiner Frau muss er
jetzt Geschenke machen, doch empfängt er andere dafür wieder, das
grösste Geschenk macht indessen der Häuptling des Dorfes, der
übrigens ganz genau weiss, dass er bei dem „Kai-Kai" doch wieder
auf seine Kosten kommen wird und vom jungen Ehemann ein Geschenk
von Dewarra zu fordern hat.

Dem Mädchen sind inzwischen von Verwandten und Bekannten
allerlei Kleinigkeiten, wie Schalen aus Cocosnuss, Matten, auch wohl
einzelne Stückchen Dewarra geschenkt worden[1]). Dieses „Trousseau"
wird nun ebenfalls in das Haus des Mannes übergeführt. Die Verwandten und Freundinnen sind mit dieser Aufgabe betraut und wissen
in deren Erledigung den Anschein zu erwecken, als sei die Braut die
Besitzerin unendlicher Habe. Zu dem Zweck wird jeder einzelne Artikel
der „Ausstattung" von einer Person getragen, ja grössere Gegenstände
oft in ihre Bestandtheile zerlegt, um durch das Tragen dieser die
Anzahl der Botengänge möglichst zu vermehren. So sieht man bei
einer Hochzeit einen ganzen Zug von Weibern und Mädchen zwischen
den Häusern hin und her rennen, alle mit dem Transport der Ausstattung

---

[1]) Ist das Mädchen die Tochter eines Häuptlings, so sind die Gaben an
Dewarra entsprechend grösser, doch muss damit die Beisteuer der Verwandten
und Bekannten zu dem Kai-Kai vergütet werden.

beschäftigt, die wahrscheinlich noch nicht eine Traglast für einen
Mann ausmachen würde. Auri sacra fames! Auch unter den Kanaken
ist Armuth Sünde, giebt Besitz Ansehen, und um sich den Anschein
von Wohlstand zu geben, verfällt man auf Kunstgriffe, mittelst welcher
man den Zuschauern Sand in die Augen zu streuen versucht, gelingen
kann es ja doch nicht, denn unter den Kanaken weiss man so gut als bei
uns „wie's gemacht wird". Grosse Zärtlichkeit kann man unter Kanaken-
Eheleuten nicht wahrnehmen, sie wissen von vornherein ganz genau,
wie sich ihr Leben und ihre Stellung zu einander gestalten wird, die
Frau ist die Dienerin des Mannes und hat ihm Kinder zu zeugen und
für seine äusseren Lebensbedürfnisse Sorge zu tragen, er läuft im Walde
und am Strande umher und sieht möglichst wenig von der Frau, daher ist
das Gegenstück zur mangelnden Zärtlichkeit wenigstens eine ruhige Ver-
träglichkeit und lärmende, scheltende Ehen sind eine grosse Ausnahme.

In Folge dessen sind auch Ehescheidungen nicht gerade häufig,
obwohl sie vorkommen. Die Frau darf den Mann nicht verlassen, sie
kann aber von ihm fortgeschickt werden. Obwohl der Gründe viele
gefunden werden können, sich einer Frau zu entledigen, so giebt es
doch nur einen, der allgemein als durchschlagend stichhaltig angesehen
wird. Das ist Dewarradiebstahl seitens der Frau. Lässt sie sich
dieses Verbrechen zu Schulden kommen, so folgt sofortige Verstossung,
bei der der Mann den für seine Frau bezahlten Kaufpreis zurück-
erhalten muss. Erfolgt die Scheidung aus anderen Gründen, so erhält
der Mann nichts zurück. Solche Gründe sind Unfruchtbarkeit oder
Ehebruch; Unfruchtbarkeit ist ein grober Fehler, indem er die Hoffnung
zerstört, dass heranwachsende Mädchen sich an der Sorge für den Haus-
halt betheiligen und dereinst bei ihrer Verheirathung reiche Dewarra-
schätze dem Hause zufliessen werden. Ehebruch wird als Unart betrachtet, findet wohlwollende Rüge, wird indessen durch Zahlung von
3 bis 5 Faden Dewarra völlig gesühnt. Ein Scheidungsfall erfuhr einst
viel Besprechung, in dem als Grund die durch eine Krankheit herbei-
geführte Hässlichkeit der Frau angegeben wurde. In Wirklichkeit aber
wollte der Mann ein junges Weib haben, die er denn auch nahm.
Seine erste Frau duldete er niemals in der Nähe seines Hauses, er
schlug sie, wenn sie sich zeigte, dagegen suchte er sie zuweilen in ihrer
Behausung auf, brachte Geschenke und tändelte mit den Kindern, die
stets mit der Mutter gehen, deren Kaste sie auch angehören. Irgend
welche Ceremonie ist mit der Scheidung nicht verbunden.

Selten nur kommen Frauen gleich im ersten Jahre nach der Hochzeit
nieder, meist vergehen zwei bis drei Jahre der Ehe vor der Geburt

des ersten Kindes. Die Weiber fürchten Nachkommenschaft, da diese ihre Arbeitslast vermehrt. Mädchen leisten zwar später den Müttern Beistand, allein es vergehen Jahre mühevoller Arbeit, ehe sie zur Hülfeleistung fähig sind. Abortion wird denn auch öfters absichtlich herbeigeführt. Die Weiber springen von einiger Höhe herab oder sie lassen sich von einer Anderen massiren, um so die Frucht abzutreiben. Ausserdem besitzen sie die merkwürdige Fähigkeit, bis zu einem bestimmten Grade die Empfängniss von ihrem Willen abhängig zu machen, da sie im Stande sind, nach erfolgter Cohabitation alles Empfangene sofort wieder von sich zu geben. Diese Fähigkeit begründet die Erscheinung, dass trotz der grossen Zahl der Europäer, die sich Kanakenmädchen zur Bedienung halten, halbfarbige Nachkömmlinge äusserst selten sind. Mit Sicherheit konnte nur ein Mädchen als die Tochter eines Händlers festgestellt werden, sie wurde in der Mission erzogen. In zwei anderen Fällen war der Beweis nicht zu erbringen.

So gehören uneheliche Geburten auch zu den Seltenheiten und führen meist zur Heirath der Eltern. Irgend welche besondere Sühne ist nicht erforderlich. Merkwürdiger Weise aber wird Verführung, sobald sie durch Zeugen erwiesen ist, streng bestraft. Unter Umständen wird das Mädchen getödtet, dann hat der Mann ihren Werth in Dewarra zu ersetzen. Wird sie am Leben gelassen, so hat der Mann eine Busse zu zahlen. Die hierüber geltenden Bestimmungen scheinen übrigens bei verschiedenen Gruppen desselben Stammes zu variiren. In Raluana wurde ein junger Mann gefasst, wie er sich durch Pfeifen mit einem Mädchen zu verständigen suchte, die gar nicht die Absicht hatte, sich mit ihm einzulassen. Der Onkel, der dazu kam, ergriff ein Stück Holz und schlug sie nieder, doch blieb sie am Leben. Dem jungen Manne geschah nichts. Dieser indessen höhnte die Einwohner des Dorfes, die nach strenger Sitte eigentlich das Mädchen tödten mussten. Er pflegte ihnen aus sicherer Entfernung die Frage zuzurufen, wann sie denn ihr langes Schwein schlachten würden? (Euphemistischer Ausdruck für eine zum Frass bestimmte menschliche Persönlichkeit.)

Im Falle einer Vergewaltigung befestigen die Verwandten des Weibes das Emblem des Mannes, eine Blume, Thier, Muschel, so lange an einem Baume, bis er eine Summe Dewarra bezahlt. Man kann dies als eine fictive Prangerstellung bezeichnen. Unterbleibt die Zahlung, so beginnt die Rache. Die Verwandten werfen Steine auf den Vergewaltiger, zerstören Nachts seine Pflanzungen, fällen seine Cocospalmen, zünden sogar mitunter sein Haus an. Die Angelegenheit endet meist mit der Entrichtung der geforderten Anzahl von Dewarrafäden, darauf kommt man zusammen, speist gemeinschaftlich, verspricht, sich nicht mehr zu schädigen, kurz, nachdem das Pack sich geschlagen hat, verträgt es sich, bis zum nächsten Mal.

Auf geschlechtlichen Umgang zwischen Geschwistern steht unbedingt Todesstrafe, die an beiden Theilen vollzogen wird. Wegen der spät eintretenden Prägnanz und der Abneigung der Weiber gegen Nachkommenschaft, ihrer Fähigkeit, Empfängniss zu verhindern, sind denn auch die Ehen selten sehr fruchtbar. Vier bis fünf Kinder von einer Frau zu haben, hält man für grossen Kinderreichthum, drei ist der gewöhnliche Durchschnitt; dass europäische Frauen sieben und mehr Kinder gebären, gilt unter den Kanaken als etwas ungemein Erstaunliches und mir ist kein Fall auch nur durch Hörensagen bekannt geworden, in welchem eine Kanakenfrau annähernd so zahlreiche Nachkommenschaft gehabt hätte.

Eheliche Untreue kommt im Allgemeinen selten vor, weil sie am Weibe mit Todesstrafe geahndet werden darf. Ausserdem ist bei der herrschenden Vielweiberei dem Manne die Möglichkeit der Abwechslung gegeben, mithin die Versuchung ferner gerückt. Das Weib ist ganz Eigenthum des Mannes und kann daher beliebig verliehen werden, wozu indessen ihre Einwilligung erforderlich ist. Ein auf diese Weise gepflogener Umgang ist dann nicht als Ehebruch anzusehen. Das Eigenthumsrecht des Mannes über das Weib erstreckt sich so weit, dass er sie sogar tödten darf, allerdings hat er in diesem Falle die Rache der Verwandten zu befürchten, doch lässt sich deren Zorn durch richtig angewandte Dosen Dewarra hinlänglich besänftigen. Auch verkaufen kann der Mann seine Frau, in diesem Falle behält er den Kaufpreis, von dem jedoch ein bestimmter Theil, höchstens aber 30 Fäden Dewarra, an diejenige Person gezahlt werden muss, von welcher das Weib zum ersten Male erstanden wurde.

Will Jemand eine Wittwe heirathen, so hat er die Hälfte des Preises für sie ihrem Bruder resp. nächstberechtigten männlichen Anverwandten, die andere Hälfte dem Bruder resp. berechtigten Verwandten des verstorbenen Mannes zu entrichten. Sind Kinder vorhanden, so gehen sie in den Besitz des neuen Gatten über, so weit eben der Mann Besitzer eines Kindes sein kann. Die Weiber selbst sind durchaus nicht gegen, sondern sehr für die Vielweiberei und begrüssen freudigst jede neue Mitfrau. Da ihnen gemeinschaftlich die Aufgabe zufällt, für den Mann zu sorgen und die erforderliche Garten-

und andere Arbeit zu verrichten, so ist jede neue Frau eine Theil-
nehmerin an einem bestimmten Quantum Arbeit, welches für die einzelne um so geringer wird, je mehr sich daran betheiligen. Polygamie
ist indessen nicht so häufig, als man wohl erwarten sollte, der Besitz von
Dewarra ist ausschlaggebend. Bei einer zweiten etc. Heirath werden
natürlich die bei der ersten üblichen Ceremonien nicht mehr vollzogen,
auch ist der Mann dann ganz frei in seiner Wahl. Will Jemand heirathen, ohne doch im Besitze des erforderlichen Kaufpreises zu sein,
so macht ihm sein Oberhaupt den erforderlichen Vorschuss, der junge
Ehemann ist indessen gezwungen, bis zu dessen Rückzahlung für seinen
Gläubiger gewisse Arbeiten zu verrichten, ja er tritt zu diesem in ein
gewisses Hörigkeitsverhältniss. Auf diese Weise erhält der Häuptling
nicht allein hohe Zinsen für sein vorgestrecktes Capital, sondern auch
Einfluss über die ihm Verschuldeten, und durch sie unter den Dorf-
zugehörigen im Allgemeinen. Man möchte fast meinen, dass ein
solches unbedingtes Eigenthumsrecht des Mannes an dem Weibe zu
einer Herabsetzung der letzteren auf die Stufe eines besseren Hausthieres führen sollte, dem ist jedoch nicht so; dem in vorstehend geschilderten Verhältnissen innewohnenden unwürdigen Moment steht
ein ihm ziemlich die Wage haltender Umstand gegenüber. Die Frau
ist nämlich Alleinbesitzerin alles des von ihr in die Ehe gebrachten
Heirathsgutes und alles dessen, was sie sich während der Ehe zu erwerben vermag. Nur die Gartenfrüchte gehören beiden Theilen gemeinschaftlich, doch so, dass, wenn Verkäufe stattfinden, der Erlös getheilt
oder ganz genau festgestellt wird, wessen Eigenthum die verkauften
Früchte waren. Dieses Recht der Frau auf selbständiges Eigenthum
ist so sehr zum Gewohnheitsrecht geworden, dass nur in den aller-
seltensten Fällen eine Uebertretung seitens der Männer vorkommen
soll. Dies liegt auch schon darin begründet, dass das Weib in der
Ehe der fleissigere, mithin wohlhabendere Theil ist. Eine gewaltsame
Entziehung ihres Eigenthumes würde ihren Erwerbssinn bald lähmen,
nur freiwillig wird sie von dem Ihren den Mann unterstützen, thut
dies indessen in weitem Umfange. Durch ihre materielle Unabhängig-
keit vom Manne und die Macht des grösseren Besitzes ist das Ent-
würdigende ihrer Stellung wieder ausgeglichen und sie steht somit dem
anderen Geschlechte eigentlich ziemlich unabhängig gegenüber.

Wir haben hier unter einem ungemein niedrig stehenden Naturvolke ein merkwürdiges Beispiel, wie Rechtsbestimmungen, welche man
sonst als das Resultat geordneter Anwendung natürlicher Rechtsempfin-
dungen bezeichnet, gleichsam intuitiv entstehen können. Wie wir hier

den Begriff des vorbehaltenen Vermögens genau ausgeprägt vorfinden, werden wir später ähnlichem Schutz für geistiges Eigenthum begegnen. Strafandrohungen für die Uebertretung dieses ungeschriebenen Gesetzes erübrigen sich, das Volksbewusstsein selbst sorgt für dessen gewissenhafte Aufrechterhaltung und Ausübung. Viele Beobachter wollen auf Grund solcher Thatsachen voreilige Schlüsse ziehen und den Trägern solch löblicher Gewohnheiten und Sitten nun gleich ein hohes Maass von Cultur zuschreiben. Meines Erachtens ist dies jedoch verfrüht, weil der Sitte der Untergrund logischer Anschauung und Entwickelung fehlt. Wenn einem Naturvolke schon ein gewisses Maass von Cultur zugesprochen werden soll, lediglich weil einige seiner Gewohnheiten anscheinend auf unseren eigenen Anschauungen von Recht und Unrecht beruhen, oder weil sie mit einer lobenswerthen Consequenz durchgeführt werden, so kommen wir schliesslich dazu, den Kanaken auch auf Grund der vielverschlungenen und doch so exact durchgeführten Tambu- und Duk-Duk-Regeln einen hohen Culturgrad zuzugestehen. Erst das Bewusstsein von der Richtigkeit und Nothwendigkeit der Sitte verleiht dieser den Werth des Cultursymptoms, natürlich wird die Auffassung dessen, was als richtig und nothwendig zu erachten ist, von der Art der Culturrichtung abhängen und je nachdem verschiedene Resultate ergeben. Die Bekämpfung der gegentheiligen Auffassungen ist kein Streit mit selbstgeschaffenen Gegnern, sondern richtet sich gegen Anschauungen, die dem Beobachter in der Südsee auf Schritt und Tritt begegnen.

Ist die Heirath nun endlich zu Stande gebracht, so vollzieht sich die weitere Haushaltung in äusserst einfachem Style. Da grosser Wohlstand des Mannes bei seiner ersten Verheirathung zu den Seltenheiten gehört, er also ein eigenes Dorf nicht bauen kann, so siedelt er sich in dem Dorfe seines Vaters resp. Häuptlings an, wo er der jungen Gattin ein Haus errichtet, denn jede Frau hat das Recht auf ein eigenes Haus. Der Bau ist eine sehr einfache Sache, das Material ist Schilf, von welchem die nächste sumpfige Stelle Ueberfluss liefert, und Gabelstöcke, welche überall im Busch geschnitten werden können. Ein mehr oder weniger unregelmässiges Viereck wird auf dem Boden abgesteckt, in dessen Ecken werden die Gabelstöcke in die Erde gepflanzt und diese durch Wände aufrecht stehender Schilfhalme verbunden. Ueber die Gabeln werden andere Stangen gelegt und auf diesen ein Giebel errichtet. Oft steht auch im Innern des Hauses noch ein Pfosten zur Stütze des Giebels. Ist der Hausbewohner ein Häuptling oder ein reicher Mann, so läuft um die Aussenseite seines Hauses

oft auch noch eine Veranda von etwa 3 Fuss Breite, das Dach
schiesst dann bis auf ungefähr 2½ Fuss Höhe über dem Erdboden nieder.
An den beiden Giebelenden, die sowohl in steiler wie in schräger Form
vorkommen, bildet das Dach einen eigenthümlichen, an malayische
Form erinnernden Höcker, doch ist diese Zier ebenfalls nur wohlhabenden Leuten erschwinglich. Selten ist ein Haus mehr als 12 Fuss
lang und vielleicht 4 bis 5 Fuss breit. Das Innere ist gewöhnlich
durch eine Wand in zwei Abtheilungen getheilt. In der einen befindet
sich in den Häusern wohlhabender Leute eine festgefügte, durch einen
Kreis bezeichnete Feuerstelle, gewöhnlich wird diese nur durch eine
kleine Vertiefung dargestellt. Dieser Raum ist zugleich Schlafgemach,
als Bettzeug dienen Matten aus weich gemachten Pandanusblättern.
Bemerkenswerth ist, dass in einem solchen Gemach ein erwachsener
Mensch sich nur selten ausstrecken kann, weil er durch seine Bewegung
das leichte Fachwerk unfehlbar durchstossen würde. Diese Unannehm-
lichkeit scheinen die Leute indessen nicht zu empfinden. Oft allerdings
schläft der Mann unter der schon angeführten Veranda, oder er errichtet
sich ein anderes Schlafzimmer, welches aus einem leichten, etwa
2½ Fuss über dem Erdboden befindlichen, mit Grasdach überdeckten
Gestell besteht. Auf die letzteres bildenden Stöcke wird nur eine
jener leichten Pandanusmatten als Unterlage gelegt, so dass ein
solches Lager den aus alten Militärerzählungen wohlbekannten „Latten"
nicht unähnlich ist, durch seine Härte und Unebenheit den Schläfern
jedoch keinerlei Unbequemlichkeiten zu verursachen scheint. Unter
dem Gestell wird nöthigen Falles ein rauchendes Feuer angezündet, um
durch den Rauch die Mosquitos zu verjagen, im Vergleich zu denen der
erstere das weitaus geringere Uebel ist. In den Häusern wird sonst
nur der sogenannte Hausrath aufbewahrt, Wassergefässe aus Bambus-
gliedern, Trinkgefässe aus Cocosnussschalen etc. Ist der Mann etwas
wohlhabender geworden, so errichtet er mitunter ein besonderes Haus
für seine Sachen. Man findet dann Fischgeräthschaften, Speere und
andere Waffen, landwirthschaftliche Geräthe und Rohmaterial zur Anfertigung aller dieser Dinge aufgespeichert. In keinem der Häuser ist
der Fussboden glatt und polirt, wie man ihn in den meisten Neger-
wohnungen antrifft. Einmal fehlt den Leuten sowohl Kenntniss als
Material zur Herstellung eines glatten Fussbodens, dann aber jedenfalls die Ausdauer, sich der immerhin nicht unbeträchtlichen Mühe-
waltung der Anfertigung zu unterziehen. Gruppiren sich nun allmälig mehrere Häuser um das erste Wohnhaus des Ehemannes, so
betrachtet er seine Wohnstätte als Dorf und giebt dies zu erkennen,

indem er einen Zaun um das ganze Gehöft errichtet. Theils wird dieser aus dem üblichen Schilf und Bambus, theils indessen durch Einpflanzen von Stöcken hergestellt, die im Boden bald selbst wieder Wurzel schlagen und so eine lebendige Hecke bilden. In der Dorfanlage trägt der Kanake auch einem ganz entschieden ihm eigenen Farbensinn Rechnung, denn er umgiebt seine Häuser mit Stecklingen der buntesten Crotons, deren er habhaft werden kann. Sind diese zahlreich und in verschiedenen Farbentönen vorhanden, so bietet ein solches Kanakendorf bei Abendbeleuchtung einen bunten, farbenprächtigen Anblick. Im Lichte der schräg einfallenden Sonnenstrahlen erglänzen einzelne Gewächse gerade noch stellenweise in warmem Grün, während das dichte Gebüsch schon tiefste Schatten aufweist, die Dächer der niederen Kanakenhäuser schimmern blauviolett im lebendigen Contrast zu den grellen Farben der hellrothen, gelben und rosa Crotons und aus den Thüröffnungen strahlen schon die röthlichen Lichter des Feuers, an dem die Abendkost zubereitet wird. Auf der Gazellenhalbinsel lernte ich einen Häuptling kennen, der eine breite, schnurgerade Allee von etwa 100 m Länge und 4 m Breite vor seinem Dorfe angelegt hatte, beide Seiten waren mit buntfarbigen Crotons aller Schattirungen bepflanzt, wodurch die Anlage entschieden einen überraschend freundlichen Eindruck machte. Der breite Raum diente vornehmlich zur Abhaltung der bei den Kanaken sehr beliebten Tänze. In dem das Dorf umgebenden Zaune ist, wenigstens so lange er neu ist, gewöhnlich nur ein Eingang, später findet man es langweilig, diesen zu benutzen, wenn man in einer ihm entgegengesetzten Richtung das Dorf verlassen will, man bricht deshalb ein oder mehrere Lücken in das Geflecht und freut sich des Gedankens, nun das Nützliche, den Zaun, mit dem Bequemen, den Lücken, verbunden zu haben. Der anfänglich in dem Zaun angebrachte Eingang ist bemerkenswerth. Er ist sehr eng, so dass der Eintretende sich nicht hindurchzwängen kann, ohne stark an ein langes, die Stelle des Thürpfostens vertretendes Bambus zu streifen. An dessen oberstem Ende ist eine sehr hübsch gefertigte Klingel angebracht. Einer Muschel von geeigneter Form ist der innere Theil ausgebrochen und durch einen kleinen, an einem Faden befestigten Stein oder auch ein gerade geschliffenes Stückchen Tridacna ersetzt. Dies bildet den Klöppel und bringt beim Anschlagen an die Muschelwand einen scharfen metallischen Ton hervor. Durch die geringste Berührung des Bambusthürpfostens wird dessen oberes Ende in schwankende Bewegung gesetzt und die Klingel zum Läuten veranlasst, wodurch dem Dorfe das Zeichen gegeben wird, dass Jemand in seinen Bereich getreten ist. Allerdings ist die ganze Erfindung mehr hübsch als praktisch, denn der Ton ist zu leise, um im ganzen Dorfe wahrgenommen werden zu können, ferner widerspricht es ganz dem misstrauischen, lauernden Charakter des Kanaken, in sorgloser Unwissenheit über die Anwesenheit von Personen in seinem Dorfe zu verharren, bis ihn das Glockenzeichen über Eintritt oder Abgang von Besuch belehrt. Zaun sowie Häuserwände sind durchsichtig genug, um jeden Ankömmling oder sich Entfernenden controliren und erkennen zu können, ehe er durch die Klingelthür tritt.

In manchen Dörfern findet man richtige Thüren, d. i. einige zusammengeschlagene Bretter in Angeln von Bambus gehängt. Statt der Bretter werden auch die sehr beliebten Latten aus dem Stamme der Betelpalme angewandt, die völlig glatt und nur sanft gewölbt, in dichter Aneinanderfügung sehr brauchbare Substitute für Planken abgeben. Solche Thüren sind indessen stets Nachahmungen der bei den Europäern gesehenen Einrichtungen. — Die Haushaltung im weitesten Umfange liegt der Frau ob. Hierbei ist die wichtigste Arbeit das Kochen. Dies ist hier insofern eine bemerkenswerthe Kunst, als die Verwendung von Wasser dabei fast völlig unbekannt ist. Weder die Koralleninseln der Lauenburggruppe noch das vulcanische Aschegebiet der Gazellenhalbinsel haben irgendwo geeigneten Thon aufzuweisen, durch dessen Benutzung sich die Töpferkunst hätte entwickeln können. Auf die Idee, in harten Schalen der Cocosnuss oder in Muscheln zu kochen, sind die Leute nicht gekommen, obwohl es ab und zu vorkommt, dass eine grüne Cocosnuss mit ihrer dicken Basthülle auf Asche gesetzt und als Kochgeschirr verwendet wird. Es ist jedoch ein Ausnahmeverfahren. Im Allgemeinen wird nur gebraten, geröstet und gedünstet, obwohl da, wo europäischer Einfluss sich geltend macht, schon hier und da das Verlangen nach einem Topfe sich einstellt. Manche der hergestellten Speisen könnten recht schmackhaft sein, allein im Allgemeinen empfindet der Europäer doch Ekel, nicht vor dem oft recht guten Material, sondern vor der Unsauberkeit der Köchinnen. Eine wirkliche Waschung ist bei den Kanakenfrauen entschieden eine Seltenheit, und dieser Umstand, verbunden mit ihrer Art, mit den Lebensmitteln zu hantiren, ist für den Europäer nicht appetitreizend. Die Nahrungsmittel bestehen aus Fleisch, Fisch und Gemüse, Kornfrüchte sind gänzlich unbekannt. Von Fleisch ist in erster Linie das der ziemlich zahlreichen Schweine zu erwähnen. Diese werden halb gezähmt gehalten, kommen jedoch auch in wildem und verwildertem Zustande im Busch vor. Im Allgemeinen ist jedoch der Kanake kein Jäger und ich habe nie von der Erlegung eines wilden

Schweines gehört. Auf der Gazellenhalbinsel kommt das „Wallaby" genannte kleine Känguruh vor, findet jedoch nur selten seinen Weg in die Küche der Eingeborenen. Der fliegende Hund dagegen, die von den Kanaken „Ganau" genannte grosse Fledermaus, wird oft mit Stöcken erschlagen und viel gegessen. Megapoden, d. h. die wilden Hühner, werden häufig beim Eierlegen überrascht und getödtet, ihre Eier sind ein grosser Leckerbissen. Schildkröten werden in ziemlicher Anzahl gefangen und auch Papageien und Tauben vermehren mitunter die Fleischabtheilung des kanakischen Küchenzettels. Die grösste Mannigfaltigkeit nichtpflanzlicher Nahrungsstoffe liefert die See. Neben der Mehrzahl verschiedener Fische, unter denen sich der angeblich nur in der Blanchebai vorkommende „Aurup" auszeichnet, finden sich eine Menge Muscheln von ganz kleinen bis hinauf zur riesigen Tridacna, welche dem Kanaken willkommene Nahrung bieten. Die gütige Natur sorgt dabei für stets offenen Tisch, so dass dem Kanaken der Erwerb seiner Mittagsmahlzeit nicht allzuschwer gemacht wird. Täglich spült die brandende See aus ihren unerschöpflichen Vorrathskammern neue Mengen der genannten Muscheln auf die ausgedehnten Riffe und zur Ebbezeit gehen einsame Sammler hinaus, um sich rasch ein Mittagsmahl zusammenzustellen, oder Weiber und Kinder suchen grössere Mengen der reichlichen Meeresfrucht, um sie als treffliches Mahl den im Hause speisenden Ehegatten und Söhnen vorzusetzen.

Die Zubereitung der nichtpflanzlichen Nahrungsmittel ist meist recht einfach, in besonderen Fällen jedoch auch complicirt. Ganau, Tauben, Papageien, kleine Fische, Mollusken, Muscheln aller Art werden einfach lebendig aufs Feuer geworfen und geröstet. Fell, Federn, Schuppen versengen und backen zu einer dicken Kruste zusammen, wiederholentliches Umwenden verhindert eine Verkohlung des Inneren, welches unter der schützenden Kruste meist recht weich, zart und saftig wird. Ich habe, wie fast alle Europäer jener Gegenden, oft derartig zubereitetes Geflügel probirt und es sehr wohlschmeckend gefunden. Nur dem „Ganau" gegenüber beobachtete ich seines, ihm bei Lebzeiten anhaftenden pestilenzialischen Geruches halber eine nie durchbrochene Reserve. Die Leute sagen übrigens, dass dem Fleische im gebratenen Zustande keinerlei Geruch anhafte, es sogar äusserst wohlschmeckend sei. Auch die grossen Muscheln probirte ich. Sie haben einen etwas süsslichen Geschmack und werden trotz alles Röstens nicht recht gar, sie bleiben stets etwas zähe. Würden sie indessen auf europäische Art zubereitet, so dürften sie, meines Erachtens, eine nicht gering zu schätzende Zuthat zu manchem unserer Ragouts bilden.

Die geschilderte Art der Zubereitung ist die einfachste und wird nicht sowohl von den Frauen ausgeführt, als auch von allen Männern oder erwachsenen Knaben, die auf ihren Streifereien im Busch oder am Gestade ihr eigenes Mittagsmahl sich suchen und bereiten. Umständlicher gestaltet sich die Zubereitung eines grossen Fisches, eines Schweines, oder von grossen Stücken Schildkrötenfleisch. Hier giebt es zwei Methoden; die zunächst zu beschreibende kommt, soweit mir bekannt, nur für Fleisch, nie für Fisch in Anwendung. In die Erde wird ein seichtes, etwa einen Fuss tiefes Loch gegraben, von ungefähr doppelt dem Umfange des zu behandelnden Fleisches. Darin wird ein rasches Feuer angemacht, eine Zeit lang brennend erhalten, dann gelöscht und im Loche nur die heisse, doch nicht mehr glühende Asche zurückgelassen. Das Bratstück war vorher in Bananenblätter eingewickelt worden und wird sofort, nachdem das Feuer aus dem Loche entfernt ist, darin versenkt. In einem anderen oder auch vielleicht demselben Feuer waren inzwischen eine Anzahl Steine heiss gemacht worden, diese werden nun über das Fleischstück vertheilt und das Ganze mit Erde zugeschüttet. Mitunter ist auch der Boden des Loches erst mit Steinen gepflastert worden. Die in den Seitenwänden des Loches und den Steinen aufgespeicherte Hitze, die wegen der umlagernden Erdschicht nicht allzuschnell entweichen kann, genügt vollkommen, um selbst ein grosses Stück Fleisch — ich habe ein ganzes Schwein auf diese Weise braten sehen —, im Laufe einer natürlich von der Grösse des Bratens abhängenden Zeit völlig gar zu machen. Die Eingeborenen verwenden kein Salz, deswegen schmeckt ihr Fleisch stets ein wenig nüchtern, dagegen kann der Europäer auf die angegebene Methode Braten herstellen, die selbst durch die raffinirtesten Kochherdproceduren nicht übertroffen werden dürften. Das vorerwähnte Verfahren hat den Vorzug, dass ihm, wenn nur das Fleisch sauber ausgeschlachtet wurde, keinerlei Unreinlichkeit anhaftet, denn selbst wenn man die zur Hülle benutzten Bananenblätter nicht besonders wäscht, die Kanaken unterziehen sich wohl kaum dieser Mühe, so kann durch sie das Fleisch kaum verunreinigt werden. Jeden möglichen Spielraum zu aller nur denkbaren, aber lieber nicht zu denkenden Unsauberkeit bietet die andere Art der Zubereitung, welche hauptsächlich für grosse Fische angewandt wird. Der Fisch wird ausgenommen und in oberflächlicher Weise seiner Schuppen entkleidet. Sein Inneres wird nun mit geschälten Bananen, Stückchen Taro, zur entsprechenden Jahreszeit mit Stückchen Brotfrucht, Temapnüssen, zerkleinerten Mango oder anderen wilden Früchten etc. gefüllt und von einer Menge

derselben Leckereien umgeben. Ueber das Ganze wird aus dem weissen
Kern der Cocosnuss gepresster Saft gegossen. Diese Mischung umgiebt man nun mit einer Hülle von Bananenblättern und legt sie auf
heisse Kohlen. Diese werden sowohl unter als neben und über dem
Gericht stetig erneuert und letzteres, wenn seine äusserste Hülle zu
verkohlen beginnt, wiederholt mit neuen Bananenblättern umgeben.
Leute, welche ein derartiges Gericht gekostet haben, rühmen seine
Schmackhaftigkeit, allein da ich die edlen Hausfrauen der Kanaken
öfters mit der Zubereitung beschäftigt gesehen hatte, wollte bei mir
der Gedanke eines Kostversuches nicht recht Raum gewinnen. Wo
indessen alle Hantirung mit den Nahrungsmitteln überflüssig ist, wie
z. B. bei Gemüsen oder Früchten, ist die beschriebene Art der Zubereitung ganz vortrefflich. Einer der grössten Leckerbissen, die ich
kennen gelernt habe, ist nach meinem Geschmack eine auf offenem
Feuer in Bananenblättern gedämpfte, mit ausgepresstem Cocosnusssaft,
nicht dem natürlichen Wasser, der sogenannten Milch, zubereitete
Brotfrucht. Sie muss ganz heiss gegessen werden und schmeckt dann
wie Sandtorte, der man alle Süssigkeit und das rauhe Gefühl genommen
hat. Es muss allerdings Acht gegeben werden, dass bei der Behandlung der Rauch nicht in die Speise schlägt.

Von Knollenfrüchten haben die Eingeborenen lediglich Taro und
Yam, die nur auf offenem Feuer geröstet resp. in Stückchen mit
Fisch, wie beschrieben, gedünstet werden. In Neu-Mecklenburg fand ich
an einer Stelle eine andere kleine, der Kartoffel sehr ähnliche Knollen-
frucht, die fast genau wie erfrorene Kartoffel schmeckte. Die Pflanze,
von welcher sie stammt, kann ich mir nicht mehr ins Gedächtniss zurück-
rufen, unter meinen Notizen steht nur, dass wegen mangelnder Blüthe
nicht festgestellt werden konnte, ob es eine Solanacee war. An Gemüsen ist kein Mangel. Eine ganze Anzahl Blattpflanzen finden als
solches Verwendung, werden aber wunderbarer Weise in Bananenblättern
gedünstet, so dass sie als feuchte Masse verzehrt werden. Auch
nach europäischen Begriffen ganz wohlschmeckend ist die Spitze eines
langen Sumpfkrautes. Sie ist, fast wie junge Maiskolben, von einer
Blattscheide umgeben, ähnelt im Aussehen ein wenig der Blüthe unseres
Sauerampfers, im Geschmack unserem Spargel und wird von den
Eingeborenen „Komock" genannt. Von ganz hervorragendem Wohlgeschmack sind mehrere der im Archipel vorkommenden wilden Nüsse,
ganz besonders die „Angaliep" oder „Temap" genannte. Sie schmeckt
fast wie frische Knackmandel, kann aber in grösseren Mengen ohne
Nachtheil gegessen werden. Die Kanakenfrauen verarbeiten die Nuss

zu einem Pudding, der sicherlich, wenn er nur von anderen Händen herstammte, recht einladend wäre. Rechnen wir nun noch allerhand solche Delicatessen, wie Kerne der Brotfrucht, andere wilde Früchte, Cocosnuss, und in Neu-Mecklenburg den reichlich vorhandenen und sehr wohlschmeckenden Sago, so sehen wir, dass die Speisekammer der Kanaken recht ausgiebig verproviantirt ist. An einigen Stellen, nicht überall, was bei Küstenbewohnern doch Wunder nehmen darf, wird Seewasser als Würze der Speisen benutzt, als Handelsartikel geht es ins Innere. Man darf aber behaupten, dass nur Häuptlinge, die sich auf den Feinschmecker spielen wollen, eine derartige Würze anwenden. Auch der reichlich vorhandene Pfeffer wird verschmäht, den Kanaken genügt der Geschmack, den ein Gericht durch Zuthat von gequetschten Bananenblättern erhält, auch scheinen die meisten ihrer Gerichte durch Zuthat von Salz nicht zu gewinnen. Im Allgemeinen ist der Geschmackssinn der Kanaken wenig entwickelt, sie können Unterschiede von Speisen europäischer Zubereitung erst erkennen, nachdem sie eine Zeit lang bei Europäern gearbeitet haben und mit deren Nahrung, die sie übrigens anfänglich nur mit Widerwillen geniessen, vertraut geworden sind. Zucker schmeckt ihnen unangenehm und sie geben ihn meist nach einem schüchternen Versuch wieder zurück, doch kauen sie gern ihr schlechtes Zuckerrohr. Faules Fleisch oder Fisch dagegen ist ihnen nicht widerlich, angebrütete Eier essen sie ebenso gern als frische, beide Arten werden nur auf einige Augenblicke in der heissen Asche umhergewälzt. Die einzige wirkliche Delicatesse in den Augen der Kanaken ist Fleisch, besonders Menschenfleisch, daher reserviren sich die Männer auch dessen Genuss, die Weiber dürfen es meist nur zubereiten. Am Mahle theilzunehmen wird ihnen selten erlaubt, dagegen steht ihnen frei, sich nach der Zubereitung im buchstäblichen Sinne des Wortes die Finger abzulecken.

Während der Mahlzeiten pflegen die Leute nicht zu trinken, was wahrscheinlich auf die Gewohnheit zurückzuführen ist, ihre Mahlzeiten gerade da einzunehmen, wo die Nahrung gefunden wird, am Strande oder im Busch. Wasser ist dann nicht gleich zur Hand. Ferner ist auf den kleineren Inseln das Wasser meist so schlecht von Geschmack und wegen seines Salzgehaltes so wenig durststillend, dass dessen Benutzung selbst dem unempfindlichen Gaumen eines Kanaken widerstehen muss. Wunderbarer Weise sind die Kanaken — im Gegensatz zu den meisten Naturvölkern — bisher noch nicht auf die Idee gekommen, sich ein berauschendes Getränk irgend welcher Art aus dem vielen

ihnen zu Gebote stehenden Materiale, wie Cocusnussmilch, wildes
Zuckerrohr, Palmensaft etc., herzustellen, auch finden sie im Allgemeinen nur wenig Gefallen am Geschmack europäischer Getränke,
wie Bier, Wein, Schnaps. Haben sie in den australischen Colonien
gearbeitet, so sind sie zuweilen auch an den Genuss von Alkohol gewöhnt,
der ihnen jedoch nur ausnahmsweise zum Bedürfniss wird. Als Trink-
gefäss dient die erste beste Cocosschale, die selten mit einem Henkel
versehen, öfters in ein Netz eingeschlungen und beliebig aufgehangen
wird. Zum Zwecke der Feuerentfachung und Speisenzubereitung ist
in jedem Hause stets etwas glühende Kohle auf dem Feuerplatze zu
finden, der durch Blasen die Flamme entlockt wird. Einsam herum
strolchende Männer tragen meist ein am Ende glühendes Feuerholz
mit sich umher, sollte dieses erlöschen, so sind sie dennoch nicht in
Verlegenheit, denn fast jeder Kanake trägt in einem aus Bast geflochtenen Täschchen seine Feuerstöcke, ein hartes und ein weiches Holz,
bei sich. Will er sich mittelst der Stäbchen Feuer anzünden, so wird
das harte, breitere auf die Erde gelegt und mit einer Zehe des Fusses
festgehalten, das weichere runde Reibeholz von der Dicke eines Fingers wird nun mit beiden Händen erfasst, mit dem Ende in spitzem
Winkel auf seine Unterlage gesetzt und rasch hin und her gerieben.
Von dem weicheren Holz setzt sich jetzt ein feines Pulver ab, welches
bald leise zu rauchen beginnt, durch geschicktes Blasen entwickelt
man nun den Funken und darauf die Flamme, doch erfordert die
Procedur sehr viel Uebung und ist für den Europäer sehr schwer zu
erlernen, weil er die Stellung, welche der Körper dabei einnehmen
muss, ohne Ermüdung nicht leicht auszuhalten vermag.

Die Verwaltung des Proviants, die Aufgabe, den Hunger der
Ihrigen zu stillen und daher die Arbeit des Kochens fallen fast ausschliesslich der Frau zu, so lange nicht der zu kochende Gegenstand
für sie tambu ist. In diesem Falle muss ihn sich der Mann selbst
zubereiten, was er ja überhaupt oft thut, wenn er sich seine Vorräthe
selbst auf dem Riffe oder im Busch sammelt. Die Frauen helfen sich
indess darin gegenseitig und ihre Familien schicken ihnen stets grosse
Mengen schon zubereiteter Gerichte oder Leckerbissen. Die Frau
giebt hiervon ihrem Manne, was ihr gut dünkt, und behält den Rest
für sich, um ihn im Kreise ihrer Bekannten zu verzehren. Dabei
stellt sich heraus, dass die Weiber rechte Vielfrässe sind, denn bei
diesen Schmausereien stopfen sie sich oft in solchem Grade, dass sie
zeitweilig völlig unfähig werden, irgend welche Arbeit zu thun. Auch
im Betelkauen halten sie kein Maass, verfallen mitunter in einen da-

durch entstehenden tiefen Rausch, den man seiner Begleitsymptome
halber schon mehr Kater nennen dürfte. Aus diesen Zuständen —
man darf sie vielleicht als die „nervösen Tage" der Südseebewohne-
rinnen bezeichnen — erwecken sie dann wohl einige mehr oder
weniger, meist mehr, energisch applicirte Winke mit dem Zaunpfahle,
oder auch dem Spazierstocke des Gatten.

Die Gewohnheit des Betelkauens wird fast ohne Ausnahme von
allen männlichen oder weiblichen Bewohnern des Archipels ausgeübt. So
lange sie durch Uebertreibung nicht zur Unsitte geworden ist, hat sie
auch für den Europäer nichts Abstossendes, wenigstens nicht mehr als
das Rauchen. Im Gegensatze zu letzterem verbreitet es sogar um den
gewohnheitsmässigen Betelkauer einen sehr flüchtigen, nur mitunter
wahrnehmbaren Wohlgeruch. Die Art des Gebrauches weicht bei den
Kanaken wesentlich von der unter Arabern und Indern üblichen ab. Die
Nuss, von den Eingeborenen „Ambn" genannt, wird in unreifem Zustande
vom Baume gepflückt, in den Häusern aufgehängt und von hier nach
Bedarf entnommen. Da sich ihr Kern noch nicht erhärtet hat, sondern in der Form von sehr losem Gelee die inneren Zellen der Nuss
ausfüllt, so wird diese nicht geschält, sondern einfach sammt der
Schale durchbissen. Ist die Nuss genügend zwischen den Zähnen zer-
kleinert, um Raum zu gewähren, so wird eine Stange Betelpfeffer, „Ndake",
mit der Nuss zerkaut, was nach Angabe der Eingeborenen deren
herbe Strenge mildern und den Wohlgeschmack erhöhen soll. Dieses
Gewächs ähnelt einem etwa 2 Zoll langen, sehr dünnen Tannenzapfen
und ist von grüner Farbe. Sein Geschmack besitzt eine solche
Schärfe, dass selbst ein Kanake sie nicht erträgt; um diese zu mildern, wird dem ganzen Bissen eine Messerspitze „Kabang", das ist
ganz fein gemahlener weisser Kalkstaub, zugefügt, durch dessen Wirkung sich die ganze Masse roth färbt. Natürlich bleibt dies nicht
ohne Einwirkung auf die Munddrüsen, der Speichel wird roth, das
Zahnfleisch nimmt eine höhere Röthe an, als die Natur ihm vor-
schreibt, und die Zähne erhalten ein für europäische Augen brutales
Aussehen durch die entstehende röthliche Aderung der Oberflächen-
glasur. Ueber den Reiz, welchen der Genuss dieser Frucht gewährt, ist
schwer Aufklärung zu erhalten. Mit Maass ausgeübt, kann die Gewohnheit nicht schädlich sein. Es wurde die Beobachtung gemacht,
dass Arbeiterschiffe, welche Kanaken nach Australien und Samoa verfrachten, wenig oder gar keine Krankheitsfälle unter den Leuten an
Bord hatten, wenn letztere genügend mit Betel versehen waren.
Namentlich blieb die sonst leicht eintretende Dysenterie aus. Fehlte

Betel, so stellte sich diese Krankheit nebst anderen, mit der Verdauung zusammenhängenden Beschwerden leicht ein. Man könnte nun einwenden, dass die plötzlich durch die Seereise bedingte Unterbrechung der Gewohnheit des Betelkauens den Anlass zu den Krankheitserscheinungen gegeben habe. Allein dann müssten diese jedesmal zugleich mit einer solchen Unterbrechung eintreten. Dies geschieht jedoch nicht. Es ereignet sich mitunter, dass der Duk-Duk einem Kanaken, oder dass ein solcher seiner Frau den Gebrauch von Betel auf einige Zeit tambu macht, die Unterbrechung der Gewohnheit hat in diesem Falle keinerlei üble Folgen. Man darf daher wohl annehmen, dass der mässige Gebrauch des Betels eine kräftigende Wirkung auf die Verdauungsorgane ausübt, welche den Kanaken für die während der Seereise eintretende gänzliche Veränderung seiner Nahrungsweise widerstandsfähiger macht. Die Art des Betelgebrauches, wie er bei den Kanaken Sitte ist, bedingt natürlich einen Consum weit grösserer Mengen Betel als bei Gebrauch des trockenen Kerns nach arabischer Mode. Es ist nicht zu hoch gegriffen, wenn man den Verbrauch pro Kopf der Bevölkerung auf täglich 4 bis 5 Nüsse schätzt. Alte Leute gebrauchen weit mehr, 8 bis 10 dürfte ihren Bedarf befriedigen, und einzelne Individuen treiben solchen Missbrauch mit der Gewohnheit, dass sie kaum ohne einen Betelbissen anzutreffen sind, wie starke Raucher nie ohne Cigarre oder Pfeife; 30 bis 40 Nüsse dürfte ihr täglicher Bedarf sein. Bei einer solchen Uebertreibung stellen sich natürlich üble Folgen ein, der Saft scheint eine die Fleischfaser angreifende Eigenschaft zu besitzen, denn die Mundwinkel dieser Leute werden gleichsam angefressen, sie erweitern sich und rücken bis in die Nähe der Kinnbacken vor; solche Personen leiden dann gewöhnlich auch an anderen Krankheiten, die muthmaasslich im Magen ihren Sitz haben und auf Ernährungsstörungen zurückzuführen sind, sie magern ab, es zeigen sich Geschwüre am Körper, sie ziehen sich als Einsiedler in die Tambuhäuser zurück und werden von den Gesunden gemieden.

In demselben Maasse wie das Betelkauen herrscht unter den Kanaken die Gewohnheit des Rauchens. Dass dies eine dem Verkehr mit Europäern zu dankende Errungenschaft ist, erkennt man daran, dass die Leute im Inneren die Gewohnheit gar nicht oder nur in ganz vereinzelten Fällen angenommen haben. Auch ist der Tabak nicht nur keine indigene Pflanze, sondern sie wird auch nirgends cultivirt, die einzelnen Pflanzen, welche man höchst selten in den Dörfern reicher Leute zu sehen bekommt, kann man nicht als Anbauversuch auffassen [1]). Der zur Verwendung kommende Tabak ist fast ausschliesslich amerikanisches Fabrikat und wird über Australien oder Singapore bezogen. Beide Geschlechter rauchen leidenschaftlich und beginnen in sehr jungen Jahren. Ich habe selbst gesehen, wie ein Kanake einem kleinen Kinde, welches von der Mutter noch die Brust erhielt und kaum sprechen konnte, die Pfeife zwischen die Lippen steckte. Pfeifen beziehen die Eingeborenen ebenfalls von den Europäern und kommt hauptsächlich die kurze Gypspfeife zur Verwendung. Da, wo das Rauchen sich eingebürgert hat, ist es auch zum unabweislichen Bedürfnisse geworden, und es ist eine wunderbare Thatsache, dass während des nun schon vieljährigen Verkehres der Weissen mit den Kanaken dieser Gegenden der Tabak das einzige Bedürfniss ist, welches man ihnen hat angewöhnen können. Das Rauchen ist jedoch die einzige Form, in welcher der Tabak zur Verwendung kommt, den Gebrauch von Schnupftabak habe ich nie beobachten können, dagegen erlebt man den allerdings seltenen Fall, dass ein Stückchen von einer der kleinen Stangen, in denen der Tabak hier in den Handel kommt, zum Kauen in den Mund wandert.

Betelkauen und Rauchen sind an keine bestimmte Tageszeit gebunden, beides wird abwechselnd und zugleich den ganzen Tag betrieben. Während der Mahlzeiten ruht allerdings für deren äusserst kurze Dauer die Pfeife und verschwindet der Betelbissen aus dem Munde. Der unverheirathete Mann sorgt meist selbst für seine Mahlzeit, deren Herstellung sonst durchweg den Frauen obliegt. Allein der Junggeselle sowohl wie der verheirathete Mann gehen, letzterer selbst lange nach seiner Verheirathung, noch zu seiner Mutter, um von dieser sich eine Mahlzeit geben zu lassen, oft ist er sogar dazu genöthigt, denn die Frauen vernachlässigen mitunter ihre Männer absichtlich oder aus Faulheit. Die Mutter hilft dann aus und wenn wir auch gesehen haben, dass Gemüthsregungen den Kanaken nicht leicht anwandeln, so erkennen wir doch in dieser kleinen Aeusserlichkeit das alte Naturgesetz von der Mutterliebe.

Die Mahlzeiten werden unregelmässig und durchweg im Freien eingenommen, nur bei Regen begiebt man sich ins Haus. Am Morgen, wenn der Mann seine Hütte verlässt, trinkt er vielleicht eine Cocos-

---

[1]) Der Verfasser traf in Neu-Mecklenburg Leute, welche gerollten Tabak, augenscheinlich zu Handelszwecken, mit sich trugen. Wegen unmöglicher Verständigung war nicht zu erfahren, wo das Product herstammte. Da es der einzige Fall ist, in dem diese Gattung Tabak beobachtet wurde, wagt der Verfasser nicht, auf den Anbau dieser Pflanze in Neu-Mecklenburg zu schliessen.

nuss und isst einen Theil von deren weichem Kerne. Dann läuft er in Feld und Wald umher und thut, als ob er etwas suche, manchmal hat er im Felde etwas zu verrichten, oder Herstellung von Fischgeräth oder andere Art der Arbeit ist erforderlich, keinesfalls jedoch wird diese systematisch fortgesetzt, sondern nur nach launenhaften Anwandlungen ruckweise vollzogen. Darüber kommt die Mittagszeit, ein Knabe wird ins Feld geschickt, um einige Bananen und Taro zu holen, welche letzteren über einem rasch entfachten Feuer gebraten und mit den Früchten verzehrt werden. Trifft man mit Bekannten zusammen, so wandert man hinaus aufs Riff, wo der Morgen mit dem Suchen nach Muscheln verbracht wird, von denen 30 bis 40 eine Mahlzeit bilden. Wenn sie in der Asche gebraten sind, werden sie mit einem Stöckchen aus dem Gehäuse gezogen und verzehrt. Kommt ein Fremder zu einem essenden Kanaken, so wird ihm schweigend Theilnahme am Mahle angeboten, doch liegt keine Freudigkeit in der Einladung, der die herzliche Gastlichkeit des afrikanischen Negers völlig fehlt. Die Ursache liegt in dem Misstrauen des Kanakencharakters, das mit Bezug auf die Mahlzeit sich an den Glauben klammert, der Fremde könne mit einem verheimlichten Theil der Speise den Speisegeber verzaubern. Alle Speisereste werden deshalb sorgfältig verborgen. Gegen Abend kehrt der Kanake in sein Dorf zurück, wo er seine Hauptmahlzeit von seiner Frau vorgesetzt erhält. Die Geschlechter speisen nicht gemeinschaftlich, sondern die Männer zuerst, die Frauen verzehren hinterher den Rest des aufgetragenen Gerichtes. Im Allgemeinen finden die Frauen indessen tagsüber so viel Gelegenheit, ihren Hunger zu stillen, dass sie gar nicht auf das angewiesen sind, was die Männer übrig gelassen haben. Das Essen wird auf Bananenblättern oder in geflochtenen Körbchen aufgetragen, d. h. stillschweigend dem darauf wartenden Manne hingereicht.

Am Nordende Neu-Mecklenburgs wird von den Eingeborenen zur Zeit von schlechter Ernte ein heller brauner Lehm gegessen, eine Sitte, die anscheinend in keinem anderen Theile des Archipels bisher beobachtet worden ist. Da auf den kleinen Inseln überhaupt keine Quellen vorhanden sind, erhalten die Leute das wenige Wasser, welches sie benöthigen, indem sie in der Nähe des Strandes Löcher in den Sand graben, in die langsam ein wenig Seewasser hineindringt. Auf seinem Wege durch den Sand wird es ziemlich filtrirt und dadurch seines Salzgehaltes beraubt, behält jedoch trotzdem einen so unangenehmen Geschmack, dass es für Europäer völlig ungeniessbar ist. Die Kanaken sind daher auf Cocosnüsse als einziges Getränk angewiesen.

Dieser Wassermangel ist muthmaasslich auch die Ursache des geringen Reinigungsbedürfnisses der Kanaken. Die Männer haben beim Fischen reichliche Gelegenheit und Veranlassung, sich in der See zu baden, die Weiber thun dies kaum je, und nur Mädchen vertreiben sich mitunter die Zeit durch ein Bad, namentlich wenn sie sich durch Tauchen und Schwimmen ein Stückchen Tabak oder eine Münze erwerben können, die irgend ein Passagier eines Schiffes zu ihnen ins Wasser wirft. Die Kanaken hassen alle Fremden und betrachten sie als Feinde, dadurch ist jedoch ein Verkehr von Verwandten und Bekannten unter einander, sowie die Aufrechterhaltung von geschäftlichen Beziehungen mit wirklichen Fremden, d. h. Bewohnern anderer Inseln, durchaus nicht ausgeschlossen. Der Verkehr zwischen Bekannten beschränkt sich jedoch hauptsächlich auf die jüngeren Familienglieder. Junge Männer oder erwachsene Knaben pflegen zum Besuch in benachbarte Dörfer zu gehen, wo sie im Junggesellenhause Unterkunft finden. Ihre Mahlzeiten nehmen sie mit ihren Freunden ein, von den Mädchen erhalten sie auch hier und da etwas zugesteckt, theils sorgen sie auch für sich selbst, wie ja die meisten Kanaken dies thun müssen. Für die erwiesene Gastfreundschaft wird von den Männern keinerlei Entgelt gefordert, auch an der Arbeit seines Gastgebers braucht sich der Besucher nicht zu betheiligen. Anders ist es mit den Mädchen. Diese leisten bei allen Beschäftigungen derer, bei denen sie zum Besuch sind, hülfreiche Hand, jeder solcher Besuch ist darum hochwillkommen, wird sehr zuvorkommend behandelt und durch Zutheilung von allerhand Leckerbissen in reichlicher Auswahl ausgezeichnet. Es ist klar, dass deswegen die Mädchen gern in anderen Dörfern Besuche machen und länger da verweilen. Beim Abschied erhalten sie noch allerhand wohlschmeckende Dinge, die sie nach Haus mitnehmen und zum baldigen Wiederkommen ermuthigen sollen. So gestaltet sich der Verkehr unter Bekannten ganz freundlich; viel steifere Regeln sind vorgeschrieben über das Verhalten gegenüber Fremden. Ein solcher erhält zwar, so lange er in Geschäften anwesend ist, ebenfalls Nahrung umsonst, ist jedoch sein Geschäft abgewickelt, er aber durch irgend ein Ereigniss, vielleicht widrige Winde, an der Abreise verhindert, so wird von ihm erwartet, dass er seinen Unterhalt durch Arbeitsleistung im Garten seines Gastgebers verdiene. Er erhält dann auch kein Quartier im Junggesellenhause, sondern trägt seine Matte in die Nähe des Strandes, wo er die Nacht zubringt. Dabei begleiten ihn vielleicht einige Jünglinge aus dem Dorfe. Letztere Gewohnheit ist vermuthlich wieder auf das tiefe Misstrauen des Kanaken zurückzuführen und stammt aus den gar nicht weit zurück gelegenen Zeiten, in denen Cannibalismus noch durchaus allgemein war und jeder Fremde erwarten durfte, in den Kochtopf resp. in die Bananenblätter zu wandern, wenn er nicht überall von Angehörigen des Dorfes, in welchem er sich zum Besuch aufhielt und die daher für ihn verantwortlich waren, begleitet wurde. Auf dasselbe Misstrauen ist die Sitte der Begrüssung zurückzuführen, welche einem völlig Fremden bei seinem ersten Besuche zu Theil wird. In dem Hause seines Gastgebers setzt er sich vor diesem auf eine Matte und erhält nun Betelnuss und Nahrungsmittel. Ehe er jedoch etwas geniesst, reicht er einen Theil des ihm vorgesetzten dem Hausherrn, sowie den anderen im Hause Anwesenden hin. Dies geschieht, um sich vor Gift zu sichern, dessen Anwendung früher noch viel häufiger war als heute. Ist auf diese Weise Betel oder Nahrung gemeinsam genossen worden, so erstreckt sich auf den Fremden das Gastrecht des Dorfes.

Wenden wir uns noch einen Augenblick zu einem etwas zweifelhaften Gegenstande, zweifelhaft im Hinblick auf seine Existenz, zu der Kleidung des Kanaken. Man darf ohne Weiteres sagen, dass da, wo Kleidung, selbst im allerdürftigsten Sinne des Wortes, existirt, sie von den Europäern eingeführt ist. Ursprünglich gehen auf der Gazellenhalbinsel, der Neu-Lauenburggruppe und Neu-Mecklenburg, beide Geschlechter nur in ihre Tugend gehüllt einher. Noch heutigen Tages erscheinen die Weiber, welche den am Strande eingerichteten Markt besuchen, vollkommen unbekleidet. Mitunter wird ein dünner Faden um den Leib geschlungen und unter diesem ein Stück Pandanus- oder anderes Blattwerk vorn durchgezogen. Natürlich ist dieser Kleiderstoff von geringer Haltbarkeit, hat indessen den Vorzug, leicht ersetzbar zu sein. Ein durchaus praktisches und nützliches Kleidungsstück, ein völlig undurchlässiger Regenmantel, wird aus weich gemachten Pandanusblättern hergestellt. Eine etwa $1\frac{1}{2}$ m breite und ebenso lange Matte aus diesem Stoff wird zusammengefaltet und der Rand an einer der schmalen Seiten zusammengenäht. Die so entstandene Sackecke wird nun einfach über den Kopf gestülpt, die offene Matte hängt über den Rücken herab und gewährt während der kurzen Dauer ihrer Haltbarkeit sicheren Schutz vor Regen. Die Männer haben nicht das geringste Bedürfniss, ihre Person zu verhüllen, in ihren Wäldern gehen sie völlig nackt wie die Weiber. An der Küste jedoch hat das Machtwort der Weissen eine Art Kleidung eingeführt und deren Gebrauch hat sich bis auf einige Entfernung im Inneren ausgedehnt. Als wichtigstes, fast einziges Kleidungsstück im europäischen Sinne dient das Lawa-Lawa, d. i. ein in möglichst greller Farbenzusammenstellung gedrucktes Kattun-

Frau und Mädchen der Gazellenhalbinsel.

taschentuch. Männer sowohl als Weiber tragen es einfach um die
Leibesmitte gebunden, der Mann so, dass die beiden Kanten sich an
einer Seite des Körpers treffen, die Weiber benutzen meist ein längeres
Stück, so dass es zu anderthalb Umgängen um den Leib reicht. Bei
vielen Weibern macht sich, weniger der Kleidung als vielmehr
Schmuckes halber, bei Besuchen an der Küste das Bedürfniss geltend,
auch noch Schulter und Brust zu verhüllen. Sie schlagen deshalb mitunter ein langes Stück Taschentuchzeug nach Art der Indier oder
Malayen über die Schulter und unter den entgegengesetzten Arm, öfter
jedoch binden sie einfach ein Tuch um die Leibesmitte, ein anderes
unter die Arme, bei beiden Arten der Bekleidung fehlt die den meisten
Naturvölkern eigene Anmuth und Grazie, und selbst die hübschesten
Kanakenmädchen können nicht mit ihren afrikanischen, malayischen
oder indischen Schwestern concurriren. Das Gebot, sich zu bekleiden,
hat die Küsten-Kanaken in der Nähe der Ansiedelungen auch dazu
geführt, sich in Jacken und Hosen zu stecken. Zur Einführung dieser
Bekleidungsart hat am meisten die Bemühung der Mission beigetragen.
Abgesehen davon, dass die zur Verwendung gelangenden Kleidungsstücke meist völlig abgetragenes Material ihrer früheren europäischen
Besitzer sind — und bis zu welchem Grade der Europäer dort draussen
seine Kleider abträgt, davon könnte sich selbst ein Kleiderhändler des
seligen Cölln a. d. Spree kaum einen Begriff machen —, so sind Bein-
kleider und Rock lediglich dazu angethan, nur die Nachtheile des
Wuchses des Kanaken, nicht aber dessen Schönheiten hervorzuheben.
Er erscheint deswegen in europäischer Tracht sehr benachtheiligt, das
an und für sich Zurückhaltende seines Wesens, vereint mit einem
schlecht sitzenden, zerlumpten Anzuge drückt ihm den Stempel des
Vagabunden auf, der ja mit seinem Charakter in harmonischem Einklang stehen mag, aber doch nicht im Aeusseren ausdrücklich hervorgehoben zu werden braucht. Weit vortheilhafter kleidet ihn das
erwähnte Lawa-Lawa, dessen Falten sich gefällig dem Körper an-
schmiegen und dessen Farben in angenehmem Gegensatz zur dunkel-
braunen Haut des Trägers stehen. Beide Geschlechter lieben es, sich
zu schmücken, doch ist, wie bei den meisten Farbigen, auch unter den
Kanaken der Mann putzsüchtiger als das Weib. Die Kanaken verfügen
nicht über eine grosse Anzahl Schmucksachen, wenigstens finden sich selten
deren vielerlei im Besitze einer Person. Muscheln sind das Material,
aus dem die meisten Schmucksachen hergestellt werden durch Pro-
cesse, welche wir in dem der Industrie des Volkes gewidmeten Capitel
schildern wollen. Zwei Arten des sich Schmückens bedingen indessen

Aenderungen einzelner Theile des Körpers, die dadurch in unseren Augen verunstaltet werden. So lieben es die Weiber, besonders ihre Zähne zu färben. Im Allgemeinen ist eine gründliche Schwärzung der Zähne ganz chic, hat indessen eine Kanakenschönheit den unabweislichen Drang, höchst modern zu sein, so färbt sie die Zähne der rechten Hälfte des Oberkiefers und der linken des Unterkiefers, oder umgekehrt, schwarz, während die anderen Hälften weiss bleiben. Der Färbungsprocess ist langwierig und schwer. Eine gewisse Sorte Erde wird zu Lehm geknetet und gebrannt, dann zu Pulver zerrieben und zu einem dicken Brei zusammengerührt. Diese Mischung wird auf ein Stückchen Cocospalmblatt gestrichen und flach auf die zu färbenden Zähne gelegt. Da die Masse während des Processes dauernd mit den Zähnen in Berührung bleiben muss, so ist es nöthig, den Mund fest geschlossen zu halten. Die Operation muss drei- bis viermal wiederholt werden, wenn eine wirklich tiefe Farbe erzielt werden soll, und während der erforderlichen Tage kaum das Mädchen oder die Frau nicht sprechen und nur Abends vor dem Zubettgehen wenig flüssige Nahrung zu sich nehmen, da kräftiges Beissen den Färbungsprocess hindern würde. Knaben färben ihre Zähne um die Zeit der Pubertät, das einmal vollendete Verfahren bedarf keiner Erneuerung, da die Zähne ihre schwarze Farbe dauernd behalten. Männer färben ihre Zähne nicht, da diese durch das fortgesetzte Betelkauen den schon erwähnten unangenehmen röthlichen Schimmer erhalten. Tätowirung ist im Allgemeinen wenig Mode. Weiber schneiden sich über den Brüsten eine rosettenförmige Narbe ein, die für sehr ornamental gilt. Mitunter sieht man zwei parallele Einschnitte auf den Wangen. Männer tätowiren manchmal eine grosse, im Zickzack verlaufende Figur mit rundem Kopfe auf Hüfte und Oberschenkel, die Spitze des Zickzacks reicht dann bis zum Knie hinab. Die Schnitte werden mit einer scharfen Muschel, in neuerer Zeit mit einem Stück Flaschenglas ausgeführt. Als hervorragendster Schmuck der Männer verdient der Nasenstock Erwähnung. Sowohl die Leute Neu-Pommerns als Neu-Mecklenburgs durchbohren die Scheidewand zwischen den Nasenlöchern, durch welche sie einen kleinen Holzpflock hindurchstecken. Sehr reiche Leute verschaffen sich einen Federkiel vom Kasuar, der in seiner ganzen Länge stehen bleibt und wie ein sehr steif gewichster, eigenthümlich hoch getragener Schnurrbart aussieht. Weniger Bemittelte suchen durch die Dicke des Pflockes die Länge und Kostbarkeit des Kasuarkieles zu ersetzen. Sie erweitern das Bohrloch so, dass eine kleine Bambusröhre darin Platz hat, durch welche bequem ein Faber'scher

Bleistift gesteckt werden könnte. Doch findet sich diese Tracht öfter unter den Neu-Mecklenburgern als Neu-Pommern. Solche Röhrchen werden indessen kurz gehalten und ragen nur über die Nasenflügel des Trägers hinaus. Sehr eigenthümlich ist es, dass diese originelle Verschönerung durchaus nicht garstig wirkt, man kann im Gegentheil behaupten, dass manches geistlose Kanakengesicht erst durch diesen Schmuck einen Ausdruck erhält, selbst Europäer gewöhnen sich bald an den Anblick. Männer tätowiren sich, wie schon gesagt, nur in seltenen Fällen, dagegen verdient erwähnt zu werden, dass sie als Schmuck gern ein Büschel wohlriechendes Kraut um den Nacken binden, so dass es zwischen den Schultern herabfällt. Pflanzen, die ausser dem Wohlgeruch besonders bunte Blätter besitzen, sind zu diesem Zwecke besonders beliebt. Sehr modern ist das Färben der Haare. Nach alter Weise geschieht es mittelst roth gebrannter Erde. Der Process des Färbens ist nicht ganz einfach und muss, um Erfolg zu haben, mehrmals erneuert werden. Wo keine europäische Färbemittel gebraucht werden, wird Kalk oder roth gebrannte Erde mit Wasser zu einem Brei angerührt und der Kopf damit gewaschen. Der Färbestoff trocknet nun in den Haaren, die in steinharten Strähnen umherstehen. Mit der Hand wird jetzt der getrocknete Brei durch Zerbrechen der Haarsträhne aus letzteren entfernt und diese wieder gewaschen. Der Process wird wiederholt, bis die gewünschte Farbe erzielt ist. Durch die Anwendung von Kalk bleicht das Haar zur Farbe eines schmutzigen Gelb, hängt in wilden Zotteln um den Kopf und verleiht seinem Träger ein groteskes Aussehen. Die gebrannte Ziegelerde schädigt das Haar nicht in dem Maasse wie der Kalk und färbt es ziegelroth, was zwar auch nicht schön, aber doch erträglicher aussieht, als die schmutzige Kalkfarbe. Schwarze Farbe für die Haare wird aus der gebrannten Schale der Cocosnuss hergestellt. Der moderne Kanake, d. i. der in den Hafenorten im Dienste von Europäern beschäftigte Arbeiter, empfindet den alten, öfterer Wiederholung bedürfenden Process als überflüssige Mühe und giesst sich lieber eine Flasche Judlinschen Färbemittels ins Haar, welches dadurch zwar nicht die echte werthvolle Ziegelfarbe erhält, dafür aber wenigstens kurze Zeit in grellstem Carmoisin strahlt.

Wenngleich Kleidung und Ornament wenig entwickelt ist, so wird doch eine Bedürfnisse nach dem Ornamentalen Rechnung getragen. Wir rechnen solche Veränderungen des äusseren Menschen, welche als Ausdruck ganz bestimmter Umstände dienen sollen, wie z. B. Bemalungen während Trauer oder Dauer des Einetzes etc., nicht unter das ein-

fache Ornament und werden ihrer an anderer Stelle Erwähnung thun.
Ganz von der Laune des Augenblicks abhängig ist die Mode der
Haartracht. Der Mann von der Gazellenhalbinsel und Neu-Lauenburg
trägt gewöhnlich einen Zottelkopf, der wegen des filzigen Kanaken-
haares den Eindruck macht, als sei der Perrückenstock eines Friseurs
mit der Wolle langhaariger Schafe beklebt worden. Mitunter nehmen
sich jedoch namentlich jüngere Leute die Mühe, sich zu frisiren.
Dann wird das Haar mit spitzen Stöckchen gezupft und gedrückt, bis
es sich in die richtige Lage begeben hat. Gewöhnlich wird in der
Mitte ein Scheitel gemacht, zu dessen Seiten sich zwei Haarwülste
aufbauschen, die beide Hälften des Kopfes bedecken. Die Tracht sieht
sauber aus und kleidet den Träger nicht übel, auch hält sie sich
einige Zeit, ohne der Erneuerung zu bedürfen. Der Neu-Mecklenburger scheint der Frisur mehr Werth beizumessen. Seine Tracht ist
complicirter. Er färbt das Haar mittelst Kalk weiss oder gelb. Dann
wird es in die Höhe gekämmt und von den Seiten des Kopfes abrasirt,
so dass über den Scheitel hinweg ein etwa $1\frac{1}{2}$ Zoll breiter Streifen
Haares stehen bleibt, der nun in die Gestalt einer gleichmässig
verlaufenden Leiste zurecht gezupft wird; der Träger dieser Mode erhält dadurch das Aussehen, als trage er einen bayerischen Raupen-
helm und zwar ganz besonders dann, wenn das Haar auf den rasirten
Stellen wieder zu wachsen beginnt und in seiner Schwärze von dem Weiss
oder Gelb der Haarraupe scharf absticht. Mitunter wird letztere auch
in ihrer natürlichen Farbe getragen. Die uns bekannten Stämme der
Salomonsinsulaner scheinen im Allgemeinen dem Haare seinen natürlichen Wuchs und Farbe zu lassen, doch kämmen sie es zuweilen ganz
nach dem Hinterhaupte, welches dadurch ein unnatürlich verlängertes
Aussehen erhält. Ist ihr Haar in Qualität schon durchweg besser, als
das der Leute von Neu-Pommern und Neu-Mecklenburg, so kommen
noch Individuen vor, deren Haar ziemlich lang, wellig und seidenweich ist.
Solche fand ich an der Ostküste der Insel Bougainville. Auch auf den
Schnitt des Bartes erstreckt sich die Mode. Der Neu-Pommer liebt es, ihn
so zu behandeln, dass er in dünner Schicht, als echte Zimmermannskrause,
das Gesicht umrahmt. Alles nicht Passende wird ausgerupft. Macht es zu
viel Mühe, dem Bart diese Gestalt zu geben, so wird er wüst und wild
stehen gelassen und verleiht, namentlich wenn er lange nicht roth gefärbt worden ist, also im Begriff steht, seine eigene Farbe wieder anzunehmen, seinem Träger ein höchst abstossendes Aussehen. Die Neu-
Mecklenburger rupfen sich gern den Bart ganz aus, so dass man selten
bärtige Individuen findet. Auch unter den Salomonsleuten, namentlich

den jüngeren, ist der Bart seltener, bei den älteren, die ihn wachsen lassen, nimmt er ganz normale Formen an, die man ebenso gut in Europa finden würde.

Weitere Verschönerungen sind die Arabesken, welche sich der Kanake ebenfalls gelegentlich des „Einetz" genannten Festes auf Brust und Rücken malt. Es ist hier vielleicht der Ort, etwas über die Schönheit der Kanaken resp. farbiger Völker zu sagen und zu erläutern, warum man ein Volk weniger schön als ein anderes findet, oder wie man überhaupt dunkle Menschen schön finden kann. Was zunächst die dunkle Haut anbetrifft, so giebt es nur eine Stimme darüber, dass man sich mit der Zeit so an diese gewöhnt, so sehr Gefallen an ihrem metallischen Glanze, ihrer sammetartigen Weichheit findet, dass man sie völlig auf eine Stufe mit der weissen Hautfarbe zu stellen lernt. Wer lange unter Farbigen gelebt hat, ohne Weisse zu sehen, erschrickt fast bei deren Anblick, er lernt die Bedeutung des Wortes „Bleichgesicht" erkennen und empfängt den Eindruck der Nacktheit beim Betrachten der weissen Haut. Schon die für schwarze Haut gebrauchten Attribute geben einen Maassstab für den Vergleich farbiger Völker unter einander. Je ausgesprochener die Farbe, je glänzender und weicher die Haut, desto mehr wird sie in unseren Augen das Prädicat „schön" verdienen. Farbige Völker preisen zwar meist die hellere Nüance ihrer Farbe als schön, empfinden jedoch in Bezug auf die Weichheit und den Glanz der Haut ganz wie wir. Dennoch gilt wieder eine ungewöhnlich tiefe Färbung, namentlich, wenn sie mit guter reiner Haut verbunden ist, als etwas Besonderes.

Stehen nun die Zulus und vielleicht die Dongolesen in Bezug auf die Eigenschaft ihrer Haut an erster Stelle unter den Negern, so überragen diese im Allgemeinen wieder die Kanaken, deren Farbe öfter unbestimmt, wie verwaschen aussieht, deren Haut rauh und brüchig ist und zu den fortwährend unter ihnen auftretenden Hautkrankheiten zu neigen scheint. Für die Salomonsinsulaner darf man indessen unter den Kanaken wieder eine Sonderstellung beanspruchen, sie erinnern oft an Neger, sogar an vornehme Negerrassen und haben als besondere Zier die Zugabe ihres mitunter gewellten, weichen Haares. Wie sehr unsere Auffassung menschlicher Schönheit von der Farbe abhängt, kann man leicht probiren, indem man einige, bei uns ja nicht mehr seltene Chinesen betrachtet. Derjenige wird uns am wenigsten missfallen, dessen Gesichtsfarbe sich entweder dem Roth und Weiss des Europäers oder dem Braun des Malayen nähert, der in der Mitte liegende gelbe Teint mit dem Stich ins Grünliche wird, gleichgültig, ob er mit gutem oder schlechtem Gesichtsschnitt verbunden ist, unseren Schönheitssinn stören.

Man hört oft von Reisenden oder solchen, die sich lange unter farbigen Völkern aufgehalten haben, die ehernen Gestalten, den herrlichen Wuchs der Neger preisen. Ganz mit Recht; ein gut gewachsener, junger Negerkrieger ist eine herrliche Erscheinung. Allein betrachtet man seine Form vom anatomischen Standpunkte, so stellen sich Mängel im Bau heraus, welche, da sie dem Durchschnittsindividuum der kaukasischen Rasse in viel geringerem Grade anhaften, deren Ueberlegenheit auch in physischer Hinsicht überzeugend darthun. Im Allgemeinen haben farbige Völker schmale Becken, unschön eingesetzte Hüftknochen und dadurch bedingte unvortheilhafte Einwärtsstellung der Füsse, breite Nierenpartien und Neigung zur Steatopygie. Ihre Arme sind etwas zu lang, die Brust nicht hoch gewölbt, der Hals dünn. Dagegen ist das Zellengewebe der farbigen viel kräftiger entwickelt, als das der weissen Haut, sie ist fetthaltiger, wodurch sie der letzteren oft an Weichheit und Glanz überlegen ist. Der Neger neigt zu stärkerem Fettansatz unter der Haut als der Weisse, so dass der Contrast zwischen den mit Muskeln stark ausgestatteten Partien und den muskellosen geringer ist. Die Formen sind mithin voller und runder, nähern sich mehr den weiblichen als beim Europäer. Der Farbige lebt mehr an der Luft, diese hat stets freien, ungehinderten Zutritt zur Haut, die sich daher in einem Zustande grösserer Spannung befindet. Diese Umstände zusammengenommen geben ein Bild von entschieden schöner Gesammtwirkung. Stellte man einen gut gewachsenen Europäer entkleidet unter ebenfalls gut gewachsene Neger, so würde er auf den ersten Blick unter seiner Umgebung dürr und garstig erscheinen, seine Arme sind eckig, seine Brust knochig, die Salznäpfchen über dem Schlüsselbein lassen uns an das Skelett denken. Stecken wir jetzt den Europäer und einen der Neger in europäische Kleidung, die die Rundung des einzelnen Gliedes verhüllt, dagegen den anatomischen Bau mehr zur Geltung kommen lässt, so ist der Vortheil sofort auf Seiten des Europäers. Seine eckigen Formen verschwinden, seine aufrechte Haltung, geraden Schenkel, gewölbte Brust kommen zur Geltung, er sieht männlicher, kräftiger aus als der europäisch gekleidete Neger, der sofort, auch in seinen besten Individuen, den Eindruck eines etwas haltungslosen, zur Corpulenz neigenden Menschen macht. Man sollte sich diese Thatsache stets vor Augen halten, wenn man den Farbigen an Kleidung gewöhnen will. Unsere europäische Tracht ist die denkbar unvortheilhafteste für ihn, den nur solche Gewandung zierend kleidet, die

sich an seine weichen, runden Formen leicht anschmiegt, diese zur
Geltung bringt, anatomische Mängel dagegen verhüllt.

Bei Beurtheilung der Schönheit ist ein anderes Moment von
ausserordentlicher Wichtigkeit, es ist die Bewegung. Von der Sprache
abgesehen, ist die Bewegung des Körpers der Ausdruck des Gemüths-
zustandes und des Temperaments. In melancholischer, gedrückter
Stimmung wird die Haltung gebeugt und nachlässig, aufrecht und frei,
wenn die Seele zur Freude gestimmt ist. Der Muthige, sich innerlich
sicher Fühlende, wird sich anders, graziöser bewegen als ein verlogener,
furchtsamer, hinterlistiger Mensch. Würdevolles vornehmes sich Geben
ist völlig vereinbar mit körperlicher Missgestaltung, die schönste
Körperform kommt nicht zur Wirkung, wenn sie durch einen ordi-
nären Geist in Bewegung gesetzt wird. Von der Bewegung hängt
mithin der Eindruck ab, den die Form macht. Man denke sich einen
Körper von tadellosem Bau in möglichst ungeschickter Stellung mit
ausgespreizten Beinen und steifen, ausgebreiteten Armen, so wird uns
die Figur trotz positiver Schönheit statt Bewunderung nur ein Lächeln
abnöthigen, dagegen wird die Grazie der an sich unschönen Gestalt
unseres Beifalls sicher sein. Am Neger beweist sich überzeugend die
Richtigkeit dieser Auffassung. Er ist meist mit sich selbst völlig zufrieden, hält sich für viel besser als alle anderen Menschen und ist
meist immer fröhlich, das warme Klima, in dem er lebt, giebt ihm
etwas Lässiges, Ungezwungenes, so dass in seinem normalen Zustande
seine Bewegungen leicht und anmuthig sind. Wir nehmen daher mehr
seine runden, weichen Formen als die Mängel seines Baues wahr und
finden ihn schön. Wer Neger kennt, vergegenwärtige sich nun einen
ausgescholtenen Diener oder einen Karawanenführer, der etwas Unan-
genehmes zu berichten hat, bei Beiden ist das geistige Gleichgewicht
gestört, ihre Sicherheit ist dahin, sich diese künstlich zu geben, vermögen sie gegenüber dem Europäer nicht. Sofort werden die Bewegungen unschön. Beide werden von einem Fuss auf den anderen
treten, dabei eine Hüfte und eine Schulter hängen lassen, bei welcher
Gelegenheit die unvortheilhafte Stellung der oberen Schenkelknochen
recht zum Vorschein kommt. Ist ein fester Gegenstand in der Nähe,
werden sie versuchen, sich anzulehnen, wo möglich mit den Armen
nach oben sich anzuhängen, wobei die für den Körper unproportionirte
Länge ihrer Arme und ihr schmales Becken besonders auffallen. Dieselben Leute werden auf dem Marsche oder beim Tanze uns durch
ihre Grazie entzücken, die Mängel ihres Baues werden für die Wahrnehmung verschwinden gegenüber der in der Bewegung liegenden

Wirkung. Es haben mithin diejenigen völlig recht, welche in einem jungen, tanzenden Zulukrieger, einem marschirenden Somali etc. das Urbild menschlicher Körperschönheit erblicken, trotz vorhandener Mängel ist die Wirkung eine vollendete. Einen guten Beweis für die Richtigkeit unserer Ausführungen bietet uns der Indier. Bei aller natürlichen Grazie, die ihm in hohem Maasse eigen ist, wird seine Form im Allgemeinen eckig wirken, so lange er in der dürftigen, ländlichen Gewandung oder gar ohne solche einherschreitet. Sobald er eine der europäischen ähnliche Kleidung anlegt, kommt bei ihm, dem Arier, der gerade Bau zur Geltung und die Wirkung ist, wie ein Blick auf die indischen Regimenter lehrt, eine imposante.

Das Gesagte findet in noch höherem Maasse Anwendung auf das Gesicht, in dessen Bewegung nicht nur das Temperament, sondern der Gedanke Ausdruck findet. Die Schönheit der Form befriedigt nicht auf die Dauer, wie wir bei der Betrachtung eines sogenannten „Belle homme" oder einer professionellen Schönheit finden. Ein ganz unregelmässiges, in voller Ruhe durchaus hässliches Gesicht kann durch den Ausdruck geradezu verschönt werden. Sind nun nur einzelne gute Partien vorhanden, so wird ein guter Ausdruck, d. h. die dem Gesichte durch Geist und edles Temperament verliehene Bewegung die Wirkung der Schönheit hervorrufen. Warum soll man farbigen Völkern alles das absprechen wollen, was nach obiger Auseinandersetzung dazu gehört, schön zu wirken. Wir finden hohe, gewölbte Stirnen, unter afrikanischen Negern besonders ist der Schnitt des Mundes mitunter von classischer Form, im Profil ist die Nase oft vollkommen gerade, das Kinn kräftig entwickelt, die Augen weit geöffnet. Ist nun der Neger für irgend etwas interessirt und er in der ihm eigenen zufriedenen, fröhlichen Stimmung, so belebt das Temperament und der Gedanke das Gesicht so, dass dessen gute Partien in der Bewegung schön wirken und die minderwerthigen unbeachtet bleiben. Dann stört die breite Nase nicht, die Lippen erscheinen nicht plump wegen ihrer Breite, die Stirn oben nicht zu schmal. In Südafrika ist die Schönheit der Zulumädchen sprichwörtlich und eines der schönsten Menschenkinder, die ich in meinem Leben gesehen habe, war ein junger Zwazikrieger namens Mgompo, bei ihm waren Körper, sowie Kopf, Gesicht und Ausdruck gleich bewundernswerth. Leider war er sich dessen zu sehr bewusst und seine Schönheit war sein Ruin, er ging in einer südafrikanischen Stadt am Trunk zu Grunde.

Auch unter den Kanaken finden wir kräftige und wohlproportionirte Leute, die Einwohner von Beyning und Kabaira auf der westlichen Seite der Gazellenhalbinsel zeichnen sich durch breite Schultern und kräftige Entwickelung der Armmuskeln aus. Die Neu-Mecklenburger sind zierlicher als alle anderen Kanaken, dennoch wird uns weder ihr Körper noch ihr Gesicht in dem Grade anmuthen, wie das des Negers. Ihr lauerndes Wesen, ihr bewusstes Misstrauen, der Abschliessung suchende Zug in ihrem Charakter rauben ihnen die Grazie der Bewegung und spiegeln sich in dem Gesichte, dessen Zuschnitt auch in der Form hinter dem des Negers zurücksteht. Auch in dieser Beziehung machen die Salomonsinsulaner eine Ausnahme, ihr gesetztes Wesen verleiht ihnen etwas Würdevolles und unter ihnen findet man recht hübsche Kinder. Die verschiedenen Stämme, mit denen der Europäer hauptsächlich in Berührung kommt, unterscheiden sich ganz wesentlich von einander. Der Bewohner Neu-Pommerns zeichnet sich vor den anderen durch seine Körperlänge aus, die im Allgemeinen sich über Mittelgrösse erheben dürfte. Er ist entsprechend breit und wenn er wohlgenährt ist, sind seine Formen voll und kräftig, aber weich. Sein Kopf ist im Vergleich zu den anderen Stämmen rund, Messungen würden ihn wahrscheinlich als ausgesprochenen Kurzschädel erweisen. Sein Gesicht ist rund und breit, der Mund gross und grob, mit breiten, wulstigen Lippen, doch verhältnissmässig wenig prognath. Der Haarwuchs ist stark entwickelt, nicht nur ist der Kopf von einer zottigen Wollperrücke und das Gesicht von starkem Barthaar, wenn dieses nicht planmässig entfernt ist, bedeckt, auch der Körper zeigt starke Behaarung, die bei einzelnen Individuen sogar über das gewöhnliche Maass hinausgeht. Im Verhältniss zu dieser Haarbedeckung sind die Augenbrauen wenig entwickelt, vielleicht werden sie von den Eingeborenen ausgerupft, doch sind sie bei den Neu-Pommern immer noch stärker als bei den anderen Stämmen. Die Augen sind meist tiefliegend und etwas gelblich mit dünner, rother Aederung; dieser Zustand scheint in ziemlich früher Jugend einzutreten, die er, weil er ein älteres Aussehen mit sich bringt, viel ihres Reizes beraubt. Die Stirn des Neu-Pommern ist im Allgemeinen hoch, doch wird sie nach oben zu schmäler und an den Schläfen finden sich oft tiefe Einsenkungen, die sie zwar hervortretend erscheinen lassen, aber doch den Ausdruck mangelnder Intelligenz mit sich bringen. Ganz auffallend ist der Unterschied zwischen Küsten- und Inselbewohnern und den Leuten desselben Stammes, deren Wohnsitz im Inneren des Landes liegt. Erstere sind breiter und tiefer in der Brust, ihre Arme sind sehniger und länger, ihre Beine aber viel dünner und muskellos. Die Erscheinung ist auf ihre Bootfahrten zurückzuführen. Sie gehen

wenig und steigen fast nie in die Berge, ihre Schenkel werden daher
weder geübt noch angestrengt. Tagtäglich dagegen bringen sie viele
Stunden in ihren Canoes zu und das Rudern übt natürlich auf Arme
und Lungen einen kräftigenden Einfluss aus, so dass der Oberkörper
im Gegensatz zu den unteren Extremitäten kräftig entwickelt wird.
Eine ganz merkwürdige Erscheinung, die ich indessen nur unter den
Leuten Neu-Pommerns beobachtete, ist eine Herzgrube von solch un-
gemeiner Tiefe, dass in ihr fast die Faust eines Mannes Platz finden
würde. Diese Erscheinung ist wieder unter den bootfahrenden Leuten
viel häufiger als unter den Landbewohnern und dürfte zweifelsohne mit
der Art der Beschäftigung zusammenhängen. Der Neu-Mecklenburger,
d. i. der Bewohner der beiden Inselenden, ist von nicht so hohem,
aber gefälligerem Wuchs als der Neu-Pommer, er ist wohlproportionirt,
etwas schniger und in seinen Bewegungen graziöser. Sein Kopf ist
etwas länger, nach hinten besser entwickelt, das Gesicht in seinem
unteren Theile schmäler, die Stirn breiter, obwohl niedriger, doch nimmt
sie im Verhältniss zum Gesicht mehr Raum ein als bei den anderen, auch
ist sie im Profil mehr gebogen. Die Nase ist besser geformt, namentlich im Profil gerade, der Mund weniger grob, kleiner, die Lippen mehr
geschweift. Die Augen sind etwas vorliegender und freundlicher und
stehen weiter von einander ab, die Bewegungen sind lebhafter. Der
Neu-Mecklenburger macht äusserlich den besten sowie den intelligen-
testen Eindruck. Bei ihm ist der Haarwuchs auf dem Körper geringer
als bei den anderen und auch Bärte sind unter ihnen selten. Der
Salomonsinsulaner steht an Körpergrösse und Haarbedeckung zwischen
den beiden Erstgenannten. Er ist kräftiger als der Neu-Mecklenburger
und in seinen Bewegungen und seinem Aeussern gefälliger als der
Neu-Pommer. Seine Nase ist gerade, sein Kinn energisch; er hat hohe
Backenknochen und sein Hinterkopf ist oft merkwürdig kräftig entwickelt. Seine Stirn ist meist gewöhnlich, niedrig und schmal, oft
über der Nasenwurzel eingedrückt, im Verhältniss zu dem Rest des
Gesichtes erscheint sie unbedeutend. Schon früher wurde erwähnt,
dass sein Haar nicht filzig, sondern oft weich und sanft, bei manchen
Individuen sogar lang ist. Allen diesen drei Stämmen ist die Eigenthümlichkeit gemeinsam, dass sie trotz verhältnissmässig wenig
Arbeit viel gröbere, ordinärere Hände haben als die Neger, bei denen
schöne Hände so häufig sind. Sie verwenden, im Gegensatz zu letzteren, keinerlei Sorgfalt auf die Pflege der Extremitäten, daher sind
auch ihre Füsse unschön. Wie bei allen barfuss laufenden Rassen
sind zwar die Zehen gut an den Fuss gesetzt und liegen leicht ge-

trennt von einander, namentlich ist dies bei der grossen und nächsten
Zehe der Fall. Merkwürdig oft findet man die kleine Zehe in fast
rechtem Winkel nach aussen stehen, doch mag dies auf Verletzungen,
Ausrenkungen etc. zurückzuführen sein. Handgelenke und Knöchel sind
fast bei allen Stämmen im Verhältniss schwach und dünn. Lernt man
schon nach kurzer Zeit den Typus jedes der drei Stämme so genau
kennen, dass man fast mit unfehlbarer Sicherheit die Herkunft des
Individuums bestimmen kann, so bemerkt man im längeren Verkehr,
dass ein weiteres streng unterscheidendes Moment der jedem Stamme
anhaftende eigenthümliche Geruch ist. Die Neu-Pommern stehen
voran. Sie geniessen so viel Betel, Kabang und Ndake, dass der diesen
Gewürzen anhaftende Duft sie stets leise umgiebt. Sind die Leute
sonst reinlich und gesund, so ist der Geruch nicht beleidigend, wird
dies aber sofort im höchsten Grade, wenn der Neu-Pommer unsauber
oder krank ist oder sich dem übertriebenen Genusse des Betelkauens
hingiebt. Wenn er Betel überhaupt nicht geniesst, kommt der eigene
unangenehme Geruch mehr zur Geltung. Dem Neu-Mecklenburger
haftet, obwohl auch er Betel kaut, nicht dessen, sondern nur der
eigene Duft an, der indessen, obwohl stets wahrnehmbar, nicht widerwärtig ist. Am wenigsten natürlichen Parfüm entwickeln die Salomonier, diese scheinen verhältnissmässig frei von Hautgeruch zu sein,
obwohl man auch unter ihnen Individuen findet, denen ein solcher
anhaftet. Er ist dann widerwärtig, doch ganz anders als bei den
anderen Stämmen. Merkwürdig ist dabei, dass alle diese Völker von
fast genau derselben Nahrung leben, so dass, wenn von dieser direct
der Geruch herzuleiten wäre, er bei allen derselbe sein müsste. Man
wird die Verschiedenheit des Geruches daher vielmehr in einer Unter-
schiedlichkeit der Hautthätigkeit bei den verschiedenen Stämmen zu
suchen haben.

Allen diesen Stämmen gemeinsam ist eine gewisse Unbeweglich-
keit des Gesichtsausdruckes. Dies ist wohl zurückzuführen auf das
grenzenlose Misstrauen, welches den Kanaken zu steter Wachsamkeit auf
sich selbst veranlasst, um in keiner Weise zu verrathen, was in seinem
Inneren vorgeht. Selten wird man den Ausdruck des Erstaunens, der
Freude, der Furcht, des Schreckes, auf den Gesichtern der Kanaken
wahrnehmen, auf denen stets ein Zug liegt, der dem Kenner der
Kanakenphysiognomie das Bestreben zeigt, sich des empfangenen Eindruckes zu erwehren. Wollte man für die Gesammtheit jedes der drei
Völker einen charakteristischen Gesichtsausdruck angeben, so würde
man vielleicht sagen können, dass der Neu-Pommer durchweg den Aus-

druck der kalten Abwehr trägt, der Neu-Mecklenburger den der unter-
drückten Wissbegierde, der Salomonier den der kühlen Kritik. Diese
Anschauung ist selbstverständlich subjectiv und trifft sicherlich nicht
für alle Individuen zu. Allein es mag doch von Interesse sein, gegenüber
den üblichen Schädelmessungen, die nur für den Fachmann begriffbildend
sind, eine auch dem Laien verständliche Andeutung des Eindruckes zu
geben, den der Beschauer von dem Aeusseren des Kanaken hat, soweit
darin dessen Inneres sich widerspiegelt. Dieser Betrachtung mag insofern
einiger Werth beizumessen sein, als der Verfasser Gelegenheit hatte,
mit den verschiedensten farbigen Völkern intim zu verkehren und vielfach darauf angewiesen war, aus dem Gesichtsausdruck Gedanken lesen
zu müssen. So sehr nun der Kanake seinen Gesichtsausdruck beherrscht, so kommen im Verkehre doch Augenblicke, wo er sich gehen
lässt oder auch gar ganz bestimmte Gefühlsregungen zum Ausdruck
bringen will. Ganz besonders ausdrucksvoll war in letzterem Falle
das Verfahren, Geringschätzung zu zeigen. Der Neu-Pommer bringt
die Lippen, besonders die untere, nach vorn, zieht die Mundwinkel
herab und bewegt die untere Lippe seitwärts hin und her. Da der
Mund geschlossen bleibt, so nimmt die Oberlippe an der Bewegung
Theil, ohne sie selbständig auszuführen. Dem Europäer fällt es schwer,
die Bewegung nachzuahmen. Soll zugleich Unwille ausgedrückt werden,
so wird die Stirn kraus gezogen und der beabsichtigte Ausdruck ist
in vollendeter Weise hervorgebracht.

Der Augenblick, in welchem der Kanake am meisten in Wallung
zu gerathen scheint und dies auch für den Zuschauer ersichtlich wird,
ist der Tanz. Es darf ohne Zweifel als richtig gelten, dass das Temperament eines Volkes in seinen Tänzen sich offenbart. Selbst bei
uns, von der allen gemeinsamen einheitlichen Cultur zu einer fast
homogenen Masse zusammengeschweissten Europäern bringt die Bewegung des Tanzes Temperamentsverschiedenheiten zum Vorschein. Man
stelle sich einen Engländer den rasenden „Bolero" tanzend oder einen
sicilianischen contadino in dem ehrbaren „Sir Roger de Coverley" vor, und
man wird sich der Richtigkeit des Gesagten nicht verschliessen. Trifft
aber die Beobachtung zu, so stossen wir bei den Kanaken, namentlich
den Neu-Pommern, auf recht wenig Temperament und noch weniger
Grazie und Originalität. Während uns die kraftvollen Bewegungen,
die stetig neuen Variationen in den Tänzen kriegerischer Neger jedesmal neu und interessant anmuthen, erscheinen uns die sich ewig
wiederholenden läppischen Bewegungen der tanzenden Neu-Pommern
schon nach kurzer Betrachtung äusserst langweilig und kindisch; wäh-

rend ein grosser Zulutanz stets eine Menge europäischer Zuschauer herbeizulocken pflegt, fühlt sich ein Colonist der Südsee kaum jemals veranlasst, einen Kanakentanz zweimal zu besuchen, es sei denn, dass er Fremden etwas Neues zeigen will oder sonst praktische Zwecke mit seiner Anwesenheit verfolgt.

Der Zulu sucht in seinem Tanz seine Tapferkeit und Geschicklichkeit in der Handhabung der Waffen zu beweisen. In seinen Bewegungen kommen die prachtvollen Formen seines Körpers und seine natürliche Grazie zur vollsten Geltung. Der Kanake will Grazie der Bewegung zeigen, der Erfolg wird beeinträchtigt durch seine natürliche Plumpheit und weniger vortheilhafte Gestalt. Es macht selbst ein schwächerer Zulukrieger in seinem Kriegsputz und Bewaffnung den Eindruck eines entschlossenen, muthbeseelten Mannes, selbst ein kräftiger, grosser Kanake kann durch seinen Wuchs nicht das Kindische verwischen, welches von der Form seines Tanzes unzertrennbar ist. Der Tanz vollzieht sich etwa in folgender Weise. Die Theilnehmer stellen sich, je drei neben einander, in so tiefer Form auf, als ihre Anzahl erlaubt. In der Mitte der vordersten Linie tanzt der Mann von höchtem Range; in Abstufung nach hinten ordnen sich die Anderen nach Rang und Würden. Hauptsächlich Männer gruppiren sich zusammen, Knaben tanzen für sich, ebenso Weiber und Mädchen. Der vornehmste Mann leitet den Tanz, seine Bewegungen sind maassgebend, was er thut, thun alle. Die Tänzer sind, obwohl unbekleidet, doch festlich geschmückt. Um ihren Leib geht eine Schnur aus Palmenfasern, durch welche einige bunte Crotonblätter gesteckt sind, so dass sie da, wo der Rücken des Trägers aufhört, als vegetabilisches Schwänzlein anmuthig herniederhängen. Einige Theilnehmer bringen durch blaue und schwarze Farbe auf ihrem Gesichte eine Malerei an, welche sie stark prognath erscheinen lässt, wodurch ihre persönliche Schönheit nach ihrer Ansicht wesentlich gehoben wird, gerade Striche über Brust und Bauch, formlose Flecke auf den Hüften, weiss gemalte Schienbeine und Waden und rothe Striche an den inneren Oberschenkeln gehören ebenfalls zu den kosmetischen Mitteln. In das Haar stecken sich die Tänzer bunte Papagei- oder weisse Kakadufedern, die in kleine Bouquets zusammengebunden werden. Aehnliche aber grössere Federbüschel werden in den Händen gehalten. Wessen Mittel nicht genügen, sich dieses Ornament zu verschaffen, nimmt ein Stöckchen, in dessen gespaltenes Ende eine einfache Hühnerfeder geklemmt wird, selbst eine Hand voll Gras muss unter Umständen schon hinreichen. Vor den Tänzern sitzen drei Musikanten, diese salben ihr Haar mit Fett und rother Ziegelerde und ziehen es in kleine Strähne aus, so dass es in Franzen über ihr Gesicht fällt. Sie halten kleine Trommeln, die aus einem Stück Holz geschnitzt sind und die Gestalt zweier mit den Böden aneinandergesetzten Würfelbecher haben. Die innere Höhlung geht ganz hindurch, die weiten Oeffnungen sind meist mit Schlangenhaut bespannt. Das Fell wird mit der blossen Hand geschlagen, wodurch ein für die Grösse der Trommel lauter Ton erzeugt wird. Zu dieser Musik setzen sich die Tänzer in Bewegung. Jetzt ducken sie sich nieder in die von uns Kniebeuge genannte Stellung, dann stehen sie auf einem, dann auf dem anderen Beine; die Arme werden nach rechts, nach links geworfen und von ruckweisem Herumschleudern des Kopfes begleitet. Jetzt wenden sie sich links, dann rechts, die beiden äusseren Tänzer kehren dem Inneren stets das Gesicht zu, wenn nicht die Figur des Tanzes erfordert, dass sie plötzlich zwei Schritte abseits springen und mit ihm zugewandten Rücken eine Zeit lang ihre St. Veitsbewegungen machen. Während der ganzen Zeit werden die Federbüschel in zitternder Bewegung gehalten oder in affectirter Weise damit umhergewebt, was sich in den Augen des Kanaken höchst graziös ausnimmt. Die Hintermänner der drei Vortänzer ahmen deren Gesten in weniger excentrischer Weise nach, befinden sich andauernd in hüpfender Bewegung, die man als Tacttreten bezeichnen möchte, alle richten ihre Blicke gespannt auf die Vortänzer. Auf ein gegebenes Zeichen verlassen diese die vorderste Reihe und bewegen sich tanzend nach hinten, so dass jetzt die zweite Dreimänner-Reihe die Führung hat. Dieselbe Sache beginnt jetzt von vorn, mit Abwechselungen in den Bewegungen, die dem Bestreben entspringen, die vorherigen Tänzer an Grazie zu überbieten, für den jetzt schon gelangweilten Zuschauer aber nichts anderes darstellen, als mehr läppische Gliederverrenkungen. So geht die Sache weiter, bis die ursprünglich letzte Reihe vorn ist, dann beginnt der Tanz von Neuem. Mitunter kommt auch das letzte Glied, um vor dem ersten weiter zu tanzen, wenn dieses fertig ist. Die Glieder kommen dann in umgekehrter Reihenfolge an die Spitze. Merkwürdiger Weise herrscht gerade unter den Neu-Pommeraleuten grosse Rivalität in Bezug auf ihre Tanzkunst. Kein Dorf lässt gelten, dass die Einwohner des anderen gut tanzen und kritisirt jede Bewegung der gerade an der Reihe Befindlichen mit Eifersucht oder Verachtung. Bei grossen Festen, an denen mehrere Dörfer ihre Tänzer schickten, wurde der Versuch gemacht, letztere alle zu einer Gruppe zu vereinigen, um nicht so viel mal hinter einander die langweilige Ceremonie mit ansehen zu müssen. Das Bestreben scheiterte gänzlich an

Zu Seite 63.

Maskentänzer aus Neu-Mecklenburg.

der unerhörten Eifersucht der Dörfer unter einander, deren jedes beweisen wollte, die besten Tänzer gestellt zu haben und befürchtete, bei Vermengung der Gruppen nicht genügend zur Geltung zu kommen.

Bei einem anderen Tanze, der indessen in seiner Form durchaus ähnlich ist, werden von den Tänzern Masken vorgebunden. Diese bestehen aus einem einfachen Geflecht, dessen eine Seite mit Lehm bestrichen und weiss gekalkt ist. Auf diese weisse Fläche werden mit schwarzer Farbe grauenhafte Gesichter gemalt und die Haare durch Grasbüschel dargestellt. Der Tänzer hält einen kleinen Stab im Munde, der der Maske ihre Rundung giebt und sie hindert, sich zu verrücken. Um den Kopf ist sie mittelst einer Schnur festgebunden. Dieser Tanz ist seltener als der andere, doch herrscht dabei dieselbe Eifersucht vor.

Bei solcher Tanzwuth, bei solchen krankhaften Verrenkungen, die auch dem kräftigsten Körper, den vollendetsten Formen die Anmuth und Grazie rauben, seufzt der europäische Zuschauer bald zur heiligen Terpsichore, sie möge den Eifer ihrer Verehrer in Neu-Pommern ein Weniges zügeln und die Grazien zu kurzem Besuche dahin entsenden.

Ganz im Gegensatze zu den Neu-Pommern stehen die Neu-Mecklenburger. Diesen ist der Tanz eine Nachahmung des Krieges, sie tanzen im Schmucke der Waffen. Um ihren Leib binden sie eine Art kurzen Rock aus Gras, ähnlich der Mutya der Kaffern, wie bei diesen treten aus der Reihe der Tänzer einzelne Individuen hervor, um mit dem Speer einen imaginären Feind zu erlegen. Ihre Bewegungen dabei sind gravitätisch und langsam, aber leicht und gefällig. Nach erfochtenem Siege treten sie hinter die Front zurück, um Anderen das Spiel zu überlassen. Zur Begleitung wird auf der Trommel musicirt, die hier jedoch ein ausgehöhltes Holz mit engem Schlitz ist. Sie wird geschlagen, indem man mit dem Ende eines Stabes darauf stösst. Mit der besseren Leistung scheint die Neigung zum Tanz abzunehmen, denn nur selten kann man die Neu-Mecklenburger veranlassen, einen guten Tanz zum Besten zu geben. Unter ihnen sind neben dem Kriegstanz Maskentänze im Gebrauche. Sie stülpen sich ihre prachtvoll geschnitzten Masken über den Kopf und führen einen wunderbaren Contretanz auf, der eigentlich in nichts anderem besteht, als einem seitlichen Hin- und Hergehen mit hohem Aufheben der Beine und merkwürdigem Bewegen der Arme. Obwohl sehr langsam, ist der Tanz doch nicht ungraziös, doch vermag man bei objectiver Beobachtung nicht zu erkennen, dass, wie viel behauptet worden ist, die Bewegungen des Casuars nachgeahmt werden sollen. Dieser Vogel ist ausserdem auf Neu-Mecklenburg unbekannt. Gänzlich verschieden von beiden beschriebenen Tänzen ist der der Leute von Bonka, einer Salomonsinsel. Hier findet sich eine richtige musikalische Grundlage zum Tanz. Die Leute fertigen aus Bambus grosse Panflöten an, deren einzelne Glieder oft so respectable Länge und Dicke haben, dass sie Töne von der Tiefe und fast auch Stärke einer Orgel herzugeben vermögen. Auf ihnen zu blasen erfordert natürlich eine ungeheure Uebung und eine noch gewaltigere Lunge. Der Europäer würde erschöpft sein, müsste er so viel Athem von sich geben, als nöthig ist, um dem dicksten Gliede der Flöte auch nur einen Ton zu entlocken; die Salomonier blasen stundenlang auf dem Dinge, ohne sichtlich angestrengt zu erscheinen. Sie haben bestimmte Melodien, die sie auf Verlangen stets wieder produciren können, doch sind diese für europäische Ohren schwer festzuhalten. Sie klingen indessen durchaus nicht unharmonisch, sondern muthen in heisser Tropennacht, aus der Ferne vernommen, wehmüthig - melancholisch an. Wegen der Fülle der Töne ist die Musik weithin vernehmbar und es geschieht wohl, dass an den Inseln vorüberfahrende Schiffe aus dem Dunkel des Tropenwaldes die ernsten Klänge vernehmen, von denen wir jetzt wissen, dass sie den Beweis der Belustigung der Bevölkerung erbringen, die aber den alten, ohnehin zum Aberglauben geneigten Seefahrern unheilbringend geklungen haben mögen. Zwei bis drei solcher Flötenbläser stellen sich zusammen und drehen sich langsam im Kreise, die Tanzlustigen schaaren sich eng um die Musikanten, legen einander die Arme auf die Schultern und machen die Drehung mit. Schwillt der Haufen an, so müssen die Aeussersten rasch laufen, um den Umfang des Kreises in derselben Zeit zurückzulegen, in der im Mittelpunkte die Musikanten sich einmal umdrehen. Dabei stossen die Tänzer eigenartige Laute aus, die, halb gepfiffen, halb gezischt, aus kurzer Entfernung sich genau wie das laute Gezwitscher eines grossen Vogelherdes anhören. Der Tanz ist durchaus originell, bietet aber zur Entfaltung irgend welcher Grazie durchaus keine Gelegenheit. In grossen Arbeiterdepots, wo die Angehörigen der verschiedenen Stämme neben einander wohnen, lernen diese natürlich alle die verschiedenen Tänze kennen. Als echte Naturkinder sind sie mit ihrer Kritik nicht sparsam und halten auch nicht damit hinter dem Berge. Die Boukas blicken mit souveräuer Verachtung auf den Tanz der Neu-Mecklenburger, deren sinnloses und anstrengendes Herumhüpfen sie mit einem gewissen ihnen eigenen Gefühl der Selbstachtung keineswegs in Einklang zu bringen vermögen. Die

Salomons-Insulaner ihre Panpfeifen zum Tanz blasend.

── 65 ──

Neu-Mecklenburger fragen zornig, ist das denn Tanz? Die Boukas
heulen und zwitschern nur. Gemeinsam wenden sie sich gegen die
Neu-Pommern, deren zimperliche Ziererei ihnen ebenso albern vorkommt als uns. Diese sagen nichts und sind innerlich wüthend.
Schliesslich schiessen sie doch den Vogel ab durch ihren Duk-Duk,
den wir an anderer Stelle behandeln. Die musikalische Begleitung zum
Tanze zeigt uns schon, dass die tonbildenden Fähigkeiten und die
Kunst, sie zu bethätigen, auf keiner besonderen Höhe stehen, und so
sehen wir denn auch bei näherer Betrachtung, dass ihre Instrumental-
musik mit der Trommelbegleitung fast erschöpft ist. Unter die Rubrik
der Trommel muss auch das Tutupele genannte Instrument eingereiht
werden, da es thatsächlich nichts ist als eine Trommel aus mehreren
Stücken Holz. Merkwürdig ist es nur durch seine Verwendung, die
sich ausschliesslich auf das Duk-Dukfest beschränkt. Bei dieser Gelegenheit tönen seine schrillen Noten aus dem Tiefinnersten des
dunklen Waldes und erfüllen die Herzen und Gemüther aller weiblichen Wesen mit Schrecken, da diese der Ueberzeugung leben, dass
böse Geister die von dem Instrumente hervorgebrachten Klänge erzeugen. Das Tutupele selbst ist die denkbar einfachste Gattung der
Instrumente, die wir Xylophon nennen. Zwei glatte Holzscheite von
verschiedener Dicke und Länge aus möglichst hartem Holze werden
auf zwei Stücke des weichen Stammes einer Banane gelegt, zwischen
denen die Erde ein wenig ausgehöhlt ist, um dem Tone mehr Reso-
nanz zu geben. Auf diese etwa 1 bis 1½ Fuss langen Hölzer wird
nun mittelst zweier Schlägel aus anderem, ebenfalls hartem Holz los-
gehämmert, wodurch ein scharfer, metallisch klingender Ton erzeugt
wird. Der Spieler sitzt auf ebener Erde, zwischen seinen ausgestreckten
Beinen befindet sich das Instrument, das er mit grosser Gewandtheit
bearbeitet. Die Abwechselung in der Reihenfolge der Töne ist schier
endlos und wird mit grosser Schnelligkeit ausgeführt. Der Melodie,
wenn man von einer solchen reden kann, zu folgen, um ihrer habhaft
zu werden, ist unmöglich, doch ist es auffallend, dass sie stets in dem
Tacte von vier Vierteln sich bewegt, man kann stets vier dazu zählen,
wenn man die kurzen Töne ebenso wie die langen bewerthen will.
Will man für letztere den doppelten Notenwerth ansetzen, so ergeben
sich andere Tacte. Die dem von mir hauptsächlich beobachteten Instrumente eigenen Töne waren etwa c, e und die einzige von mir fest-
gestellte Form ihrer Reihenfolge war c', e', ē, ē, wozu man mit dem
Werth 1 für jeden Ton vier zählen kann, aber sechs zählen muss, wenn
man den beiden langen Tönen den doppelten Werth der kurzen giebt.

Graf Pfeil, Aus der Südsee.　　　　5

Diese Serie wird etwa dreimal gespielt und darauf rapide zu einer anderen übergegangen. Ich konnte auch erstere nur erhalten, indem ich dem Spieler nach der Zahl vier die Hände festhielt und ihn darauf von Neuem beginnen liess. Weitere Feststellungen scheiterten an der Ungeduld des Musikanten, der sein rasches, elegantes Spiel nicht fortwährend durch einen langweiligen, neugierig herumschnüffelnden Europäer unterbrechen lassen wollte. Das Geschick scheint bestimmt zu haben, dass der ganze Gamut kanakischer Musik den Bereich der Trommel nicht verlassen soll, denn das einzige nicht trommelartige Instrument trägt doch deren Namen. Es giebt eine Maultrommel. Diese ist ein Stückchen Bambusrinde von lanzettförmiger Gestalt und etwa 6 bis 8 Zoll Länge. In der Mitte des Rindenstückchens sind zwei dicht neben einander beginnende Einschnitte gemacht, die fast bis zum spitzen Ende des Instrumentes verlaufen und sich da treffen. Auf diese Weise kommt in der Längsmitte der Rinde eine sehr dünne, vibrationsfähige Zunge zu liegen. Am breiten Ende des Instrumentes ist ein Faden angebunden. Bringt man jetzt das Rindenstück mit seiner glatten Seite an die Lippen und stösst einen brummenden Ton aus, so erhält dieser durch die Vibration des Züngleins bedeutende Verstärkung und kann durch Zupfen an dem Faden willkürlich verändert werden; doch hat der Spieler wenig Einfluss auf den Verlauf der Variation. Musikalisch veranlagte Kanakenjünglinge wandern dann wohl am Meeresgestade entlang, in elegischer Stimmung Trost in Tönen suchend, und die wunde Seele gesund badend in der Musik, die sie brummend und zupfend hervorzaubern. Haben wir in der Maultrommel die Vertreterin des silbernen Discants, so ertönt des Basses Grundgewalt aus dem Muschelhorne, welches fast ausschliesslich bei Bootfahrten zum Signalgeben verwandt wird. Verschiedene Gattungen Muscheln kommen zu diesem Zwecke zur Verwendung, doch müssen sie gewunden sein, damit ihr Schraubengang sichtbar wird, wenn man den untersten Schlusstheil abschneidet; dieses ist die einfache Procedur, erforderlich, um ein recht laut tönendes Horn herzustellen, welches man mit leichter Mühe gebrauchen lernt. Allerdings hat es nur einen Ton, der etwa hinsichtlich seiner Stellung zur Musik mit der Sirene eines Dampfers auf gleicher Stufe stehen dürfte. Dennoch klang er einst dem Schreiber dieses gar süss und willkommen in die Ohren, als er das Zeichen der Erlösung aus unbequemer und gefährlicher Lage war, wie wir in einem anderen Capitel erzählen wollen. Signale ganz umfassender Art, ein Morse-Alphabet in Tönen kann mittelst der Trommel gegeben werden, obwohl nicht so allgemein geübt, scheint hier doch eine Trommelsprache, ähnlich der in Kamerun, zu existiren. Ein Ansiedler auf der Gazellenhalbinsel hatte einen Streit mit Eingeborenen dahin beigelegt, dass letztere sich verpflichteten, für angerichteten Schaden eine Anzahl Fäden Dewarra zu zahlen. Die Leute brachten indessen weniger als verabredet und der Ansiedler wies sie heftig von sich. Bald darauf ertönten Trommelschläge; aus dem betreffenden Dorfe stellten andere Leute sich ein, die das noch fehlende Dewarra brachten. Der erzürnte Ansiedler wollte nun von Beilegung des Streites nichts mehr wissen, sondern drohte mit Anzeige an die Behörde. Nach längerem Zureden liess er sich besänftigen und nahm das zum Schadenersatz gebotene Muschelgeld. Gleich darauf ertönte wieder die Trommel, wodurch das Dorf die Mittheilung erhielt, dass die Angelegenheit zu allseitiger Zufriedenheit erledigt sei. In vocalistischer Hinsicht sind die Leistungen der Kanaken nicht hervorragend. Sie singen gemeinsam, doch muthen uns ihre Melodien ebenso wenig an, als ihre Stimmen. Sie besitzen ganz bestimmte Lieder, denen sie Namen verleihen und auf Verlangen geben sie das Gewünschte zum Besten, ohne darin Variationen eintreten zu lassen. Werden sie lediglich aufgefordert, zu singen, ohne Namhaftmachung eines bestimmten Gesanges, so berathen sie erst unter einander, was sie singen wollen und stimmen dann das gewählte Lied an. Zu Lande hört man sie selten, im Boote oft singen, ihre Stimmen klingen dabei rauh und hart, entschieden ordinär, sind aber nicht so übel, wenn sie in den Schulen Missionslieder im Chor singen. Eine merkwürdige Gewohnheit ist das sogenannte „burro". Haben sie beim Rudern sich mit Gesang begleitet und wollen nun enden, so schliessen sie mit einem „burro", d. i. einem heftigen, gemeinsam ausgestossenen Grunzton. Das Wort „burro" bedeutet „Schwein", ob der Laut mit der Stimme dieses Thieres irgendwie in Zusammenhang gebracht wird, ist unentschieden, seinem Charakter nach dürfte eine solche Bezugnahme vollständig berechtigt sein. Auch ohne Gesang feuern sich die Leute durch den „burro" zu kräftigem Rudern an und wiederholen den Ruf sogar mitunter. In wie weit bei den Neu-Mecklenburgern und Salomoniern die Sangeskunst entwickelt ist und gepflegt wird, habe ich nicht festzustellen vermocht. Der am Golde hängende, danach drängende Europäer pflegt sich die von keiner Cultur angekränkelten Kinder einer ewig jungfräulichen Natur als bedürfnisslos und daher dem Besitzerwerb abgewandt vorzustellen. Wollte er glauben, dass ihr ganzer Reichthum etwa in oben erwähnten Liedern oder gar nur dem „burro" bestände, so würde er in den so allgemeinen Fehler verfallen, das Glück da zu vermuthen, wo es gerade

5*

nicht ist. Ist auch des Kanaken Begriff von Besitz naturgemäss ein
sehr beschränkter, so entfaltet er doch nach dem Erwerb dessen, was
in seinen Augen einen Werth darstellt, eine Begierde, deren Wildheit
sich fast würdig neben die eines jeden Börsenjobbers zu stellen vermag. Nur ist ihr Gott nicht das Gold, sondern eine einfache Muschel,
welche auf Bambusstreifen gezogen von den Kanaken als Münze benutzt wird. Dieses Muschelgeld ist das vielgenannte Dewarra. Sein
Gebrauch ist genau derselbe wie der unseres Geldes und man darf mit
Recht verwundert die Frage aufwerfen, wie ein auf durchaus niedriger
Culturstufe stehendes Volk darauf kam, einen Werthmesser einzuführen,
der das Tauschgeschäft aufhob, und damit eine Erfindung zu machen,
die man als das Product einer fortgeschrittenen, regen Weltverkehr
bedingenden Cultur zu bezeichnen pflegt. Ebenso verwunderlich ist es
jedenfalls, dass auf keinem anderen Gebiete ähnliche Fortschritte der
Anschauung unter den Kanaken zu verzeichnen sind. Seine Reichthümer speichert der Kanake auf, genau wie es unsere ungebildeten
Leute in früheren Zeiten zu thun pflegten, als noch weniger Banken
bestanden, ihr Wesen noch weniger bekannt war. Nur wäre ein
Strumpf nicht im Stande, die etwas umfangreichere Münze in sich
aufzunehmen. Der Dewarraschatz eines reichen Mannes wird zu einem
langen Streifen zusammengesetzt und dieser aufgerollt, wie man ein
Schiffstau zu rollen pflegt. Die im Kreis zusammgelegten Strähne
werden dann mit fein gespaltenem Rottang zu dünnen Stricken dicht
verschnürt. Die so entstehenden Räder messen 3 bis 4 Fuss im Durchmesser und mögen bis zu 500 Faden Dewarra enthalten. Der Faden
misst etwa $1\frac{1}{2}$ m und gilt 2 Mark, so dass eine solche Rolle einen
Werth von 1000 Mark haben kann. Europäer zahlen diesen Preis
willig und bedienen sich des Dewarra im Verkehr mit den Eingeborenen ganz wie diese. Im dunkelsten Walde macht man nun
ein Versteck zurecht, in welchem die Dewarraräder aufbewahrt
werden. Nur der Eigenthümer oder dessen Frauen kennen den Ort,
der nur selten besucht wird. Je dichter das Dewarra umhüllt, je
dunkler es aufbewahrt wird, desto mehr verliert es seine natürliche
Farbe und bleicht nach, wodurch sein Werth sich noch wesentlich erhöht.
Man kann diesen Werthzuwachs als Zinsen betrachten, da diese dem
Kanaken im Allgemeinen fremd sind. Nur auf der Neu-Lauenburggruppe wird für ein Darlehn von Dewarra eine Vergütung gefordert,
doch geben sie im Allgemeinen nur Häuptlinge Darlehne. Mit
ängstlicher Vorsicht wird der Schatz gehütet, für seine Vermehrung
stets Sorge getragen. Nur mit Widerstreben trennt sich der Kanake

von seinem Gelde, es sei denn, dass er vollen Werth dafür erhält. Aber alles und jedes ist ihm für Dewarra feil. Jegliche bewegliche Habe, Frau und Töchter, sind für Dewarra käuflich, jedes Vergehen kann damit gesühnt werden, jedes Verbrechen begeht er willig, wenn nur die dafür in Aussicht gestellte Menge Dewarra ihm hinreichend erscheint. Ausser Dewarra besitzt der Kanake nur geringes bewegliches Eigenthum. Sein Hausrath ist selbst in seinen Augen werthlos, auf seine Waffen legt höchstens der Salomonier einigen Werth, nur die Canoes sind wirkliche Werthobjecte. Unbewegliches Eigenthum ist nur bedingungsweise bekannt. Zwar betrachtet der Kanake den Garten, den er behaut, als sein eigen, allein nicht in dem Sinne, dass das Grundstück ein ihm allein gehöriges, veräusserliches Vermögensobject wäre. Es ist so zu sagen ein Capital, dessen Niessbrauch ausschliessliches Recht eines bestimmten Individuums ist. Braucht ein Kanake Land, so nimmt er das nächste, ihm bequem und im Bereiche seines Dorfes liegende Stück in Benutzung, ohne Jemandes Erlaubniss einzuholen. Sollte er aus irgend einem Grunde die Bebauung des Stückes aufgeben, so würde ein anderer völlig berechtigt sein, es in Gebrauch zu nehmen, ohne den vorherigen Besitzer zu entschädigen. Praktisch ist indessen dieser Zustand von geringer Bedeutung. Wer überhaupt Land bebaut, giebt es nur dann auf, wenn es ausgesogen sein sollte, dann aber nimmt es kein anderer. Auf uncultivirtes Land erhebt Niemand Eigenthumsanspruch, da es in seinem wilden Zustande nichts abwirft, sonst aber die Mühe der Abholzung und Reinigung erfordern würde. Ist mithin der Begriff von Grundbesitz in unserem Sinne nicht gang und gäbe, so vererbt der Kanake doch sein Nutzungsrecht an dem von ihm in Cultur gehaltenen Landstücke. Dazu rechnet er auch das mit Cocosnusspalmen bestandene Land. An diesem zeigt sich deutlich die Art des Grundbesitzbegriffes. Die Nüsse erkennt der Kanake als sein veräusserbares Eigenthum, er verkauft sie im Handel. Die Bäume oder das Land, darauf sie stehen, wird er gegen seinesgleichen kaum je verkaufen. An Europäer finden solche Verkäufe wohl statt, aber meistens nur, weil der Europäer die Bäume schlagen lassen muss, um an deren Stelle Häuser zu errichten. Ob ein Kanake es verstehen würde, wollte man ihm begreiflich machen, dass nur die Bäume verkauft werden, das Land aber ihm verbleiben solle, oder dass man das Land haben, die Bäume aber ihm belassen wolle, ist zweifelhaft. Jedenfalls sind derartige Verkäufe erst durch Europäer eingeführt. In dem namentlich in Neu-Mecklenburg ziemlich häufigen Falle, in welchem Gegner sich durch Niederschlagen ihrer Cocospalmen gegenseitig schädigen, erlischt auch sofort der Besitz des damit ertraglos und daher auch werthlos gewordenen Landes. Unter diesen Umständen, in Verbindung mit der merkwürdigen Stellung des Vaters zu den Kindern, auf Grund der Classentheilung in Maramara und Pikalaba, ist das Erbrecht ein ganz ungemein verwickeltes. Es kommt dazu, dass die dabei geltenden Grundsätze in selbst den kleinsten Districten zu variiren scheinen und dass es ganz ungemein schwierig ist, von einem Kanaken Grundlegendes zu erfahren. Er wird wohl auf die Frage antworten, an welchen seiner Verwandten dieser oder jener Gegenstand sich vererben würde, nach welcher Regel dies geschieht, wird er schon aus Abneigung gegen Mittheilsamkeit nicht angeben. Im Allgemeinen scheinen folgende Bestimmungen unter den Neu-Pommern zu gelten. Stirbt ein Mann, so fällt sein Eigenthum seinen Brüdern anheim, unter folgenden Beschränkungen. Hat der Erblasser Kinder, so haben die Erben einen Theil des hinterlassenen Landes oder dessen Ertrages, auch des Ertrages von Bäumen, für den Gebrauch der Wittwe und der Kinder bei Seite zu setzen. Canoes, Netze, Fischgeräth etc. werden jedoch unbeschränktes Eigenthum der Erben. Heirathet indessen die Wittwe wieder, so verliert sie ihr Anrecht auf den Theilniessbrauch des von ihrem Manne hinterlassenen Erbes und der neue Mann tritt, soweit eine Verpflichtung zum Unterhalt der Frau und ihrer mitgebrachten Kinder existirt, in diese ein. Ist die Fau Erblasserin, so geht all ihre bewegliche Habe an ihren Mann über, hatte sie Land oder den Niessbrauch von dessen Ertrage, so fällt dieses an ihren Bruder, oder ist keiner vorhanden, an ihren Onkel mütterlicherseits, nach dem Grundsatze, dass Land nicht aus dem Besitze der Gruppen, Maramara und Pikalaba, vererben darf. Es giebt jedoch Fälle, in denen der Erblasser, wenn er seinen Tod herannahen fühlt, sein Eigenthum theilen und lebend verschenken darf. Auch bestehen Ansprüche der Schwesterkinder, doch wird es noch Ueberwindung ungeheurer Schwierigkeiten kosten, das Erbrecht jedes einzelnen Stammes und das der vielen Districte festzustellen.

Besondere Gepflogenheiten gelten noch für Vererbung von Dewarra, zwar soll auch diese nach den dargelegten Grundsätzen stattfinden, allein die Sitte erfordert, dass die Leidtragenden bei dem Begräbnisse eine bestimmte Gabe an Dewarra erhalten. Die Grösse des Geschenkes ändert sich je nach dem Range des Verstorbenen und ist um so beträchtlicher, je mehr Achtung er im Leben genossen hat oder sein Andenken gefeiert werden soll. Natürlich kommen so viel Menschen, als nur irgend von dem Todesfalle gehört haben, beim Begräbnisse eines

Reichen zusammen, um ein auch noch so kleines Stückchen Dewarra,
an dem ihre Seele nun einmal hängt, zu ergattern. Mitunter kommen
ganz bedeutende Mengen zur Vertheilung, in einem Falle sogar
400 Fäden, was einem Werthe von 800 Mark entspricht, dennoch fiel
auf jeden Leidtragenden nur ein winziges Stück. Es ist wohl nicht
zu verwundern, wenn die lieben Verwandten eines vermögenden Ster-
benden keinen Augenblick versäumen, die Hinterlassenschaft zu theilen
und mitunter das Hinscheiden des Besitzers einer grösseren Menge
Dewarra nicht erst abwarten, sondern die Theilung schon beginnen,
wenn der Tod jeden Augenblick zu erwarten steht.

Eine alte Frau starb mit Hinterlassung grosser Dewarrareich-
thümer. Ihre Verwandten glaubten, der Tod sei schon eingetreten
und begannen sofort die Ringe ihres Muschelgeldes zu öffnen, die
Fäden zu zerschneiden und die Stücke zu zertheilen. Plötzlich er-
wachte die alte Frau aus einer Lethargie, die sie umfangen gehalten,
sie richtete sich auf und mit einem Blicke erkannte sie die Sachlage,
aber auch, dass es zu spät sei, die Theilung rückgängig zu machen,
weil eine Menge der Erben sich mit ihrem Beuteantheile schon hin-
weggegeben hatten. Ihre Erregung war gross und weil sie wusste, dass
sie nach dem Verluste ihres Dewarras nun nichts mehr auf Erden
hatte, wofür sie leben konnte, lehnte sie sich zurück und verschied.

Ob den Kanaken durchschnittlich eine lange Lebensdauer zuge-
messen ist, lässt sich wegen mangelnder Statistik nicht feststellen.
Da man sehr alte Leute selten zu sehen bekommt, scheint sie der Tod
in verhältnissmässig frühem Alter wegzuraffen. Dies würde allerdings
Wunder nehmen dürfen, da ihre Gesundheit im Allgemeinen gut zu
sein scheint, wenn ihnen auch ganz entschieden die Lebenszähigkeit
fehlt, welche den Neger in so hohem Grade auszeichnet. Dass epi-
demische Krankheiten aufgetreten sind, ist uns bekannt. Im Jahre
1886 grassirte eine dysenterieartige Seuche im Archipel, an der viele
Menschen zu Grunde gingen. Der später auf der Expedition des Verfassers ermordete Halbweisse Ramsay hat eine Liste der in seiner Nachbarschaft auf Neu-Lauenburg vorgekommenen Todesfälle geführt und
deren Anzahl in zwei Monaten auf 46 festgestellt. Bedenkt man, wie
dünn die Gegend bevölkert ist, so ist diese allerdings keine Pro-
centualangaben enthaltende Zahl doch immerhin sehr beträchtlich.
Nach Ramsay's Erzählungen befestigten die Eingeborenen die Leichen
auf Bäumen, statt sie zu begraben oder ins Wasser zu werfen, und
Leichengeruch soll auf weite Entfernung die Gegend erfüllt haben.
Die gewöhnlichste, an sich ungefährliche, wegen ihres Aussehens aber

dem Europäer sehr widerliche Krankheit ist der sogenannte Ringwurm. Diese Krankheit äussert sich durch ein schieferiges Abblättern der Haut, die in diesem Zustande den ganzen Körper wie mit kleinen Schuppen zu bedecken scheint. Der stets vorhandene Juckreiz veranlasst die Kanaken zum Schaben und Kratzen, wodurch die abgestorbene Haut in grossen Mengen vom Körper entfernt wird. Ist die Krankheit über den ganzen Körper verbreitet und verursacht sie starkes Jucken, so trägt der damit Behaftete oft eine halbe Cocosnussschale in der Hand, mit der er die juckenden Stellen beschabt, um sich Erleichterung zu schaffen. Ist man gezwungen, Träger dieser Krankheit in sein Zimmer treten zu lassen, so kommt es vor, dass man nach ihrer Entfernung die Stelle, wo sie gestanden haben, an den daselbst zurückgebliebenen Hautschuppen wiedererkennen kann. Die Krankheit herrscht auf Neu-Guinea in weit ärgerer Weise als im Archipel, wo sie die Neu-Pommern am meisten, die Salomonier am wenigsten zu ergreifen scheint. Zu curiren wäre sie leicht, könnte man die damit behafteten Individuen an systematische Behandlung der kranken Stellen gewöhnen. In besonders schlimmen Fällen ist der ganze Körper von den Schuppen bedeckt, sonst meistens Brust, Hals und Arme. Der Europäer wird nur in ganz seltenen Fällen von der Krankheit ergriffen und kann sie rasch heilen, da seine Haut weniger prädisponirt und auch widerstandsfähiger zu sein scheint. Ganz ohne Zweifel ist auch die persönliche Sauberkeit nicht ohne Einfluss, sonst liesse sich nicht erkennen, warum die Einwohner des Archipels weniger an der Krankheit leiden, als die genau dieselbe Lebensweise führenden, aber unbeschreiblich unsauberen Neu-Guinealeute. Muthmaasslich ist die durch den Schmutz ausgetrocknete Haut der Infection zugänglicher und wird leichter brüchig als die fetthaltigere Haut eines sauberen Menschen. Oefters findet man im Archipel eine fürchterliche Krankheit, deren Ursprung und Wesen noch kaum von ärztlicher Seite untersucht worden ist. Sie beginnt meistens mit Geschwüren an den Schienbeinen. In diesem Anfangsstadium wäre sie durch europäische Mittel und Behandlung höchst wahrscheinlich noch heilbar. Bei der Vernachlässigung, oder vielleicht auch wegen der Behandlung, die der Kanake der Krankheit zu Theil werden lässt, breitet sie sich bald über den ganzen Körper aus und äussert sich, indem sie auf grossen Stellen das Fleisch gänzlich hinwegfrisst und den Knochen blosslegt. Natürlich werden die Sehnen des Körpers da, wo die Krankheit sie nicht zerstört, arg in Mitleidenschaft gezogen, in Folge dessen stellen sich die merkwürdigsten Verrenkungen und Krümmungen der Gliedmaassen ein, die so in

ihrem zerfressenen Zustande einen geradezu entsetzlichen Anblick gewähren. Meist wirft sich diese Krankheit auf das Gesicht und besonders auf den Mund. Es kommt buchstäblich vor, dass dieser bis an
die Ohren aufgeschlitzt, d. h. das Fleisch der Wangen gänzlich fort-
gefressen ist. Eine ganz besonders schlimme Erscheinung dieser Krankheit konnte der Verfasser auf seinem Wohnsitze in der Südsee beobachten. Dieser Fall wies die Merkwürdigkeit auf, dass die Schneide-
und Augenzähne des Oberkiefers nach allen Richtungen, aber fast
rechtwinklig zu ihrer richtigen Stellung, umherstanden. Ob dies die
Folge der Krankheit oder eines Unfalles war, konnte nicht festgestellt
werden. Sehr bösartige, fressende Geschwüre sollen durch den übertriebenen Genuss von Betel entstehen. Da diese den soeben beschriebenen Erscheinungen ähneln, so ist es nicht unmöglich, dass
überhaupt die Einwirkung des Betels in Verbindung mit „Ndake“,
dem Betelpfeffer, die Ursache jener zweifelsohne auf Blutverderbniss
beruhenden Krankheit ist. Die Erkrankten ziehen sich von dem Verkehre zurück und leben im dichten Busch, wohin ihnen von den
Ihrigen Lebensmittel gebracht werden. Nur im „Toraiu“, d. h. in dem
für die Mitglieder des Duk-Duk reservirten Hause, lassen sie sich zuweilen sehen, wo sie durch Stricken und Ausflicken von Netzen ein
Entgelt für den ihnen gewährten Lebensunterhalt zu leisten sich bemühen. Ansteckend scheint die Krankheit nicht zu sein, denn die
Dorfeinwohner sitzen mit den so Befallenen stundenlang im Toraiu,
ohne selbst erfasst zu werden. Im Zusammenhange mit dieser steht
vielleicht eine andere, nicht so häufig scheinende Krankheit. Bei letzterer
bilden sich unter den Fusssohlen tiefe Geschwüre, die beim Laufen
sehr hinderlich sind, ja es mitunter völlig unmöglich machen. Ich
konnte keinen Fall feststellen, in dem diese Krankheit andere Körper-
theile ergriffen hätte. Vielleicht ist die Ursache auch eine rein
äusserliche. Durch langes Laufen im Wasser wird die Sohlenhaut
weich und kann sich auf den scharfen Korallen der Riffe leicht eine
Verletzung zuziehen; in diese dringen Salzwasser, salziger Sand, oft auch
gar animalische Reste von Riffthieren hinein und das Geschwür bildet
sich. Süsses Wasser und Jodoform führten indessen stets zur Heilung
bei den unter den Arbeitern vorkommenden Fällen. Wo die Kanaken
die Erscheinung in eigene Behandlung nehmen, frisst das Geschwür mit
erstaunlicher Schnelligkeit um sich, so dass Fälle vorgekommen sein
sollen, in denen der Fuss zum Opfer fiel. Auch an Fieber leiden die Eingeborenen. Während des Monsunwechsels findet man sie oft davon ergriffen, es äussert sich dann in derselben Weise wie bei dem Europäer,

in hoher Temperatur und starker Beeinflussung der Herzthätigkeit und
der Kopfnerven. Diese gewöhnlichen Fieber stehen mit den europäischen
Erkältungen etwa auf gleicher Stufe, sind indessen nur von kurzer
Dauer, während der man allerdings mehr zu leiden hat. Uebel verlaufende Fieber befallen die Eingeborenen im Allgemeinen selten und
meist nur dann, wenn letztere in besondere, deren Auftreten begünsti-
gende Umstände versetzt werden. Oefters findet man, dass die Leute
an Kopfschmerzen zu leiden haben. Da sie sich den Grund der Erscheinung nicht erklären können, schreiben sie diese, wie alle innerlichen
Leiden, den Einwirkungen böser Geister zu, lassen sich leicht gehen und
verfallen in eingebildete Krankheiten. Venerische Erkrankungen treten
hier und da, doch nicht allgemein auf. Gonorrhoea findet sich öfters
unter den Arbeitern, Syphilis kommt vor, ist aber wohl durchaus als
eingeführtes Product zu betrachten. Ob die Leute eine eigene Behandlung dafür haben, ist unbekannt. Ihre Sittlichkeit steht auf keiner
hohen Stufe und zeigt die merkwürdige Erscheinung, dass die Kanaken
in ihrer Sprache auffallend decent sind, während ihren Handlungen
diese Eigenschaft nicht nachgerühmt werden kann. Sie besitzen in ihrer
Sprache Euphemismen für alle drastischen Ausdrücke, die sie auf diese
Weise in der Unterhaltung mit Fremden wohl zu vermeiden und zu
umgehen wissen. Unter einander legen sie sich weniger Reserve auf.
Während sie so die Form wahren, finden sie nichts Anstössiges darin,
sich vor Zuhörern jedes Alters und Geschlechtes über die aller-
intimsten Vorgänge im menschlichen Leben eingehend zu unterhalten.
Dass die Miteinwohner eines Hauses Zeugen des geschlechtlichen
Umganges von Ehepaaren sind, empfinden sie in keiner Weise als
lästig. Am unsittlichsten sollen die Neu-Mecklenburger sein, unter
denen den Weibern vor und nach der Heirath das Recht zustehen
soll, ihre Gunst beliebig zu verschenken. Während dies unter den
Neu-Pommern entschieden nicht der Fall ist, sollen diese doch,
wenn auch in geringerem Grade, einem Laster zugethan sein, von
welchem man weiss, dass es in Neu-Mecklenburg allgemein verbreitet ist.

„The natives of New-Pommern occasionally accuse each other of
masturbation. In New-Mecklenburg this vice is practised to such an
extent that the men are said to be practically independent of their
wives. They bring their genitals together wrap a piece of leaf round
them, tie it and then put their bodies into a swinging motion till the
desired result is obtained. It is not yet known what effect this per-
nicious practice has upon the propagation of the race. The author

once droped upon a number of women who, thinking themselves unobserved were evidently trying to prepare a young girl for future connubial duties in such a manner that her future husband should find no difficulties where he will might have expected them."

Ihre Krankheiten zu curiren, besitzen sie kaum irgend welche innerlich anwendbare Mittel. Sinnlose Ceremonien sind alles, wozu sie sich aufschwingen. Im Falle einer ernsteren Erkrankung rufen sie ihre Doctoren, die Kalk in den Mund nehmen, ihn nach allen Richtungen in die Luft blasen, dann mit einer Mischung von Kalk und Speichel die Brustwarzen und den Nabel des Erkrankten bestreichen, hierauf abwechselnd mehr Kalk von sich blasen und dumpfe Sprüche murmeln. In leichteren Fällen binden sie auch Amulette ins Haar oder um den Hals, der Verfasser sah einst ein Stückchen Ingwer in dieser Weise benutzt, zugleich musste eine der Frauen des betreffenden Mannes auf seinem Beine mittelst eines Stückchens Glas eine Anzahl kleiner Einschnitte machen, das hervorquellende Blut abschaben und in die Wunden Kalk reiben. Diese Procedur, ein rohes Schröpfverfahren, sollte als Mittel gegen Rheumatismus dienen. Besitzen sie keine Heilmittel, so sollen sie doch die Kunst verstehen, ungemein heftig wirkende Gifte herzustellen.

Von diesen wird viel erzählt, ihre Wirkung als fast augenblicklich und unfehlbar hingestellt, allein keine Ueberredungskunst hat je vermocht, einem Kanaken eine Probe eines dieser Gifte abzulocken; das, was man in einzelnen Fällen erhalten hat, stellte sich bei Versuchen als völlig unschädliche Substanzen heraus. Man sieht, dass entweder eine grosse Phantasie im Spiele ist, oder der Kanake sich nicht überwinden kann, dem Europäer ein so gefährliches Mittel in die Hand zu geben. Auf Befragen erklären die Eingeweihten, dass das Gift aus einer Seepflanze gewonnen würde, die man verbrenne und ihre Asche an der Sonne trockne. Es würde dem entsprechend das Product in die Reihe der Alkaloide gehören, die ja eine Anzahl scharfer Gifte aufzuweisen haben. Die Asche wird in einem Bambusstäbchen aufbewahrt. Die Anwendung erfolgt in verschiedener Weise. Die Spitze eines Dornes wird in die Asche getaucht und dann eine Banane damit punktirt. Die Stichstellen, 5 bis 8 an der Zahl, werden sorgfältig geglättet, um nicht das Ansehen der Banane zu verderben, die so präparirt dem Opfer gereicht wird. Der Genuss des Giftes soll je nach der Art der Anwendung plötzlichen Tod oder langsames Siechthum zur Folge haben. Man bittet wohl auch das ausersehene Opfer um eine Prise Kalk zum Betelkauen. Reicht der Betreffende nun sein

Täschchen mit Kalk hin, so entnimmt der Giftmischer seine Prise, lässt aber zugleich ein kleines Quantum Gift, welches unter dem Nagel des Zeigefingers oder dritten Fingers festgehalten wird, in das Täschchen fallen, von wo aus es binnen Kurzem seinen Weg in den Mund des Opfers finden muss. Eine noch bequemere Methode ist die, eine grössere Quantität des Giftes in das Blättertäschchen zu streuen, ohne welches kein Kanake irgend einen Weg unternimmt und das seine sämmtlichen Habseligkeiten, Dewarra, Kabang und Betelnuss etc. enthält. Jeder seiner Gebrauchsgegenstände ist nun vergiftet und mit dem Betel muss er ein wenig Gift zu sich nehmen, so dass der Zweck erreicht ist. Die Kanaken glauben fest an die Wirksamkeit des Giftes. Es ist allgemein bekannt und heisst in der Sprache der Eingeborenen Maliera; denen, die es zu bereiten verstehen, soll es eine Quelle grosser Einkünfte sein, da es sich angeblich auch als Aphrodisiacum verwenden lässt. Natürlich spielt auch hier der Aberglaube eine grosse Rolle.

Obwohl ganz ohne Zweifel Morde vorkommen, so würde eine Verbrecherstatistik doch wahrscheinlich den Beweis führen, dass in dieser Beziehung den Kanaken nicht viel vorgeworfen werden kann. Die Tödtung eines nicht zum Stamme gehörigen Mannes wird nicht als Mord angesehen, sondern gilt als verdienstliche Handlung, weil durch sie die Anzahl der Feinde — und Jeder nicht zum Stamme gehörige ist Feind — verringert wird. Wo sich daher die Gelegenheit bietet, einen Feind zu tödten, ohne die eigene werthe Person zu gefährden, wird sich der Kanake nicht zweimal besinnen, tritt doch zu seinem Verdienste um den Stamm die Aussicht auf ein leckeres Mahl und die Gewissheit, durch dasselbe zum wohlhabenden Manne, zum Besitzer eines Schatzes von Dewarra zu werden. Kommt ein Mord innerhalb des Stammes vor, so müsste nach strengen Grundsätzen ein Kampf der Verwandten der beiden Parteien die Folge sein, allein man legt die Angelegenheit lieber gütlich bei und erledigt mit Dewarra, was anderenfalls noch mehr Leben kosten könnte. Etwa 100 Faden werden als ausreichende Sühne für einen erschlagenen Mann, 50 für eine Frau betrachtet. Da, wo europäischer Einfluss besteht, kommen Morde innerhalb der Stämme kaum noch vor und kann sich der Cannibalismus nicht aufrecht erhalten. Da, wo die Stämme noch ganz sich selbst überlassen sind, sollen Menschenfleischfeste nicht gerade zu den Seltenheiten gehören.

Alle Sühnen für begangene Unthaten kommen auf dem Wege des Vergleiches zu Stande; eine Autorität, die mittelst eines Machtwortes Entscheidungen treffen könnte, existirt nicht. Auf den Salomonsinseln hatte sich der Häuptling Gorai zu grosser Macht aufgeschwungen, er ist jedoch nicht im Stande gewesen, sie zu vererben. In Neu-Mecklenburg haben die Häuptlinge nur sehr geringen Einfluss und auf der Gazellenhalbinsel, auf Neu-Pommern hat das Ansehen der Europäer den Häuptlingen die früher in ihren Händen befindliche Macht entwunden. Der Einfluss beruht nur noch auf dem Besitz grösserer Mengen von Dewarra. Diebstahl gilt nicht als unehrenhaft und wird selten gerächt, nur wenn das gestohlene Object das geliebte Muschelgeld war, tritt eine Verfolgung ein. Hier tritt dann eine merkwürdige Sitte in die Erscheinung, welche die Eingeborenen mit dem Worte „Commara" bezeichnen. Ist der Bestohlene nicht kräftig oder einflussreich genug, um den Uebelthäter zu bestrafen, so zerstört er irgend einen Theil des Eigenthums eines Mannes, dem er Einfluss und Macht genug zutraut, sich zu seinem Rechte zu verhelfen. Dieser übt dann Vergeltung nicht an dem Zerstörer seines Eigenthumes, sondern an dem, der sich an diesem vergangen hat. Ist seine Macht hinreichend, so lässt es sich begreifen, dass er sich nicht damit begnügen wird, nur Ersatz für seinen eigenen Verlust und den des in so eigenartiger Weise als Kläger auftretenden Mannes zu fordern, er wird im Gegentheil meist noch ein gutes Geschäft dabei machen. Meistens muss der Dieb in den Gärten des die Strafe Vollziehenden seine Schuld mit reichlichen Zinsen abarbeiten. Auch wegen schlechter Schuldner wird die Sitte des Commara angewandt, häufig aber auch da, wo Rache, nicht die Wiedererstattung einer Schuld, das Motiv der Handlung ist. Jedenfalls ist immer der, dessen Eigenthum „commara'd" wurde, zuletzt der Gewinner, da er den Schuldigen nicht nur den verlorenen materiellen Werth erstatten, sondern auch für die aufgewandte Mühe eine hohe Entschädigung zahlen lässt. Die Sitte des Commara ist so eingebürgert und die Anschauung, auf der sie sich gründet, ist so eingewurzelt, dass selbst die Europäer oft in die daraus entspringenden Händel hineingezogen werden. Weil irgend ein Diebstahl oder anderes Vergehen stattgefunden hatte, brannten die Gekränkten die aus leichtem Materiale gebaute Kirche der Missionsstation in Raluana nieder, in der Annahme, die mächtigen Weissen würden sich nun an dem Uebelthäter schadlos halten. Die Missionare indessen beschlossen, die Brandstiftung nicht zu rügen, da sie sonst in jedem eintretenden Falle dazu ausersehen worden wären, Vergeltung zu üben, was auf die Dauer recht kostspielig hätte werden müssen. Mitunter nimmt die Angelegenheit einen einfacheren Verlauf. Wird der Dieb gefangen, so erhält er Prügel. Ist er entwischt, seine Person aber

bekannt, so wird er, ohne zu „coinmara“, einem einflussreichen Manne
namhaft gemacht, der dann den Schaden für Dewarra kauft und nun
den Dieb für sich arbeiten lässt. Diese Arbeitsleistung wird nicht als
Sklaverei betrachtet, die es in dem von uns damit verbundenen Sinne
nicht giebt. Verkauf von lebenden erwachsenen Menschen ist unbekannt, ebenso der Zwang zu unentschädigter Arbeit. Wohl werden
Kinder gekauft, doch stets zum Zweck der Adoption. Sie werden niemals später wieder verkauft. Dagegen kommt es vor, dass irgend ein
Knabe seinem Stamme entläuft und bei einem anderen sich einfindet.
Dann wird er ebenfalls adoptirt und muss für seinen Adoptivvater arbeiten, Bananen und Taro pflanzen etc. Der Erlös seiner Arbeit oder
der Producte seiner Anpflanzungen werden indessen für ihn aufbewahrt, bis er in das ehefähige Alter tritt und dient dann zum Kauf
der Frau. Weiber werden stets gekauft, doch wird ihr Zustand nicht
als Sklaverei aufgefasst.

Obwohl unter den Dorfnachbarn nur wenig Verkehr herrscht, so
gelten doch gewisse Höflichkeitsregeln, die vielleicht, gerade weil sie
nur selten zur Anwendung kommen, um so sorgfältiger beobachtet
werden. Empfängt man den Besuch eines Nachbars, der nicht naher
Verwandter ist, und wird man unter seinen Frauen sitzend angetroffen,
so erfordert die Höflichkeit, dass man mit affectirter Verachtung der
Weiber seinen Gast auffordert, nicht unter den Weibsleuten sitzen zu
bleiben, sondern sich anderswo niederzulassen; etwas abseits werden
Matten ausgebreitet, auf denen der Besuch und der Hausherr gemeinsam Platz nehmen. Kommt der Besuch mit der ausgesprochenen Absicht, sich nach dem Wohlergehen des Hausherrn zu erkundigen, so ist
dieser gehalten, ersterem ein Geschenk zu verabreichen. Der Verfasser erfuhr dies, als er in Gemeinschaft mit einem Missionar einen
alten, einflussreichen Kanaken, „Tokaye“, den „Herrn Teufel“, auf-
suchte, um in Erfahrung zu bringen, wie er eine ziemlich schwere
Erkrankung überstanden habe. Jedem von uns beiden wurde ein
Faden Dewarra gegeben, der Verfasser erhielt noch ein Huhn. Trifft
man gelegentlich eines solchen Besuches unbekannte Fremde, so gilt
es für unschicklich, sie nach ihren Namen zu fragen, man erkundigt
sich danach unter der Hand. Die Fremden wiederum würden ihren
Namen selbst nicht nennen dürfen, dies wäre gleichbedeutend mit einer
Preisgabe eines Theiles der eigenen Würde; man ersucht einen der
Anwesenden, dem Frager den Namen mitzutheilen, also eine Art von
Vorstellung zu vollziehen. Wie bekannt, ist diese Sitte auch bei den
Betchuanas Südafrikas in Gebrauch.

Wir haben den Kanaken von seiner Geburt an nunmehr durch
sein ganzes Leben begleitet, wir sahen ihn bei seinen kindlichen
Spielen, beobachteten seine Entwickelung, waren Zeugen seiner Verheirathung und seines häuslichen Lebens, wir haben ihn im Verkehre
mit Fremden und Freunden gesehen und wollen ihm nun auch zu
seinem Grabe das Geleit geben. Während der Lebenszeit des Kanaken
kommt irgend ein besonderer Rang oder Einfluss, den er besitzen mag,
gegenüber seinen Nachbarn in irgend einer äusseren Form kaum
jemals zum Ausdruck. Dies ist für den Zeitpunkt seines Todes vorbehalten, wo es ihm nichts mehr nützen kann, andere aber davon
profitiren. Wir haben schon gesehen, wie bei dem Tode eines Reichen
die Zahl der Leidtragenden in genauem Verhältnisse steht zu der
Menge Dewarra, die nach altem Brauche zur Vertheilung kommt. Man
kann unter den Kanaken daher mit mehr Recht von vergnügten Leidtragenden als von lachenden Erben reden. War der Verstorbene ein
Mann von Rang und Einfluss, so ist sein Leichenbegängniss mit nicht
geringer Ceremonie verknüpft. Der Körper wird in ein Canoe gelegt
und dieses etwa 4 Fuss über dem Boden auf aufrecht stehenden
Pfählen befestigt. In den Boden des Canoes wird in der Mitte ein
Loch gebrochen, von welchem ein zur Röhre ausgebohrtes Bambus
bis in eine ungefähr 1 Fuss tiefe Grube in die Erde führt. Diese
Röhre soll alle flüssigen Verwesungsproducte in die Erde leiten. In
dem Canoe verbleibt der Körper, bis alle verweslichen Theile vollkommen verschwunden und nur die Knochen übrig geblieben sind.
Diese werden dann festlich begraben, auf der Stelle einige bunte
Crotons gepflanzt und solche Gegenstände niedergelegt, die der Verstorbene werth hielt. Sein Schädel wird im Tambuhause aufgehängt,
damit sein Geist in der Nähe des Dorfes weile und sich über-
zeuge, dass sein Andenken in Ehren gehalten wird. Die Weiber
des Verstorbenen haben harte Bedingungen zu erfüllen. Ehe der
Leichnam in das Canoe gelegt wird, verbleibt er mehrere Tage
in dem Hause, welches er bei Lebzeiten bewohnte. Hier haben ihm
seine Frauen eine Zeit lang Gesellschaft zu leisten und Niemand darf
während dessen das Haus betreten. Den Frauen wird ihre Nahrung
hineingereicht, ihre Excremente geben sie in dazu bestimmten Cocosnussschalen heraus. Man vermag sich kaum vorzustellen, was es zu
bedeuten hat, in einem tropischen Klima Tage lang mit einem Leichnam eingesperrt zu sein, dennoch hört man nichts von Erkrankungen
der dazu Verurtheilten, vermuthlich, weil keine ansteckende Krankheiten hier vorkommen. Auf die Umgebung wirkt das Canoe, in

welches später der Leichnam gelegt wird, verpestend. Ein Missionar
hatte darunter zu leiden, dass gerade vor seinem Hause ein solcher
Canoesarg aufgestellt wurde, wo der Verfasser ihn selbst sah. Erst
die Zahlung von 100 Faden Dewarra, also ein Werth von etwa
200 Mark, vermochte die Angehörigen, das Canoe an einen anderen
Ort zu bringen. Ein weniger bedeutender Mann wird in seinem
eigenen Hause begraben. Der Erdboden wird aufgewühlt und der
Körper ohne Hinzufügung irgend welcher Gegenstände lang ausge-
streckt hineingelegt. Die Frauen müssen nun das Haus weiter bewohnen, ihr Hauswesen auf dem frischen Grabe des Verstorbenen
weiter führen. Die Effluvien sind natürlich entsetzlich, allein das
scheint die Hinterbliebenen nicht zu belästigen, auch habe ich keinen
Fall feststellen können, in welchem durch das Leben in unmittelbarer
Umgebung einer verwesenden Leiche die Gesundheit der so Betroffenen gefährdet worden wäre. Vielleicht saugt der poröse Korallenboden alle Feuchtigkeit so rasch auf, dass sich krankheiterregende
Keime nicht entwickeln können. War der Verstorbene ein Mann
ohne Bedeutung, was so viel heisst, dass er vermögenslos war, so
wird er innerhalb des das Dorf umgebenden Zaunes begraben und
einige Crotons auf das Grab gepflanzt. Kleine Kinder werden auch
in Vorrathshäusern beerdigt, in denen dann Niemand wohnt. Oft
werden nach Jahren die Knochen wieder ausgegraben und in die See
geworfen oder an anderer Stelle verscharrt, die Schädel aber im
Tambuhause aufgehangen. In Neu-Mecklenburg besteht die Sitte der
Cremation. Der Leichnam wird auf einem Gestell von Speeren zur Ver-
brennungsstätte getragen und hier in sitzender Stellung auf einem Holz-
stoss verbrannt. Dies Begängniss findet stets unmittelbar nach erfolgtem
Tode statt, doch soll es vorkommen, dass alte Leute, die lange mit
dem Tode zu ringen haben, noch ehe sie ganz verschieden sind, dem
Feuertode übergeben werden. Die Neu-Mecklenburger sollen so hohen
Werth auf eine prunkvolle Feuerbestattung legen, dass sie das Holz zu
ihrem Feuerstoss selbst sammeln und lange in ihren Häusern aufbewahren,
damit es gut austrockne und brenne. Oft werden Leichen in die See
versenkt und zu diesem Zwecke vorher mit einer aus Cocospalmenblättern geflochtenen Matte umhüllt und mit einem Steine beschwert.
Frauen sollen stets in dieser Weise ihre Ruhestätte finden. Zweifelsohne bestehen ganz bestimmte Regeln darüber, ob Leichen zu Lande
begraben oder in die See versenkt werden sollen, es gelang dem Verfasser leider nicht, sie ausfindig zu machen. Auf Neu-Mecklenburg
besteht die Sitte, einem Verstorbenen die Hände zusammen zu binden

und daran einen Busch Gras oder leichter Zweige zu befestigen. An
die Füsse wird dann ein Stein gebunden und der Leichnam in die
See versenkt. Die Eingeborenen glauben, dass das Wasser der See
in der Tiefe ebenso bewegt sei als an der Oberfläche und vermeinen
nun, dass der Busch die Arme des Leichnams über den Kopf empor-
halten und das Wasser sie in schwingender Bewegung erhalten werde.
Das soll die Fische abhalten, sich dem Körper zu nähern und ihn zu
zerstören. Auch die Trauerceremonien beweisen, wie sich der Kanake
selbst in den Augenblicken, die sonst jeden Menschen zum mindesten
objectiv stimmen, nicht von den gröbsten materiellen Interessen be-
freien kann. Ist bei dem Tode eines Reichen viel Dewarra vertheilt
worden, so hat der Erbe das Recht, ein grosses Tambu zu procla-
miren. Während dreier Monate darf kein Empfänger von Dewarra
etwas zerstören, nicht einmal einen Ast brechen oder Erde umwühlen.
Er darf somit sich auch an Garten- und Erntearbeiten nicht betheiligen, sondern muss sie von anderen verrichten lassen. Nach Ablauf
der für das Tambu festgesetzten Zeit muss sich jeder der damit Be-
legten frei kaufen, so dass der ursprüngliche Vertheiler von Dewarra
schliesslich doch wieder auf seine Kosten kommt. Beim Hinscheiden
von bescheideneren Leuten ist das Tambu nicht so schwer und von
kürzerer Dauer.

Die Verwandten und Leidtragenden färben ihre Gesichter schwarz
und zwar die Weiber bei jedem Trauerfalle, die Männer nur, wenn der
Dahingeschiedene ein Mann war. Oft begnügen sie sich auch mit zwei
dicken schwarzen Strichen unter den Augen. Während der Trauer
dürfen sie gewisse Speisen nicht geniessen. Nach einiger Zeit löst der
oder die nächste Anverwandte das Tambu ab durch Gabe eines Stückes
Dewarra an den nächsten Leidtragenden, dieser giebt es um etwas vermindert weiter, und so fort, bis ein kleiner Rest in die Hände des
letzten Leidtragenden gelangt, dann sind alle von dem Tambu erlöst.
Das Recht, eine Speise wieder geniessen zu dürfen, muss jedesmal besonders zurück erkauft werden. So lautet die Information, die der
Verfasser erhielt, allein sie widerstrebt dem Charakter des Kanaken,
der keinesfalls Dewarra opfern würde, um andere von einem Tambu
loszukaufen, ohne gleichzeitig selbst seine Rechnung reichlich zu finden.
Es ist überhaupt die Tambuablösung sowohl wie die Auferlegung eine
sehr dunkle Angelegenheit, über die wir noch eine Menge Information
bedürfen und ohne Zweifel auch erhalten können. Sie herbeizuschaffen,
möge die Aufgabe und das Verdienst jüngerer Forscher werden.

Zweites Capitel.

Wenn man die Industrie eines Volkes kennen lernt, so wird man einen vollgültigen Schluss auf seine Lebensbedürfnisse ziehen, umgekehrt aber, aus der Lebensweise und den Lebensgewohnheiten auch auf die Industrie schliessen können. Wir haben nun den Kanaken in seinem häuslichen Leben als sehr bedürfnisslos kennen gelernt und gesehen, dass Wald und Meer alles liefern, was zu seinem materiellen Wohlergehen erforderlich ist. Seine Industrie wird sich mithin auf die Herstellung solcher Geräthschaften beschränken, welche es ihm ermöglichen, die ihm zugänglichen Schatzkammern der Natur mit einiger Bequemlichkeit auszubeuten. Den Ackerbau treibt der Kanake nur in oberflächlichster Weise, wir haben gesehen, dass er sich ausschliesslich auf den Anbau einiger Knollenfrüchte, Taro und Janus, beschränkt, von Anbau der sich selbst fortpflanzenden Bananen kann kaum gesprochen werden. Das einzige Geräth, welches zur Ackerbestellung Verwendung findet, ist ein zugespitzter Stock, mittelst dessen die zur Aufnahme der Setzlinge bestimmten Löcher in den Boden gemacht werden. Da mithin der Ackerbau geringe Anforderungen an den technischen Sinn und Fertigkeit des Kanaken stellt, so richten sich beide fast durchweg auf seinen zweiten Gewerbszweig. die Fischerei, und wir werden sehen, dass er hier auch recht Erhebliches zu leisten vermag.

Wie in allen tropischen Ländern der östlichen Hemisphäre spielt natürlich in der primitiven Industrie der Naturvölker auch dieser Gegend der Bambus und verwandte Gewächse eine hervorragende Rolle.

Im Bismarckarchipel wächst in grossen Mengen eine Liane, welche in Verbindung mit Bambus fast sämmtliches Material zu dem auf Fischerei bezüglichen Industriezweig der Kanaken liefert.

Hinsichtlich dessen sind zunächst zu erwähnen die zahllosen Fischreusen, die in allen Grössen und verschiedensten Gattungen hergestellt werden. Man kann sie in zwei hauptsächliche Gruppen theilen, nämlich in Reusen, welche festgelegt, und in solche, welche schwimmend verankert werden. Die erstere Art ist die kleinere, obwohl auch hier die Grösse schwankt. Man sieht solche von ½ bis 1 m Länge, die Gestalt ist verschieden, mitunter eiförmig mit abgestumpften Enden, zuweilen cylinderförmig, aber auch solche von Gestalt zweier abgestumpfter, an den schmalen Schnittflächen mit einander vereinigten Kegel kommen vor. Das Princip ist bekannt, durch eine weite Oeffnung lassen sich die Fische in das Innere der Reuse verlocken, aus der sie den Ausgang, wegen der ihnen zugekehrten Spitzen des Rottang, die eine sehr enge Oeffnung umgeben, nicht finden können.

Diese kleinen Reusen werden auf den ausgedehnten, im Archipel so häufigen Korallenriffen mit Hülfe von Korallenblöcken festgelegt, um darin die zu Hunderten sich zwischen den Korallen gern herumtreibenden, in Farbe wie in Form gleich bewundernswerthen kleinen Küstenfische zu fangen. Eine Reuse dieser Art wird etwa alle zwei Tage abgesucht und der Fang nach Hause gebracht. Ganz gewaltige Maassverhältnisse besitzen zuweilen die Reusen, welche auf offenem Meere schwimmend verankert werden. Diese haben fast durchweg die abgestumpfte Eiform und ihre Grösse beträgt selten unter 1 bis 1½ m in der Längsachse, doch erinnere ich mich, ein Exemplar gesehen zu haben, in welchem ein Mann fast aufrecht stehen konnte und dessen Länge wenig unter 4 m betrug. In diesen Körben werden mitunter recht grosse Fische gefangen, solche von 1 m Länge gehören nicht gerade zu den Seltenheiten. Die grossen Reusen werden mit einem aus Cocosnuss und Bananen bestehenden Köder versehen und in folgender Weise aufgestellt. Im Mittel ihres Umfanges werden sie mit einem aus Rottang (der vorhin erwähnten von den Eingeborenen „Kandas" genannten Liane) hergestellten Tau umgeben und mittelst dieses an einem aus leichtem Holze, einem Balken, oder aus verschiedenen Stoffen angefertigten Schwimmer befestigt.

Die Länge des Taues giebt die Tiefe an, bis zu welcher die Reuse, welche selbst nicht schwimmt, unter den Meeresspiegel hinabsinken soll. An dem Schwimmer ist gleichzeitig ein zweites Tau angebracht, dessen anderes Ende einen Korb trägt, der, mit Steinen angefüllt, den

6*

Anker bildet, an welchem der ganze Apparat befestigt ist. Da zuweilen die Reusen weit vom Lande in bedeutender Meerestiefe ausgeworfen werden, so besitzt das Ankertau mitunter eine ganz erhebliche Länge. Ich habe ein solches am Strande aufgezogen gefunden, zu dessen Abmessung 100 Schritte erforderlich waren. Um diese grossen Reusen auszulegen, werden zwei Canoes in der Weise an einander gebunden, dass zwischen ihnen, aus Stäben gefertigt, eine Art Plattform entsteht, auf dieser findet die Reuse nebst Schwimmer und dem schwerfällig aufgerollten Tau Platz; die Canoes werden von ihren Insassen in langsamem Tempo auf die vorher ausgesuchte Stelle gefahren. Der Ankerkorb wird vorsichtig niedergelassen, der Schwimmer ins Wasser gelegt und dann langsam die Reuse versenkt. Um deren Stelle von weitem kenntlich zu machen, werden auf dem Schwimmer geschälte Zweige senkrecht befestigt und diese mittelst Stückchen bunten Zeuges, leichter Schnitzerei, am liebsten jedoch durch Anbringung bunten Federwerkes geziert.

Die Schwimmer bilden einen beliebten Ruheplatz für Möven aller Art, die oft dicht an einander gedrängt in langer Reihe darauf Platz nehmen, um sich auf diese Weise von dem auf den spielenden Wellen schaukelnden Balken gemächlich wiegen zu lassen. Ist man aus einem durch leichten Wind gekühlten Sonnentage zur nachmittäglichen Erholung in seinem Boote auf die Bai hinaus gefahren und blickt auf das rastlose Treiben der kräuselnden, dunkelblauen Wogen, sieht man um sich her die schwankenden Markstöcke, deren bunter Federschmuck grell absticht von den einfachen Farben des darunter dicht sich drängenden Mövenvolkes, schaut man dem Treiben der gerade mit Neuverankerung einer Reuse beschäftigten Kanaken zu, deren Ruf melodisch über das Wasser klingt, weidet man das Auge an den kühnen Formen der sonnenbestrahlten Häupter der Feuerberge, den ihren Fuss beschattenden Palmenwäldern, an dem Contrast, den hell leuchtende europäische Wohnstätten mit dem saftigen Grün der üppigen Tropenvegetation bilden, so empfindet man, wenigstens für Augenblicke, den ganzen Reiz, den liebliche, jungfräuliche, von zwängendem Eingriff der Cultur unentweihte Natur auf uns auszuüben vermag und den wir als Idyll bezeichnen.

Alle Reusengattungen sind aus Rottang gefertigt. Dieses wird je nach der Stärke, den die Reuse haben soll, an seinem Ende vier bis acht Mal gespalten und dann einfach der Länge nach aufgerissen. Es ergeben sich Streifen von der Länge der ganzen Liane, von denen nur die noch anhaftenden Marktheilchen entfernt zu werden brauchen, um ein

ausserordentlich dauerhaftes Material für Flechtarbeit zu schaffen. Um
einen Mittelring der Reuse werden nun zunächst die Längsrippen gelegt, darauf die innere, den Austritt der Fische verhindernde Einrichtung angebracht, endlich der Rest des Flechtwerkes fertig gestellt.
Es arbeiten gewöhnlich mehrere Leute, stets Männer, die sich von
Knaben helfen lassen, an einer Reuse. Man kann nicht behaupten,
dass die Arbeit rasch von statten ginge, die Kanaken sind nicht fleissig
und nichts treibt sie, ihre Arbeit zu beschleunigen. Sie entwickeln
indessen grosse Fertigkeit in den Flechtarbeiten. Die Reusen sind
stets sowohl Muster sauberer Arbeit wie gefällig in Form und dauerhaft. Die Taue sind von ungespaltenem Rottang hergestellt, von dem
immer drei Stränge zusammengedreht werden. Da jedoch die Lianen
von verschiedener Stärke und auch von verschiedentlicher Biegsamkeit
sind, geschieht es in den meisten Fällen, dass der dickste Strang keine
Drehung erhält, sondern gerade verläuft, während die beiden anderen sich
darumwinden. Dass ein solches Tau nur die Stärke des dicksten Stranges
hat, irgend welche Last von den beiden anderen gar nicht getragen
wird, ist eine Thatsache, zu deren Erkenntniss selbst bei ausführlicher
Erklärung das Kanakengehirn sich noch nicht aufzuschwingen vermag.

Das Seilergeschäft in Rottang wird am Strande in höchst primitiver Weise betrieben. Die Enden der Lianen werden zusammengeknotet, unter einen Stein gelegt und darauf die Drehung mit der
Hand vollzogen. Um die bei der oft beträchtlichen Länge der Lianen
leicht eintretende Verwickelung während des Drehens zu verhindern,
werden ebenfalls Knaben zur Hülfe angestellt. Zur Zeit, wenn viele
Reusen ausgelegt werden, was im Frühjahr, also etwa August, zu
geschehen pflegt, sieht man Dutzende dieser Taue, langen Schlangen
gleich, auf dem braunen Sande liegen. Um die Reusen vor Fäulniss,
Stössen und dem Zahne der zahlreichen Ratten zu schützen, werden sie
im monsunbewegten Winter, währenddessen sie ausser Gebrauch gesetzt
sind, an den das Dorf umgebenden Cocospalmen aufgehangen. Nähert
man sich von weitem dem Strande, so glaubt man zunächst Riesenfrüchte
vor sich zu haben, die man bei näherem Zusehen für gigantische Lam-
pions halten möchte. Ein anderer zum Fischfang dienender Apparat ist
höchst geistreich ersonnen. Aus den Zweigen eines dornigen Busches
wird eine kleine, glockenförmige Falle construirt, in deren tiefstem
Theile man einen Fischköder anbringt. Die Dornen der Zweige stehen
als Widerhaken nach innen gerichtet. Die Glocke wird mit einem
Schwimmer versehen ins Meer geworfen und verankert. Der Fisch
geht nach dem Köder, kann aber den Kopf aus der Falle nicht zurück-

ziehen, da die Dornen festhaken. Wunderlicher Weise ertrinken die in dieser Falle gefangenen Fische, unter denen sich mitunter recht grosse Exemplare befinden.

Aus Bambus werden Fischspeere hergestellt. Das erste Glied einer kräftigen Bambusstange wird in fünf bis acht Theile gespalten, diese scharf zugespitzt und die Spitzen mittelst hindurchgeflochtener Rottangstreifen, oder eines eingetriebenen Holzpfropfens zum Auseinanderspreizen gebracht. Auch werden Stückchen harten gespitzten Holzes in geeignetem Winkel an einander befestigt und in das hohle Bambusende eingelassen. Der mit diesem Speere bewaffnete Fischer steht entweder einsam auf einem Korallenriffe, wo er vorüberziehenden grösseren Fischen auflauert, oder er sitzt in seinem Canoe, von wo er in gewöhnlicher Weise den Speer gebraucht. Ob die Speerfischerei im Canoe bei Feuerbeleuchtung abgehalten wird, habe ich nicht ermitteln können.

In umfangreicher Weise wird Fischfang durch Netze betrieben, von letzteren werden verschiedene Arten in höchst kunstvoller Weise hergestellt. Das Material liefert die Faser der Banane oder des Pandanus. Auch ein an sumpfigen Stellen wachsendes Riedgras liefert gutes Gespinnst. Der Faden wird in gleicher Weise wie bei den afrikanischen Völkern mit der flachen Hand auf dem Schenkel gedreht, doch bringt das grössere Bedürfniss wohl die grössere Uebung mit sich, denn ich fand den Faden durchgängig von ausserordentlich guter Beschaffenheit in Bezug auf Material und Herstellung. Obgleich alle Fischer, und das sind fast sämmtliche Strandbewohner im Archipel, ihre Netze selbst herzustellen vermögen, so fand ich doch auf Karawarra und Neu-Lauenburg, dass ganz besonders die Kranken sich mit dieser Arbeit beschäftigen. Wir haben schon früher gesehen, dass die von den schrecklichen, im Archipel vorkommenden Krankheiten Befallenen sich dem Anblick der Menschen entziehen, im dunklen Walde leben und nur in Tambuhäusern mit anderen zusammenkommen. Ihre Nahrung erhalten sie zugestellt. Muthmaasslich als Entgelt für die mit dieser Versorgung verbundene Mühe übernimmt der Kranke die Anfertigung von Netzen, zu denen er auch das Material selbst sammelt. Dieses wird erst etwas getrocknet, um es seines natürlichen Saftes zu berauben. Hierauf wird es ins Wasser gelegt, um die der Faser anhängenden Fleischtheile aufzuweichen und zu lockern. Abermaliges Trocknen an der Sonne macht das Material brüchig, so dass jetzt durch Schlagen mit Stöcken und anhaltendes Kämmen die Fasern von den daran haftenden Fleischtheilchen befreit werden können. Die fertig gestellte Faser hat eine fast silberhelle Farbe und ist von seidenartiger Weichheit. Die ganze Procedur ist fast dieselbe, welche in früheren Zeiten vor Einführung eines Röstverfahrens unserem einheimischen Flachs zu Theil wurde. Der Faden wird nun gesponnen, resp. mit der Hand auf dem Schenkel gedreht. Zwei dünne Zöpfchen des Rohmaterials werden zwischen Daumen und Zeigefinger der linken Hand genommen, darauf deren Aeusserstes mit den Fingern der rechten Hand von links nach rechts gezwirbelt und in diesem Zustande mit dem vierten Finger der linken Hand auf deren Ballen gedrückt und festgehalten. Mit dem anderen Zöpfchen wird in gleicher Weise verfahren. Hierauf werden die beiden Zöpfchen, deren Enden Zeigefinger und Daumen der linken Hand stets noch halten, auf den linken Schenkel gelegt, mit dem Ballen der rechten Hand nochmals in der Richtung ihrer Drehung vorwärts gewalzt, darauf mit kräftigem Drucke in entgegengesetzter Richtung zurückgedreht. Im Augenblicke des Zurückdrehens müssen die Strähne unmittelbar neben einander liegen; anstatt dann ihre ursprüngliche Drehung aufzugeben, bewirkt ihre rückwärts strebende Elasticität eine Drehung um einander und es entsteht ein zweisträhniger Strang, dessen einzelne Theile von links nach rechts, der selbst aber umgekehrt gedreht ist. An die noch offenen Zipfel des Stranges wird neues Material angelegt und das Verfahren fortgesetzt. Es werden Faden ganz verschiedener Dicke, von grosser Feinheit bis zur Stärke unseres Bindfadens, gesponnen. Das fertige Product wird auf ein etwa 3/4 Zoll breites beliebig langes Brettchen, mit schwalbenschwanzförmigen Einschnitten an den Enden, aufgewickelt und die Arbeit des Netzstrickens beginnt in der auch uns bekannten Weise. Wunderlich ist es immerhin, dass der Knoten zwischen den einzelnen Maschen mit dem auch bei uns zur Verwendung kommenden sogenannten Fischerknoten völlig identisch ist. Die Netze werden in verschiedener Grösse und Form hergestellt. Das bedeutendste ist das von den Eingeborenen „Benne" genannte Grundnetz. Dieses besteht lediglich aus einem Netzgewebe von etwa 1 bis 1½ m Breite, welches in einem mir bekannten Falle die stattliche Länge von 60 m erreichte. An beiden Längskanten ist es mit starker Schnur eingefasst, an deren einer Gewichte in Gestalt von Steinen, an deren anderer aus Holz mitunter äusserst kunstvoll geschnitzte Schwimmer befestigt sind. Letztere sind mit eingebrannten Figuren verziert und die Eigenthümer sehen es sehr ungern, dass sie von irgend Jemand berührt werden, wenn gerade das Netz zum Fischfang in Gebrauch genommen werden soll. Die Art der Anwendung ist einfach, aber originell und belustigend. Das Netz wird in seichten Gewässern auf und zwischen den Korallenriffen niedergelassen, so dass es eine senkrecht stehende Wand bildet. Dies wird ermöglicht durch die früher erwähnten Sinker und Schwimmer. Die Netzwand wird im Bogen aufgestellt, auf dessen concave Seite sich eine grösstmögliche Anzahl Canoes begeben, um in Entfernung von etwa 1 km kurze Zeit Aufstellung zu nehmen. Auf ein gegebenes Signal fahren nun sämmtliche Canoes unter grossem Geschrei, Plätschern mit den Rudern und indem das Wasser mit Stangen und Zweigen geschlagen wird, auf das Netz zu. Die zwischen den Canoes und dem Netze befindlichen Fische fliehen vor dem Getöse in der Richtung des Netzes, in das sie sich verwickeln und so gefangen werden. Sind die Canoes beim Netze angelangt, so springen die jungen Kanaken ins Wasser, um die Fische aus den Maschen auszulösen und ins Canoe zu werfen. Haben sich zufällig eine grössere Anzahl gefangen, so wird das Netz auch zusammengezogen und mit seinem Inhalt ans Land gebracht. Darauf wiederholt sich der Fang, der die Betheiligten, wie der Verfasser aus der Erfahrung eigener Theilnahme versichern kann, stets in ungemein vergnügliche Stimmung versetzt. Ein Netz, welches ebenfalls zur Verwendung kommt, ist in Dreieckform geflochten und zwischen zwei Stäben angebracht, die sich wie die Griffe einer Scheere kreuzen und ebenso beweglich sind. Mit den kurzen Hebelarmen in den Händen schiebt der Fischer die langen Arme, zwischen denen das Netz befestigt ist, unter eine Schaar der sich oft in grosser Anzahl dicht am Strande tummelnden kleinen Fische, schliesst schnell die Scheere und Hunderte der Thierchen werden so gefangen. Man könnte meinen, dass auf diese Weise der Fischreichthum bald vermindert werden müsste, allein erstens wird diese Art des Fanges schon deswegen, weil er nur in seichtem Wasser möglich ist, ohnehin in beschränktem Maasse betrieben, dann aber ist der Fischreichthum dieser Gegenden so gewaltig, dass selbst ein systematisch betriebener Raubbau ihn erst mit der Zeit schädigen könnte, ferner aber neige ich zu der Ansicht, dass die erwähnten kleinen Fische nicht Brut, sondern, weil sie in unveränderter Form das ganze Jahr über vorkommen, eine ganz bestimmte, dem „whitebait" ähnliche Fischgattung sind. Sie bilden einen sehr beliebten Leckerbissen auf der Tafel der Weissen sowohl wie in der Küche der Eingeborenen.

Ein eigenartiges Netz gebrauchen die Salomonsinsulaner. Es wird zwischen die Enden eines fast im Halbkreise gebogenen Stockes gespannt, an dem ein Griff zum Halten befestigt ist, so dass es einer

Sense nicht unähnlich sieht. Mit diesem Netze gehen die Leute in die Brandung und fangen sowohl aus der überstürzenden Welle als aus dem rückläufigen Wasser Fische und Schaltiere. Wie es ihnen möglich ist, deren Vorhandensein wahrzunehmen, konnte ich nicht aufklären, auch blieben beide Male, an denen ich dieser Art des Fischfanges zusah, bei Tage wie bei Nacht, wo mit Feuerbränden geleuchtet wurde, resultatlos. Auch mittelst der Auslegeangel wird der Fischfang betrieben. Die Schnur besteht aus demselben Materiale, aus welchem die Netze gefertigt werden, die Haken werden aus Schildpatt oder Muscheln hergestellt. Schildpatt wird im passenden Formate zugeschnitten, gespitzt, dann in heissem Wasser gebogen und bis zum Erkalten mittelst Binden in der erforderlichen Krümmung gehalten. Eine ganz bestimmte Muschelgattung lässt sich so zuschneiden, dass ein scharf gebogenes Stück ihres härtesten Theiles übrig bleibt, dieses wird nun so lange geschliffen, bis es die erforderliche Spitze erhalten hat und dann in Gebrauch genommen.

Beide Gattungen von Angelhaken werden in verschiedenen Grössen angefertigt, deren kleinste ist etwa 1 cm lang und verdient ein Musterwerk sauberer Arbeit genannt zu werden. In meiner, dem Museum zu Schwerin überwiesenen Sammlung befinden sich eine Anzahl von Exemplaren beider Sorten, die dem Kenner sowohl wie Laien Bewunderung abnöthigen. Fische aller Grössen werden mit diesen Haken gefangen.

Ein sehr wichtiger, allerdings ohne Netz betriebener Zweig der Fischerei ist der Schildkrötenfang. Abgesehen davon, dass die Leute die Eier und das Fleisch der Thiere geniessen und die Schale zu allerhand Gebrauchszwecken verwenden, wissen sie sehr wohl, dass für letztere der Europäer einen guten Preis bezahlt und die Kanaken betreiben in Folge dessen den Fang sehr eifrig. Sie kennen genau den Ort, wo die Schildkröten aus Land steigen, um das Geschäft des Eierlegens zu verrichten. Sie eilen dann auf das unbehülfliche Thier zu, kehren es mit Stöcken, wohin es sich sofort zu flüchten versucht, ab, und wenden es auf den Rücken. Mitunter ist die Ausbeute recht erklecklich, ich habe einmal nicht weniger als neun grosse Thiere von einem einzigen Kanaken in seinem Canoe zum Verkauf anbringen sehen. Leider bedingt diese Methode des Fanges, dass fast nur weibliche Thiere erbeutet werden, was natürlich eine Verminderung des Nachwuchses zur Folge haben muss.

Die Leute behaupten, die Schildkröten auch noch auf folgende, mir indessen zweifelhaft erscheinende Weise fangen zu können.

Die Schildkröte hat die Gewohnheit, bewegungslos im Wasser zu ruhen und nur die ganz vorn an der Spitze des Kopfes befindlichen Nasenlöcher über die Oberfläche hervorzustrecken. Die scharfen Augen des Kanaken erkennen bald, wo eine auf diese Weise ruhende Schildkröte sich befindet, rudern vorsichtig hinzu, ergreifen das Thier an einer der Hinterflossen und heben es ins Canoe. Wieder andere spähen im seichten Wasser auf den Grund und entdecken die hier rastende Schildkröte, ein gewandter Schwimmer taucht hinab und holt sie herauf. Wenn man die Kraft der Thiere kennt, ihre Wachsamkeit und Schnelligkeit im Wasser beobachtet hat, muss man diese Erzählungen für Prahlerei halten.

Die aus Fasern gestrickten Netzbeutel, welche die Leute in Neu-Guinea fast durchweg am Arno tragen, sind hier unbekannt, sie werden durch ein Körbchen ersetzt, welches aus Gras oder Streifen von Palmenblättern geflochten wird. Der Eigenthümer trägt es an einem aus demselben Materiale geflochtenen Bande über die linke Schulter, dergestalt, dass es bis hoch unter die Achselhöhe des darüber herabhängenden rechten Armes hinaufgezogen ist. Es enthält die wenigen Dinge, die der Kanake als unentbehrlich betrachtet. Vor allen Dingen Betelnüsse und ein aus Pandanusblättern gefertigtes Säckchen mit „Kabang“, d. i. Kalk. Einige Feuerstöcke, mittelst welcher durch Reibung Feuer erzeugt wird, finden sich auch noch darin, sonst hauptsächlich kleine Stückchen Dewarra oder Schnüre Pelé, so dass man das Körbchen zugleich auch als Börse bezeichnen kann. Zum Transport der Feldfrüchte wird eine Art Tragkorb angefertigt. Die Rippe einer Cocospalme wird der Länge nach aufgespalten und die schmalen Blätter der einen Hälfte sinnreich, aber einfach, zusammengeflochten. Die entstehende „Kiepe“ wird auf den Rücken genommen und mit grossen Lasten beladen, sie hat den Vorzug, so leicht herstellbar zu sein, dass sie sofort nach Benutzung weggeworfen und durch eine neue ersetzt werden kann. Besondere Flechtarbeiten sind bei den Stämmen sonst nicht im Gebrauche; auf den Salomonsinseln werden aus Pandanusblättern, denen man eine lederartige Weichheit zu geben versteht, Matten hergestellt, die des Nachts mitunter als Decke, hauptsächlich aber als Unterlage benutzt werden. Eine solche Matte wird auch gefaltet und dann auf einer Schmalseite zugenäht, so dass ein auf einer Längs- und einer Schmalseite offener Sack entsteht. Dieser wird mit seinem Zipfel über den Kopf gestülpt und als Regenmantel bei Regenwetter getragen, wo er sich als völlig wasserdicht bewährt, allerdings nicht sehr dauerhaft ist.

Aus Palmenblättern wird noch eine Art Capuze hergestellt, die den Zweck hat, die geschnitzten Canoe-Enden vor Beschädigung,

Nässe und Verunreinigung zu bewahren. Sie werden den Schnitzereien einfach übergestülpt.

Der Bau der fast auch ausschliesslich dem Fischereigewerbe dienenden Canoes wird lange nicht mehr in dem Umfange betrieben, als dies früher der Fall gewesen sein muss. Ursache dieses Rückganges ist wohl hauptsächlich das Verschwinden geeigneter Bäume an passenden Stellen. Das beste Holz liefert der „Akur" genannte wilde Mangobaum und ein anderer mit ebenfalls geradem Stamme, dessen Name „a lapua" lautet. Natürlich werden immer nur solche Bäume benutzt, deren Nähe am Wasser einen leichten Transport des erbauten Canoes gestattet. Trotz grösserer Entfernung den besseren Baum zu wählen, fällt dem Kanaken nicht ein, und so wurden die vorhandenen Stämme schneller verbraucht, als sie sich durch Nachwuchs ergänzen konnten. Man kann auch beobachten, dass alle schönen, grossen Canoes alt, die geringeren neu sind. Der Bau eines Canoes ist anscheinend eine ganz leichte Sache und ein Kanake könnte, wenn er stetig die Arbeit fortsetzen wollte, binnen vier bis sechs Tagen ein gewöhnliches Canoe anfertigen. Dennoch bedarf die Arbeit eines nicht zu unterschätzenden Geschickes, welches nur durch Uebung erlangt werden kann. Der Baum wird gefällt und die Krone da abgeschnitten, wo das Canoe endigen soll, dann wird die Borke entfernt, hierauf erhalten beide Enden im rohen etwa die Form, welche sie später haben sollen. Ist der Stamm nicht völlig rund, so wird seine breiteste Seite nach unten gekehrt und der Aushöhlungsprocess beginnt. Zunächst, und in der Hauptsache auch im Folgenden, wird mit der Axt gearbeitet, oft jedoch Feuer zum rasch fördernden Bundesgenossen genommen. Soll dieses die Höhlung nach unten vertiefen, so wird die ganze Länge des mit der Axt schon hergestellten Aushaues mit glimmenden Holzkohlen angefüllt und nur Acht gegeben, dass sich die Gluth nicht ungebührlich seitlich ausdehne. Glaubt man, dass der Brand tief genug vorgeschritten sei, so wird die Kohle weggenommen und die verbrannte Schicht mit der Axt fortgeräumt. Will man der Feuerwirkung eine seitliche Richtung geben, so wird die vorhandene Höhlung mit Sand angefüllt und darauf das Feuer entzündet. Auch hier bildet jedoch die Axt die letzte Instanz, durch welche die Wand den Schliff erhält. Die Grösse des Fahrzeuges hängt selbstverständlich von der Grösse des Baumes ab, aus dem es entstand und schwankt zwischen dem kleinen Seelenverkäufer von 2 m Länge und 1 Fuss Durchmesser mit Tragfähigkeit für einen Mann und den grossen Kriegscanoes auf den Salomonsinseln mit Durchmesser von mehr als 1 m, 20 m

Länge und Aufnahmefähigkeit von 40 Mann. Zu so grossen Fahrzeugen lassen sich selbstverständlich nur die grössten und stärksten Bäume verwenden, die, wie gesagt, auf den uns bekannten Theilen Neu-Pommerns, der Neu-Lauenburggruppe und Neu-Mecklenburg nicht mehr vorkommen. Hier ist man heute meist mit recht minderwerthigen Bäumen zufrieden und eine Biegung im Stamme, die natürlich eine entsprechende Krümmung in der Gestalt des Fahrzeuges bedingt, ist durchaus kein Grund, den Baum von der Verwendung auszuschliessen. Aussen und innen wird das Fahrzeug geglättet und nur mit einem Ausleger versehen. Dieser besteht aus einem leichten Stück Holz von fast der Länge des Canoes. Senkrecht zu seiner Achse sind, je nach der Grösse, drei bis sechs Stützen von der Länge des Canoequerschnittes angebracht, von den Stützen gehen wagerechte Verbindungsstäbe auf das Canoe, an welchem sie mittelst kräftiger, durch Löcher in der Bootwand gehender Bastbinden befestigt sind. Der Ausleger wird oft verziert durch geschälte, senkrecht eingesteckte, vielverzweigte Aeste, die mit buntem Federwerk geziert werden. Beim Fahren liegt der Ausleger links. Kommt die See von dieser Seite, so dient er auch erfolgreich als Wellenbrecher. Man sollte meinen, dass er in dieser Eigenschaft auch benutzt würde, im Falle die See von rechts käme, indem dann das an beiden Enden gleich geformte Fahrzeug mit rechts liegendem Ausleger gefahren würde. Keineswegs, der Kanake ist allen Neuerungen so abhold, dass er darauf besteht, den Ausleger links zu führen, selbst wenn ihm die von rechts kommende See das Canoe mit Wasser füllt. In meinen Auseinandersetzungen über diesen Punkt gaben mir die Leute stets zu, dass ein Abweichen vom alten Brauche nur vortheilhaft sein könne, und ich bin im Zweifel geblieben, ob sie aus Zähigkeit am Althergebrachten festhielten oder ob sie wegen Mangel an Entschlussfähigkeit trotz besserer Einsicht sich zur Einführung der Neuerung nicht aufzuschwingen vermochten. Als Sitze dienen einfache Stöcke, die über das Canoe gelegt und in dessen Wänden mittelst Rottangstreifen befestigt werden.

Das eben beschriebene Canoe ist der Typus in Neu-Pommern. Findet man bessere Bäume, so legt man auch grösseren Werth auf dem entsprechende äussere Ausstattung. Der Bord wird durch darauf gesetzte Planken erhöht. Diese werden nicht mit der dem Kanaken unbekannten Säge, sondern mit dem Universalinstrument, der Axt, hergestellt, natürlich ist mittelst dieses Werkzeuges aus einem Stamme nur ein Brett herauszuarbeiten. Die Art der Befestigung kann man als Naht bezeichnen. In die Wand des Canoebordes, sowie in die auf-

Handelscanoe von Neu-Mecklenburg.

Zu Seite 93.

zusetzende Planke werden Löcher gebohrt und nun die Verbindung durch regelrechtes Nähen hergestellt, wozu Streifen des schon früher erwähnten Rottang benutzt werden. Da selbst eine genau schliessende Passung der Planke und des Canoebordes das eindringende Wasser nicht abhalten würde, der Kanake aber diese gar nicht herzustellen vermag, so ist er genöthigt, eine Dichtung anzubringen, wozu er ein selbstverfertigtes, aus einer eigenthümlichen runden Baumfrucht gewonnenes Harz verwendet. Ist das Canoe für einen besonders reichen Mann bestimmt, so wird auf seinen Enden noch ein eigenthümlicher Schnabel aufgesetzt, der indessen nicht nach vorn, sondern aufwärts ragt und oft mit schöner Schnitzerei verziert ist. Unter dieser hängt meist ein Büschel bunter Crotonblätter, dem eine besondere amulettartige Wirkung zugeschrieben wird. In einem Falle beobachtete ich eine besonders reiche Ausführung der Schnitzerei. Ein grosses Staats- oder Handelscanoe, auf der Reise von Birara nach dem Südende Neu-Mecklenburgs begriffen, legte in Karawara an. Seine Maasse waren 13 m Länge, 1,8 m Weite; es enthielt zehn Insassen. Die Enden des Canoes waren ungewöhnlich hoch aufgebaut und erhoben sich 2 m über den Wasserspiegel. Von jedem Ende ragte rechtwinklig nach auswärts eine starke Leiste, auf welcher sehr schönes geschnitztes Gitterwerk angebracht war. Vor jedem Gitter befand sich eine geschnitzte menschliche Figur, die eine in sitzender, die andere in stehender Stellung. Letztere schien einem Europäer nachgebildet zu sein, da ihr Kopf mit einem Hute bedeckt war, erstere war die einfache Nachbildung eines sitzenden Kanaken. Das Boot machte durch seine Grösse und schöne Ausführung selbst unter den Eingeborenen Aufsehen und niemals ist dem Verfasser ein zweites derartiges Exemplar zu Gesicht gekommen. Der hoch emporragende Schnabel theilt sich unten in zwei Arme, deren je einer auf jede Seite des Canoes ausläuft und mit den Planken des Freibordes in beschriebener Weise verbunden wird. Ein solches Canoe besserer Gattung wird dann aussen mit Kalk blendend weiss angestrichen, der Schnabel und die darauf befestigten Figuren mit bunten Farben bemalt. Zur Verwendung kommen Roth, Blau, Gelb und Schwarz. Roth wird auf Matupit aus gebrannter Erde hergestellt, Schwarz erhält man aus der gebrannten Schale der Cocosnuss, Gelb ist der Saft einer Pflanze und nur Blau ist europäischen Ursprungs, nämlich meist Waschblau. Die Farben werden mit Wasser in einer Cocosnussschale angemacht und mit einem Pinsel aus Bananenfasern oder einem zu Fasern zerklopften Stückchen Rottang aufgetragen. Die weisse Farbe erfordert mehrere Austriche und bedarf oft der Erneuerung, sie ist weiter nichts als Kalk, der in seiner feinsten Form Kabang heisst und beim Betelkauen benutzt wird. Korallenstücke werden ins Feuer gelegt wo sie eine Zeit lang verweilen. Herausgenommen und liegen gelassen zerfallen sie sehr bald zu Pulver, welches noch besonders gerieben werden kann. Gewöhnliche kleine Canoes bleiben meist im Wasser liegen, oder werden höchstens auf den Strand gezogen. Ein Staatscanoe dagegen erhält eine eigene Bedachung aus Palmenblättern oder Gras, unter die es auf in die Erde getriebene Gabelpfähle gesetzt wird, um es vor Fäulniss zu bewahren. Auf den Salomonsinseln, wo die Canoes, wie erwähnt, weit grössere Dimensionen haben, findet man grosse Bootshäuser, in denen mehrere Fahrzeuge Platz finden können.

Eine bemerkenswerthe Art Canoe wird in Neu-Mecklenburg gebaut und daselbst „Mon" genannt. Es ist ganz aus Planken zusammengenäht, hat eine sehr gefällige Form, besitzt aber keinen Ausleger. Obwohl ohne Kiel, ist es doch äusserst seetüchtig und die Eigenthümer unternehmen ausgedehnte Fahrten damit. Da die Herstellung sehr mühsam ist, so sieht man diese Fahrzeuge nur selten. Die Kunst, sie anzufertigen, scheint überhaupt in Verfall gerathen zu sein, da man kaum je ein neues Fahrzeug dieser Gattung sieht und die vorkommenden stets Spuren des Alters zeigen. Die Ruder sind kurze Paddels, die auf den Salomonsinseln sehr hübsch und regelmässig geschnitzt und bemalt werden. Auf Neu-Pommern wird ebenfalls einige Sorgfalt, jedoch nur auf die zu einer Staatsbarke gehörigen Paddels verwendet, in Neu-Mecklenburg habe ich stets nur ziemlich rohe Arbeit gesehen. Ueberall haben die Paddels die bekannte lanzettförmige Gestalt. Segel sind im ganzen Archipel unbekannt, während sie in Neu-Guinea vielfach Verwendung finden. Selbstverständlich gehören solche Segel, wie sie von dem culturbeleckten Sohne Gorai's in Morgussai (auf den Salomonsinseln) aus Stückchen Callico auf seinem Vergnügungscanoe geführt werden, nicht in den Rahmen unserer Betrachtung.

Das Canoe ist nicht allein das Fundament des Fischereigewerbes, es ist auch das einzige existirende Verkehrsmittel und allein das Canoe ermöglicht das Bestehen irgend welcher Handelsbeziehungen zwischen den verschiedenen Inseln.

Von Holzarbeiten sind ausser den von den Fischerinseln stammenden Schnitzereien nur noch Trommeln, Garamut genannt, bemerkenswerth. In Neu-Pommern kommt meines Wissens nur eine kleine Gattung vor in Gestalt von zwei abgestumpften Kegeln, die mit den kleinen Schnittflächen auf einander gesetzt sind. Beide Kegel und auch der Vereinigungspunkt sind hohl. Ueber die breiten Enden wird Haut, am liebsten die einer Schlange oder Eidechse gespannt und nun die Trommel mittelst der Finger geschlagen. Ein viel interessanteres Instrument fand ich bei meiner Durchquerung Neu-Mecklenburgs in nicht unerheblicher Anzahl. Es war fast genau dieselbe Trommel, die aus Kamerun bekannt ist. Ein riesiger Holzblock von etwa 2 m Länge und 1 m Durchmesser wird so ausgehöhlt, dass nur auf seiner Längsseite ein dünner, etwa 4 bis 6 cm breiter Schlitz bleibt. Man kann sich vorstellen, welche Mühe es kosten muss, durch diese Oeffnung all das aus dem Inneren des Blockes weggeschnittene Holzwerk zu entfernen und nur eine Wandung von etwa 1 bis 1½ Zoll Dicke stehen zu lassen. Diese Trommel dient, wie in Kamerun, zur Verständigung unter einander. Ob eine so ausgebildete Trommelsprache wie dort in Neu-Mecklenburg existirt, konnte ich bei dem scheuen und wilden Charakter seines Volkes nicht feststellen, jedenfalls wurde die Ankunft meiner Karawane den umliegenden Dörfern stets durch die Trommel angezeigt. Ein Musikinstrument, Tutupele genannt, wurde früher schon erwähnt, ebenso die aus Bambus gefertigte Maultrommel. Von ganz besonderer Bedeutung sind die vorhin erwähnten Holzschnitzereien der Fischerinsulaner. Am bekanntesten sind die dort hergestellten Masken geworden. Sie sind von groteskem Aussehen, bunt bemalt, mit allerhand Flitterkram ausstaffirt, doch macht der Reichthum ihrer Schnitzerei, die Verschiedenartigkeit ihrer Ausführung, die Mannigfaltigkeit des Aufputzes jede Beschreibung unmöglich. Besonders bemerkenswerth ist es, dass diese Masken stets das feine, etwas aquiline Profil des Gesichtstypus, sowie die helmartige Frisur der Neu-Mecklenburger wiedergeben, ebenso wie die früher erwähnten Masken auf Neu-Pommern die breiten Mäuler, struppigen Köpfe und Glorienscheinbärte der Bewohner dieser Insel nachahmen. Grosse, oft meterlange Schnitzereien, alle aus einem sehr weichen, kurzfaserigen Holze verfertigt, werden vor den Tambuhäusern aufgepflanzt. Welchem Zwecke sie dienen, ob sie Geister vorstellen, solche abwehren oder begütigen sollen, ist noch nicht genau ermittelt. Auffallend ist es, dass sie Thiere und phantastische Lebewesen aufweisen, welche zum Theil den Eingeborenen völlig unbekannt sind, dann aber entweder aus Ueberlieferung zu ihnen kamen, oder der schöpferischen Phantasie der Leute ein beredtes Zeugniss ausstellen. Ein von mir erworbenes Stück zeigt in wunderbar feiner Ausführung einen von prächtigem Federschmuck umwallten Paradiesvogel. Wie kam der Schnitzer darauf, dieses ihm völlig unbekannte, weder in Neu-Mecklen-

burg noch auf den Fischerinseln vorkommende Thier darzustellen?
In früheren Zeiten dienten als Schnitzmesser geschliffene Stückchen
Muscheln und wurden die Schnitzereien äusserst sorgfältig ausgeführt;
seitdem eiserne Werkzeuge Eingang gefunden haben und seit die Kanaken wissen, dass Europäer ihre Schnitzereien theuer bezahlen, werden
letztere, um mehr liefern zu können, nachlässiger angefertigt und die
Schönheit der Arbeit geht dadurch verloren, ja es steht zu befürchten,
dass im Allgemeinen Degeneration dieser Kunst eintreten wird, weil
der Kanake seine Motive aus europäischen Mustern zu schöpfen beginnt. Aus diesem Grunde ist es auch misslich, zu tiefe Theorien
über Bedeutung, Zusammenhang, Entstehung der Motive, zu construiren,
weil man zu leicht von falschen Voraussetzungen auszugehen gezwungen
ist. Folgender Umstand mag zur Erläuterung dienen.

Ein mir befreundeter Kaufmann im Archipel besass neben anderen
Schnitzereien auch einige lange Zierleisten, die er als solche unter
der Decke seines Zimmers angebracht hatte, wo sie den Besuchern
seines gastfreien Hauses stets Gegenstand lauter Bewunderung waren.
Als man sich an den Gesammteindruck gewöhnt hatte und die
Schnitzereien auf ihre Einzelheiten zu prüfen begann, musste man
sich gestehen, dass das Motiv etwas Bekanntes an sich trug, das
Jedem bei längerer Betrachtung auffiel, sich indessen nicht präcisiren
liess. Wenn die Besucher sich müde gerathen hatten, pflegte der liebens-
würdige Wirth eine Bierflasche gegen die Schnitzerei zu halten und
zu zeigen, dass letztere nur eine Nachahmung der Etikette der Bierflasche sei. Die Aehnlichkeit war unverkennbar, wenn auch die Phantasie des Kanaken die Figuren und Schriftzüge ganz anders gesehen
hatte, als der mit ihrer Bedeutung vertraute Europäer. Da es sehr
wohl möglich ist, dass in früheren Zeiten dem Kanaken die ihm zum
ersten Male vor Augen kommenden Erzeugnisse europäischer Industrie
noch mehr imponirten als heute, seine Phantasie und Nachbildungs-
trieb noch mehr reizten, so mögen auch ältere Stücke Nachbildungen
europäischer Gegenstände sein oder zum mindesten enthalten, nur vermögen wir aus der krausen Darstellung das nachgeahmte Object nicht
mehr zu erkennen. Ganze menschliche Figuren werden ebenfalls geschnitzt, doch sind sie selten über 1 m hoch. Oft findet man den Kopf
des Nashornvogels nachgebildet, der, mit einem Mundstücke versehen, an
diesem zwischen den Zähnen gehalten wird, um beim Tanz statt einer
Maske zu dienen.

Aus Bambus werden Wassereimer hergestellt, indem ein Stamm
von starkem Durchmesser dicht über und unter einem Gelenke

abgeschnitten wird. Die beiden, den ganzen Stamm durchsetzenden Theilungswände der Gelenke schliessen das Glied an beiden Enden wasserdicht, es ist jetzt nur erforderlich, in die eine Wand ein Loch in der gewünschten Grösse zu bohren, das Bambusglied mit einer bequemen Handhabe zum Tragen zu versehen und der Eimer ist fertig.

Cocosnussschalen dienen ebenfalls als Gefässe und werden besonders auf den Salomonsinseln mit schönen Schnitzereien versehen.

Das Töpfereigewerbe scheint nur auf der Insel Bougainville bekannt zu sein, dort wenigstens bekam ich auf der Ostküste Töpfe zu sehen. Auf Neu-Mecklenburg, Neu-Pommern und der Neu-Lauenburggruppe ist diese Kunst unbekannt. Der Grund liegt wohl in dem Umstande, dass die kleinen der genannten Inseln ganz aus Korallen bestehen und keinen Lehm aufzuweisen haben. Auf der Gazellenhalbinsel, die zum grössten Theil mit vulcanischer Asche bedeckt ist, fehlt er, auf Neu-Mecklenburg kommt Lehm hier und da wohl vor, doch ist er muthmaasslich zu Töpferarbeiten ungeeignet.

Zu all' ihren gewerblichen Arbeiten bedienen sich die Kanaken höchst primitiver Werkzeuge. Das eigentlich einzige allgemein brauchbare Handwerkszeug, welches sie aus sich heraus zu erfinden vermochten, ist die Axt. Von dieser giebt es zweierlei Arten, die sich indessen nur durch das Material ihrer Schneide unterscheiden. Zu bemerken ist, dass die Bezeichnung „Axt" eigentlich unrichtig ist und man richtiger Beilhacke sagen sollte, denn so nennt der Zimmermann das Instrument, dessen Schneide wie bei der Kanakenaxt die Richtung des Stieles kreuzt. Die Muschelaxt wird aus einer etwa 20 cm langen länglichen und in ihrer Längsrichtung gewundenen Muschel hergestellt. Diese wird so lange geschliffen, bis sie auf ihre Hälfte im Längsdurchschnitt reducirt ist, das breitere Ende wird jetzt noch in rundlicher Form zugeschliffen und geschärft. Mit dem spitz zulaufenden Theil wird nun die halbe Muschel an den kurzen Arm eines im spitzen Winkel umbiegenden Stückes Holz mittelst Schnüren aus Cocosfasern befestigt und die Axt ist fertig. Für den Europäer ist dieses Werkzeug unbrauchbar, erstens glaubt er nicht an die Härte der Schneide und fürchtet sich, kräftig zuzuschlagen, in dem Gefühle, die Muschel müsste zerbrechen; ausserdem ist ihm die Stellung der beiden Theile der Axt zu einander so befremdlich, dass er zunächst nicht dahin trifft, wohin er zielt, dann aber lässt er auch die Schneide schräg statt senkrecht auf das Holz fallen, was natürlich die Lockerung der befestigenden Schnüre bewirkt, falls diese aber halten, den Bruch der

Muschelschneide zur Folge haben muss. Es ist eine interessante Thatsache, dass der Kanake bald das kleine Handbeil des Europäers zu gebrauchen lernt, obwohl dessen Anwendung von der seiner Muschelaxt grundverschieden ist, niemals dagegen habe ich einen Kanaken getroffen, der sich die Handhabung der seinem eigenen Instrumente ähnlichen europäischen Beilhaue anzueignen im Stande war.

An die Stelle der Muschel tritt vielfach ein scharf geschliffener Stein. Auf den Koralleninseln ist dieser zwar nicht zu finden, doch hat er als beliebter Handelsartikel allgemeine Verbreitung gefunden. Hauptsächlich ist ein grünlicher Diabas benutzt worden, doch findet man auch Steine von röthlicher Färbung, muthmaasslich eine Art feinkörniger Porphyr. Die Muschel scheint einer späteren Culturperiode anzugehören, denn da, wo sie heute noch in Verwendung ist, findet man weggeworfene, noch durchaus nicht aufgebrauchte Steinäxte.

An den Küsten der Inseln des Archipels sieht man heutzutage kaum noch Muschel- oder Steinäxte in Gebrauch, beide sind von dem eisernen Product der Culturindustrie verdrängt.

Eine ausgesprochene Neigung für das eiserne Beil haben die Einwohner Neu-Mecklenburgs gefasst, deren fast stetiger Begleiter es ist. Natürlich sind es die miserabelsten Producte europäischer Industrie, die hierher exportirt werden. Obwohl sie meist mit einem Stiel versehen sind, wird dieser doch, als nicht für die Handführung des Kanaken passend, von letzterem bald entfernt und ein etwa 1 bis 1¼ m langer Stiel eingesetzt, der in ein ruderartig breites Ende ausläuft. Letzteres ist meist geschnitzt und bemalt. Für den Europäer macht diese Art Stiel die Handhabung des Beiles in irgend welcher Weise unmöglich, der Kanake vermag es nun erst handlich zu verwenden. Bemerkenswerth ist, dass dieses Beil selten als Werkzeug im Gewerbe, meist nur als Waffe benutzt wird.

Von eigentlichen Handwerkszeugen im Sinne der Verwendung bei Gewerben und Industrie kann man nicht weiter sprechen. Nur eine Art Bohrer ist noch bei Herstellung des Muschelgeldes, wo er erwähnt werden wird, in Gebrauch. Auf die Bewaffnung der Eingeborenen hat die Cultur ausser der Einführung des Eisenbeiles keinen Einfluss gehabt. Zwar sind im Archipel eine nicht unerhebliche Anzahl von Gewehren zerstreut und auch eine ziemliche Menge Munition mag stellenweise noch vorhanden sein, allein letztere wird so ängstlich aufgespart, dass die mangelnde Uebung in Benutzung des Schiessgewehres dessen Wirksamkeit als Waffe in den Händen des

Eingeborenen wesentlich beeinträchtigt. Zu dem kommt das gut durchgeführte Einfuhrverbot von Munition, so dass in absehbarer Zeit der im Besitze der Eingeborenen vorhandene Rest aufgebraucht oder durch langes Lagern verdorben sein wird. Bei der Schilderung der Bewaffnung der Eingeborenen kommen deswegen hauptsächlich die ursprünglichen, selbst hergestellten Waffen in Betracht. Auf Neu-Pommern und Neu-Mecklenburg ist die Hauptwaffe der Speer. Es giebt mehrere Arten, von denen auf Neu-Pommern hauptsächlich die aus einem Stück geschnitzte, hinter der Spitze verdickte, zum Ende wieder dünner auslaufende Sorte Mode zu sein scheint. Ein aus zwei Stücken zusammengesetzter Speer, dessen vorderer Theil aus hartem Holz besteht und in ein dünnes, gewöhnlich mit eingebrannten Gravirungen verziertes Stück Bambus eingelassen ist, kommt auf Neu-Mecklenburg vor. Eine andere, hier häufig anzutreffende Art besteht ebenfalls nur aus einem Stück, ist aber am Ende mit dem Armröhrenknochen eines erschlagenen Feindes verziert. Wer sich einen solchen Luxus wegen mangelnder Feindestödtung nicht gestatten kann, schnitzt sich den Knochen aus Holz und befestigt ihn, mit Kalk in grauser Realistik bemalt, an das Speerende, bis die ersehnte Gelegenheit sich bietet, den nachgeahmten Artikel durch den echten zu ersetzen.

Bogen und Pfeile kommen erwähnenswerther Weise nur auf den Salomonsinseln vor. Es sind hier allerdings Prachtexemplare. Aus der Rinde der Betelpalme hergestellt, zeigt ihr Material eine schöne, röthliche Farbe und verbindet ausserordentliche Elasticität mit grosser Härte. Die Gestalt des Bogenholzes ist ein Segment des Kreises. In der Mitte ist es etwa 2½ cm dick und 4 cm breit, nach den Enden nimmt es an Dicke wenig, an Breite beträchtlich ab. Die der Schnur zugekehrte Seite des Bogenholzes ist abgerundet, die entgegengesetzte leicht concav. Wollte man nach wissenschaftlicher Methode einem Stück Holz eine Form geben, die seine natürliche Federkraft wesentlich unterstützt, man könnte keine geeignetere finden als die, welche aus natürlichem Gefühle der Salomonsinsulaner seinen Bogen giebt. Gewöhnlich 6 Fuss lang und im Stande, einen etwa meterlangen Rohrpfeil mit flacher, herzförmiger Eisen- oder gerader Holzspitze auf 80 Schritt durch den Stamm einer Banane zu senden, ist dieser Bogen durchaus keine gering zu schätzende Waffe, zumal die meisten Leute in seinem Gebrauche eine Gewandtheit zeigen, welche die aller bogenführenden afrikanischen Völker weit in den Schatten stellt. Durch eine sehr geschickte, aber schwer zu beschreibende Verschlingung ist die aus Pflanzenfaser gefertigte Schnur an den Enden des Bogens befestigt. Da sie straff, nicht,

7*

wie es bei einigen Völkern Mode sein soll, schlaff gespannt ist, so hat sie
natürlich eine starke Vibration und schlägt auf die den Bogen haltende
Hand in scharfen Schmerz verursachender Weise auf. Zum Schutz
dagegen wird der linke Arm mit einem Stück Liane umwickelt, der
durch feuchte Hitze die Fähigkeit gegeben ist, die Gestalt einer dicht
gewundenen Sprungfeder, wie wir sie in Sophasitzen sehen, beizubehalten. Durch diese wird der Arm hindurchgesteckt, die Bogen-
schnur schlägt nun auf die eigenthümliche Panzerung und vermag die
Hand nicht mehr zu verletzen. Beim Gebrauch wird der Bogen mit
der linken Hand senkrecht gehalten, die Spitze des Pfeiles ruht auf
dem gebogenen Zeigefinger links vom Bogen. Das Ende des Pfeiles
wird mittelst einer Kerbe auf die Schnur gesetzt und beim Anziehen
zwischen dem Zeige- und Mittelfinger der rechten Hand gehalten.
Dem Europäer ist es unmöglich, mit diesen beiden Fingern die Spannung zu vollbringen, er will den Daumen und Zeigefinger benutzen
und sieht sich dann genöthigt, dem Bogen eine von der senkrechten
abweichende Stellung zu geben, wodurch die Sicherheit des Schusses
beeinträchtigt wird. Es ist ein prachtvoller Anblick, die zum Theil
recht wohlgebauten Salomonsinsulaner beim Bogenschiessen zu beobachten, auf ihrem Rücken spielen beim Spannen des Bogens alle
Muskeln, ihre Haltung dabei ist eine vollendet graziöse, vollendet, weil
der Mann sich in dem Augenblicke seiner Erscheinung nicht bewusst
ist. Auf der Gazellenhalbinsel kommen noch hölzerne Waffen vor, die
jedoch veraltet sind und wohl nur noch selten hergestellt werden. Am
häufigsten ist eine Keule, deren Knauf aus einem Stück rund geschlif-
fenen Steines besteht, in dessen Mitte ein Loch zur Aufnahme des aus
hartem Holze geschnitzten, glatt polirten Stieles gebohrt ist. Das Bohren
geschieht oder geschah wahrscheinlich mittelst anderer Steine und muss
wegen der Härte des Materials eine äusserst mühevolle Arbeit gewesen
sein. Man findet diese Waffen noch jetzt in der Gegend von Beyning,
allein sie tragen stets die Spuren des Alters. Dass sie wirksam sind,
lässt sich bezweifeln, denn mehrere starke Schläge auf einen harten
Gegenstand, wie z. B. auf einen feindlichen Schädel, dürfte das Gestein nicht aushalten, ohne zu brechen. Eine sehr seltene Waffe ist
eine Keule aus hartem Holz mit schön geschnitztem Knaufe. Das
einzige mir bekannt gewordene Exemplar dieser Art befindet sich in
meiner Sammlung in Schwerin, ich erhielt es von einem Häuptling
geschenkt. Eine wunderliche Waffe ist ebenfalls aus Holz. An
einem Ende läuft sie fast in die Form eines Ruders aus, am anderen
in eine Form, deren Querschnitt die Gestalt eines Dreiecks mit einem

rundlich abgestumpften Winkel ergiebt. In den Händen eines Europäers würde sie ein höchst unbehülfliches Instrument sein, Kanaken jedoch wissen sie mit Erfolg zu handhaben. Ich fand dasselbe Stück in Neu-Guinea.

In Neu-Pommern ist noch heute die Schleuder viel in Gebrauch. Dies ist einigermaassen verwunderlich, denn man pflegt anzunehmen, dass gewisse Eigenschaften des Landescharakters auf die Entwickelung der Bewaffnung von Einfluss sei. Um die Schleuder mit Erfolg zu gebrauchen, muss man ihr eine nicht unbedeutende Länge geben, braucht dann aber wieder viel freien Raum, um sie schwingen zu können. Dass daher die Schleuder in einem mit so dichter Vegetation bedeckten Lande sich hat halten können, nimmt ebenso Wunder, wie der Umstand, dass der Kanake sie im dichten Gebüsch überhaupt anzuwenden vermag. Sie besteht aus einem Stückchen Pandanusblatt, welches so oft zusammengefaltet wird, bis es etwa 1 cm stark ist. Dabei wird es so gebogen, dass es eine leichte Schüsselform erhält. Die seitlichen Enden dieses etwa 2 Zoll langen Schüsselchens werden nun mit je einer Schnur verknotet, deren eine in eine Schleife, die andere in einen Knopf endet. In die Schlinge wird der Mittelfinger der rechten Hand gesteckt, der Knoten zwischen Zeige- und Mittelfinger genommen und mit dem Daumen festgehalten. Jetzt wird die Schleuder in Bewegung gesetzt, indem man sie um den Kopf wirbelt und im geeigneten Moment den Knoten loslässt. Man sieht, dass das Instrument genau mit dem bei europäischen Knaben gebräuchlichen Spielzeuge übereinstimmt. Einige Leute erreichen grosse Fertigkeit im Gebrauch dieser Waffe und vermögen einen etwa $\frac{1}{2}$ Pfund schweren Stein 100 m weit zu entsenden. Wie gross ihre Treffsicherheit ist, hatte ich keine Gelegenheit zu beobachten. Ich begegnete einem Manne mit einem tiefen Loch im Schädel, gross genug, um etwa ein Ei aufzunehmen. Er erklärte, dass ein Schleuderstein es verursacht habe. Hieraus lässt sich wohl eher ein Schluss auf die erstaunliche Genesfähigkeit der Eingeborenen als auf ihre Treffsicherheit ziehen, der Umstand zeigt aber, dass die Schleudern bei Feindseligkeiten der Eingeborenen gebraucht werden und im Stande sind, empfindliche Wunden zu verursachen.

Obwohl es unter den Kanaken einen ausgesprochenen Handwerkerstand nicht giebt, sondern jeder sich selbst herstellt, was er braucht, so scheint es doch, als ob gewisse Gegenstände nicht von Jedermann hergestellt, sondern nur in bestimmten Bezirken angefertigt werden können. So z. B. scheinen die langen, geraden Pfeile der

Salomonier das Erzeugniss der Industrie auf Bouka zu sein. Diese Pfeile sind oft mit zierlichen Gravirungen versehen, die man nur als Verzierungen anzusehen gewohnt war. Es ergab sich indessen, dass deren mehrere nur das Zeichen, so zu sagen die Handelsmarke, des Dorfes waren, aus welchem der Pfeil stammte. Die vorhin erwähnten Keulen mit steinernem Knauf stammen fast ausnahmslos aus Beyning, wo man anscheinend das Bohren der Löcher besser versteht und betreibt, als an anderen Orten, auch kommt hier allein das erforderliche Gestein vor, welches natürlich auf rein korallinischen Inselgebilden nicht gefunden wird.

Von einer mit der Ernährung zusammenhängenden Gewerbeindustrie kann nur in Neu-Mecklenburg oder wenigstens in dessen Nordwestende geredet werden. Hier gedeiht die Sagopalme, bekanntlich die Pflanze, welche bei der geringsten auf sie verwandten Arbeit dem Menschen die grösste Menge Nährsubstanz liefert.

Der Baum wird etwa im sechsten bis achten Jahre seines Alters 1 Fuss hoch über der Erde gehauen, seiner Blätterkrone entkleidet und liegen gelassen. Will der Eigenthümer ihm nun den Nahrungsstoff entnehmen, so bewaffnet er sich mit einem Stock aus hartem Holz, dessen unteres Ende keilförmig geschärft ist. Mit dieser Schneide wird die etwa 1 Zoll dicke Rinde der Palme durchstossen und der Stock mit einer Drehung zurückgezogen. Auf diese Weise wird auf der ganzen Länge des Baumstammes ein Einschnitt hervorgebracht. Jetzt wird die Rinde herabgepellt, so, dass sie wie eine Matte auf der Erde liegt, auf ihr das Innere des Baumes, d. h. sein Mark, in Gestalt einer Säule von schneeweisser Farbe. Nur selten wird indessen der ganze Stamm mit einmal seiner Rinde entkleidet, da der Kanake kaum je in die Lage kommt, das Mark eines ganzen Baumes gleichzeitig zu verbrauchen. Letzteres von der Rinde entblösst liegen zu lassen, würde sofort seine Fäulniss herbeiführen. Daher wird stets nur so viel Rinde abgeschält, nur so viel Mark dem Stamme entnommen, als der Bedarf des Tages erfordert. Die Marksäule schneidet der Kanake, da, wo er sie von ihrer Rinde entblösst hat, mit einem eigenthümlichen kleinen Instrumentchen an. Zwei Stöckchen hartes Holz von 10 bis 12 cm Länge und 2 bis 2½ cm Dicke werden an ihren Enden ein wenig ausgehöhlt; würde man sie jetzt auf eine weiche Masse pressen, so würden sie nicht eine volle Kreisfläche, sondern einen Ring abdrücken. Mithin sind sie an den Enden gewissermaassen geschärft. Die Stöckchen werden jetzt fest an einander gebunden und ihnen darauf ein gemeinsamer Stiel gegeben, dessen Stellung gestattet, die Hölzer wie eine Hacke zu handhaben. Mit diesem Instrumente hackt nun der Kanake auf das weisse Mark der Sagopalme los, von dem die scharfen Holzränder stets kleine Stückchen abtrennen. Dieser Angriff vollzieht sich seitlich an jeder beliebigen Stelle, nur nicht an den Enden der Marksäule. Die den Stamm der Länge nach durchsetzenden feinen Holzfasern würden dem schwachen Instrumente einen zu starken Widerstand entgegensetzen, während sie von der Seite aus leicht zu zerreissen sind. Das ist auch für den Kanaken Grund zu seitlichem Einhacken, ist ihm doch das geringste erforderliche Arbeitsmaass das Höchste, zu dem er sich freiwillig aufschwingt. Das so abgehackte, flockig aussehende Material, von den Kanaken Neu-Mecklenburgs „Mut-Mut" genannt, ist schneeweiss, besitzt jedoch die Eigenthümlichkeit, schon nach wenigen Secunden eine orangegelbe Färbung anzunehmen, lange liegen gelassen wird es dunkelbraun. Irgend ein Geschmack ist dieser Masse nicht eigen, ihr grosser Stärkegehalt verräth sich nur durch eine gewisse Klebrigkeit. Hat der Kanake so viel Mut-Mut losgelöst, als er zu einer Mahlzeit braucht, so wird der geschälte Stamm wieder sorgfältig mit der Rinde zugedeckt, die erhaltene Masse aber zur Wäscherei gebracht, welche entweder an einem laufenden Rinnsal oder, wo solches nicht vorhanden, an einem zu dem Zweck ausgegrabenen Loche, jedenfalls aber in möglichster Nähe der gefällten Palme angelegt ist.

Hier sind, auf kreuzweise an einander befestigten Stöcken, die untersten breiten Enden der dachrinnenförmigen Sagopalmenrippen als Waschtröge aufgestellt, so dass ihr breitester, früher am Baume angewachsener Theil einige Zoll tiefer zu liegen kommt, als der andere schmalere. Dieser Tröge sind drei aufgestellt, deren einer immer in den anderen mündet. Naturgemäss kommt so der dritte am tiefsten zu liegen. Ueber das untere Ende eines jeden Troges wird nun ein Stück des an den Blattansätzen reichlich vorhandenen Fasergewebes, „Nuget", gespannt, und der Apparat ist fertig. In den obersten Trog wird jetzt das Mut-Mut gelegt und mittelst einer aus dem Blatte der Fächerpalme hergestellten, „abut" genannten Schöpfkelle Wasser darauf geschöpft. Der entstehende Brei wird mit beiden Händen fortwährend geknetet und die darin enthaltene Stärke ausgewaschen. Diese fliesst als milchige Flüssigkeit durch das vorgespannte Fasernetz, welches die gröbsten Fasertheile und Unreinheiten zurückhält, in den niedrigeren Trog. In jedem Troge wiederholt sich der Filtrirungsprocess, bis die Flüssigkeit zuletzt in einem aus Palmenblättern geflochtenen Korbe sich sammelt. Das abfliessende Wasser lagert in jedem Troge einen Theil der mitgeführten Stärke ab. Im zweiten Troge, in dem kein Kneten der Masse mehr stattfindet, ist das Product grau und unrein, im dritten weiss, aber noch ziemlich grob, in dem Körbchen dagegen schlagen sich die letzten und feinsten Bestandtheile nieder, die nachher beim Trocknen die Gestalt eines schneeweissen, sehr leichten Mehlstaubes annehmen, welcher sich nur im Geschmack ein wenig von Arrowroot unterscheidet. Das getrocknete Product wird in Blätter gewickelt aufbewahrt und hält sich lange Zeit. Ein Baum von etwa 1 Fuss Durchmesser und 18 Fuss Länge giebt ungefähr 60 Pfund Sac-sac, so heisst das fertige Product. Der so hergestellte Sago hat nicht die geringste Aehnlichkeit mit dem bei uns gebräuchlichen Nahrungsmittel gleichen Namens, wird auch in ganz verschiedener Weise zubereitet. Das Mehl wird mit Wasser zu Teig verrührt und zu einem breiten Laibe geknetet, von diesem wird ein Stück abgeschnitten und auf einer heissen Steinplatte ohne jegliche Zuthat gebacken oder geröstet. Es geht dann auf, ähnelt im Geschmack gebackenen Kalbsfüssen und ist mit dem ausgepressten Milchsaft des Kernes der Cocosnuss ein durchaus nicht zu verachtendes Essen. Ferner werden die Sagolaibe in Blättern gedämpft. Sie werden, nachdem sie erkaltet sind, sehr hart, halten sich aber lange Zeit, doch haftet ihnen in diesem Zustande ein ekelhafter säuerlicher Geruch an, der dem Europäer äusserst widerwärtig ist, von dem Kanaken jedoch kaum bemerkt wird. Auch auf den „Sagoplätzen", d. i. da, wo der Sago gewonnen wird, herrscht ein widriger, den in Gährung übergegangenen stärkehaltigen Resten des Mut-Muts entstammender saurer Geruch vor. Mit Fisch und Bananen wird Sago ebenfalls zubereitet, da hierbei aber meist der saure verwendet wird, konnte ich mich nicht überwinden, das Gericht zu versuchen. Auch in Neu-Mecklenburg ist mangelnder Kochgeschirre halber allein der Process des Bratens und Dämpfens üblich, nur auf den Salomonsinseln, namentlich auf Bougainville, ist die Töpferkunst bekannt, doch ist die Entfernung zu gross, als dass von da aus Thonwaare bis zu Neu-Mecklenburg oder Neu-Pommern im Wege des Handels hätte vordringen können.

Eine ganz hervorragende Rolle in Handel und Gewerbe spielt das Muschelgeld und dessen Herstellung. Die weitest verbreitete Gattung ist das Dewarra; sein Verbreitungsgebiet umfasst, so viel bekannt, die ganze Gazellenhalbinsel, die Nordküste von Neu-Pommern bis etwa zu den Willaumezinseln und die Südküste bis zur Henry-Reid-Bay, die ganze Neu-Lauenburggruppe und neuerdings die ganze Insel Neu-Mecklenburg. Auf Neu-Lauenburg finden wir eine andere, Pelé oder

Mbele genannte Geldsorte von zwei verschiedenen Farben, auf Neu-
Mecklenburg drei bis vier Gattungen, die wir später näher besprechen.
Am interessantesten ist die Herstellung des Pelé. Eine bestimmte
Sorte Muschel wird mittelst eines Steines in etwa linsengrosse
Scheibchen zerstückelt, dabei erhält man aus dem Rande der Muschel
Stückchen von weisser, aus dem mittleren Theile solche von schiefer-
grauer Farbe. Jedes dieser Stückchen wird auf einen platten Stein
gelegt und zwischen den Fingern festgehalten. Jetzt wird in seiner
Mitte mittelst eines Bohrers ein Loch gedrillt. Der Bohrer besteht
aus einem etwa 1 Fuss langen Stäbchen aus hartem Holz, an dessen
Ende mittelst Bananenfaser ein Stückchen Quarz als Spitze befestigt
ist. Vom anderen Ende hängt an dünnen Strickchen ein Querhebel
bis zur Mitte des senkrecht stehenden Bohrers herab. Dreht man
letzteren, so wickeln sich die Strickchen auf ihn, drückt man jetzt
den Querhebel nach unten, so erfolgt ein Abwickeln der Strickchen,
welches den Bohrer in drehende Bewegung versetzt, die so lange an-
hält, bis die Strickchen in umgekehrter Richtung als vorher aufgewickelt sind. Da etwa 1 Zoll oberhalb der Quarzspitze des Bohrers
ein Schwingegewicht in Gestalt eines befestigten Querholzes angebracht
ist, so kann die drehende Bewegung so lange fortgesetzt werden, als
man den Druck auf den hängenden Querhebel wiederholt. Wer sein
Handwerkszeug besonders elegant ausstatten will, macht den Querhebel
auch wohl so breit, dass er ein Loch erhalten kann, gross genug, um
den senkrechten Bohrer durchzulassen, hierdurch wird die genauere
Führung des Bohrers, den die Eingeborenen „Apir" nennen, ermöglicht.
Das von der drehenden Quarzspitze in die Muschelstückchen gebohrte
Loch hat ungefähr 1 mm im Durchmesser, ein Faden aus Bananenfaser
wird dann hindurchgezogen, bis die Stückchen etwa in Länge von 24 cm
an einander gereiht sind. Jetzt werden sie mittelst eines Steines so lange
gerieben, bis sie ihre scharfen Ecken und rissigen Brüche völlig verloren
haben und sich als rund geschliffene, leise concave Plättchen von etwa
Linsengrösse darstellen und in aufgereihtem Zustande weiss oder schiefer-
grau aussehen. Das weisse Pelé ist mehr in der Blanchebucht, das
graue dagegen auf der Nordküste der Gazellenhalbinsel in Gebrauch
und Mode. Die weisse Sorte gilt im Allgemeinen etwas mehr als die
andere. Dewarra wird aus einer anderen Muschel hergestellt, welche
in Gestalt den sogenannten Tigermuscheln ähnelt, indessen nur etwa
1 cm lang ist. Ihre Farbe ist ein gelbliches Weiss. Sie wird hauptsächlich in Beyning auf der Westseite der Gazellenhalbinsel gefunden,
wo auch das meiste in Umlauf befindliche Dewarra herstammt. Die

Muschel wird gesammelt und zunächst Jahre lang in der Erde vergraben, sie soll dadurch eine hellere Farbe erhalten. Um sie zur
Geldfabrikation zu verwenden, bricht man ihr den Rücken aus und
steckt einen dünnen Streifen Rottang, Kaudaa genannt, hindurch, auf
dem so dicht als möglich Muschel an Muschel gereiht wird. Dadurch,
dass zwei Streifenenden in eine Muschel gesteckt werden, kann man
den Faden beliebig verlängern, dies geschieht denn auch in der Weise,
dass ein Ring vom Umfange eines grossen Wagenrades und etwa 1 Fuss
Dicke aus einem einzigen Faden gerollt wird. In dieser Form wird
Dewarra ebenfalls aufbewahrt, am liebsten an dunklen Orten, damit es
noch weiter nachbleiche. Reiche Leute zählen ihre Schätze nach der
Anzahl von Dewarraringen in ihrem Besitze. Obwohl am wenigsten
Arbeit und Intelligenz auf die Herstellung dieser Art Muschelgeld verwandt wird, ist es doch das gesuchteste und am weitesten verbreitete.
Verschiedene Geldsorten kommen auf Neu-Mecklenburg vor, doch habe
ich ihre Herstellung nicht selbst gesehen, man kann jedoch annehmen,
dass der Process ein ähnlicher wie der der Peléfabrikation sein muss.
Da indessen die einzelnen Plättchen weit kleiner sind als die des Pelé,
so muss die Herstellung eine weit mühsamere sein.

Als werthvollstes Geld wird „Ledara" bezeichnet, es hat die Form
des Pelé, ist jedoch weit kleiner, glätter und von röthlicher Farbe.
Es kommt nur in geringen Quantitäten vor und soll etwa den drei-
fachen Werth von Dewarra haben. Auf Neu-Hannover wird eine Sorte,
Namens Topsacke, von rother und weisser Farbe hergestellt, beide
Farben werden wie beim Pelé aus derselben Muschel gefertigt. Mill-
mill oder Milling heisst eine in schwarzer und weisser Farbe vorkommende Sorte von geringerem Werthe, endlich giebt es „Manun", welches
jedoch nur wenig gilt und zum Theil aus dem Samen einer Pflanze
gefertigt wird.

Eine originelle Art Muschelgeld pflegen die Eingeborenen in
ihrem corrumpirten, „pigeon" englisch geheissenen Jargon, „pig money",
Schweinegeld, zu benennen. Seine Herstellung ist dieselbe wie die des
Pelé, nur dass im Verhältniss zum Muschelstückchen das hinein gebohrte Loch ziemlich gross ist, so dass man anstatt durchlöcherter
Scheibchen regelrechte Ringe erhält. Diese werden dann nicht wie
die übrigen Geldsorten einfach auf einander gereiht, sondern durch
Fäden so mit einander verbunden, dass sie, ohne in einander zu grei-
fen, doch wie die Glieder einer Kette zu einander stehen. Dieses
Geld wird ebenfalls in langen Fäden aufgereiht, an deren Enden Büschel
von Schweinsborsten befestigt werden, die Eingeborenen benutzen es

mit Vorliebe zum Ankauf von Schweinen und jeder Büschel Borsten bedeutet einen mit dem betreffenden Faden vollzogenen Kauf. Je mehr Büschel an einem Faden befestigt sind, desto grösser sein Werth. Das Geld ist von eigenthümlich weisser Farbe, die daher rührt, dass es mit Kalk bemalt wird.

Wiewohl alle diese Geldsorten in erster Linie als Werthmesser Verwendung finden, so bilden sie doch auch Bestandtheile von Schmuckgegenständen. Auf Neu-Pommern werden Halskrausen von unförmlicher Breite getragen, die auf der oberen Seite völlig mit Dewarramuscheln benäht sind, allerdings findet man diese Tracht heute nur noch selten. Die Federbüschel, welche beim Tanze in den Händen gehalten werden, sind oft mit Stückchen Dewarra verziert. Auch das Neu-Mecklenburger Geld findet in ähnlicher Weise Verwendung. Auf die Herstellung von Schmuck wird oder wurde viel Arbeit verwandt. Man findet Schmuckgegenstände, deren Herstellung Monate angestrengter Arbeit gekostet haben muss, niemals aber sieht man heutigen Tages Leute mit dieser Arbeit beschäftigt. Ein sehr hübscher Schmuck ist ein Armring, der aus der bekannten Tritonmuschel gefertigt wird. Der Arbeiter zieht einen Kreis um die Muschel und schneidet sie mittelst eines Steines oder einer anderen Muschel in zwei Hälften. In geringer Breite unter dem ersten Schnitt wird auf der in das spitze Ende auslaufenden Muschelhälfte ein zweiter Schnitt gemacht, wodurch ein Ring von etwa der Breite eines Centimeters abgetrennt wird. Diese Durchschneidung wird fortgesetzt, so lange die sich ergebenden Ringe weit genug sind, um eine menschliche Hand durchzulassen. Jetzt werden die Ringe abgeschliffen, so dass sie bis auf die Hälfte ihrer ursprünglichen Breite zurückgehen. Sie haben natürlich auch nicht annähernd Kreisform, sondern die bauchige Gestalt der Muschel, ausserdem aber einen wunderlichen Knick an der Stelle, wo die Windung der Muschel in sich selbst zurückkehrte. Wegen der Zerbrechlichkeit des Materials ist die Herstellung dieser Ringe schwierig, dennoch sieht man sie zahlreich an den Armen von Mädchen und Frauen. Beachtenswerth ist der Grad von Erfindungstalent, der zur Herstellung dieses Schmuckstückes führte, von dem nicht anzunehmen ist, dass es seine Entstehung dem blossen Zufall verdankt. Weit mehr Arbeit erfordert die Herstellung eines anderen Armringes aus der Tridacnamuschel, den man am häufigsten auf den Salomonsinseln antrifft. Der Ring, so weit, dass er auf einen menschlichen Arm gestreift werden kann, und etwa 4 cm breit, ist aus einem Stück der genannten Muschel herausgeschliffen. Die gewaltige, oft bis

15 cm dicke Schale muss in passende Stücke zerschlagen werden. Da man annehmen darf, dass ein willkürliches Zertrümmern des Materials in den seltensten Fällen ein zur Bearbeitung passendes Stück liefern würde, so muss man vermuthen, dass auch die grosse Muschel erst planmässig in eine bestimmte Anzahl Stücke zerlegt wird. Eine für die primitiven Werkzeuge der Eingeborenen gewiss nicht geringe Arbeit. Es ist klar, dass in das massive, zunächst rund zu schleifende Stück jetzt ein Loch gebohrt werden muss, um es später durch Umdrehung eines eckigen, harten Steines darin so zu erweitern, dass nur eine etwa ¹⁄₂ cm dicke Wand übrig bleibt, allein es ist unseres Wissens bis jetzt noch nicht gelungen, den Process zu beobachten, noch zu entdecken, ob zur ersten Durchbohrung ein besonderes Instrument, ähnlich dem „a pir", oder nur ein beliebiger Stein verwandt wird. Die Ringe haben meistens eine Breite von etwa 4 cm und ihre Aussenfläche ist durch eingeschliffene Riefen verziert. Innen sind sie glatt, doch kann man Spuren des Processes der Durchbohrung leicht erkennen. Obwohl, wie wir gesehen haben, ein eigentlicher Handwerkerstand nicht existirt, so unterliegt es doch kaum einem Zweifel, dass die Herstellung dieser und ähnlicher Schmucksachen eine Art Gewerbe bildet, solche mithin nicht von Jedermann, der gerade einen Ring braucht, angefertigt werden, sondern nur von solchen Personen, welche in dieser Arbeit ihren Hauptverdienst finden. Auch dürfte bei besserer Bekanntschaft mit der Bevölkerung sehr bald herausgefunden werden, in welcher Gegend hauptsächlich diese Ringe fabricirt werden. Mitunter ist es nur ein einziges Dorf, welches eine derartige Industrie betreibt. Zwar verdienen diese Tridacnaringe unsere Bewunderung wegen der grossen damit verbundenen Arbeit, allein wir können ihrem Aussehen nicht gerade besonderen Gefallen abgewinnen. In bedeutendem Maasse ist dies jedoch der Fall bei einem anderen Schmuckstücke, dessen Herstellung annähernd ebenso viel Arbeit erfordert, dabei aber einen hohen Grad von Kunstfertigkeit und decorativem Talent bekundet. Dieses Stück fand ich hauptsächlich in Neu-Mecklenburg, wo es anscheinend nur von Häuptlingen, jedenfalls von einflussreichen Leuten getragen wird. Es ist eine runde, dünne Platte, die zwischen der Grösse eines Fünfmarkstückes und der eines kleinen Tellers schwankt. Sie wird durch stetiges Abschleifen eines Stückes Tridacnamuschel erhalten. Auf dieser Platte wird eine dünne, ebenfalls runde Scheibe Schildpatt befestigt, welche in oft ganz hervorragend zierlicher Arabeskenform durchbrochen ist. Das dunkle, glänzende Schildpatt hebt sich gut von dem milchweissen Material der Tridacna ab,

dessen seidenweichen Glanz es wiederum wirkungsvoll hervortreten lässt [1]). Die Zeichnung der Arabesken ist kunstvoll, ihre Ausschneidung erfordert viel Geschicklichkeit, namentlich, wenn zu der Arbeit noch ein Stück harter geschliffener Muschel als Handwerkszeug dient. Heutzutage dürfte dieses allerdings schon fast überall dem eisernen Messer Platz gemacht haben, was wohl auch der Grund ist, dass wir die aus Muschel gefertigten, feineren, auch bei Holzschnitzereien zur Verwendung kommenden Schneidewerkzeuge nicht mehr erhalten können. Andere Schmuckgegenstünde, deren Anfertigung ein besonderes Maass technischen Geschickes oder ausdauernder Arbeit beanspruchen, scheinen nicht vorzukommen. Den vorhandenen üblichen Schmuck zu beschreiben, lohnt sich nur, wenn zugleich die Abbildung beigefügt werden kann. Wir verzichten daher auf Beschreibungen von Gegenständen und suchen das Interesse des Lesers mehr für den Herstellungsprocess zu gewinnen, dem sie ihr Entstehen verdanken. Bei dem immerhin decorativen Sinn des Kanaken nimmt es einigermaassen Wunder, dass er gar nicht, wie der Neu-Caledonier oder frühere Azteke, die ihm reichlich zu Gebote stehenden Vogelfedern gewerblich zu verwenden versteht. Die bunten Federbüschel bei ihren albernen Tänzen, oder andere Büschel am Ende einer bestimmten Speersorte sind die einzigen Versuche zur Verwendung dieses farbenprächtigsten, alles dem Schmuck dienenden Materials.

Trotz aller Feindseligkeit benachbarter Kanakendorfgruppen unter einander sind die Bewohner des Archipels doch auch dem grössten aller Völkerbezwinger, dem Handel, unterlegen. Zwar ist seine Ausdehnung beschränkt und sein Werth ein recht bescheidener, allein auch unter diesen wilden Stämmen hat er vermocht, Fuss zu fassen und ihnen bestimmte Bahnen nach seinem Willen anzuweisen. Wegen der unterschiedlichen Stärke der abwechselnden Monsune ist der Handel mehr oder weniger dem Einfluss der Jahreszeit unterworfen, insofern Handelszüge nach entfernteren Inseln nur zur Zeit des Nordwest-Monsuns unternommen werden können. Die See ist dann glatt und ruhig genug, um den Canoes der Eingeborenen längere Fahrten zu gestatten, während bei Südost-Monsun wegen der dann weit bewegteren See schon kürzere Fahrten mit merklicher Gefahr verbunden sind.

Als rührigster Stamm in Bezug auf Handel dürfen die Bewohner

---

[1]) Obwohl in unseren Museen dieses Schmuckstück vielfach zu finden ist, hat unsere Industrie die gefällige Combination von Schildpatt und Tridacna noch nicht zu verwerthen gelernt. An Material fehlt es nicht.

der Gazellenhalbinsel und deren Wohnsitz als Centrum eines ausgedehnten Handelsgebietes bezeichnet werden. Die Erscheinung beruht auf den natürlichsten Gründen. Die reichliche Gliederung der Gazellenhalbinsel ermöglicht bequemen Schutz der Canoes gegen stürmisches Wetter und Zutritt zu ihren verschiedensten Theilen. Der bis dicht aus Ufer sich erstreckende Wald bot früher reichliches Material für Canoes, die an vielen Stellen leicht zu Wasser gebracht werden konnten. Den Einwohnern anderer Inseln fehlen diese Vortheile, oder, wo sie etwa vorhanden sind, war noch die Bevölkerung zu gering, um Expansionsgelüste zu hegen. Auf Neu-Mecklenburg finden sich nur auf dem Nordwest- und Südostende bequeme Landungsstellen und nur an diesen kommen grössere Canoes vor. Von dem erwähnten Handelscentrum der Blanchebai und der Neu-Lauenburggruppe aus erstrecken sich die zu Canoe ausgeführten Handelszüge der Kanaken etwa bis zum westlichsten Punkt der Gazellenhalbinsel, dem Cap Beyning, bis nach dem auf der Ostküste belegenen District Birara oder auch noch etwas südlicher, und etwa bis zum zweiten Drittel der Insel Neu-Mecklenburg, von deren Südostende an gerechnet. Man kann das in Rede stehende Gebiet ungefähr bemessen nach dem Vorkommen und dem Gebrauch des Dewarra-Muschelgeldes, soweit dieses nicht durch Europäer verbreitet ist, denn überall, wo es hinkommt, hat es rasch vor allen anderen Muschelgeldsorten den ersten Platz als Werthmesser zu erringen vermocht.

Damit ist indessen nicht gesagt, dass Dewarra das andere Muschelgeld verdrängt habe. In Neu-Mecklenburg haben die verschiedenen Geldsorten ihren ausgesprochenen localen Werth, da die Leute, deren Münzsystem aus den anderen Sorten gebildet wird, weniger selbst Handelszüge unternehmen, als mit Handelsreisenden in Verbindung stehen, so konnte ihre Münze nur geringe Ausbreitung finden, während Dewarra sich allerorts einbürgerte. Auf dem Geldmarkte, wenn wir diese Begriffsbezeichnung auf die in Rede stehenden barbarischen Verhältnisse anwenden wollen, stehen die verschiedenen Geldsorten etwa in folgendem Werthverhältniss zu einander. Die theuerste Geldsorte Neu-Mecklenburgs „Ledara", die in ihrem Verbreitungsgebiet etwa dreifach so hoch im Preise steht als Dewarra, hat da, wo beide Sorten gleichzeitig auftreten, mit diesem etwa gleichen Werth. Von der zweitbesten Sorte Neu-Mecklenburger Muschelgeldes, Topsacke, gehen 1½ Faden auf einen Faden Dewarra oder Ledara, der von der Spitze des Mittelfingers der einen Hand über beide ausgestreckte Arme und die Brust bis zum Mittelfinger der anderen Hand gemessen wird.

Die übrigen Sorten, mit Ausnahme des Schweinegeldes, stehen sehr niedrig im Curse und werden kaum je im Austausch gegen Dewarra angenommen.

Als Handelswaaren kommen in erster Linie Naturproducte zur Verwendung. Von der Neu-Lauenburggruppe werden hauptsächlich nach Birara Handelszüge unternommen, wo Taro und Yams meist einige Tage eher reifen, als auf den kleinen Inseln, entweder weil der bessere, tiefere Boden ein kräftigeres Gedeihen fördert, oder weil die Leute gewohnheitsmässig etwas früher pflanzen. Für 14 reife und schön ausgewachsene Taro wird dann ein Stück Dewarra gezahlt, so lang, dass es vom Mittelfinger bis zum Ellbogen reicht. Zwei gute, reife Betelnüsse kosten sechs einzelne Dewarramuscheln, ein Preis, dessen bedeutende Höhe sich aus dem Umstande erklärt, dass auf den Inseln Nakukurr, Utuan und Mioko kaum noch Betelpalmen wachsen, sie sind alle zum Häuserbau verwendet worden. Die erhandelten Nüsse werden mitunter gepflanzt, meist indessen sogleich aufgezehrt. Reife Nüsse werden den grünen als stärker und aromatischer vorgezogen, allein der Kanake hat nicht Geduld, bis zur Zeit der Reife zu warten, sondern verzehrt fast seinen ganzen Zuwachs von Betelnuss in grünem, d. i. unreifem Zustande. Neben Lebensmitteln werden andere Gegenstände gehandelt, deren Vorkommen entweder local beschränkt ist, oder die ihre Entstehung dem Kunstfleisse der Eingeborenen verdanken.

Zur Bereitung des Pelé bedarf der Bohrer einer Quarzspitze. Auf den kleineren, völlig korallinischen Inseln kommt dieses Gestein nicht vor, die Eingeborenen sind daher genöthigt, es aus anderen Gegenden zu beziehen. Hauptlieferungsort ist Birara, das östliche Cap der Gazellenhalbinsel, wo dieses Gestein auch nur in geringer Menge gefunden wird, die jedoch den Bedarf der Neu-Lauenburger völlig deckt, in deren Geldfabrikationsbetriebe, also den Münzstätten nicht gerade überwältigend grosse Quantitäten zur Verwendung kommen. Zur Zeit, als das Eisen noch keinen Eingang in den Archipel gefunden hatte und vielleicht ehe die Muschelaxt modern geworden war, waren Steinbeile ein beliebter Handelsartikel. Sie bestehen aus Diorit oder Porphyr, mussten indessen durch Schleifen erst eine brauchbare Form erhalten. Die Bezugsquelle für diese Beile scheint Beyning gewesen zu sein. Zwar findet man in der Gegend von Ralum einen grossen Felsen am Strande, dessen vielfache Löcher deutlich erkennen lassen, dass einst hier eine grosse Beilschleiferei bestanden haben muss. Allein entweder liegt ihre Existenz weit zurück, in einer Zeit, wo die Gazellenhalbinsel noch nicht mit der aus

den Vulcanen stammenden Asche überschüttet war, die Steine daher
noch dem Boden dieser Gegend entnommen werden konnten, oder, was
wahrscheinlicher ist, an diesem Felsen wurden die im Gebrauch stumpf
und schartig gewordenen Steinbeile von ihren Eigenthümern wieder
aufgeschärft. Heute steht der Fels einsam und verlassen, halb im
Sande vergraben, dennoch ein beredter Zeuge der nur noch an wenig
Stellen der Erde zu findenden Steinzeit. Beyuing muss sich besonders
durch seine Steinindustrie ausgezeichnet haben, denn auch die zu
Keulen benutzten durchbohrten Steinkugeln stammen von hier, sie
sollen auch heute noch angefertigt werden, allein auf den Inseln
spielen sie keine Rolle mehr im Tauschhandel, da Eisen überall da
sich eingebürgert hat, wo Stein früher zur Verwendung kam.

Das wichtigste Product Ikeynings ist indessen bis auf den heutigen
Tag die Muschel Nana callosa, aus welcher das Dewarra hergestellt
wird. Sie wird hier in grossen Mengen gefischt und gegen Lebensmittel und Betelnüsse eingetauscht. Die Herstellung des Dewarra
wird zwar erst von den Tauschhändlern selbst vollzogen, allein einige
Vorarbeiten werden in Beyning selbst mitunter schon vorgenommen.
Die Fischer vergraben die Muschel, theils um das darin befindliche
Thier zu tödten, theils um ersterer eine helle Farbe zu geben, was
ihren Werth erhöht. Auch das Ausbrechen des Muschelrückens wird
zum Theil schon hier besorgt. In Säcken von Pandanusblättern wird
dann die Muschel transportirt und wandert in die Münzstätte. Zwar
hat keiner der Häuptlinge auf den Inseln oder keine Familie das Vorrecht der alleinigen Herstellung von Dewarra, doch scheint diese gewohnheitsmässig an bestimmten Stellen betrieben zu werden. Der
Hauptfabrikationsort lag seiner Zeit in der Gegend des Weberhafens.

Es ist eine nicht wenig erstaunliche Thatsache, dass ein Volk,
welches sich in jeder anderen Hinsicht auf einer Culturstufe befindet,
die sich nur um Weniges von der der Steinzeit unterscheidet, auf den
Gedanken kommt, einen allgemeinen Werthmesser zu erfinden, und
damit eine Einrichtung zu schaffen, welche man gewöhnlich als den
nothwendigen Ausfluss eines starken Verkehrs, also als Zeichen einer
hoch entwickelten Cultur, zu betrachten pflegt. Man würde daher
berechtigt sein, die Frage aufzuwerfen, ob man in der Existenz dieser
Währungsgattung nicht den erhaltenen Rest einer versunkenen Cultur
zu erblicken habe. Ich glaube, diese Frage lässt sich ohne Weiteres
verneinen, denn es wäre in der That wunderbar, wenn nur gerade
diese Spur einer höheren Cultur sich in eine Periode hinübergerettet
hätte, welche andere, dem menschlichen Wohlbefinden weit nöthigere

Dinge durchaus vermissen lässt. Ich glaube, dass für die Erfindung der Muschelgeldsorten in der Südsee auch kaum eine Parallele unter den modernen Naturvölkern vorhanden ist. Die Kupferkreuze von Katanga in Afrika müssen mehr als Handelsartikel denn als Münze betrachtet werden und auch die Kaurimuschel hält den Vergleich nicht aus, denn sie kommt in ihrem Naturzustande zur Verwendung, ohne vorher einen genau vorgeschriebenen Process durchzumachen, welcher ihr erst die Eigenschaft verleiht, bestimmte, von dem natürlichen Zustande der Muschel völlig unabhängige Werthbegriffe darzustellen.

Wenn wir also dem Gedanken an eine frühere höhere Cultur unter den Melanesiern keinen Augenblick Raum gestatten dürfen, so müssen wir die Nothwendigkeit der Erfindung in anderer Richtung suchen. Wir können im Leben der Culturmenschen oft die Wahrnehmung machen, dass die Extreme entgegengesetzter Wirkungen dieselben oder doch ähnliche Resultate herbeiführen. Der Mensch, der in verzweifelter Angst den ersten sich darbietenden Gegenstand erfasst und, ihn als Wurfgeschoss benutzend, seinen Angreifer damit tödtet, führt dasselbe Resultat herbei wie der wohlbewaffnete, sich seiner Kraft und Ueberlegenheit bewusste, muthbeseelte Krieger. Dieses Beispiel drängt die zwischen Personen sich abwickelnde Handlung in Momente zusammen, wo die Wirkung von grossen Mehrheiten von Individuen, also von Völkern herbeigeführt wird, ist das Resultat natürlich weit intensiver, der Weg zu ihm oder die zu seiner Hervorbringung nöthige Zeit aber weit länger. An den Beispielen, die afrikanische Völker uns bieten, lässt sich leicht der Nachweis führen, dass das herrische Auftreten ihrer Häuptlinge und ihrer Kriegerhorden, welches dem Europäer oft einen nicht zu unterschätzenden Eindruck macht, in vielen Fällen weniger dem Bewusstsein überlegener Machtfülle entspringt, als dem Bestreben, ihre dürre Angst vor dem Fremden gerade diesem zu verheimlichen. Nachhaltige Respectsempfindung dagegen erwirkt bei farbigen Völkern das langsame, planvolle Vorgehen der weissen Rasse. In beiden Fällen sind bei entgegengesetzten Mitteln die Wirkungen ähnlicher Art, unterscheiden sich aber durch die Dauer, welche zu deren Hervorbringung erforderlich ist, und den Grad ihrer Intensität, welch letztere zunimmt mit der Zahl der an der Hervorrufung der Wirkung betheiligten Individuen. Vielleicht lässt sich mit einigem Recht schliessen, dass die Erfindung des Dewarra nicht der Ausdruck eines Bedürfnisses war, welches einem sehr starken Verkehr der Stämme unter einander entsprang, sondern viel eher ein glücklich gewähltes Mittel, den nicht zu vermeidenden Verkehr zu vereinfachen und damit abzukürzen und zu beschränken. Gänzlich vermeiden liess sich der Verkehr nicht, weil ein District wahrscheinlich Producte des Landes, der andere des Kunstfleisses hatte, welche in benachbarten Gegenden fehlten und nur auf dem Wege des Verkehrs zum Austausch gelangen konnten. So lange directer Tauschhandel gepflogen wurde, musste das Feilschen um Preis und Menge des Handelsartikels den Verkehr in die Länge ziehen, was aber bei den feindseligen Gefühlen der Händler für einander die Gefahr vergrösserte, grundsätzlicher Abneigung praktischen, sehr handgreiflichen Ausdruck zu verleihen. Sobald der Gedanke entstanden war, die Muschel in Zahlung zu geben und zu nehmen, liess sich der Verkehr abkürzen, die Gefahr vermindern. Die Entwickelung des Gedankens und die Mode, vielleicht auch das Bedürfniss, den augenblicklichen Muschelvorrath übersichtlich vor sich zu haben oder bequem aufbewahren zu können, führten zur Ausbrechung des Muschelrückens, zur Auffädelung und liess das Dewarra in seiner heutigen Form entstehen. Da wir mit aller Bestimmtheit annehmen dürfen, dass die Erfindung des Dewarra nicht einer verschollenen höheren Cultur angehört, alle Erfindungen aber, ob sie durch Zufall gemacht oder plannmässig angestrebt werden, die Befriedigung eines menschlichen Bedürfnisses anstreben, so liegt es nahe, die Art des Bedürfnisses im Charakter des Erfinders zu suchen.

Der Umstand, dass auf Neu-Mecklenburg andere Geldsorten existiren, kann nicht als Gegengrund zu vorstehender Auffassung geltend gemacht werden. Erstens gehören die Neu-Mecklenburger zu der Volksgruppe, innerhalb welcher der Gedanke des Werthmessers entstand. da ihnen die Muschel Nana callosa fehlte, wurde sie durch andere ersetzt, zweitens lässt sich eine, in sehr früher Zeit stattgehabte Einwanderung von Neu-Pommern nach Neu-Mecklenburg feststellen, und es ist wohl gestattet, anzunehmen, dass die Einwanderer ihre Sitten und Gebräuche zum Theil wenigstens auf die Urbewohner übertrugen. Ob nun thatsächlich die Neu-Pommern die Erfinder des Dewarra sind oder den Gedanken von den Neu-Mecklenburgern erhielten und ihn ausgestalteten, ist dabei ohne Gewicht. Ebenso gleichgültig ist es, ob die verschiedenen Muschelgattungen anfänglich als Schmuck benutzt und in dieser Form in Zahlung gegeben wurden. Die Frage bleibt stets, warum es geschah. Dass Dewarra ursprünglich mehr als heute zum Schmuck gedient hat, ist nicht zu verkennen. Die früher schon erwähnten breiten Halskrausen aus diesen Muscheln sind heute kaum mehr zu finden, die Münze absorbirt das ganze producirte Quantum und nur äusserst minderwerthige, in den Geldfäden nicht verwendbare Muscheln werden noch zur Anfertigung von Schmuckgegenständen benutzt.

Es liegt auf der Hand, dass eine Erfindung, welche mit Leichtigkeit die Aufspeicherung von Besitz gestattet, nicht ohne Rückwirkung auf das Volk bleiben konnte, dem sie gelungen war. Wenn auch keinerlei Zeugen für die historische Entwickelung der in Rede stehenden Völker vorhanden sind, unter ihnen selbst alle Ueberlieferungen mangeln oder solche wenigstens für den Europäer gänzlich unzugänglich sind, so darf doch aus dem Gebahren eines Volkes ein wenn auch nur annähernd richtiger Schluss auf seine Entwickelung gezogen werden.

Der jeglichem Verkehr abgeneigte Charakterzug des Kanaken musste die Isolirung von Familien resp. Dörfern im Gefolge haben, die wir heute noch bemerken können. Mithin konnten kräftige Gemeindewesen von grösserem Umfange nicht entstehen, am wenigsten aber Einzelindividuen grösseren Einfluss und Machtstellung ausserhalb des schliesslich doch begrenzten Familienkreises gewinnen. Dieses in gewissem Grade noch heute bestehende Verhältniss musste wesentliche Aenderungen erleiden, als es plötzlich möglich wurde, Besitz leicht und bequem aufzubewahren und mit dessen Mehrung grösseren Einfluss an sich zu reissen. Wem dies am besten und schnellsten gelang, sah sich da, wo erbliche Häuptlingswürde unbekannt ist, plötzlich als maassgebende Persönlichkeit unter den Genossen des eigenen Gehöftes, ja bald unter den Einwohnern befreundeter Dörfer, der erste Schritt zur Häuptlingschaft war damit gethan. Die erste Machtäusserung der neu gewonnenen Stellung dürfte die Auferlegung und Einziehung von Strafgeldern gewesen sein und das Mittel, sie einzutreiben, die Versagung des Einflusses als Beistand bei Streitigkeiten. Das negative wird wohl bald dem positiven Verhalten gewichen sein und der Einfluss des Reichen wird für Zahlung zur Verfügung gestanden haben, wie es heute der Fall ist.

Damit hatte aber auch die Wirkung des neu erstandenen Werthmessers seine Grenze gefunden. Nur dann konnte er neue schöpferische Eigenschaften entwickeln, wenn seine Erfinder von selbst einer engeren Annäherung an die Aussenwelt zustrebten, statt gerade in dem Muschelgelde ein Mittel zu finden, den Verkehr zu beschränken. Eine so durchaus auf beweglichen Besitz gegründete und darum nur zeitweilige Machtstellung konnte selbstredend allein dann auf civilisatorische Entwickelung hinwirken, wenn sie sich in den Dienst eines, wenn auch zunächst mehr empfundenen als bewussten Programms stellte. Wäre ein solches jemals vorhanden gewesen, so konnte es

8*

doch nur in Wirkung treten, wenn entweder machtvolle Persönlichkeiten seine Ausführung anbahnten, oder wenn wenigstens die Empfindung für das Programm zugleich mit den Mitteln zu seiner Ausführung
weiter vererbt wurden. Die Anlage des Kanakencharakters ist nun
aber der Hervorbringung bedeutender, massenbewegender Individuen
nicht günstig, und wie immer die Vererbung eines Programms vor sich
gehen möge, die Vererbung der seine Ausführung fördernden Mittel
ist unter Leuten, deren Erbschaftssystem ihnen selbst kaum entwirrbar
zu sein scheint, völlig unmöglich. Somit hat sich unter den Kanaken
bis auf den heutigen Tag, so viel bekannt, keine kräftige Herrschaft,
geschweige denn ein Herrschergeschlecht zu entwickeln vermocht. Gorai
auf Morgussai, Salomonsinseln, war der Abstammung nach kein Kanake,
auch er hat seine Herrschaft nicht zu vererben vermocht, was unter
den kräftigeren Salomoniern noch am ehesten angängig gewesen wäre.

Man darf mit Sicherheit annehmen, dass auch ein Mann wie
Tomalili, der auf der Gazellenhalbinsel ohne Zweifel einen nicht zu
unterschätzenden Einfluss ausübte, seine Macht ebenso wenig ererbte,
als er sie irgend welchen Nachkommen oder Geistesverwandten hinterlassen hat, sondern sie lediglich dem Besitz geschickt erworbener und
schlau verwandter Reichthümer verdankte. Es wird dadurch klar, dass
solche Machtbefugniss, wie sie heutzutage einzelnen Individuen noch
hier und da eigen ist, als Wirkung ihres Dewarrareichthums aufgefasst
werden muss. Sie stützt sich somit weder auf ererbtes Ansehen noch
persönliche Kraft und Würde des Einzelnen, sondern auf die Habgier
und die Schwäche der Menge. Damit ist aber unter den Kanaken die
Wirkung der Erfindung eines Werthmessers bei dem allerordinärsten
Einfluss des Reichthums stecken geblieben.

Scheint unter den Eingeborenen der Handel über See überhaupt
älteren Datums, und früher, als die Canoes noch grösser waren, auch
eifriger als heute betrieben worden zu sein, so hat er doch noch
wesentlich nachgelassen, seit der weisse Händler die begehrenswerthe-
sten Artikel direct ins Haus bringt. Dem gegenüber hat der Local-
handel, der Markt, erst seit Einzug der Weissen im Lande einen
nennenswerthen Aufschwung genommen. In früheren Zeiten gingen die
Weiber nur unter Begleitung gut bewaffneter Männer zum Markte, wo
der Ausbruch offener Feindseligkeiten durchaus keine ungewöhnliche
Erscheinung war. Heute ist die Begleitmannschaft zu fast nur einer
Form zusammengeschmolzen. Markt wird jeden dritten Tag abgehalten. Feindseligkeiten werden seitens der Europäer mit schweren
Strafen geahndet — wenn es möglich ist.

Männer der Gazellenhalbinsel den Markt beobachtend.

Die Marktplätze der Gazellenhalbinsel liegen fast ohne Ausnahme
auf dem Plateau, etwa eine Stunde Weges von der Küste entfernt,
und finden sich hauptsächlich an der Nordküste bis etwa Kabeira und
östlich bis Kabanga und zeichnen sich durch nichts als eine kleine
Rasenbank in ihrer Mitte aus, diese wird benutzt, um von einem
etwas erhöhten Standpunkt aus Ueberblick über den Markt zu erhalten, auch wohl, um von hier aus die Waare eindringlicher anpreisen
zu können. Allerdings liegt laute Empfehlung durchaus nicht im
Wesen des Kanaken, und obwohl auf einem Marktplatz oft mehr als
100 Personen anwesend sein mögen, man mithin nicht wenig Spec-
takel zu erwarten berechtigt wäre, so verläuft doch selbst eine derartige Versammlung, bei welcher reden geradezu ein Erforderniss ist,
wenigstens im Vergleich zu einem Markt mit gleicher Zahl afrikanischer Besucher, in verhältnissmässiger Stille. Die zuerst ankommenden
Weiber säubern den Platz von den Spuren des letzten Markttages und
lassen sich dann neben ihrer Waare nieder, um auf die nächsten
Ankömmlinge zu warten. Diese sind schon von Weitem sichtbar,
denn das eingefleischte Misstrauen der Leute veranlasst sie natürlich,
ihre Marktplätze wo möglich auf ganz freie Stellen zu legen, aber selbst
im Walde wird deren Umgebung von Unterholz frei gehalten. Es ist
unglaublich, welche Traglasten von einem einzelnen Weibe auf den
Markt geschafft werden und welche Productenmenge daselbst Umsatz
findet. Die Weiber tragen auf dem Rücken eine Art Sack aus Geflecht von Cocospalmenblättern, welcher mittelst eines breiten, über
die Stirn laufenden Bandes aus gleichem Material noch festeren Halt
gewinnt. Diese Trage ist bis oben hin mit Taro oder Yams gefüllt,
zwischen die Wurzeln und die Wände der Trage sind Stäbe gesteckt,
welche zum Festhalten weiterer, hineingezwängter und der ersten Ladung
aufgepackten Packete dienen. Die Trägerin ist natürlich gezwungen,
krumm zu gehen, ihre Ladung hat oft einen weit grösseren Umfang
als ihr eigener Oberkörper; ausser ersterer trägt sie dann oft noch ein
auf ihrer Hüfte sitzendes Baby. Die zur Begleitung mitgehenden Männer
tragen ausser wenigen Waffen gar nichts. Sie halten sich überhaupt
abseits des Weibervolkes, denn es würde eine grobe Ausserachtsetzung
der eigenen Würde sein, wollte ein Mann inmitten eines Weiberhaufens
oder auch nur über einen Platz gehen, auf dem mehrere Weiber sich
niedergelassen haben. Verkaufsartikel sind hauptsächlich Producte der
Landwirthschaft und Fischerei. Die Leute des Inlandes verzehren
gern Fische und gebrauchen Salzwasser, um ihre Speisen zu würzen,
ein Bedürfniss, das sich durchaus nicht bei allen Küstenbewohnern

findet. Es gebrauchen z. B. die Bewohner der Neu-Lauenburg-gruppe nicht gewohnheitsmässig Salz zu ihren Speisen. Der Unterschied erklärt sich möglicherweise so, dass in salzschwangerer Seeluft die Haut des unbekleideten Kanaken genügend Salz absorbirt, um den Organismus zu sättigen, während die rauhere und reinere Bergluft gerade das Verlangen nach Salzen im Körper wachruft und deren Zufuhr im Wege der Nahrung fordert. Die Fischer wiederum schenken vielleicht ihren Gärten weniger Aufmerksamkeit als die Leute im Inneren und sind daher genöthigt, letzteren ihre Taro und Yams abzukaufen, sie bringen dafür Fische und Salzwasser auf den Markt, letzteres in den uns schon bekannten Eimern aus Bambus.

Die Preise, welche auf dem Markte für Producte aller Art gezahlt werden, sind etwa folgende. Für ein Stück Dewarra von 6 Zoll Länge erhält man sieben grosse Taro oder drei Yams, oder drei Brotfrüchte, zwei Cocosnüsse oder ein Bündel Bananen. Ein Fisch wird gewöhnlich mit einem Stück Dewarra von seiner eigenen Länge bezahlt, für sehr grosse Fische zahlt man bis zwei Faden Dewarra. Für 1 Zoll Dewarra erhält man zwei Betelnüsse. Rother, gebrannter Lehm kommt oft als Handelsartikel auf den Markt. Er dient als Haarfärbemittel und steht gut im Preise. Für 32 Klümpchen von der Grösse unseres Waschblaus, jedes sauber in ein Blatt verpackt, werden drei Stück Dewarra von je 6 Zoll Länge bezahlt. Der Käufer bringt den „atarr" genannten Färbstoff nach Birara, wo er ihn mit Profit wieder veräussert. Auf europäische Werthe kann man diese Preise bequem reduciren, wenn man sich vergegenwärtigt, dass der Faden Dewarra, d. i. ein Stück, so lang wie ein ausgewachsener Mann spannen kann, also etwa 6 Fuss, von den Europäern mit 2 Mark bewerthet wird. Die sieben grossen Taro würden mithin zwischen 16 und 17 Pfennig kosten und für einen Faden Dewarra würde man etwa 112 Taro kaufen. Man erkennt leicht, dass der Faden das Einheitsquantum dieser Muschelwährung bildet und nur durch Theilung dieser Einheit andere Werthe dargestellt werden, statt, wie bei uns, auch einer Zusammensetzung fähig zu sein. Ein solcher Faden Dewarra enthält etwa 320 einzelne Muscheln und wird „Apokono", ein Arm, genannt. Die Hälfte, also etwa 160 Muscheln, heisst „Parapara", die Hälfte hiervon wird „Bal", ein halbes Bal „Waratick" genannt. Kleinere Stücke werden mittelst der Fingerspanne gemessen, haben jedoch keinen bestimmten Namen. In Raluana auf der Gazellenhalbinsel herrscht die sonderbare Sitte vor, immer nur nach der Hälfte zu zählen, so dass sie einen Faden nur bis unter die Achselhöhle oder die Mitte der Brust messen und die Länge dann verdoppeln. Wenn hier ein Stück von 20 Muscheln genannt wird, so ist eigentlich ein solches von 40 gemeint, zwei Muscheln werden hier mit Eins bezeichnet. Ueberall ist zwar der Faden die Wertheinheit und dessen Länge im Allgemeinen auch überall dieselbe, allein an verschiedenen Orten zeigt sich ein wesentlicher Unterschied in der Art des Aufreihens der Muscheln. In der Gegend von Raluana wird Muschel so dicht als möglich an Muschel gereiht und gilt jeder Zwischenraum als eine Verunzierung und Schönheitsfehler der Münze. Auf Neu-Lauenburg wird zwischen je zwei Muscheln ein kleiner Zwischenraum gelassen und oft werden Stückchen von rothen Krebsschalen oder Rückgrat eines grösseren Fisches mit aufgezogen. Muthmasslich ist diese Art der Behandlung auf den geringeren örtlichen Vorrath der Dewarramuschel, dieser wieder auf die grössere Entfernung des Fundortes und geringeren Verkehr mit diesem zurückzuführen. Um indessen nicht eine Vertheuerung der Münzeinheit herbeizuführen, griff man zu dem altbewährten Mittel der Münzverschlechterung, man führte eine stärkere Legirung ein. Anstatt 320 Muscheln zum Faden giebt hier der Finanzminister nur etwa 280 bis 290, dafür aber einige Krebsbeine und Fischwirbel.

In Kabakada hat man noch die Bezeichnung „Atabu na Kalapua" für ein Stück Dewarra von der Länge einer „Kalapua" genannten Banane. Es ist der Preis für eine beliebte Marktwaare, bestehend aus einem von den Kanakenweibern hergestellten Pudding aus den Kernen der „Temap" oder „Angaliep" genannten Nuss, ein Gericht, dem man den Wohlgeschmack nicht absprechen kann, wenn man es vermag, sich über die nichts weniger als saubere Art der Herstellung hinwegzusetzen und es zu probiren.

Bei dem Werthe, den der Kanake dem Besitz von Dewarra beimisst und dem allgemeinen Gebrauch, den dieses selbst unter Europäern erlangt hat, ist es leicht erklärlich, dass die cursirenden Mengen nicht hinreichten, um den Bedarf zu decken, man kam deshalb auf die Idee, das Material in Europa nachbilden zu lassen. Allein der Erfolg war nicht ermuthigend, auf den ersten Blick erkannten die Kanaken die nach unseren Begriffen wohlgelungene Fälschung und betrachteten den, der sie in Curs setzte, mit etwa denselben Gefühlen, die wir für Jemanden hegen würden, der uns unseren Weizen mit bleiernen Zwanzigmarkstücken oder Hundertmarkscheinen aus Löschpapier bezahlen wollte.

Auf den Märkten sieht man oft gezählte Kakadus. Dieser Vogel kommt auf der Gazellenhalbinsel so zahlreich vor, wie hier in Europa die Staare und zwar in verschiedenen Varietäten; die Eingeborenen haben eine Vorliebe für diese Thiere und oft sieht man deren mehrere zahm in den Dörfern umher stolzieren. Sie thun dann ganz vertraut und lernen sogar Worte der Sprache. Solche Vögel werden auf den Markt gebracht und von wohlhabenderen Kanaken gern gekauft. Europäer, die Kakadus erwerben wollen, schicken Beauftragte auf den Markt, um dort solche Vögel einzuhandeln.

Wiewohl nun die Märkte ein Mittel sind, den Verkehr der Eingeborenen unter einander anzubahnen und zu erweitern, so ist ihr Einfluss doch im Allgemeinen ein äusserst beschränkter. Ich habe schon gezeigt, dass die Gegend, in welcher Märkte überhaupt stattfinden, eine recht eng begrenzte ist und ihren Mittelpunkt etwa in Ralum hat. Man darf indessen mit Sicherheit annehmen, dass niemals ein Eingeborener aus grösserer Entfernung als vom Varzinberge die Märkte besucht. Diese sind daher auch durchaus ungeeignet zum Studium des Unterschiedes der Stämme unter einander, es gehört schon ein ausserordentlich geübtes Auge dazu, um zu erkennen, welche der Marktbesucher von der Küste, welche aus dem Inneren stammen.

Abgesehen von den eigenen Naturprodukten kommen indessen auch die Industrieerzeugnisse Europas auf die Märkte. Bunte Taschentücher, sogenannte Lawa-Lawas, Tabak, Streichhölzer etc. Diese Sachen werden natürlich von den Küstenleuten gebracht, die sie von den europäischen Händlern erworben haben. Zwar werden sie in nur geringen Mengen hier feil geboten, aber mit grossem Verdienst verkauft. Man darf annehmen, dass auf diese Weise die Erzeugnisse unserer Industrie sich schon bis auf ziemliche Entfernung in das Innere den Weg gebahnt haben, die Grenze ihrer Verbreitung kann jedoch heute in keiner Weise festgestellt werden. Weit lebhafter als der Handelsverkehr der Stämme unter einander ist der zwischen letzteren und den Europäern. Dennoch findet man auch hier wieder den schlagenden Beweis für die Sucht des Kanaken, sich abzuschliessen. Trotz des vieljährigen Handelsverkehrs in dieser Gegend ist es bis heute noch nicht gelungen, den Kanaken ein Bedürfniss anzugewöhnen, ausser Tabak. Würde ihnen dieser plötzlich entrissen, so würden sie es muthmasslich schmerzlich empfinden, am Ende aber noch etwas mehr Betel kauen und sich zufrieden geben. Die eisernen Beile, Lawa-Lawas. bunte Glasperlen, blaue und rothe Farbe, Streichhölzer, kleine Spiegel, Messer, Mundharmonika, Draht verschiedener Gattungen und die übrigen Artikel, welche den Bestand der Waarenlager im Archipel bilden, sind dem Kanaken zwar eine ganz angenehme Zugabe zum Leben, er würde sie aber kaum vermissen, wenn deren Zufuhr plötzlich aufhören sollte. Die einzigen Handelsartikel, gegen welche er die oben genannten Waaren eintauscht, sind im Grunde Copra, Schildkrötenschale und Perlmuttermuschel. Auch Yams und Taro sind Handelsartikel geworden, doch finden sie nur locale Verwerthung, zum Export nach Europa eignen sie sich nicht. Der Handel vollzieht sich in den denkbar einfachsten Formen. Die Eingeborenen kommen in ihren Canoes zu den Stationen gerudert und bringen die reifen Cocosnüsse, von denen sie sechs bis acht Stück für eine Stange Tabak geben. Das Oeffnen der Nüsse und Herstellung der Copra, d. h. das Trocknen des Kernes, besorgt der Käufer. Zwar hat man versucht, die Eingeborenen daran zu gewöhnen, gleich den getrockneten Kern zu bringen, doch scheint die Maassregel nicht von hervorragendem Erfolge begleitet gewesen zu sein. Als mit der Zeit mehrere Firmen sich auf den Coprahandel warfen, wurde es nöthig, das Einkaufsgebiet zu erweitern, und jede Firma legte, wo immer es angängig war, Stationen an, auf denen ein Weisser einsam unter den Kanaken sass, bei denen er die europäischen Handelswaaren vertrieb. Es lässt sich denken, dass das Leben eines solchen Händlers bald auf annähernd die Stufe des Kanaken sinken musste, und so kam es auch wohl, dass in früheren Zeiten meist nur solche Leute sich auf Handelsstationen begaben, die vom Leben nicht mehr viel zu erwarten hatten. Man traf unter diesen denn auch die wunderlichsten Menschen. Abkömmlinge der vornehmsten Geschlechter, die hier ihre verbummelte Existenz beendigten, neben strebsamen Kaufleuten, die sich hier die ersten Ersparnisse für spätere Selbständigkeit zurücklegten. Katastrophen waren nicht eben selten. Verbummelte Subjecte vergingen sich an den Eingeborenen, diese rächten sich durch Mord und Todschlag oft an den unschuldigen Parteien, so dass es eine Zeit gab, zu welcher der einzelne Händler auf der Station sein Leben so zu sagen in der Hand trug. Mit der Einführung von mehr Gesetzmässigkeit wurde dies besser und hob sich die Stellung der Händler, die auch nicht mehr aus den schlechtesten Elementen ausgesucht zu werden brauchten. Es unterliegt keinem Zweifel, dass Menschen von nicht sehr kräftigem Charakter und festgewurzelter Bildung in gewissem Grade dem Einfluss der sie ausschliesslich umgebenden Eingeborenen unterliegen müssen. Es darf daher aus der Weise, in welcher sich dieser Einfluss äussert, auf den Charakter derjenigen geschlossen werden, die ihn ausüben. Der Verfasser erinnert sich der Zeit, als in Südafrika dasselbe System des Handels betrieben wurde, wie es oben beschrieben ist, und da er die Händler beider in Rede stehenden

Gebiete genau kennen lernte, beschäftigte ihn oft der Vergleich
zwischen beiden. Zunächst ist es ja klar, dass bei beiden ein zügel-
loses Sichgehenlassen eintrat, in welchem zuvörderst die thierischen
Triebe der eigenen Natur zu Tage treten mussten. Die Art aber, in
welcher diesem Triebe nachgegangen wurde, musste doch mehr oder
minder abhängig sein von dem geringeren oder grösseren Widerstande, den die Eingeborenen dessen Ausübung entgegensetzten. Die
Unsittlichkeit war in beiden Fällen etwa die gleiche. Während sie
aber bei den Händlern unter den verschiedenen Kaffernstämmen einen
gewissen jovialen Ton annahm und wenigstens äusserlich in decente
Form sich kleidete, wurde sie unter den Kanaken in geradezu
cynischer Weise zur Schau getragen. Grausamkeit und Brutalität
äusserten sich ebenfalls verschiedentlich, unter den Kaffern liess der
Händler aus den geringsten Anlässen seiner Wuth die Zügel schiessen;
eine solenne Keilerei entstand, sie verlief meist blutig, oft tödtlich, denn
der Händler verfügte meistens über Feuerwaffen. Der Ausgang aber
wurde nach bestimmten Regeln gesühnt. Der Fall wurde dem König
vorgetragen und dessen Entscheidung befriedigte meistens auch das
Rechtsgefühl des mit den Sitten der Eingeborenen vertrauten Europäers.
Unter den Kanakenhändlern trat Brutalität viel weniger offen, wohl
aber versteckt zu Tage, und wie der Weisse stets auf seiner Hut sein
musste, um nicht der geheimen Rache seiner Feinde unter den Farbigen zum Opfer zu fallen, so gebrauchte natürlich auch er mehr List,
um sich seiner Gegner zu entledigen. Durch die Vermeidung des
offenen Kampfes, auf den sich der Kanake ungern einlässt, wuchs
natürlich auch die Scrupellosigkeit hinsichtlich der Wahl der Kampfes-
mittel. Der Europäer brauchte mithin seine eigene Person weniger
auszusetzen und sah den Erfolg seiner Rache nicht durch das Urtheil
eines machtvollen Häuptlings in Frage gestellt. Gewissenlos, sinnlich,
habsüchtig und brutal waren beide Classen von Händlern, weit um-
gänglicher und weniger abstossend indessen derjenige, der von seiner
schwarzen Umgebung wenigstens die urbanen, geselligen Umgangsformen
und eine schöne Sprache angenommen hatte, statt sich in einem corrumpirten Jargon auszudrücken und von dem zurückhaltenden, lauernden Wesen der Kanaken angesteckt zu sein. Selbstredend ist hier
nur die Rede von der verwahrlosten Gattung der Händler, unter denen
sonst in beiden Erdtheilen der Verfasser tüchtige, brave Männer kennen
lernte, die, ohne zu sinken, Jahre lang unter Schwarzen lebten, um
mittelst des ihrer Thätigkeit entsprungenen Erwerbes höher zu steigen
auf ihrer Lebensleiter. Glück auf ihren Lebensweg!

Unter den Inseln des Archipels besteht ein für die Verhältnisse immer noch nicht unbedeutender Ueberseehandel, dabei ist von Interesse, zu beobachten, dass jede Gruppe von handeltreibenden Leuten, sagen wir, um uns kurz zu fassen, jedes Handelshaus sein eigenes Handelsgebiet hat. So rudern die Leute der Neu-Lauenburggruppe hauptsächlich hinüber nach Birara auf der Gazellenhalbinsel. Anscheinend tritt dort die Reife der Ernte etwas früher ein als auf den kleinen Inseln und es können von dort schon Taro und Yams herüber gebracht werden, ehe die eigenen zum Herausnehmen bereit sind. Auch Betelnüsse werden von dort geholt, ebenso Quarzstückchen für die Münzarbeiten bei Herstellung des Pelé. Mit diesem Muschelgelde oder Dewarra werden die Einkünfe bezahlt, die Feldfrüchte dienen hauptsächlich dem eigenen Gebrauch, während die Betelnüsse mit Vortheil wieder weiter nach Nakukurr, Utuan und Mioko verkauft werden. Diese Orte sind bezüglich ihres Betels auf die Waare angewiesen, welche die Händler von Karawarra aus Birara herüber bringen. Auf den kleinen Inseln sind die Betelpalmen fast ausgerottet, da sie ihrer harten Rinde wegen mit Vorliebe zum Hausbau verwandt werden. In den Handel werden hauptsächlich reife Betelnüsse gebracht, sie sind kräftiger und geben mehr aus. Dass dennoch im Allgemeinen mehr grüne Nüsse consumirt werden, liegt an der Ungeduld des Kanaken, der das Reifen der Nüsse nicht abwarten kann. Da, wo deren Menge so gross ist, dass sie den Verbrauch übersteigt, hat die Nuss Zeit, zur Reife zu gelangen und wird im Handel am liebsten in diesem Zustande erworben und theurer bezahlt. Die gewohnheitsmässigen Handelsreisen nach Birara schliessen gelegentliche Fahrten nach Neu-Mecklenburg nicht aus, doch scheint der Productenaustausch nach dahin kein besonders reger zu sein. Nach dem Südende dieser Insel scheinen die Bewohner der Nordküste der Gazellenhalbinsel öfters zu fahren, sie bringen Bataten dorthin; welche anderen Handelszwecke sie sonst noch verfolgen, ist nicht ganz klar. Die Handelscanoes sah man öfters die vom Verfasser bewohnte Insel passiren, und ein solches traf ein, als der Verfasser auf Neu-Mecklenburg festgehalten wurde. Reisen von der Ausdehnung der genannten sind gewagte Unternehmen. Sind sie überhaupt nur in der windstillen Zeit möglich, so kann ihnen doch jede leichte, einigen Seegang aufbringende Iboe gefährlich werden. Die Bootsinsassen strengen sich auch entsprechend an und Ruderpartien von vier bis sechs Stunden, während deren es kaum irgend welches Ausruhen von den kurzen, stossartigen Ruderschlägen giebt, gehören auf solchen Touren nicht zu den Seltenheiten. Aber selbst im Falle das Canoe umschlagen und untergehen sollte, ist deswegen noch nicht unbedingt das Leben der Insassen verloren. Die Kanaken sind so vorzügliche und ausdauernde Schwimmer, dass sie, Haitische abgerechnet, selbst in solchen Fällen die Gestade irgend einer der stets in Sicht bleibenden Inseln erreichen würden. Man erzählt von einem Falle, in welchem ein Kanake von den Taubeninseln (zwischen Karawarra und Ralum) bis nach Matupit geschwommen sei. Mit einem guten Segelboote und bei günstigem Winde pflegte der Verfasser diese Entfernung in etwa 1½ Stunden zurückzulegen. Der Verkehr der Handeltreibenden unter einander ist mit bestimmten Vorsichtsmaassregeln ausgestattet, die, obwohl von etwas erschwerender Wirkung, doch ganz am Platze sein mögen, wo der Besucher, statt in seine Heimath zurückzukehren, leicht in die Lage kommen kann, in eigener Person den Braten zu liefern, den die zu Handelszwecken mitgebrachten Feldfrüchte als Zukost appetitreizend umgeben. Fährt der Händler nahe am Gestade einer Insel vorbei, so empfängt er von den am Lande stehenden Einwohnern den ersten Gruss, den er mit einem grunzenden Tone als Gegengruss beantwortet. Dieselbe Begrüssung findet statt, wo er das Land betritt. Treffen sich hier Bekannte, und das ist fast ausnahmslos der Fall, so rufen sie sich bei Namen. Geht der Ankömmling bei einem am Strande sitzenden Kanaken vorüber, so ruft dieser „nanat", Weiber begrüssen sich ebenso, nur ruft die sitzende „wawine". Trifft man Jemanden bei der Arbeit, so ruft man aus: „alima"! Deine Hand! Der Händler begiebt sich nun in das Haus seines Gastfreundes, ohne einen solchen zu haben, würde er den Ort nicht zu betreten wagen, hier setzt er sich auf einer Matte nieder und es wird ihm ein Stück Betel verabreicht. Von diesem muss er nach guter Sitte dem Geber wiederum einen Theil anbieten. Ohne Zweifel liegt diesem Gebrauche das Motiv des Zutrunkes zu Grunde, sich gegenseitigen Schutz vor Vergiftung zuzusichern. Der Gastfreund ist nicht verpflichtet, den Besucher zu beköstigen. Dieser bringt meist selbst einige Nahrungsmittel mit und sucht sich auf der reich bedeckten Tafel, welche das Riff denen, die es mit offenen Augen betrachten können, stets servirt, seine Mahlzeit zusammen. Dennoch speist gelegentlich der Besucher auch mit seinen Bekannten, soweit eine derartige Geselligkeit bei der Neigung des Kanaken, auch die geringfügigste seiner Handlungen der Beobachtung zu entziehen, überhaupt Platz greift. Dauert der Besuch lange, und bei ungünstiger Witterung kann er sich leicht beträchtlich in die Länge ziehen, und gehen deshalb dem Besucher die Lebensmittel aus, so macht sich der Gastfreund die Lage sogleich zu Nutze. Der

Besucher muss ihm gewisse Dienstleistungen im Felde oder beim Hausbau verrichten, wofür er Nahrungsmittel zugetheilt erhält. Sein Nachtquartier nimmt der Besucher nicht durchweg im Hause des Gastfreundes, meist begeben sich die Canoegefährten an den Strand, wo sie sich gemeinsam lagern und wo ihnen gewöhnlich einige Dorfangehörige Gesellschaft leisten als stumme Geisseln für den guten Willen der Ortseinwohner. Sollte sich während der Dauer des Besuches ein Gegner des Händlers in böswilliger Absicht einstellen, so würden seine Pläne von dem Gastfreunde, soweit sie diesem bekannt sind, vereitelt werden.

Ist der Händler ein stetiger Besucher seines Gastfreundes, so entsteht unter ihnen ein stillschweigendes Uebereinkommen, sich auch dann nicht offen oder heimlich zu bekämpfen, wenn sie sich auf neutralem Boden treffen, im Falle ihre Stämme sich in offener Feindseligkeit mit einander befinden. Ist dagegen die Gastfreundschaft nur eine flüchtige und zufällige gewesen, so steht beiden Theilen, ohne Verletzung guter Sitte, das Recht zu, sich gegenseitig umzubringen, wenn sie sich begegnen, während ihre Stämme in Fehde liegen. Ein Kriegszustand unter den Stämmen existirt, doch äussert er sich, dem Charakter des Kanaken entsprechend, in keiner lauten Form. Man hört wohl, dass im Norden von Neu-Mecklenburg feindliche Stämme sich gegenüber stehen und heftig bekämpfen, doch widerspricht ein solches Verfahren so sehr dem Wesen des Eingeborenen, dass derartige Mittheilungen ohne Weiteres als Erfindungen bezeichnet werden dürfen. Dagegen unterliegt es keinem Zweifel, dass Feinde Einfälle in ihre gegenseitigen Gebiete machen und sich durch planloses und wüstes Niederhauen ihrer Cocospalmen schädigen. Da ihre Beile im besten Falle recht schlechtes europäisches Eisen, oft aber nur Muschelläxte sind, so ist der Schaden, wiewohl immer beträchtlich und namentlich für den Handel nachtheilig, doch geringer, als man annehmen sollte. Zu solchen gemeinsamen Kriegshandlungen oder dem unvermutheten Ueberfall eines Dorfes oder einsam wandernden Feindes schaaren sich die tapfersten Kanakenhelden zusammen, zum Kampfe in offener Front reicht ihr Muth nicht aus. Eine Ausnahme machen indessen die Salomonsinsulaner, diese sollen in Schaaren kämpfen und sie scheinen, nach den wenigen Fällen, in denen man ihr Verhalten bei Gefahr beobachten konnte, ihren Ruf wohl zu verdienen. Auf der Gazellenhalbinsel soll es vorkommen, dass sich Stämme gegenseitig den Krieg erklären. Zu diesem Zweck sollen zwei Abgesandte des einen Stammes dem anderen die Botschaft überbringen. Verhielte sich dies thatsächlich so, so würde daraufhin der an und für sich geringe Verkehr noch mehr verkürzt werden. Diese offene Kriegserklärung mittelst Abgesandter ist indessen schon deswegen unwahrscheinlich, weil letztere sehenden Auges den Weg auf die Bratenschüssel antreten, wohl also Niemand sich zu solcher Gesandtschaft bereit erklären dürfte. Häuptlinge, welche trotzdem Gehorsam auch für derartige Botschaft erzwingen könnten, giebt es nicht, ebensowenig Leute, welche in heller Gefolgschaft sich unter Führung eines Häuptlings auf den Kriegspfad begeben würden. Wohl aber schicken die sogenannten Häuptlinge, d. h. die reichen Leute, dewarrabezahlte Krieger aus, um die feindlichen Nachbardörfer niederzubrennen und zu plündern. Das erbeutete Dewarra erhalten sie, doch müssen sie einen Theil an ihre Krieger abtreten. Der vom Kriegsgott bevorzugte Stamm kann dem anderen Frieden anbieten gegen Abfindung mit Dewarra. In solchem Falle sammeln die unterlegenen Häuptlinge von ihren Stammesangehörigen die auferlegte Contribution ein, schiessen die erforderliche Menge Dewarra auch gelegentlich vor, jedenfalls aber sorgen sie dafür, dass ein nicht zu kleiner Theil des Geldes in ihrem Besitze bleibt. Man sieht, dass derartige Kriege nur dewarrasüchtigen Häuptlingen Profit abwerfen und daher lediglich Speculationsgelegenheit für diese sind.

Besonders muthiges Auftreten ist unter den Kanaken eine grosse Seltenheit, da ihr Selbstgefühl merkwürdig schwach entwickelt zu sein scheint. Dennoch werden einzelne Fälle von Tapferkeit erzählt. Ein Mann misshandelte seine ihm untreue Frau, so dass sie an den Folgen starb. Ihr Vater that sich mit einer Anzahl Verwandter zusammen, trat vor den Schwiegersohn und dessen Anhang und drohte mit furchtbarster Rache, wenn er nicht — eine entsprechende Menge Dewarra für seine umgebrachte Tochter erhielt. Der Preis wurde gezahlt. Der Verfasser hatte selbst Gelegenheit, das Verhalten der Leute im Kriegsfalle zu beobachten. Arbeiter von Neu-Mecklenburg hatten einem Colonisten ein sehr werthvolles, grosses Boot entführt; da die That zur Anzeige gebracht wurde, musste, falls das Boot nicht wieder zu erlangen war, eine Strafexpedition erfolgen. Drei Tage lange Verhandlungen an Ort und Stelle führten zu keinem gutwilligen Nachgeben und die angedrohte Strafe musste eintreten. Mit etwa 20 Mann stürmte der Verfasser das nahe der Küste auf einem nach drei Seiten abfallenden Plateau gelegene Dorf der Uebelthäter. Wie vorauszusehen war, hatten sich alle Einwohner geflüchtet. Ein ganz nahe, aber weiter im Walde gelegenes Dorf wurde ebenfalls besetzt. Wie wahre Wilde stürmte die Begleitmannschaft des Verfassers in die armseligen Häuser, um sie nach etwa vorhandenen Werthobjecten zu durchsuchen. Niemand nahm sich die Mühe, durch die Thüren einzutreten, die leichten Wände wurden einfach durchbrochen und das Hausgeräth, alte Waffen, Massen von Bananen, Taro und Yams, Trommeln, Aexte und sehr viele Speere triumphirend als Beute herausgeschleppt. Die Gier nach dieser völlig werthlosen Beute war so zügellos, dass irgend welche Disciplin gar nicht aufrecht zu erhalten war, man musste gewähren lassen. Die zerstörten Häuser wurden angezündet, mehr, um den Begriff der Strafe zum Ausdruck zu bringen, als um eine solche wirklich zu ertheilen, da solche Dörfer binnen zwei Tagen wieder aufgebaut werden können. Nach Vollendung des Zerstörungswerkes handelte es sich darum, das Plateau wieder zu verlassen, ohne durch das unbedingt zu erwartende Nachrücken und Angreifen des in nächster Nähe im Gebüsch lauernden Gegners selbst Verluste zu erleiden. Die Leute des Verfassers, mit der Kampfesweise ihres Landes wohl vertraut, waren zu einem planvollen Handeln nicht zu bewegen, sondern stürzten sich fluchtähnlich von einem Dorf auf das andere und in wilder Hast den Abhang hinab, verfolgt von einem Hagel von Steinen und Speeren, den der immer noch unsichtbare Gegner aus dem Gebüsch auf den nach seiner Ansicht nun fliehenden Angreifer sandte. Verluste waren mit Sicherheit zu erwarten, wenn der Gegner nicht verhindert wurde, hervorzubrechen, ehe die angreifende Schaar in Sicherheit war. Nur mit Hülfe von zwei Salomonsleuten konnte der Verfasser folgende tactische Maassregel ausführen. Unter Führung von des Verfassers weissem Begleiter mussten sich die Leute so ruhig, als es gehen wollte, den Abhang hinab begeben, auf dessen Rande der Verfasser mit zwei Salomoniern, die Gewehre auf das Gebüsch gerichtet, stehen blieb. Als die eigenen Leute den Fuss des Abhanges erreicht hatten, kehrte ihr Muth wieder, sie wandten sich um und riefen den immer noch unsichtbaren Gegnern Worte zu, in denen sich wohl nicht mit Unrecht homerische Redensarten vermuthen liessen. Jetzt mussten die beiden Salomonier sich zehn Schritt rückwärts begeben, dann still stehen, mit ihren Gewehren den Gegner wieder bedrohen und dem Verfasser die Möglichkeit gewähren, sich auf sie zurückzuziehen. Dieses Manöver sollte wiederholt werden, bis die eigene Schaar erreicht war. Der Plan war von Erfolg begleitet, so lange die drohenden Gewehrmündungen noch das Gebüsch und Theile des Dorfes beherrschten, als jedoch das abschüssige Gelände uns den Blicken des Gegners entzog, stürzte dieser mit wildem Geheul aus dem Walde hervor und schleuderte einen

Hagel von Speeren auf den Verfasser und dessen beide Kameraden. Letztere hielten ruhig Stand, die anderen am Fusse des Abhanges befindlichen Leute stürzten eiligst nach der Küste, um in den Booten Zuflucht zu suchen. Der Gegner wagte sich nicht weit genug hervor, um mit Ruhe zielen zu können, und so gelang es, den Abstieg zu vollenden, ohne von den immer noch zahlreich fliegenden Wurfgeschossen verletzt zu werden, deren eines, ein schön gezeichneter Speer, dem Verfasser allerdings eine Botschaft von „drüben" brachte, ohne ihn indessen dahin abzuholen. Der nur um 1 Zoll mein Auge fehlende Speer befindet sich heute neben einem afrikanischen, der fast nur durch ein Wunder abgelenkt wurde, in meiner Sammlung. Fehlt dem Kanaken, wie man aus dem vorstehend geschilderten Verhalten der Leute ersehen kann, der Muth, den ja bekanntlich sogar der Mameluk zeigen soll, so entbehrt er dafür auch gänzlich die Fähigkeit der Unterordnung und es ist dem Verfasser sehr zweifelhaft, ob Drill und längerer Umgang mit Weissen mehr als den ganz oberflächlichen, mit keinerlei Selbstüberwindung verknüpften Gehorsam ihnen anzuerziehen vermögen wird. Ausgenommen sind die Salomonier und es scheint nicht ausgeschlossen, dass diese dereinst nicht nur zuverlässige Arbeitskräfte, sondern auch recht brauchbares Material für eine Executivmacht zu stellen im Stande sein werden. Ohne die Macht, unseren Willen auch gegen den Widerstand schrankenlose Willkür gewohnter Völker zur Ausführung zu bringen, wird es uns schwerlich jemals gelingen, letztere uns unterzuordnen und sie damit in die Reihe der mit Nutzen lebenden Völkerschaften einzustellen.

Ein Volksstamm, der nur ein sehr geringes Maass von Gewerbe betreibt, fast völlig bedürfnisslos ist und anscheinend bleibt, dem die Natur selbst die Nahrung zum mühelosen Ergreifen vor den Mund hält, dessen Seele die Initiative, dessen Geist der Muth fehlt, wird naturgemäss alle diese Mängel nachtheilig wirksam werden lassen, sobald durch den Verkehr mit Europäern unabweisbare Forderungen an ihn herantreten. Die im Schutzgebiete beschäftigten Arbeiter stammen zum grössten Theil aus dem Archipel und auf diese bezieht sich in erster Linie jedes Urtheil, welches man über den Kanaken als Arbeiter fällen kann. So wenig günstig wir im Allgemeinen über diese zu urtheilen vermögen, so werden sie doch den vom Festlande von Neu-Guinea selbst stammenden Leuten noch vorgezogen, obwohl diese einen sanfteren, weicheren Charakter besitzen sollen. Der Kanake als Arbeiter ist nach unseren Begriffen entschieden faul. Nicht nur gemessen an dem Maassstabe, den der gebildete Europäer an die sich

selbst gestellten Anforderungen zu legen pflegt, sondern gemessen mit
dem Maasse eines jeden Arbeitsstammes in irgend welchen tropischen
Colonieen. Die Abneigung zur Arbeit entspringt einmal dem Umstande,
dass die Kanaken, von Kindesbeinen an jeder regelmässigen Thätigkeit
fremd, diese als den Weibern zufallend betrachten lernten. Da Ackerbau wenig, Fischerei vorwiegend betrieben wird, so ist die einzige, wie
man annehmen darf, ihnen geläufige Thätigkeit eine solche, die sie
für jede andere, besonders aber gerade Feldarbeit, ungeeignet macht.
Nur als Bootsleute zeigen sie gewisse natürliche Anlagen und sind als
Ruderer unermüdlich. Es drängt sich aber dem Beobachter auch die
Wahrnehmung auf, dass neben der angeborenen Abneigung zu regel-
mässiger Thätigkeit noch eine Unfähigkeit festgestellt werden kann,
welche sich als körperliche äussert, aber seelischen Ursprunges ist. Selbst
der lang gediente Arbeiter (lang gedient nach Maassgabe der Zeit, seit
welcher Dienstbarkeit hier überhaupt besteht) vermag nicht seine auch
noch so einfache Arbeit auf ein selbsterkanntes Ziel zu richten und ihr
dadurch qualitativen Werth zu verleihen. Er bedarf stets der Aufsicht, wo diese fehlt, erlahmen auch sofort die Kräfte, das Quantum der
ohne Aufsicht in gegebener Zeit geleisteten Arbeit verringert sich, denn
es fehlt die geistige und darum die körperliche Spannkraft. Durch
Gewöhnung an Feldarbeit scheint der Kanake nicht zu erstarken, wenn
er den Dienst verlässt, ist er wenig mehr gekräftigt oder gewandt, als
zu Zeiten seines Dienstantritts. Er hat sich durch ein ihm aufgedrun-
genes Pensum Arbeit hindurch gelangweilt, an dem sein Körper den
unerlässlichen, sein Geist gar keinen Antheil genommen hat. Wer viel
mit afrikanischen Negern gearbeitet hat, wird sich erinnern, wie sie
plötzliche, kurze Anfälle von ungeheurem Schaffensdrang bekommen,
meist in dem Augenblicke, wo ihnen aufgegangen ist, welchem Zwecke
ihre Arbeit eigentlich dient. Sie pflegen dann ihr Thun mit Gesang
zu begleiten, in dem sie sich selbst als mindestens Herkulesarbeiten
verrichtend rühmen, das Werk des Weissen aber als weise preisen.
Wer hat in solchen Augenblicken für seine schwarzen Leute nicht ein
mehr als gewöhnliches Maass von Zuneigung zu empfinden vermocht.
Derartige Momente sind dem Kanaken fremd, auch er wird wohl laut
bei dem Pflücken und Packen der Baumwolle, niemals aber ist seine
Arbeit der Gegenstand seiner Lobpreisung, sein Geist weilt anderswo.

Viele Ansiedler fassen zu ihren Kanakenarbeitern eine nicht geringe
Zuneigung, doch erklärt sich diese leicht aus dem psychologischen
Bedürfniss des verantwortungsfähigeren Menschen, den schwächeren,
auf seine Fürsorge Angewiesenen zu hegen. Noch keinen aber, der

mit anderen Rassen zu thun gehabt hatte, hörte der Verfasser die
Kanaken in irgend einer Beziehung über jene stellen. Auch hier
macht der Salomonier oft eine Ausnahme und ihrer manche eignen
sich nach kurzer Lehrzeit zu kleineren Aufseherposten. Die besondere
Einwirkung des Europäers verhindernd stehen die Sprachverhältnisse im
Wege, die ja jede wirkliche Verständigung unmöglich machen. Es ist
ausgeschlossen, dass irgend ein Europäer die vielen Dialecte beherrschen
könne, welche unter auch nur einer kleinen Zahl seiner Arbeiter gesprochen werden. Als Volapük dient das sogenannte Pigeonenglisch.
Wer mit der Ausdrucksweise des Kanaken noch unbekannt ist, kann
oft aus dessen Antwort das Gegentheil von dem verstehen, was wirklich gemeint ist. Dies ist besonders bei Entgegnungen der Fall, auf
Fragen, welche in Erwartung der verneinenden Antwort schon negativ
gestellt werden. Die Frage „Der Herr ist wohl nicht zu Haus" wird
der Kanake mit Ja beantworten, wenn der Herr abwesend ist; dieses
Ja bedeutet dann eine Bestätigung unserer schon geäusserten Vermuthung in negativer Richtung. Ist der Herr zu Haus, so erfolgt
auch auf die negative Frage die positive Mittheilung „he stop".

Es muthet den Europäer seltsam an, unter den Verkehrsformen,
den Beziehungen der Völker zu einander, eine Sitte schildern zu müssen,
von der man, gleichgültig, wie sehr man sie vom abstracten Standpunkte
verurtheilen mag, das richtige Maass physischen Grauens erst dann
empfinden kann, wenn man in nahe Berührung mit ihr getreten ist, wir
meinen den Cannibalismus. Es klingt nicht schön, heisst es, der oder
jener wurde aufgefressen, wir verabscheuen dann die Thäter und be-
dauern in einer allgemeinen Art und Weise das unglückliche Opfer. Ein
ganz anderer Schauder, ein unsagbarer Abscheu aber ergreift uns, wissen
wir, dass der Mann, den wir lange genau gekannt, mit dem wir vor
Kurzem noch gesprochen haben, gerade jetzt, in Stücke zerhackt, auf
dem Feuer liegt, stückweise sogar schon verzehrt, wirklich gegessen
wird, von Leuten, die uns ebenfalls bekannt sind. Vor der Majestät
des Todes schaudert Alles, das Thier geht ungern an dem verendeten
Kameraden vorüber, vor der menschlichen Leiche steht selbst der
Wilde erschüttert und bei ihrem Anblick schweigen in dem Culturmenschen, zum mindesten augenblickweise, alle unedlen Regungen, er-
drückt von der Grösse der alles Irdische federleicht aufwiegenden
Macht des Todes. Wie grässlich ist der Gedanke, den Körper, der noch
soeben die Hülle einer der unserigen ähnlichen Seele war, nur mit
dem Verlangen des Feinschmeckers betrachtet zu wissen, in ihm nur das
Material zu sehen zur Stillung einer mit Hunger verbundenen Begierde.

Diese Scheusslichkeit ist unter den Kanaken eine ganz gewöhnliche Sitte. Ueber ihren Ursprung zu grübeln, kann hier nicht unsere Aufgabe sein, gleichgültig, ob Nothstand, Hass, Opfersucht dazu die Veranlassung gab, wir haben hier nur über ihre Ausführung zu berichten. Es unterliegt durchaus keinem Zweifel, dass noch heute in den von europäischem Einfluss unberührten Gegenden die Gewohnheit sehr im Schwunge ist. Im Bereich europäischer Macht kann man sie dagegen als ausgestorben bezeichnen. Mit vollem Recht darf man aber annehmen, dass jeder ältere Mann unter denen, die heute unsere Arbeiter sind, an einem Mahle von Menschenfleisch theil genommen habe. Das kann uns nicht Wunder nehmen, wenn wir erkennen, wie tief die Sitte eingewurzelt ist, noch weniger aber, wenn wir erfahren, dass derjenige, der ein Gastmahl von Menschenfleisch zu geben vermag, mit einem Male zum vermögenden Manne wird.

Auf Neu-Pommern wird Menschenfleisch „Virua", auf Neu-Mecklenburg „Vau" genannt. Von der Verzehrung ausgeschlossen sind Zugehörige des eigenen Stammes, nur der Feind, also jeder Fremde, ist appetitreizend. Ist ein Mensch erschlagen, und wenn es sich um Erlangung des geschätzten Bratens handelt, so gilt Mann und Greis, Weib, Knabe und Mädchen gleichviel, so wird sein Körper mittelst scharfer, als Messer dienender Bambusstreifen in Stücke zerlegt. Es gilt als grosse Kunstfertigkeit, die Gelenke sauber abzutrennen, ohne viel daran herumzuschneiden, gerade wie dies beim Zerlegen von Geflügel bei uns gefordert wird. Die Fleischtheile werden dann in Bananenblätter gewickelt und so behandelt, wie wir dies bei Beschreibung der Kochkunst erwähnt haben. Weiber haben die Zubereitung vorzunehmen, dürfen aber nicht das Mahl theilen, ihnen steht lediglich zu, die saftgetränkten Blätter zu belecken. Das Fleisch dürfen nur Männer geniessen, aber auch nur solche, die dem Gastgeber eine nicht unbedeutende Zahlung von Dewarra für die Theilnahme entrichten. Waltet schon keine Scheu vor, den menschlichen Körper als Nahrungsmittel zu betrachten, so wird es uns auch nicht Wunder nehmen, wenn er eine dem entsprechende Behandlung empfängt. Es kommt, oder hoffentlich kam, vor, dass bei einem Ueberfall mehrere Gefangene gemacht werden, so dass mehr Menschenfleisch vorhanden ist, als auf eine Mahlzeit verzehrt werden kann. In solchem Falle werden die Gefangenen an Bäume gebunden, da aber die Bewachung eine Anstrengung erfordert, auch für den Wächter ein Hinderungsgrund ist, das Fest von Anfang bis Ende mitzumachen, so hilft man sich mit dem einfachen Mittel, dass man den angebundenen Gefangenen die Schienbeine zerschlägt. Sie können dann nicht entlaufen, der Tod tritt aber auch nicht auf der Stelle ein, der ja in jenem heissen Klima das Fleisch der Opfer schon nach wenigen Stunden unbrauchbar machen würde. Ein Gefangener nach dem anderen wird nun je nach Bedarf abgeschlachtet, die Verbleibenden müssen zusehen, wie ihr Genosse zur Esswaare wird und sehnen sich wohl nach dem Augenblicke, wo der Tod sie von ihren Leiden befreit, gleichgültig, welchen Zwecken der entseelte Körper dienen mag. Ist den Angaben der Eingeborenen zu trauen, so tritt auch hier die allweise Natur wieder lindernd ein und mindert die Wirkungen der ihren Regeln zuwiderlaufenden Handlungen des Menschen, des Geschöpfes, um dessentwillen sie da ist, der allein die Macht hat, sich an ihr zu versündigen. Gefangene wissen genau, welchem Loose sie stets entgegengehen. Sie sollen demzufolge bald in einen Zustand der körperlichen und geistigen Gefühllosigkeit verfallen, in dem sie kaum wahrzunehmen vermögen, was um sie her vorgeht, noch die ihnen zugefügten Schmerzen empfinden können. Nur selten kommen heutzutage Kriegszüge oder räuberische Ueberfälle vor, bei denen Gefangene gemacht werden. Man greift daher zu jedem Mittel, sich in den Besitz dieses Luxusartikels und Bereicherungsmittels zu setzen, die bequemste Art ist jedenfalls Meuchelmord. In welch ruchloser Weise dieser ausgeübt wird, geht aus folgender Episode hervor, die sich zur Zeit des Aufenthaltes des Verfassers im Archipel abspielte. Ein Händler hatte Arbeiter verschiedener Stämme in seinem Dienst, und schickte diese in den Busch, um Pfähle zu fällen. Jeder zweite Mann wurde mit einer Axt versehen, sein Gefährte sollte die Pfähle zusammentragen. Einer der Axtträger lockte seinen Kameraden tief in den Busch, in die Nähe eines ihm bekannten Dorfes. Hier erschlug er ihn hinterrücks, theilte im Dorfe mit, dass er sich im Besitz von „Vau" befinde und lud zu dem üblichen Gastmahle ein. Reich an Dewarra floh er in das Innere der Insel und sein früherer weisser Herr hörte nur den Bericht über die Thatsache, ohne den Mörder jemals wieder zu sehen oder zur Rechenschaft ziehen zu können. Wie nahe der Verfasser einst daran war, selbst „Vau" zu werden, wollen wir an anderer Stelle erzählen.

Drittes Capitel.

Wir haben schon im vorigen Capitel gesehen, wie sehr sich der
Charakter des Kanaken von dem des Negers unterscheidet. Unser
Urtheil über den Kanaken wird sich auch auf Darlegung von Unter-
schiedsmerkmalen und fehlenden Eigenschaften beschränken müssen,
bis es uns gelungen ist, die Mauer seiner inneren Abschliessung so
zu durchbrechen, dass wir mit einiger Bestimmtheit sagen können,
welches die tonangebenden Züge seines Charakters sind. Augenblicklich, glaube ich, ist es noch nicht möglich, seine Reserve ist noch
unerschüttert. Dr. Finsch entwirft ein im Ganzen günstiges Bild
von dem Charakter des Kanaken und belegt seine Ausführungen mit
dem Beispiel eines Knaben, den er selbst mit nach Europa gebracht
und ihm hier eine bessere Erziehung hatte angedeihen lassen. Durch
sein für einen Kanaken auffallend hübsches Aeussere und sein munteres
Wesen erwarb sich der Knabe bald die Neigung derer, die ihn in
Europa kennen lernten. Später kehrte er in den Archipel zurück, wo
er sich im Dienste eines deutschen Kaufmannes befand. Nicht mehr
unter dem ausschliesslichen Einflusse von Europäern stehend, sondern
der Einwirkung seiner Stammessitten aufs Neue ausgesetzt, kamen die
typischen Charakterzüge seiner Rasse wieder deutlich zum Vorschein.
Obwohl der Knabe empfinden musste, dass fast alle Menschen ihm
mit Wohlwollen gegenübertraten, konnte man nicht wahrnehmen, dass
er sich an irgend jemanden besonders attachirt hatte, oder war es
auch nur möglich, jemals eine Antwort oder Auskunft von ihm zu
erhalten, die den Eindruck machte, als habe sie wirklich Gedachtes

zum Inhalt. Man konnte stets erkennen, dass seine Aeusserungen von Zweckmässigkeitsrücksichten mehr oder weniger beeinflusst waren. Dennoch galt der junge Mensch im Vergleich zu anderen seines Stammes mit Recht als ein Muster kanakischer Munterkeit und Zuthunlichkeit. Wer indessen die herrische Familiarität des Zulu's, die selbstsüchtige, formvolle Liebenswürdigkeit des Zanzibarnegers, die witzige Halunkerei des Hottentotten, die haltungsvolle Vertraulichkeit des Somali kennen gelernt hat, der wird nie von lustigen oder zuthunlichen Kanaken reden können. Jedenfalls ist das Beispiel dieses jungen Menschen meines Erachtens ungemein beweiskräftig für den Einfluss, den Erziehung und Umgebung auf die Entwickelung resp. Unterdrückung natürlicher Anlagen auszuüben vermag. So lange der Knabe durch seine Umgebung genöthigt wurde, aus sich heraus zu gehen, musste sich seine kindliche Fröhlichkeit fast zwangsweise kräftiger entwickeln als die natürliche Anlage zur Isolirung, der nachzuhängen in Europa nicht möglich war. Dem Verkehr mit den Seinen zurückgegeben, wurde er in deren Bahnen gerissen und wieder zum waschechten Kanaken.

An diesem Beispiel lässt sich deutlich erkennen, dass da, wo nicht der durch Erziehung geschulte Wille bewusstermaassen als Gegengewicht dient, der Mensch in hohem Grade in der Richtung sich entwickeln wird, in welche ihn die Umstände, unter denen er lebt, hinleiten. Da unter den Kanaken kaum von der Einwirkung ethischer oder socialer Verhältnisse auf die Charakterbildung die Rede sein kann, da wir auch keine auf Rasse sich stützenden Gründe für die Eigenart seines Charakters anzuführen vermögen, so werden wir dessen Bildung hauptsächlich auf die Einwirkung der physikalischen Verhältnisse, unter denen der Kanake seit Jahrhunderten lebt, zurückführen müssen. Es ist hier nicht der Ort, eingehend zu untersuchen, in welcher Weise die äussere Umgebung des Kanaken auf dessen Charakter einwirkte, auch bedürfte es dazu eines ganz besonderen Studiums, zu welchem die Kenntniss der Sprache oder zahlloser Sprachen jener Gegenden erforderlich wäre. Dem sorgfältigen Beobachter drängt sich jedoch die Frage auf, ob nicht die ständige Furcht vor möglichem oder gar bevorstehendem Uebel ihren Grund findet in dem jene Gegenden noch heute oft erschütternden Vulcanismus, der, gegenwärtig im Erlöschen begriffen, vor Jahrhunderten mit ganz anderer Gewalt und weit häufiger die Zeugen seiner Verheerungen mit Entsetzen und Grausen erfüllte. Wo grössere Gemeinden neben einander wohnten, muss natürlich bei jedem Ausbruch der Verlust an Menschenleben ein bedeutender gewesen sein,

aus dem Bedürfniss entsprang daher wahrscheinlich die Gewohnheit,
sich möglichst über das Land zu zerstreuen, so entstand vielleicht unbewusst der Hang zur Isolirung. Auf welche Weise der Cannibalismus
entstanden ist, ist bis heute eine offene Frage, jedenfalls darf er dazu
beigetragen haben, die Neigung zur Abschliessung zu vertiefen und vor
allem die Feindseligkeit gegen jeden Fremden ins Leben zu rufen.
Der Fremde war ein Feind, der nach Leben und Körper trachtete.
Wollen wir der Umgebung des Menschen eine Einwirkung auf die Gestaltung seines Inneren überhaupt einräumen, so dürften wir wohl annehmen, dass die sich in ihre schreckhafteste Gestalt kleidende Natur
harte und finstere Züge im menschlichen Charakter hervorrufen wird,
ebenso wie ihre verschwenderisch dargebotenen Gaben eine Anzahl
liebenswürdiger Anlagen in ihm erwecken. Musste aber der Kanake
früherer Epochen stets gewärtig sein, in den mächtigen Convulsionen
des Erdbodens seinen Untergang zu finden oder doch wenigstens an
Hab und Gut aufs Aergste geschädigt zu werden, so lässt sich sehr wohl
denken, dass sein Sinnen sich darauf richtete, in sein Bereich gelangende
materielle Güter zum sofortigen Genuss rücksichtslos an sich zu bringen.
Im weiteren Ausspinnen dieses Gedankens lässt sich leicht erklären,
wie der Charakter des Kanaken werden konnte, wie er heute ist. Besorgniss vor wirklichem oder eingebildetem Uebel ist der Grundton,
auf den er gestimmt ist, Misstrauen ist die unmittelbare Folge; aus
diesen beiden Anlagen entwickeln sich eine Anzahl Eigenschaften, die
schliesslich nur wieder dieselben Grundzüge, wie sie nach verschiedenen
Richtungen in die Erscheinung treten, zum Ausdruck bringen. Nur
als Furcht kann der krasse Aberglauben und der ständige Wunsch
ausgelegt werden, böse Geister sich günstig zu stimmen, welch arges
Misstrauen thut sich kund in dem auffallenden Drange, den Umgang
mit Menschen gleicher Rasse aufs Geringste zu beschränken, oder
welcher Beweggrund könnte das Streben erklären, alle Handlungen so
viel als möglich im Verborgenen zu verrichten, sie jedenfalls dem Auge
der Mitmenschen zu entziehen. Welche positiven (im gewöhnlichen
Sprachgebrauch sogenannten) Eigenschaften diesen Mängeln gegenüber
stehen, lässt sich schwer ergründen, eben weil es uns nicht gelingen
will, dem Gemüth des Kanaken näher zu treten. In wie weit er der
Aufopferung für andere fähig ist, mit welcher Kraft er lieben oder
hassen kann, bis zu welchem Grade er freigebig, grossmüthig, gerecht,
urtheilskräftig, vorausblickend ist, kann heute noch von niemandem
mit auch nur einiger Sicherheit angegeben werden, wir haben keine
Gelegenheit, ihn zu beobachten in Augenblicken, wo er sich gehen

lässt, und im Verkehr mit uns verliert er nie einen Augenblick die
Controle über sich selbst, er kehrt uns stets eine ziemlich glatte, aus-
druckslose, anscheinend eindrucksunfähige Aussenseite entgegen. Muss
somit der Charakter des Kanaken als ein im Allgemeinen finsterer ausgelegt werden, so schliesst ein solcher doch nicht das Vorhandensein
fröhlicher Momente aus. Auch der Kanake hat vergnügte Stunden,
doch wirkt sein Frohsinn nicht ansteckend. Wer lange genug unter
Negern gelebt hat, um sie zu kennen, wird durch die Ausbrüche ihrer
Fröhlichkeit mit hingerissen, selbst heiter gestimmt werden, Kanaken-
heiterkeit langweilt den Europäer, sie kommt ihm gekünstelt vor
oder albern. Wo aber selbst die Freude kein Band, wenn auch nur
zeitweilig, zwischen verschieden gearteten Menschen knüpft, da muss
der Unterschied allerdings ein tiefgehender sein, so tief, dass er eben
gegenseitiges Verständniss ausschliesst. Wiederum möge das Verhältniss zwischen Europäer und Neger als Parallele herangezogen
werden. Geschieht es nicht meistens, dass man unter seinen Neger-
arbeitern oder Karawanenleuten einen oder mehrere herausfindet, die
man gern näher an sich heranzieht, sie in gewissen Dingen um ihre
Meinung befragt, sie benutzt, um eigene Anschauungen unter den
anderen Leuten zu verbreiten, entwickelt sich nicht aus diesen sachlichen und praktischen Beziehungen oft ein Verhältniss, welchem sogar
ein Moment der Herzlichkeit durchaus nicht fehlt, ein Verhältniss, wie es
früher zwischen altgedienten Dienstboten und der Herrschaft so oft
obwaltete. Unter den Hunderten von Kanaken, welche bei den verschiedenen Weissen im Archipel ständig in Arbeit waren, ist dem Verfasser nicht ein Einziger bekannt geworden, der zu seinem Herrn in
ein annähernd so freundschaftliches Verhältniss getreten wäre, wie
das, welches sonst zwischen dem gewöhnlichsten Suahelidiener und
seinem „Bana" obwaltet. Zwar hat Herr Parkinson einen durchaus
merkbaren Einfluss auf die Bevölkerung seines Districtes gewonnen,
durch den er sie veranlasste, ihre Märkte an die Küste zu verlegen
und ihre Scheu vor den Europäern bis auf einen gewissen Grad zu
überwinden, allein hier hat die Aussicht auf materiellen Gewinn in
erheblichem Maasse lockend mitgewirkt. Ein annähernd vertrauliches,
persönliches Verhältniss zu irgend welchem Einzelindividuum hatte
auch dieser im Umgang mit den Kanaken als ungemein gewandt bekannte Pflanzer nicht zu verzeichnen.

Ist es somit ausserordentlich schwer, dem Kanaken persönlich nahe
zu treten, so mag der Leser ermessen, auf welche Schwierigkeiten der
Beobachter und Forscher stösst in seinem Versuche, zu ergründen, was

eigentlich in einem Kanakenschädel vorgeht, ob über die materiellen
Bedürfnisse des Tages hinaus irgend welches Interesse vorhanden, worauf
es gerichtet ist. Ob der Kanake sich irgend welche Rechenschaft ab-
legt über seine eigenen Handlungen, ob er die Existenzbedingungen
seiner selbst jemals eines Gedankens würdigt, über abstracte Dinge zu
denken überhaupt fähig ist?

Man wird meines Erachtens unbedingt von der Annahme abzu-
sehen haben, der Kanake vermöge Angelegenheiten, welche aus dem
Rahmen der täglichen Begebenheiten herausfallen, einer methodischen
Ueberlegung zu unterziehen. Wo sein Augenblicksinteresse in Frage
kommt, ist ihm die Fähigkeit des Abwägens, also das Erkennen des
grösseren Vortheils, in hohem Maasse gegeben, alle allgemeinen Fragen
aber, soweit solche an ihn überhaupt herantreten, löst er vermittelst
seiner Einbildungskraft. Auch in dieser Richtung unterscheidet er sich
wesentlich von dem Neger, vor dem häufig wichtige Fragen der Neger-
politik, des Handels etc. auftauchen und der diese oft mit einem erstaun-
lichen diplomatischen Geschick behandelt. Die ganze Entwickelungs-
geschichte des Archipels hat unseres Wissens kein Beispiel geschickter,
sich dem Europäer entgegenwerfender oder seine Pläne kreuzender Ein-
geborenenpolitik aufzuweisen. Bewaffneter Widerstand ist wiederholt zu
verzeichnen, allein niemals vermochte selbst der Hass gegen die Fremden
die benachbarten Stammeshäuflein zu einmüthigem Handeln zusammen-
zuschweissen. Dürfen wir daher wohl mit Recht annehmen, dass logisches
Denken oder auch nur praktisches Ueberlegen, soweit es über die Bedürfnisse des Augenblicks hinausgeht, dem Kanaken nicht oder doch
nur in sehr beschränktem Maasse zu eigen ist, so scheint dagegen
seine Phantasie ebenso reich zu sein wie die des Negers, und wir
werden muthmasslich, wenn wir erst gelernt haben, dem Kanaken
näher zu treten, und er sich gewöhnt hat, sich seiner Verschlossenheit ein
wenig zu entschlagen, noch Schätze finden, die deswegen ein besonderes
Interesse werden beanspruchen dürfen, weil sie gänzlich originell, nicht
wie die des Negers, von arabischer Märchengluth angehaucht sind.
Obwohl die Phantasie des Kanaken sich stets mit Geistern und deren
Thun beschäftigt, so ist diesen merkwürdiger Weise gar keine Rolle
zugetheilt in der Schöpfung des Weltalls, unter dem der Kanake
natürlich nur die Berge und Wälder versteht, die er selbst kennt, und
das Wasser des Meeres, soweit er es zu überblicken vermag, sowie
die Inseln, die innerhalb seines Gesichtsfeldes liegen. Ihre Schöpfungs-
sage ist höchst einfach und setzt, wie bei den meisten uncivilisirten
Völkern, stillschweigend das als schon vorhanden voraus, was eigent-

lich erst geschaffen werden soll. Zwei alte Männer, namens „Tolik" und
„Torai", leben in unendlicher Ferne in einem Baume. Aus diesem traten
sie eines Tages heraus, schufen Berge, Wälder, Wasser, Himmel und
Menschen, kehrten in ihren Baum zurück und wurden nicht mehr gesehen. Man fühlt sich versucht, in dieser Erzählung schon den Hang
nach Abschliessung bekundet zu sehen. Die Männer verrichteten ihr
Werk, schufen ihresgleichen, anstatt aber nun an dem Werke, an ihren
Mitmenschen, irgend welches Interesse zu zeigen, ziehen sie sich wieder
in ihre Verborgenheit zurück, in der Niemand sie stören kann. In
welcher Form die Schöpfungsgeschichte unter den verschiedenen Stämmen
des Archipels variirt, entzieht sich heute noch der Beurtheilung, die
mitgetheilte Form ist die der Bewohner der Gazellenhalbinsel und derjenigen Theile von Neu-Mecklenburg, welche durch Einwanderung von
da aus bevölkert wurden. Mit einer Gottheit wird die Schöpfung nicht
in Verbindung gebracht, auch ist der Begriff eines über allen irdischen
oder Geisterwesen erhabenen Gottes ihnen nur in höchst confuser Form
eigen. Er ist der zuerst geschaffene Mensch, scheint aber gleichwohl
wieder über den beiden alten Leuten „Tolik" und „Torai" zu stehen.
Seine Frau, von der etwa in demselben Sinne gesprochen wird, wie wir der
Eva Erwähnung thun, heisst „Bea", er selbst „Tamenit". Obwohl diese
beiden gewissermaassen die erste Stelle unter den überirdischen Wesen
einnehmen, so empfangen sie doch die Beachtung der Kanaken in weit
geringerem Grade als die zahllosen bösen Geister, mit denen der Kanake
die Luft bevölkert. Vielleicht hat dies darin seinen Grund, dass die
Geister sich jedem Menschen beliebig bemerkbar machen, ihm jederzeit
Uebles zufügen können. Mit „Tamenit" und „Bea" können indessen
nur die sogenannten Priester verkehren, durch diese allein vermögen die
ersteren ihre Wünsche den Menschen mitzutheilen. Dass den beiden keine
durchgreifende Wichtigkeit beigemessen wird, ergiebt sich schon aus dem
Umstande, dass keine wirkliche Priesterkaste existirt. Fällt es irgend
Jemandem ein, Priester sein zu wollen, so hat er nur vorzugeben, häufig
die Stimmen der Geister zu vernehmen und sich zwecks angeblichen
Verkehrs mit den letzteren öfters in den Wald zu begeben. Solche
Priester werden „Kak" genannt. Sie unterscheiden sich durch kein
dem Europäer wahrnehmbares äusseres Zeichen von ihren Mitmenschen,
noch geniessen sie irgend welche Verehrung oder Bevorzugung. Sie
nehmen lediglich eine gewisse Wichtigkeit für ihre Auslassungen in
Anspruch, die ihnen seitens der Anderen stillschweigend zugestanden
wird, was wahrscheinlich wiederum der Grund ist, dass ihr Einfluss
sich nicht über ein ganz geringes Niveau zu steigern vermag. Anders

wäre es vielleicht, bildeten die Kanaken grosse Gemeinden, in solchen
ist die Möglichkeit gegeben, zahlreichen Anhang zu gewinnen, wo aber
die grösste Gefolgschaft keinesfalls einige Hundert Stimmen überschreiten
kann, muss der zu gewinnende mögliche Einfluss auch entsprechend beschränkt sein. Auch officielle Functionen scheinen diesen Priestern
nicht obzuliegen, es sei denn, dass der Priester zugleich ein Mann von
Vermögen, also von grossem Dewarrabesitz oder vielleicht gar ein Eigenthümer des Duk-Duk sei, in diesem Falle leitet er gewisse Feste und
ist überhaupt tonangebend, nicht aber auf Grund seiner Priesterschaft,
sondern seines Besitzes. Wie unter den Negern, so steht auch unter
den Kanaken die Kunst des Regenmachens in Ansehen. Allerdings
kann sich der Kanaka-Regenmacher hinsichtlich seines Einflusses und
der Umständlichkeit seiner Ceremonien in keiner Weise mit seinem
Negercollegen vergleichen. Der Grund ist schliesslich in letzter Linie
wieder in den physikalischen Verhältnissen des Landes zu finden. Der
Neger lebt durchschnittlich in einem continentalen Klima, in welchem
lange Trockenperioden durchaus nicht selten und von ausschlaggebendem
Einfluss auf die Ernte der Halmfrüchte, also auf die Magenfrage sind.
Natürlich wird der Regendoctor, zu dessen Kunst man Vertrauen hat,
in höchstem Ansehen stehen. Im Archipel sind die Niederschläge weit
bedeutender als selbst im tropischen Afrika. Halmfrüchte sind unbekannt, die zeitweiligen Trockenperioden mithin von weit geringerer
Bedeutung als in Afrika, das Bedürfniss nach Regen nur in Aus-
nahmefällen ein dringliches. Das Ansehen des Regendoctors fällt
natürlich in dem Maasse, als seiner Leistung geringere Wichtigkeit
beigemessen wird. So viel sich hat feststellen lassen, wird er auch nie,
wie bei den Negern, von der Gesammtbevölkerung oder von einem
Häuptling angegangen, seine Kunst walten zu lassen, er setzt vielmehr
seinen Apparat ganz nach eigenem Ermessen und auf eigene Verant-
wortung in Bewegung. Dieser ist der denkbar einfachste.

An einer entlegenen Stelle im Walde wird eine Tridacnamuschel
aufgestellt, ist eine solche nicht zur Hand, so wird ein Loch in den
Erdboden gegraben. In die Muschel oder Höhlung wird die von verschiedenen Bäumen abgeschabte Rinde gelegt, darüber etwas Seewasser
gegossen und das Ganze dann mit Cocosnussmilch beträufelt. Ueber
das schmutzig aussehende und meist widerwärtig säuerlich riechende
Gebräu werden einige Worte im Flüstertone gemurmelt und darauf die
Muschel oder Höhlung zugedeckt. Anscheinend liegt in der Art der
Bedeckung eine besondere Kraft, denn ich fand stets dieselben Blätter
dazu in Verwendung genommen, unter denen die des wilden Mango

und des Papiermaulbeerbaumes stetig wiederkehrten. Die Bedeckung
wird durch Steine beschwert, die ganze Einrichtung ab und zu von
ihrem Hersteller besucht, der der festen Ueberzeugung lebt, dass jetzt
seine Gegend mit Regen bedacht werden müsse. Auch bei dieser
Ceremonie, die bei fast allen anderen Völkern die Veranlassung grosser
Feste, Versammlungen oder Schaustellungen irgend welcher Art ist,
bemerken wir wiederum den Hang zur Heimlichkeit, zur Exclusivität,
den wir überall und stets wiederkehren finden, wo nicht gewisse
Impulse seine zeitweilige Aufhebung oder Ueberwindung nothwendig
machen, wie z. B. beim Marawotfest.

Der in dieser und ähnlicher Richtung sich äussernde Aberglaube
ist indifferenter Natur, tritt daher auch nach aussen wenig in die
Erscheinung und es ist nicht leicht, seinen Spuren nachzugeben.
Meistens bedarf es starker Beweggründe, ehe dem Weissen irgend eine
Mittheilung gemacht oder gar irgend ein Vorgang gezeigt wird. Glücklicher Weise wirkt Dewarra bei den Kanaken wie Gold bei Europäern,
es öffnet die meisten Thüren. Allein auch in das alltägliche Leben
dringt die beständige Rücksichtnahme auf den Einfluss böser Geister,
den wir meist schlechthin als groben Aberglauben bezeichnen. Auf
Schritt und Tritt glaubt sich der Kanake von ihnen umgeben, er ver-
meint mit ihnen in Verbindung treten zu können, doch merkwürdiger
Weise stets nur, um mit ihrer Hülfe Uebles, niemals Gutes zu thun, auch
scheint es ganz ausgeschlossen, die Geister in irgend einer Form sich
selbst dienstbar zu machen, sei es auch zum directen Nachtheil und
Schaden der Nachbarn. Unwillkürlich drängt sich uns wieder die Parallele
mit den Negern auf. Unter den Zulus verlangt man von den Geistern
der Abgeschiedenen directe Hülfeleistungen. Ist ein Stück Vieh verloren, muss der Doctor es mit Hülfe der „Amahlosi" finden. Welcher
südafrikanische Farmer hätte nicht in solchem Falle schon einmal die
Hülfe des „Inyanga" in Anspruch genommen und zwar meist mit sofortigem Erfolge. Wir nehmen natürlich lediglich an, dass der Doctor
seine Augen und Ohren gut zu gebrauchen versteht und von dem Verlust
Kenntniss haben muss, um die Wiedererlangung des verlorenen Gegen-
standes zu bewirken. Allein gerade hierin liegt das Unterscheidungs-
merkmal in der Sinnesrichtung der beiden Rassen. Der Kafferdoctor
muss unzählige Verbindungen stetig aufrecht erhalten, eine Menge
Thatsachen fortwährend im Geiste bewegen, um sie im gegebenen
Augenblicke nützlich verwenden und seinen Kunden bewusst beistehen
zu können. Sein ganzer Gedankengang muss also dem praktischen
Leben und seinen Mitmenschen zugewandt sein. Der Kanake in seinem

finstern, der Mitwelt abgewandten Grübeln, in seiner stets auf die
bösen Geister gerichteten Aufmerksamkeit, verlässt sich blind auf das,
was seine eigene Furcht und die der Anderen ihm sowohl als diesen
vorgaukelt und vergisst darüber vollständig die nach seiner Annahme
wirkungsvolle böse Macht in den Dienst praktischer Zwecke zu stellen.
Sie ist ihm lediglich ein feindliches Element, welches er nach Möglichkeit von sich abwenden, unter Umständen auf Andere richten
möchte. Eine allgemein verbreitete Anschauung ist die, dass man glaubt.
mit dem Rest einer Speise dem Esser Krankheit verursachen zu können.
Aus diesem Grunde wird der vorhandene Speisevorrath stets bis aufs
Letzte aufgezehrt oder der etwa nicht essbare Rest in die Erde vergraben oder ins Meer geworfen, damit er nicht in die Hände eines
Gegners falle, der ihn zur Verzauberung verwende. Dies hat zu einer
merkwürdigen Gewohnheit geführt. Die Eingeborenen halten sich viele
Katzen, die ihnen zeitweilig auch als Braten dienen müssen. Eine
Katze ist nun leicht gestohlen, und Niemand würde sich lange des
lieben Hausthieres freuen können, wenn es dem bösen Nachbar ge-
fiele, dessen Appetit reizte. Man schneidet daher der Katze das
äusserste Stückchen Schwanz ab und verwahrt es sorgfältig an einem
verborgenen Platze. Wird jetzt die Katze gestohlen, und zu welch
anderen als culinarischen Zwecken kann dies geschehen, so bietet das
zurückbehaltene Schwanzstückchen, welches ja jetzt ein Rest der gehaltenen Mahlzeit ist, das Mittel, sich an dem Dieb, der natürlich
auch der Esser der Katze war, dadurch zu rächen, dass man ihn
krank zaubert. Zu diesem Zweck wird das Stückchen Speise, also hier
Katzenschwanz, unter gewissen Formeln in die Erde vergraben, und
die nächste Krankheit, die nun den Betreffenden befällt, ist der Wirkung des Zaubermittels zuzuschreiben. Doch auch hier ist Dewarra ein
stärkerer Zauber als jeder andere, und dieses als Gegenmittel angewandt vermag die fatalste Wirkung eines jeden Katzenschwanzes auf-
zuheben. Die Sitte, keinen Rest des Essens übrig lassen zu wollen,
ist manchmal für den Europäer recht lästig, wenn er auf Reisen den
Leuten Tagesrationen austheilen muss. Im Boote ist es dem Verfasser
begegnet, dass die Speisereste ins Meer geworfen, statt zur Abendmahlzeit aufgehoben wurden. Der Umstand, dass unter den Arbeitern sich
meist auch Individuen aus Gegenden befinden, wo gerade diese Sitte
unbekannt ist, sowie das Hohngelächter der Europäer, unter Umständen
ihr strenges Einschreiten gegen Vergeudung von Nahrungsmitteln hat
gerade unter den Arbeitern dieser Unsitte eine Grenze gezogen, den
Aberglauben bis zu gewissem Grade gebrochen. Im Archipel laufen in

Folge des oben beschriebenen Gebrauches alle Katzen mit gestutztem Schwanze herum. Merkwürdiger Weise scheint die Operation an Hunden nicht vollzogen zu werden. Allerdings ist der Hund ein sehr seltenes Hausthier unter den Kanaken des Archipels und es mag auch nicht Sitte sein, Hunde zu verspeisen. Auf dem Festlande von Neu-Guinea sind stellenweise Hunde ein sehr beliebter Leckerbissen, doch scheint obige Form des Aberglaubens, wenn man den ungestutzten Hundeschwänzen trauen darf, dort unbekannt zu sein. Mit Speisen ist im allgemeinen mancher Aberglauben verknüpft. Schweinefleisch gilt den meisten Kanaken als krankheiterregend, ja unter Umständen als todbringend, eine Ansicht, von der auch die Thatsache, dass die Europäer das Fleisch ohne jeglichen Schaden für ihre Gesundheit geniessen, sie nicht abbringt. Wir haben schon früher gesehen, dass schwangere Weiber gewisse Speisen vermeiden, andere geniessen, um das Kind vor gewissen Unfällen zu bewahren, es schön, stark, klug etc. etc. werden zu lassen, doch spielen hier die Geister keine Rolle, es sind vielmehr bekömmliche oder unbekömmliche Eigenschaften der Speisen, die man benutzen oder vermeiden will; man mag in diesen Beobachtungen vielleicht unbewusste hygienische Maassregeln erblicken. In einem Falle wird die Furcht vor bösen Geistern wenigstens indirect praktisch verwerthet. Zur Zeit der Reife der Cocosnüsse umbindet der Eigenthümer den Stamm des Baumes mit einem Geflecht aus dessen Blättern. Dies soll den Zweck haben, Diebe am Ersteigen des Baumes zu verhindern, indem man annimmt, dass der Kletterer nothwendiger Weise das Geflecht berühren und dadurch von Krankheit befallen werden müsse. Indessen gerade in dem einzigen Falle, in welchem man von der Macht der bösen Geister Nutzen ziehen möchte, versagt die Wirkung. Obwohl man in jedem kleinen Palmenhaine die umbundenen Stämme sehen kann, kehrt sich doch kein Mensch daran, und jeder geschickte Kletterer steigt mit einem Sprunge, dessen Ausführung allerdings viel Uebung voraussetzt, über das Flechtwerk hinweg und stiehlt was er kann. Vielleicht dient das Flechtwerk auch mehr der Controle als dem Zauber. Wer nicht gut klettert, muss die Füsse darauf setzen, um empor zu steigen. Das Flechtwerk wird aber mit der Zeit trocken und zerbricht unter dem fest aufgestemmten oder gar gleitenden Fusse und so vermag der Eigenthümer nachzuweisen, dass eine Besteigung des Baumes überhaupt stattgefunden hat, und vielleicht den Dieb zu entdecken.

Auch mit Krankheiten und deren Behandlung ist mancher Aberglaube verbunden, doch kommt auch hier die Geisterfurcht nur insofern

in Betracht, als jede Krankheit der Wirkung eines bösen Geistes zugeschrieben wird. Dass die angewandten Mittel, so lange sie nicht
directe Beschwörungen der Krankheit sind, Einfluss auf die Geister
ausüben sollen, konnte nicht festgestellt werden. Man darf mithin
wiederum an hygienische Maassregeln denken, selbst dann, wenn
deren Wirkung eine geradezu verderbliche genannt werden muss. Eine
oft und bösartig unter den Kanaken auftretende Krankheit sind Geschwüre. Wer von diesen befallen wird, muss sich aller kräftigen
Nahrung, besonders Fleisch und Fisch, enthalten und hauptsächlich
von den Producten des Waldes leben. Ausserdem werden die Wunden
mit Seewasser behandelt und sehr unsauber gehalten. Kein Wunder,
wenn sie bösartig werden und bei der durch unzureichende Nahrung
verursachten Verschlechterung des Blutes in entsetzlicher Weise um
sich fressen. Todesfälle in Folge bösartiger Geschwüre gehören durchaus nicht zu den Seltenheiten.

In Verbindung mit Krankheit tritt der Geisterglaube wieder in
den Vordergrund bei der Annahme, dass es für den Fischfang nachtheilig sei, wenn ein Kanake das Fischgeräth berührt, unmittelbar
ehe dieses in Gebrauch genommen werden soll. Der böse Geist, der
Krankheitserreger, erhält in diesem Falle Macht über das Netz, in
welches er die Fische einzugehen verhindert. Merkwürdiger Weise
scheint das kein Hinderungsgrund zu sein, Netze von Kranken anfertigen zu lassen, wenigstens sah der Verfasser häufig einen von Geschwüren in ganz unbeschreiblicher Weise zerfressenen Mann mit dem
Knüpfen von Fischnetzen im Junggesellenhause beschäftigt. Auch die
Schifffahrt ist, wie wohl zu erwarten, mit Geisterglauben verknüpft.
Ganz besonders in der Neu-Lauenburg-Inselgruppe soll die Sitte bestehen, dass während der Fahrt gewisse Speisen aus dem Canoe geworfen werden, um die Geister zu bestimmen, die Erregung der See
durch Winde zu unterlassen. Eine ganz merkwürdige Form des Aberglaubens ist folgende. Ist ein Mädchen verführt worden und befindet
sie sich in anderen Umständen, so kann, wie wir früher gesehen haben,
ihr Leben in Gefahr kommen. Sie hilft sich dann wohl dadurch, dass
sie angiebt, irgend ein Mann habe seinen Hass auf sie geworfen, sich
mit den Geistern in Verbindung gesetzt und diese haben die Schwanger-
schaft verursacht. Mitunter soll dieser Erzählung Glauben beigemessen
und dem Mädchen die Bestrafung erlassen werden. Ein so ausgesprochener Geisterglaube, der noch dazu von der Annahme ausgeht,
dass die Geister die Seelen der Verstorbenen sind, bedingt natürlicher
Weise den Glauben an ein Fortleben nach dem Tode. Da der Kanake,

so weit wir zu erklären vermögen, einen Denkprocess nicht zu Ende, sondern nur so weit führt, als er durch Gedankenbilder begleitet werden kann, so giebt er sich auch keinerlei Rechenschaft über die Art des Fortbestandes der Seele und deren Schicksal im Jenseits. Während die meisten Völker die Seele nach ihrem Scheiden vom Körper einen Richterspruch empfangen lassen, der ihr entweder ein herrliches oder qualvolles Fortbestehen zudictirt, geht die Kanakenseele sofort an den allgemeinen Aufenthaltsort der Abgeschiedenen, wo ihr eigenes Schicksal ein völlig neutrales ist und ihr nur die Aufgabe zufällt, den Menschen, auch den eigenen Hinterbliebenen, so viel Böses als möglich zuzufügen, falls ihr nicht angenehme Spenden zu Theil werden, um sie zu bewegen, die Ausübung des Unheils zu unterlassen. In dieser Auffassung thut sich die finstere Lebensanschauung des Kanaken in ihrem ganzen Umfange kund. Während bei anderen Völkern die Geister der Abgeschiedenen nicht nur die Macht, sondern auch den Willen besitzen, den Hinterbliebenen Gutes zu thun, ihr Schutzgeist zu sein, der zwar auch Opferspenden verlangt, dann aber eine vortheilhafte und wohlwollende Thätigkeit entwickelt, wird selbst der nächste Anverwandte des Kanaken ein Feind, der niemals vermocht werden kann, Gutes zu stiften, der im besten Falle sich nur bewegen lässt, seine bösen Absichten zeitweilig aufzuschieben. Auch der dem Kanaken innewohnende krasse Hang zum Materiellen kommt hier zum ungehinderten Ausdruck. Sobald das Individuum als Geist Macht erlangt hat, benutzt es diese, um sich zu bereichern. Wenn es nicht durch materielle Gaben versöhnt, also seine Habgier befriedigt wird, rächt es sich durch Zufügung materiellen Schadens. Gleichgültig von welcher Seite wir uns den Kanakencharakter betrachten, überall stossen wir auf Furcht, Misstrauen und den starken Hang zum Materiellen. Verlässt die Seele den Körper, so weilt sie als „Tobberan" in den dunkelsten Theilen des Waldes, die Eingeborenen Neu-Mecklenburgs glauben, dass sie sich nach „Mith", der Nordostecke der Sandwichinseln (am Nordwestende von Neu-Mecklenburg) oder nach der Portlandinsel begeben. Es ist einleuchtend, dass die Auffassung, auch die nächsten Verwandten verkehren sich nach dem Tode in Feinde, nicht ohne Rückwirkung auf die Gemüthsverfassung des Kanaken sein kann und den inneren Zusammenhang, das Gefühl der Zusammengehörigkeit lockern muss. So nur wenigstens hat sich der Verfasser das völlige Fehlen jeder Art von Mitgefühls unter den Kanaken zu erklären vermocht; weder bei Krankheiten, Verwundungen oder Tod hat sich ein innere Bewegung andeutender Ausdruck wahrnehmen lassen, und nur kleinen Kindern gegenüber kann man Aeusserungen von Zärtlichkeit antreffen. Unter den Negern kommen die furchtbarsten Grausamkeiten vor und wo es die eigene Selbsterhaltung gilt, lassen sie sich an Rohheit von Niemandem übertreffen, allein den Fällen ihrer Bestialität stehen Züge der Anhänglichkeit und Aufopferung gegenüber, die uns in fast noch höherem Maasse anziehen, als uns die gegentheiligen Handlungen abstossen. Ein bekannter Reisender hatte in Ugogo in Afrika ein Gefecht zu bestehen, in welchem einer seiner Leute fiel. Dessen 14jähriger Sohn rief voll schmerzlicher Verzweiflung aus, dass, nun sein Vater getödtet sei, er auch nicht mehr leben wolle, er sprang zur Leiche des Vaters, erschoss im Knien noch einen Feind und wurde gleich darauf von den Speeren der Gegner durchbohrt. Zwar fehlt die Gelegenheit, das Verhalten von Blutsverwandten unter den Kanaken in ähnlichen Fällen zu beobachten, allein so viel man aus ihrem allgemeinen Betragen zu schliessen vermag, wird eine derartige Aufopferung, ein gemeinsames in den Tod gehen, als ihrer Gemüthsanlage völlig widerstrebend ganz ausgeschlossen sein. Als auf des Verfassers Durchquerung Neu-Mecklenburgs sein Begleiter Ramsay von den Eingeborenen ermordet worden war, erbot sich nicht ein einziger der farbigen Begleiter, ihm nach rückwärts zu folgen, um dem Gefallenen Hülfe zu bringen oder ihn zu rächen, der Verfasser musste allein den Gang antreten. Hier kann Mangel an Muth als Ursache angesehen werden, allein unter den Leuten befanden sich Dorfgenossen, nahe Freunde des Ermordeten, denen die Rache für den Tod ihres Genossen wohl angestanden hätte. Wie kann auch Mitleid für seinesgleichen in der Brust des Kanaken wohnen, wenn er im Stande ist, seinen Nächsten unter Umständen nur im Lichte des Nahrungsmittels, des Leckerbissens zu betrachten. Mit welcher raffinirten Grausamkeit er die zum Schlachten bestimmten Individuen behandelt, haben wir bei der Beschreibung des Cannibalismus gesehen. Dass bei so wenig Mitgefühl für den Menschen der Kanake dem Thiere mehr zu Theil werden lassen wird, darf füglich nicht erwartet werden. Der Kanake rupft mit der grössten Gleichgültigkeit ein Huhn bei lebendigem Leibe, übergiesst es darauf mit kochendem Wasser, um es zu reinigen, und amüsirt sich höchlichst über die krampfhaften Bewegungen des schmerzgepeinigten Thieres. Mit Vorliebe verspeisen die Kanaken den fliegenden Hund, die grosse fruchtfressende Fledermaus. Sie werfen mit Steinen nach dem tagsüber in den schattenreichsten Bäumen hängenden Thiere und erbeuten es mit leichter Mühe. Es wird dann an den Flügeln gefasst und lebendig über ein kleines Feuer gehalten, um ihm die Haare abzusengen, von aussen schon völlig verkohlt zappelt das unglückliche Thier oft noch, bis die Gluth stärker wird, als seine Lebensfähigkeit. Hört es auf, sich zu bewegen, so ist es gar und wird sofort verspeist. Widert uns die in diesen Handlungen bekundete Gefühllosigkeit mit Recht an, so dürfen wir sie dennoch nicht unbedingt als Rohheit bezeichnen, es wäre dies erst dann gerechtfertigt, wenn das bessere Wissen, das Bewusstsein von der Verpflichtung zum Mitgefühl ebenfalls vorhanden wäre. Soweit sich indessen erkennen lässt, mangelt in dieser Richtung jede moralische Anschauung, aber selbst wäre sie vorhanden, so träte sie unweigerlich in den Hintergrund, wo sie auch nur im geringsten mit dem materiellen Bedürfniss des Kanaken in Widerspruch stünde. Trotz seines groben materiellen Sinnes, seines finsteren Gemüthes und Misstrauens finden wir einen anmuthenden, sinnigen Zug in dem Kanaken, der zwar äusserst selten in die Erscheinung tritt, aber vielleicht mit Recht vermuthen lässt, dass hinter seinen abstossenden Eigenschaften andere, oder doch Keime von solchen verborgen liegen, die bei besserer Bekanntschaft uns einander näher bringen würden, sogar der Entwickelung durch Pflege von unserer Seite ganz entschieden fähig wären. Wir glauben diesen freundlicheren Zug der regen Phantasie des Kanaken auf Rechnung setzen und daraus die Vermuthung herleiten zu dürfen, dass diese möglicher Weise der Weg sei, der uns dereinst, allerdings in den wunderlichsten Krümmungen, zum Inneren des Kanaken führen könnte.

Welche niedliche Kleinmalerei, freundliche Beobachtung und gefällige Combination bekundet sich nicht in nachstehender Thierfabel.

Zwei Vögel, ein sehr bunter Papagei, „Maliep", und ein einfacher grauer Baumläufer, „Akau", waren Freunde und gingen zusammen an den Meeresstrand; um zu baden, warfen beide ihr Federkleid ab und stiegen ins Wasser. Nach vollzogener Reinigung entstieg der Akau zuerst den Fluthen, als er aber sein Gewand anziehen wollte, beschlich ihn Neid, dass es nicht so farbenprächtig war, als das des Maliep, und rasch schlüpfte er in die bunte Kleidung des anderen, um zu sehen, wie sie ihm stehen würde. Voll Stolz über sein prächtiges Ansehen marschirte er am Strande auf und nieder, sein im Wasser gespiegeltes Bild bewundernd und den Gedanken erwägend, ob er nicht mit der Kleidung des Freundes enteilen solle. Da stieg dieser selbst ans Land und sah sogleich, was in des Akau Innerem vorging. Rasch ergriff er eine Handvoll Sand und schwarzen Schlammes und warf nach dem Diebe, um ihn zu erschrecken und zum Niederlegen der Kleidung zu veranlassen, zum Unglück traf er den Kopf des

Akau, der dadurch so verwirrt wurde, dass er erschreckt aufflatterte und dem Walde zuflog. Der Maliep sah sich genöthigt, die einfache Gewandung des Akau anzulegen und hinfort zu tragen. Im bunten Kleide des Maliep steckt also eigentlich der Akau, in den grauen Federn des letzteren der Maliep. Der falsche Maliep aber trägt noch heutigen Tages auf seinem Kopfe den Schmutzflecken, den der Wurf seines betrogenen Freundes ihm auf dem gestohlenen Prachtkleide verursachte.

Man meint wohl, dass in Fabeln die redenden Thiere meist in einer Rolle vorgeführt werden, welche ihre am meisten charakteristische Eigenschaft deutlich zur Geltung kommen lässt. Will der Dichter eine Moral predigen, so kleidet er menschliche Eigenschaften in die Körper solcher Thiere, bei denen sie allenfalls auch als vorhanden angenommen werden können und zeigt nun, in welcher Weise das Vorwiegen dieser oder jener Eigenschaft das Geschick ihres Trägers beeinflussen wird. Ist der Dichter sich seiner Kunst nicht bewusst, also Naturmensch wie der Kanake, so wird er lediglich das äussere Gebahren der Thiere in seinen Fabeln beschreiben, oder die ihm und seinem Volke eigenen Eigenschaften auf die Thiere übertragen und sie danach redend und handelnd auftreten lassen, ohne damit eine moralische Nutzanwendung zu verbinden. Die Fabeln roher Völker werden uns daher meist einige ihrer Volkseigenschaften in völlig ungeschminkter Form vorführen. So sinnig daher die vorstehende Fabel ist, so zeigt sie uns doch, dass der Kanake es durchaus nicht für anstössig erachtet, um des eigenen Vortheils willen den vertrauenden Freund zu hintergehen. Noch deutlicher tritt dies in folgender Fabel hervor, welche zeigt, wie man den guten Glauben Anderer zu selbstsüchtigen Zwecken ausbeutet, gleichzeitig aber auch, dass Vertrauen Thorheit, die Schlauheit das bessere Theil ist.

Hund und Wallaby (eine kleine Känguruh-Art) begegneten einander. „Was bist du für ein hässlicher Geselle", sagte der Hund. „Oben dünn, unten dick, Hinterbeine klafterlang, Vorderbeine kaum vorhanden, alles an dir ist unproportionirt, unpraktisch und garstig. Sieh mich an, meine Beine sind wohlgestaltet, stehen in prächtigem Verhältniss zu einander und zum Körper und machen mich zu dem wohlgestalteten beweglichen Geschöpf, das ich bin. Warum brichst du nicht ein Stück deiner Hinterbeine ab, damit sie zum Körper und zu einander in ein richtigeres Verhältniss kommen und du ein wohlgestalteteres Aussehen erhältst."

Das Wallaby dachte über die Worte des Hundes nach und fand, dass er Recht habe, die Hinterbeine waren wirklich zu lang und die Vorderbeine ungeschickt kurz. Es brach daher ein langes Stück der

ersteren ab, um das Missverhältniss auszugleichen. Bald jedoch fand
es, dass es einen grossen Fehler begangen habe, es sah jetzt einer
Ratte ähnlich, konnte jedoch nicht, wie diese, rasch laufen und in
Löcher kriechen oder klettern, hatte aber seine frühere Gewandtheit
im Springen verloren; es erkannte, dass der Hund dies nur hatte erreichen wollen, um sich seiner leichter bemächtigen zu können. Bei
seiner nächsten Begegnung mit dem Hunde beklagte es seine Thorheit,
dessen Rath befolgt zu haben, musste indessen ausser dem Schaden
auch noch Spott erleiden, denn der Hund verlachte es und machte
sich darüber lustig, dass es ohne gründliche Ueberlegung einem zweifelhaften Rathe blind gefolgt sei.

Das Wallaby nahm sich die Sache sehr zu Herzen und beschloss,
sich an dem Hunde zu rächen. Als es dem Hunde wieder begegnete,
fragte es ihn: „Warum bist du bei deiner schönen Gestalt stets so mager
und struppig, für deinesgleichen gehört es sich, beleibt und glatt zu
sein wie ich, sieh mich an, ich habe zwar keine schöne Gestalt wie du,
allein mein Fell ist glatt und weich, warum nährst du dich nicht wie
ich." Der Hund blickte mit Neid auf das glatte Fell und die runden
Formen des Wallaby und fragte, wovon es sich nähre. „Von allerlei",
erwiderte das Wallaby, „aber komm mit und ich werde dir meine
Speisen vorsetzen und du wirst so wohlbeleibt werden wie ich selbst."
Der Hund folgte dem Wallaby, welches ihm Koth gab, den der Hund
zwar zweifelnd, doch gierig verschlang. Als er das ekle Mahl beendet,
rief das Wallaby: „O du Narr, der du andere in eine Falle lockst und
sie ob ihrer Thorheit verhöhnst, doch aber selbst nicht weise genug
bist, einer gleichen Falle zu entgehen", sprach es, und verschwand mit
mächtigem Satze im Busch. Seit jener Zeit leben Wallaby und Hund
auf gespanntem Fusse, letzterer hat die Gewohnheit, Koth zu fressen
zur Strafe für seinen Betrug, nicht abzulegen vermocht, erblickt er
aber ein Wallaby, so ist er stets darauf bedacht, es zu ergreifen, weil
es ihm so übel mitgespielt.

Erkennt man aus dem Verlaufe der Thierfabel, wie der Kanake
unter gegebenen Umständen handeln würde, welche Handlungsweise
mithin seinen Begriffen von Recht und Unrecht entspricht, so erklärt
uns die Erzählung, in der Menschen handelnd auftreten, in welcher
Richtung seine Wünsche liegen. Wir dürfen nach dem, was wir bisher
von dem Kanakencharakter kennen gelernt haben, ohne weiteres voraussetzen, dass der Gipfel seines Glücksempfindens sich auf durchaus
materiellem Untergrunde aufbauen wird und werden uns in dieser
Annahme nicht getäuscht sehen.

Die nachfolgende Erzählung dürfte charakteristisch sein für die Vorstellung, welche sich der Kanake von absolutem, durch Sorgen ungetrübtem Wohlleben macht.

Ein Kanake erblickte eine seltene Frucht mit grosser Geschwindigkeit ins offene Meer hinaustreiben. Da er sich die beschleunigte Bewegung nicht erklären konnte, beschloss er, der Frucht mit seinem Canoe zu folgen. Nach langer Fahrt und nachdem die Küste seiner Heimath ins Meer gesunken war, sah er unbekanntes Land vor sich aufsteigen, an dessen Gestade die Frucht angespült wurde. Er stieg ans Land, um zu recognosciren und, ohne selbst entdeckt zu werden, sah er, dass das Land nur von Frauen bewohnt war. Dies beunruhigte ihn und um sich vor Entdeckung zu sichern, doch aber auch beobachten zu können, stieg er auf einen Baum. Plötzlich jedoch bemerkte er, dass seine Vorsicht vereitelt wurde, am Fusse des Baumes befand sich Wasser, welches sein Bild wiederspiegelte; als er aber hinabsteigen wollte, um seinen Schlupfwinkel zu verändern, erschien schon eine der Frauen, um Wasser zu schöpfen. Das Weib bewunderte die Formen der nie zuvor gesehenen Gestalt und forderte den Mann auf, herunter zu kommen, dieser jedoch misstraute dem Weibe und fürchtete, sie würde ihn ihren Genossinnen verrathen und er getödtet werden. So hiess er das Weib gehen, dieses jedoch versprach, wieder zu ihm zu kommen.

Nun pflegten die Weiber dieses Landes an bestimmten Tagen sich an den Strand zu begeben, um dort mit den dem Wasser entsteigenden Schildkröten Umgang zu pflegen. Bei der nächsten Gelegenheit schützte das Weib, welches den Mann entdeckt hatte, Unlust vor und gab an, sie wolle „mono", d. h. das Haus hüten, während alle anderen Hausbewohner es verlassen haben. Als alle ihre Gefährtinnen sich entfernt hatten, rief sie den Mann herbei, der, da Niemand ihn aufgesucht hatte, sein Misstrauen gegen das Weib verlor und sich mit ihr in das Haus begab. Hier hielt er sich erst verborgen, konnte jedoch, als die Weiber zurückkamen, nicht unentdeckt bleiben. Er kam hervor und alle bewunderten ihn und jede wollte ihn haben. Dem widersetzte sich anfangs das Weib, das ihn gefunden, allein sie wurde überstimmt und musste sich gefallen lassen, dass alle Weiber sich in den Besitz des einzigen Mannes zu Lande theilten. Er wurde von den Weibern mit Nahrung und Wohnung versehen und beschloss als einziges männliches Wesen unter vielen Weibern sein Leben.

Tamque convaluerunt eius membra, ut unus et solus omnibus satisfacere posset insulae feminis.

Hier schildert uns der Erzähler unbewusst das Paradies seiner Vorstellung. Viele Weiber haben ist gleichbedeutend mit vielen Arbeiterinnen und Dienerinnen, die den Mann jeglicher Nothwendigkeit eigener Arbeit überheben; als einziger Mann ist seinem Abschliessungsdrange Genüge gethan, er hat nun weder unbequeme Zeugen für seine Handlungen, noch braucht er andere Feinde zu fürchten als die, welche seiner Einbildungskraft ihr Wesen verdanken; er ist Herr auf der Insel, ohne durch seiner Herrschaft entspringende Pflichten gedrückt zu werden. Viele, ihm allein zugehörige Frauen ermöglichen vielen und wechselnden geschlechtlichen Verkehr, ohne ihm die Nothwendigkeit aufzuerlegen, sich darum bemühen zu müssen. Der materielle Zuschnitt dieses Paradieses springt sogleich in die Augen. Es enthält nichts von dem, was die Mannheit anderer Völker zum Ideal erhebt. Es giebt weder überwundene Feinde noch Jagdtriumphe, weder Männergemeinschaft noch Erreichung höherer Weisheitsstufen, höchste Befriedigung gewährt allein ungestörter materieller Genuss. Dass bei all seinem Indifferentismus der Kanake gewisse Eigenschaften als vortheilhaft und darum als gut, andere als nachtheilig, mithin als schlecht erkennt, ist selbstverständlich. Eine solche Erkenntniss wird indessen erst dann zur Moral werden, wenn sie das Gute auch ohne den Vortheil, den es bringt, als solches anerkennt und dessen Ausführung als Lebensvorschrift aufstellt. Dass das geschähe, können wir nicht behaupten und haben auch schon bei der Schilderung des Familienlebens gesehen, dass von den Eltern zu den Kindern keinerlei Hinweisung auf irgend eine Gattung von Lebensregeln ausgeht. Nichtsdestoweniger ist das Empfinden für das Gute und Schlechte vorhanden, wie wir aus folgender Erzählung erkennen.

„Tokubannana" (Herr Weise) und „Topurrugo" (Herr Wirrsal) waren die ersten erschaffenen Menschen und lebten in Gemeinschaft. Tokubannana war arbeitsam und suchte Neues zu erfinden, um dadurch das Leben angenehmer und nützlicher zu gestalten. Topurrugo war unthätig und durch seine Unklugheit zerstörte er oft die Erfolge von der Thätigkeit des Anderen. Der Erste erfand die Fischreuse aus Bambus, er unterwies den Anderen in der Arbeit, und als diese fast fertig gestellt war, übertrug er ihm deren Vollendung, während er selbst sich aufs Feld begab, wo seine Anwesenheit gerade von Nöthen war. Topurrugo widmete sich eine Zeit lang seiner Aufgabe, doch bald wurde es ihm unmöglich, seine Gedanken länger stetig auf diese zu heften, die Aufmerksamkeit und Sorgfalt bedurfte, Eigenschaften, deren sich Topurrugo nicht rühmen konnte. Er begann zum Spiel

Speere nach verschiedenen Zielen zu werfen und machte zuletzt auch
die noch unfertige Reuse zu seiner Scheibe, wodurch er sie gänzlich
zerstörte. Tokubannana war bei seiner Rückkehr höchlichst erzürnt
über den Unfug seines Bruders, der reumüthig Besserung versprach.
Jetzt vollendete Tokubannana die Reuse, zeigte seinem Bruder, wie
sie, um Erfolg zu haben, aufgestellt werden musste und trug Topurrugo auf, die gefangenen Fische zu kochen und zum gemeinsamen
Mahle herzurichten. Er selbst begab sich in Verfolgung anderer Arbeit
in den Wald. Topurrugo fing Fische, kochte und ass und begab sich
mit dem Rest in einem Korbe auf den Weg zu der Stelle, wo sein
Bruder auf Arbeit war. Unterwegs hörte er eines Vogels herrlichen
Gesang und sogleich regte sich in ihm der Wunsch, diesen Vogel zu
besitzen, so sehr, dass er all seine Obliegenheiten darüber vergass. Er
machte Jagd auf den Vogel, nach dem er mit Steinen und kleinen
Zweigen warf, ohne ihn jedoch zu treffen. Um schneller Wurfgeschosse
zur Hand zu bekommen, bemühte er sich nicht mehr, sie vom
Boden aufzulesen, sondern brach Stücke des gebratenen Fisches ab,
die er nach dem Vogel schleuderte. Dieser jedoch konnte durch so
leichte Geschosse nicht verletzt werden, er entflog dem Topurrugo, der
nun auch des Fisches verlustig geworden war und durch seine Un-
überlegtheit seinen Bruder der Mahlzeit beraubt hatte. So wurden
Tokubannanas Arbeiten und gute Absichten stets durch Topurrugo
vereitelt. Dennoch lebten sie weiter mit einander. Eine Zeit lang
gewahrten sie, wenn sie sich des Morgens erhoben, stets den ein-
ladenden Geruch einer köstlichen Speise, ohne die Ursache entdecken
zu können. Eines Tages jedoch fand sich neben ihrem Lager ein aus
Nüssen zubereiteter Pudding. Die Brüder assen mit Vergnügen und
fanden jetzt jeden Tag an derselben Stelle irgend ein wohlzubereitetes
Gericht. Nach einiger Zeit entdeckten sie als Geberin ein weibliches
Wesen, das erste, welches ihnen zu Gesicht kam. Beide waren entzückt von ihr und jeder wollte sie allein besitzen, in dem entstehenden
Streite behielt jedoch Tokubannana die Oberhand, weil er, der weisere,
die kräftigeren Argumente vorführen konnte, welche das Weib veran-
lassten, sich für ihn zu erklären, während abgemacht wurde, dass
Topurrugo warten sollte, bis sich für ihn eine gleich glückliche Gelegenheit finde. So gewann Weisheit den Sieg und die Beschränktheit
musste das Feld räumen. Tokubannana aber erzeugte Töchter, deren
eine das Weib Topurrugos ward. So kam es, dass später dennoch
Weisheit und Narrheit mit einander verwandt wurden, und seit jener
Zeit ist keine menschliche Handlung in der Welt absolut weise und

deshalb vollkommen, keine durchaus närrisch und darum gänzlich verwerflich.

In dieser Erzählung überrascht uns am meisten, dass die Ansichten
des Kanaken über gut und schlecht durchaus mit den unserigen im
Einklange stehen. Dass die Praxis nicht mit seiner Theorie übereinstimmt, dass er, der faulste aller Arbeiter, die Betriebsamkeit preist,
darf uns nicht Wunder nehmen, auch wir handeln anders, als wir
unserer Erkenntniss nach sollten. Ganz unzweifelhaft aber erkennen
wir, dass dem Kanaken allein der Erfolg den Maassstab für das Urtheil
giebt und dass Faulheit und Gedankenlosigkeit ebenso gern als löblich
geschildert worden wären, hätten sie den Sieg davon getragen. Tokubannana ist nur deswegen der Bessere, weil seine Fähigkeiten ihn in
den Stand setzten, mehr zu erreichen als Topurrugo, dies tritt am
deutlichsten bei der Aneignung des Weibes zu Tage.

Erstaunlich ist in der Erzählung die Schlussfolgerung von der
mangelnden Vollendung im Guten oder Bösen. Es ist äusserst schwer
zu sagen, ob hier ein gewisses Maass moralischen Empfindens urplötzlich zum Vorschein kommt, welches wir nirgends anders bisher wahrzunehmen vermochten. Jedenfalls darf man annehmen, dass hier ein
Keim schlummert, in dem sorgfältige Pflege das Leben vielleicht zu erwecken vermag, und aus dem sich, wenn auch erst nach langer Zeit, der
Baum der Erkenntniss entwickeln könnte. In welcher Weise der Keim
gepflegt werden müsste und welche Erfolge die diesbezüglichen Bestrebungen bislang gehabt haben, werden wir bei Betrachtung der
Missionen erfahren. Dass der Erzieher auf grosse Schwierigkeiten
stossen wird, lässt sich schon aus der vorstehenden Schilderung des
Kanakencharakters entnehmen, kann aber noch an einzelnen kleinen Beispielen erläutert werden. Man findet am ersten den Zugang zu dem
Gemüthe des Menschen, wenn man den Weg beschreitet, auf dem sein
Interesse in materieller oder intellectueller Richtung sich bewegt. Der
Versuch, sich auf diese Weise dem Kanaken zu nähern, wird sofort
zu der Entdeckung führen, dass er kaum für irgend einen Gegenstand
ausser Dewarra lebhaftes Interesse hat. Dewarra aber nur zu besprechen,
ist ihm auch langweilig, er will es haben, nur der Besitz ist interessant. Trifft man durch Zufall eine weiche Stelle im Kanakengemüth,
so bemerkt man bei deren Bearbeitung bald, dass sie nicht tief geht
und dass ihr ein an Härte der Aussenfläche gleiches Stratum unterliegt. Der Kanake hat Gefallen an bunten Farben der Pflanzen und
umgiebt gern seine Hütten mit den buntesten Crotonsträuchern, widmet
ihnen jedoch später nicht die geringste Aufmerksamkeit, sondern tritt

sie nieder, wenn es seiner Laune passt. Merkwürdiger Weise bedeuten ihm die Farben und Formen der Landschaft gar nichts. Ohne die Spur von Aufmerksamkeit starrt er, auch wenn er es zum ersten Male sieht, in ein Panorama hinein, welches in dem Europäer das höchste Entzücken wach ruft. Hier spricht sich ein doppelter Contrast in dem so unharmonischen Charakter des Kanaken aus. Einmal sollte man annehmen, dass Liebhaberei bunter Pflanzen zur Bewunderung der Natur im Allgemeinen führen müsste, zum anderen steht diese Gleichgültigkeit gegenüber den herrlichsten Naturbildern in wunderlichem Widerspruch mit der Beobachtung und zartsinnigen Combination, die sich in der Vogelgeschichte offenbart. Auch in seiner Empfänglichkeit für Natureindrücke muthet uns der Neger weit sympathischer an, als der stumpfe, gemüthlose Kanake. Nicht allein ist der impulsive Neger im Stande, beim Anblick eines ihm unbekannten herrlichen Landschaftsbildes in laute Rufe des Entzückens auszubrechen, er vermag auch wohlbekannte Gegenden stets wieder mit Wohlgefallen zu betrachten und besitzt Verständniss für deren Reize bei verschiedenartiger Beleuchtung. Als vor dem Verfasser und seiner Karawane urplötzlich und unerwartet der tiefe Urwald sich öffnete und der bisher durch Baumriesen eingeengte Blick von luftigen Gebirgspasses Höhe herab das silberstromdurchzogene, gartengeschmückte Tiefland bis in sehnsuchtsvolle Ferne zu durchschweifen vermochte, da warfen die Neger ihre Lasten zu Boden, um die Brust zum bewundernden Jubelruf frei zu machen und dann weit geöffneten Auges das ganze Bild in sich aufzunehmen während der Pause, die der Verfasser benutzte, um es mit dem Stift festzuhalten. Eins der fesselndsten Landschaftsbilder, die der Verfasser in vier Erdtheilen erblickt hat, ist die Aussicht vom Zuurberge auf das Ingelagebirge in Griqualand. Bis zur Schulter waldbekleidet erhebt der Stock des Ingelagebirges in machtvollen Formen sein kahles Haupt zu beträchtlicher relativer Höhe. Leichter, bläulicher Dunst scheint ihn an sonnendurchstrahlten Tagen in entlegene Ferne zu entrücken und seine imposanten Linien mit weichem Schleier zu umhüllen. Kühlt sich die Luft, verdichtet sich der schwebende Wasserdampf zu drohendem Regenschauer, gehen Wolken am grauen Himmel entlang, dann scheint das gewaltige Gebirgsmassiv plötzlich in greifbare Nähe gerückt zu sein. In dunklem Violett leuchten Wald, Grashalde und kahle Felspartie, alle bis fast ins Kleinste sichtbar, verrathen die reiche Gliederung des Bergcolosses, deren Mannigfaltigkeit und wechselnde Form das Auge nicht weniger entzückt, als ihre unaussprechliche Farbenpracht. Oft, wenn der Verfasser zu Pferde den

Rücken des Zuurberges erreichte und der Blick auf das Ingelagebirge sich öffnete, fand er irgend einen langen Kaffern in fast andächtiger Betrachtung des wohlbekannten Landschaftsbildes versunken, die Frage des Reisenden „kuhle ini na?" ist's nicht schön? wurde stets mit „kuhle kakulu!" sehr schön! beantwortet. Solche Stimmungen lassen sich, wenn sie überhaupt vorhanden sind, bei dem Kanaken nicht entdecken. Auch der Ausdruck der Bewunderung seitens des Europäers ruft bei ihm keinen Widerhall wach. Der Verfasser kehrte in seinem Boote von einer Expedition heim und der Abend eines glühenden Sommertages fand ihn mit seinem Begleiter und den Leuten in leichten Segelbooten noch auf offenem Meere. Nach Südosten ging der Cours. Langsam näherte sich die Sonne dem westlichen Horizont, um dann, wie bekannt, mit einigen raschen Schritten sich den Blicken der Nachschauenden zu entziehen. Die drei grossen Vulcane der Gegend, Mutter und zwei Töchter, hoben sich in gleicher Pyramidenform anscheinend unvermittelt aus dem Wasser und bildeten den dunklen Kern eines äusserst farbenreichen Glorienschimmers, der in seltener Pracht das westliche Himmelsviertel durchstrahlte, den scheidenden Tag mit der kommenden Nacht in unvergleichlicher Schöne zu einem Ganzen verbindend. Das blendende Gold der Sonne hatte sich am Horizont zu rosigem Purpur verdichtet, der sich in seiner oberen Grenze zu hellem Gelb abschwächte, welches durch ein durchsichtig zartes Meergrün zu dem sich verdunkelnden Blau des Zeniths hinüberleitete. Von der nicht mehr sichtbaren Sonne aus flutheten aufwärts und nach den Seiten breite Strahlen weissen Lichtes, welches in zartem Rosa sich nach oben anshauchte. Wie gebannt hingen die Blicke der Europäer an dem Schauspiel, welches in solcher Farbenpracht und Mannigfaltigkeit auch in den Tropen nur selten gesehen wird, dann aber in einer Sprache, die das Ohr nicht vernimmt, das ergriffene Herz aber ewig hören möchte, die Allmacht und Weisheit dessen preist, der seine Werke, als er sie beschaute, gut finden konnte. Ein ähnlich glorreiches Scheiden der Sonne hatte die Neger in der Karawane des Verfassers in Afrika einst zu lauten Ausdrücken der Bewunderung hingerissen, die Kanaken im Boote gaben ihren Empfindungen, wenn sie solche hegten, in keiner Weise Ausdruck. Man kann sich der Anschauung nicht erwehren, dass ihnen, wenngleich sie an gewissen Kleinigkeiten, wie buntem Federputz etc. etc., Gefallen haben, doch der Sinn für das wirklich Schöne abgeht. Die Fähigkeit, merkwürdige Figuren zu erdenken und auf verschiedene Weise darzustellen, wird man nicht auf Rechnung des Schönheitssinnes setzen wollen. Merk-

Zu Seite 154.

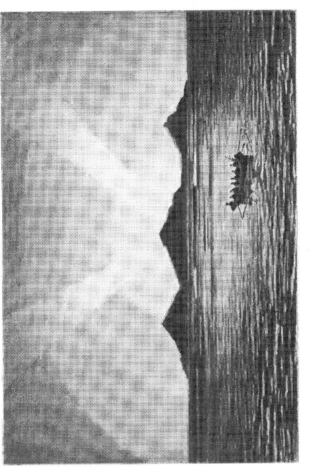

Sonnenuntergang.

würdiger Weise scheint dieser auch in Bezug auf ihre Weiber wenig zum Ausdruck zu kommen. Kaum je wird ein Kanake sein Weib wegen ihrer vortheilhaften äusseren Erscheinung wählen, bei ihm fällt des Weibes Brauchbarkeit zu Feldarbeit etc. weit schwerer in die Wagschale als deren Wohlgestaltung. Wie letztere beschaffen sein muss, um in des Kanaken Augen als solche zu gelten, ist ebenfalls nicht genau zu bestimmen. Im Allgemeinen liebt er jugendliche Frische, ohne den Begriff der Schönheit mit einer besonderen Gattung von Zügen zu verbinden. Jugend ist Schönheit, scheint auch ihm ein vollgültiger Satz zu sein. Nach europäischen Begriffen findet sich selbst mässige Schönheit selten unter den Weibern der Kanaken, die etwa zwei Jahre nach Erlangung der Reife den Reiz der Jugend schon wieder eingebüsst haben und im Alter von fast beleidigender Hässlichkeit sind. Erlaubt ihnen ihre Körperkraft dann noch, ihr Pensum Arbeit voll zu bewältigen, so sind sie in den Augen der Männer immer noch völlig heirathsfähig. In den einfachsten und gewöhnlichsten Dingen präsentirt sich uns der Kanake eigenartig, anders als andere Völker farbiger Rassen. Finden wir in seinem alltäglichen Gebahren schon mannigfaltiges Material zur Beobachtung und Nachforschung, wie sehr wird er unser Interesse, unseren Studieneifer erst wecken in den Fällen, wo er beabsichtigter Weise unverstanden bleiben will, wo er seine Handlungen nicht nur dem Blick etwaiger Zuschauer verbergen, sondern sie mit geheimnissvoller Ceremonie umgeben und dadurch fremder Kritik entrücken will. Allerdings liegt die Vermuthung nahe, dass seine Geheimnisskrämerei so sehr Selbstzweck geworden ist, dass er selbst kaum mehr ahnt, was sich eigentlich hinter ihr verbirgt. Das weiteste Feld für Studien auf diesem Gebiete gewähren die merkwürdigen Geheimbünde der Kanaken, die man unter dem Namen Duk-Duk zusammenfassen kann. Alle Feste, die von den Bündlern gefeiert werden, hängen mehr oder weniger mit jenem Maskentanz zusammen, dessen Studium uns sicherlich einen Schritt weiter in der Erkenntniss des Charakters des Kanaken führen wird. Das, was der Verfasser über die Feste der Kanaken erfahren und früher an anderer Stelle schon zu weiterer Kenntniss gebracht hat [1]), möge auch hier seinen Platz finden.

Wenn nach längerem Verkehr mit den Kanaken des Theils von Melanesien, den wir heute den Bismarckarchipel nennen, der Europäer die Gewohnheiten der Eingeborenen, unter denen er lebt, einigermaassen kennen und verstehen gelernt hat, so fällt ihm besonders ein

[1]) Journal of the Anthropological Institute, Nov. 1897.

Zug auf, der so hervortretend ist, dass er vornehmlich den Schlüssel zu dem merkwürdigen Sinnesbau giebt, welchen wir den Kanakencharakter nennen. Es ist das eifrige Bestreben nach äusserer und innerer Abschliessung. Wo der Eingeborene gänzlich oder doch beinahe sich selbst überlassen bleibt, wo er nicht genöthigt wurde, dem Zwange europäischen Einflusses sich zu fügen, wird er sein Möglichstes thun, seinen Verkehr auf die eigene Familie und die allernächsten Dörfer, mit deren Bewohnern er wahrscheinlich durch Bande des Blutes verbunden ist, zu beschränken. Jede Persönlichkeit aus einem Orte ausserhalb des engen Bezirkes, den der Kanake als seine Heimath ansieht, betrachtet er als Fremden, folglich als Feind. Dieses Gefühl müsste gerechtfertigt erscheinen, machte es sich nur dem weissen Eindringling gegenüber geltend, wird aber unverständlich, wenn es sich auch auf alle der eigenen Rasse angehörigen Individuen erstreckt, sobald diese einer Niederlassung angehören, welche von der eigenen nur etwas mehr als die Entfernung eines mittelmässigen Spazierganges getrennt ist. Es ist schwer zu unterscheiden, ob Furcht die Wurzel dieser eigenthümlichen Anlage ist oder ob erst andauernde Abschliessung im Charakter des Kanaken diese Furcht erzeugt hat, welche ihn zu stetiger Selbstbewachung zwingt. Vielleicht sind beide, Furcht und Neigung zur Abschliessung, Grundzüge im Kanakencharakter, der, wie er sich jetzt dem Beobachter darstellt, nur das Resultat der genannten, durch Jahrhunderte wirksamen Eigenschaften ist. — Wir können in diesem Drange nach Abschliessung deutlich eine physische und eine psychische Richtung unterscheiden, deren Extreme scharf hervortreten. Schwieriger ist es, den Punkt zu bezeichnen, von welchem diese beiden Richtungen auslaufen. Der noch nicht ancivilisirte Kanake hasst Fremde, in denen er nur Feinde sieht, kein Wunder, wenn er sucht, den Verkehr mit solchen zu meiden. Der in diesen entlegenen Weltgegenden noch stark vorherrschende Cannibalismus kann als besondere Accentuirung der Abneigung gegen den Fremden, den man auszurotten wünscht und als äusserste Grenze der physischen Abschliessung aufgefasst werden. Dem Farbigen gegenüber wird sie noch in dieser ihrer aggressiven Form aufrecht erhalten, da kein Kanake, ohne sein Leben aufs Spiel zu setzen, eine Gegend besuchen kann, deren Bewohner mit denen seines eigenen Districtes nicht ausgesprochenermaassen freundschaftliche Beziehungen pflegen. Ehe die Macht des Weissen genügend in der Gegend gefestigt war, machte sich die Neigung zur Abschliessung in ihrer aggressiven Form auch gegen ihn geltend und mancher Europäer fiel ihr zum

Opfer. Seitdem der Kanake aber einsehen gelernt hat, dass der Weisse sich um so kräftiger festsetzt, je mehr man ihn zu vertreiben sucht, trägt er des letzteren Anwesenheit als ein nothwendiges Uebel, mit welchem, als mildernder Umstand, die Einführung einiger Gegenstände verknüpft ist, die, wenn auch nicht unentbehrlich, doch angenehme Zugaben zu den Genüssen des Lebens sind. Wenn wir somit sagen dürfen, dass wir im Bereich unseres Machteinflusses die physische Abschliessung des Kanaken bis zu einem gewissen Grade durchbrochen, vermindert haben, so müssen wir uns doch gestehen, dass es bisher völlig unmöglich gewesen ist, die Schranke zu entfernen, welche er zwischen seinen inneren Menschen und seiner menschlichen Umgebung errichtet. Wie gering unser Fortschritt in dieser Richtung ist, geht aus der Thatsache hervor, dass es uns trotz der stark materiellen Triebe des Kanaken noch nicht gelungen ist, in ihm die Anschauung zu erwecken, dass einzelne unserer Industrieerzeugnisse zu den nothwendigen Lebensbedürfnissen gehören. Unsere Beile, Taschentücher, Draht etc. etc. gefallen ihm, gern aber würde er alle diese Dinge, ja sogar Streichhölzer, entbehren, wenn er durch deren Drangabe sich zugleich den gehassten Weissen vom Halse schaffen könnte. Nur einen Gegenstand giebt es, dessen Verlust er vielleicht eine Thräne nachweinen würde, amerikanischer Tabak. Schnaps und Zucker haben für ihn nichts Verlockendes, nur der Tabak vermag eine weiche Stelle seines Inneren zu finden. Diese Ablehnung des Kanaken gegenüber unseren Producten lässt sich in mannigfacher Weise belegen. Wenn wir unser Augenmerk anderen Gegenden der Welt zuwenden, welche erst seit Menschengedenken europäischem Handel eröffnet wurden, finden wir, dass die Eingeborenen Kleidung irgend welcher Art annahmen, wenn sie solche nicht schon selbst besassen. Geschah dies nicht aus dem vorhandenen oder doch erworbenen Gefühl von Schicklichkeit, so war Putzsucht die Triebfeder. Im Archipel müssen wir den Eingeborenen zwingen, seine Blösse zu bedecken und dadurch Abnehmer unserer Baumwollwaaren zu werden. Besuchen wir ihn nun in seinem Dorfe an der Küste oder in den Bergen, so finden wir, dass er sein Lendentuch wieder beiseite gelegt hat und in gewohnter Nacktheit einhergeht. In ihre Heimath zurückkehrende Arbeiter bringen Kleidungsstücke, Beile und andere Handelswaare, welche sie an Geldes Stelle als Lohn empfangen haben, mit dahin. Die Kisten, darinnen sie gewöhnlich diese Sachen aufbewahren, werden meist sofort von des Arbeiters Anverwandten oder Dorfgenossen geplündert, die Sachen werden eine Weile als merkwürdige Putzgegenstände getragen und

dann beiseite geworfen, mit Ausnahme der Beile, deren Ueberlegenheit
über das alte Stein- und Muschelwerkzeug fast überall bekannt und
anerkannt ist. Die Thatsache, dass unsere Handelswaaren die rege
Habsucht des Kanaken nicht in höherem Maasse zu fesseln vermochten,
kann als Beweis für das Vorhandensein der physischen sowohl als psychischen Abschliessung betrachtet werden. Der lebhafte Wunsch nach dem
Besitz dieser Dinge müsste sonst einen regeren Verkehr zwischen den
Weissen und Farbigen herbeigeführt haben, welchem wiederum ein
genaueres gegenseitiges Verständniss entsprungen sein würde. Ich
habe darauf hingewiesen, wie schwierig es ist, den Punkt zu bezeichnen,
wo die psychische und physische Richtung der Abschliessungssucht des
Kanaken sich abzweigen, habe aber stets gemeint, dass die merkwürdige Ablehnung einer neuen Form des Wohlstandes ein guter
Merkstein wäre zwischen den beiden Extremen, deren eines, wie wir
sahen, in der grauenhaften Gewohnheit des Cannibalismus Ausdruck
findet. Als ein weiterer Beleg dafür, bis zu welchem Grade der
Kanake die äussere Abschliessung durchsetzt, mag folgender Umstand
dienen. Der uns bekannte Theil der Gazellenhalbinsel ist, obwohl
nur dünn bevölkert, in nicht weniger als zwanzig Districte getheilt, in
deren jedem ein anderer Dialect derselben Sprache gesprochen wird.
Alle diese Dialecte unterscheiden sich doch soweit von einander, dass
zwar die Bewohner von Nachbardistricten sich noch gegenseitig zu
verstehen vermögen, solche aus entfernteren Gegenden aber grosse
Schwierigkeiten finden, sich zu verständigen. Weit schwieriger zu erklären, aber für das Studium interessanter, ist die psychische Abschliessung des Kanaken. Man könnte sagen, dass die Rassenunter-
schiede zwischen dem Kanaken und Europäer so bedeutend sind, dass
sie gegenseitiges Verständniss ausschliessen. Wäre dies der Fall, so
müsste uns der Charakter des afrikanischen Negers ebenso unverständlich bleiben wie der des Kanaken. Wir bemerken indessen, dass
es uns leicht gelingt, den Neger zu verstehen, wenn wir nur erst
sein Zutrauen erworben haben, dieses Jemandem zu schenken, scheint
dem Kanaken völlig unmöglich zu sein. Sein Misstrauen, Argwohn und
Furcht richtet sich nicht nur gegen den Weissen, sondern auch gegen
seine Stammesgenossen, und die laute, vergnügliche Mittheilsamkeit,
welche einen angenehmen Zug im Charakter des Negers bildet, fehlt
gänzlich in dem des Kanaken. Ihre Berathungen werden im dunkelsten, entlegensten Theile des Waldes abgehalten, und sogar hier wird
ihre Unterhaltung mit leiser Stimme geführt und unterbrochen, sowie
ein Fremder sich naht. Ihren Festen, obwohl sie des Lärms nicht

entbehren, fehlt der Klang wirklicher Freudigkeit, die angeborene
Furcht vor einer dunklen, allgegenwärtigen, unsichtbaren Gefahr lässt
den Kanaken nie auch nur einen Augenblick die Selbstbeherrschung
verlieren oder sich weicheren Regungen hingeben, die ihm vielleicht
längst fremd geworden sind. Sein ungeschulter Verstand vermag weder
seinen finsteren Argwohn zu begründen, noch sich die eingebildete Gefahr auszureden. Seine Einbildungskraft, die stets reger ist als sein
Nachdenken, bevölkert die Welt mit unsichtbaren Wesen, ausgerüstet
mit der Macht und dem Willen, ihn zu schädigen. Sein stets aufs
Materielle gerichteter Sinn legt alle Handlungen der vermeintlichen
Geister als Verlangen aus, welche er zu erfüllen hat, und da er
Ursache und Wirkung nicht zu trennen vermag, gilt ihm jedes
Ereigniss oder Erscheinung, deren Ursache nicht sofort kenntlich ist,
als Handlung böser Geister und als Mittheilung von diesen. Er hört
ihre Stimme im Brausen des Windes, im Tosen der Brandung, im
Rascheln des fallenden Laubes, und die häufigen Erdstösse, die stetig
sich vermindernden Kundgebungen der gewaltigsten Naturkraft, sind
ihm Ausdruck des Unwillens seitens irgend welcher angriffslustigen
Geister. Diese bedürfen fortdauernder Begütigung, nicht damit sie
Wohlthaten spenden, sondern damit sie nicht Uebel zufügen. Wenn
ein Kanake einen befremdlichen Laut hört, so weiss er, dass ein Geist
sich ihm naht. Nach dessen vermeintlicher Richtung hinblickend sagt
er „Ukakup", Bringst Du etwas? Dieser Ausdruck enthält zugleich
die Aufforderung, zu verweilen und mit zu geniessen, was gebracht
wird oder schon vorhanden sein mag. Seine Einbildungskraft lässt
ihn die Antwort „Maié", jawohl, vernehmen, worauf er erwidert „Ute",
komm. Hiernach können wir uns nicht wundern, wenn wir finden,
dass der Kanake sich bemüht, seine Handlungen, wo angängig, mit
Heimlichkeit zu umgeben, und dass er Sitten, welche er pflegt, in ein
Gewand des Geheimnisses kleidet, welches er vielleicht nicht enthüllen
kann, keinesfalls enthüllen mag, welches daher dem Europäer vor der
Hand undurchdringlich bleiben muss. Einer dieser Gebräuche, welchem
beizuwohnen der Besucher dieser Gegend oft Gelegenheit findet und
von dem ein Theil schon oft beschrieben wurde, ist der „Duk-Duk".
Dieser ist oft als ein Maskentanz geschildert worden, so viel mir bekannt, haben die merkwürdigen Verzweigungen dieser Einrichtung, zu
denen das „Einetz" und „Marawot" gehören, noch nicht genügende Beachtung gefunden. Wir irren vermuthlich nicht in der Annahme, dass
anfänglich der „Duk-Duk" nichts war als eine Form, in welcher die
Neigung des Kanaken zur Abschliessung gelegentlich der Verehrungs-

bezeugungen abgeschiedener Vorfahren zum Ausdruck kam. Einige Personen vereinigten sich, legten Masken vor, um damit allen denen Furcht einzujagen, welche sich etwa neugierig vordrängen wollten, um unberufene Zeugen der Trauerceremonie zu sein. Als keine Fremden mehr vorhanden waren, die man erschrecken konnte, fand sich, dass die angenommene Geheimnisskrämerei Furcht in der eigenen Sippschaft erweckte. Diese war vielleicht gerade so angewachsen, dass eine neue Abschliessung möglich wurde, nach deren Vollziehung man nur bestimmten Persönlichkeiten gestattete, der Vereinigung beizutreten. Die Furcht, welche der Verein einflösste, umgab seine Mitglieder muthmaasslich bald mit einem Grade von Autorität, diese zu besitzen wurde Gegenstand des Neides, so dass dem Verein Mitglieder in Menge zuströmten. Der materielle Instinct des Kanaken ermangelte nicht, sich diesen Umstand zu nutze zu machen, es wurden daher nur solche Mitglieder aufgenommen, die für die ihnen zu Theil werdende Ehre gut zahlen konnten. Damit gelangte man zu der Erkenntniss, dass die Vereinigung zu einer Quelle materiellen Vortheils sich entwickeln konnte. Man würde nun dem Kanaken schweres Unrecht anthun, wollte man annehmen, dass er sich damit begnügt haben würde, lediglich die Eintrittsgebühren neuer Mitglieder einzusammeln, wenn sich plötzlich Aussicht auf neue und wirksame Methoden eröffnete, welche jedem Mitgliede der Vereinigung ein bequemes kleines Einkommen sicherte, ohne ihm mehr als gerade nur die Arbeit aufzuerlegen, welcher sich zu entziehen selbst der faulste Kanake ausser Stande ist. Man erlaubte nur Männern, dem Vereine beizutreten und so wurde es leicht, den Weibern ihren Verdienst abzudingen, über welchen diesen nach den Stammesgewohnheiten volle Freiheit der Verfügung zusteht. Weil sie fleissiger arbeiten als die Männer, so erwerben sie bald Besitz, da es keinen rechtlichen Weg giebt, dessen Substanz den Männern zuzuwenden, wurde der „Duk-Duk" als vortreffliches Mittel angewandt, zu verhindern, dass die Reichthümer der Weiber eine mässige Grenze überschreiten. Damit aber die Autorität des Vereins dem Systeme der Erpressung Wirksamkeit verleihe, musste das Thun des letzteren mit dem Nimbus des Geheimnissvollen umgeben werden. Demzufolge wurde Weibern untersagt, die Nähe des Versammlungsortes der Duk-Duk-Mitglieder zu betreten. Wenn zufällig ein Weib unglücklich genug war, den „Duk-Duk", d. h. den Träger dieser Maske, zu erblicken, hatte sie eine Strafe in Dewarra zu zahlen. Zwar konnte man gewärtig sein, jederzeit den „Duk-Duk" plötzlich auftauchen zu sehen, meistens indessen erscheint er während der Ernte, da dann die Weiber wegen

Duk-Duk-Tanz.

Zu Seite 161.

der Feldarbeit am häufigsten hin- und hergingen und sich im Besitze
grösserer Dewarramengen befanden, die sie im Verkauf ihrer Garten-
erzeugnisse erhalten. Hätte sich nun die Erpressung ausschliesslich
gegen Weiber gerichtet, so würden letztere leicht Verdacht geschöpft
haben; sie auf Männer auszudehnen, wurde leicht genug, als der
Stamm sich so vermehrt hatte, dass nicht alle Männer der Vereinigung
angehören konnten, oder als die Mitgliederzahl so gestiegen war, dass
neue Zulassungen das dem Vereine zufliessende Einkommen in zu viele
Theile zerlegt haben würden. Vielleicht machte sich auch der Drang
nach Abschliessung wieder geltend. So kam es, dass auch Männer,
so lange sie nicht Mitglieder waren, tributpflichtig gemacht wurden.
Da es sich aber als ungemein schwierig herausstellte, ihnen irgend
welche Menge Dewarra abzupressen, liess man sie mit einer Tracht
Prügel durchschlüpfen. Diese, wenn noch so gut aufgelegt, wurden
doch weniger schmerzlich empfunden, als die Entäusserung auch des
geringsten Stückes des geschätzten Muschelgeldes. Wenn wir in dieser
Weise die Wirkung des Strebens nach körperlicher und seelischer Abschliessung und die stark materielle Veranlagung im Charakter des
Kanaken neben einander stellen, so lässt sich leicht die dem Beobachter zunächst stets auffallende Erscheinung bei dem Duk-Duk erklären, die grosse Furcht, die er den Weibern einflösst und das
Geprügeltwerden der Männer. So ist es nur menschlich, dass Einzelindividuen, zunächst vielleicht Mitglieder des Duk-Duk, später auch
andere, versuchten, die dem Vereine erwachsene Macht ihren Privatzwecken dienstbar zu machen. Anfänglich übte der Duk-Duk wahrscheinlich nur an den Feinden seiner Vereinsmitglieder Erpressungen aus,
später an denjenigen, deren Gegner dafür bezahlten, dass es geschah,
und allmälig gestaltete sich der Duk-Duk zu einem Gerichtshofe, allerdings nicht in dem Sinne, dass er durch seinen Rechtsspruch Recht
und Unrecht feststellte, sondern in der Weise, dass er durch die
Macht, die er besass, streitende Parteien zum Frieden zwang. War
damit der Duk-Duk in eine Stellung gelangt, deren Behauptung
Gewandtheit und Scharfsinn erforderte, so konnten selbstredend die
einzelnen Mitglieder seinen Einfluss nicht mehr beliebig zu Privatzwecken
ausbeuten. Es wurde nöthig, die Macht des Vereins in eine Hand zu
legen, welche, obwohl vielleicht selbst verderbt, doch wenigstens das
Ansehen des Vereins nach aussen wahrte. Nicht nothwendiger Weise,
aber doch wahrscheinlich war es der Erfinder oder sein Nachkomme,
der mit dem Vorrecht betraut wurde, den Duk-Duk aufrufen zu
dürfen, er wusste dieses sich und seinen Nachkommen zu erhalten

und so sind heute nur ganz vereinzelte Individuen bestimmter Familien
berechtigt, den Duk-Duk auftreten zu lassen. Wir erblicken somit
unter einem vollständig wilden, uncivilisirten Volke ein merkwürdiges
Beispiel von Schutz für geistiges Eigenthum und einer bestimmt fest-
gelegten Erbfolge.

Der mit einer gewissen Regelmässigkeit, jedoch nur bei Vollmond
erscheinende Duk-Duk zeigt sich drei Tage lang, während die Lebenszeit des anlässlich einer besonderen Gelegenheit aufgerufenen auf
wenige Stunden beschränkt zu sein scheint.

Abgesehen von den Nützlichkeitszwecken, welchen der Duk-Duk
zu dienen hat, scheint er das Mittel zur Befriedigung des metaphysischen Bedürfnisses zu sein, welches, wie wir gesehen haben, bei
dem Kanaken stark entwickelt ist. Die Duk-Dukmitglieder feiern gewisse geheimnissvolle Feste, von denen noch keineswegs festgestellt ist,
in welchem Zusammenhange sie mit dem Duk-Duk stehen, wie sie
entsprangen und was sie bedeuten. Eins dieser Feste ist trotz seines
unleugbaren Zusammenhanges mit dem Duk-Duk eine völlig selbst-
ständige Einrichtung und wird „Einetz" genannt.

Zu gewissen Jahreszeiten, in anscheinend unregelmässigen Zwischen-
räumen, versammeln sich die Duk-Dukmitglieder auf den Ruf des
Mannes, der den Duk-Duk aufzurufen berechtigt ist und daher dessen
Eigenthümer genannt wird, an einer möglichst entlegenen dunkeln
Stelle im Walde. Hier bauen sie Hütten, welche sie mit einem
Röhrichtzaune umgeben, den sie so dicht flechten, dass es kaum mög-
lich ist, hindurchzublicken. Die Hütten sind viereckig, die Wände
mit Lehm beworfen und mit Kalk weiss getüncht. Auf den weissen
Untergrund malt der Künstler des Stammes die wunderlichsten Figuren. Eine ähnelt einem Krokodil auf hohen Stelzbeinen mit dem
Schwanz aufgerollt nach Art eines Schiffstaues. Eine andere erinnert an einen Affen, ein eigenartiger Beweis für die lebhafte Phantasie des Kanaken, da in dem Theile der Welt, von dem er überhaupt
Kenntniss haben kann, Affen nicht vorkommen. Eine dritte Figur gleicht
dem Casuar, einem Vogel, der den Eingeborenen bekannt ist. Auf
einige der grössten Bäume ausserhalb des Zaunes sind andere Figuren
gezeichnet. Deren eine stellt einen Rochen dar, wie er in einen
menschlichen Arm beisst. Mehr Arme und Schlangen sind auf einen
anderen Baum gemalt und auf einem dritten finden wir zwei sonderbare gestaltlose Darstellungen, welche zwei böse Geister vorstellen
sollen. Sie heissen „Turangan" und „Marengare". Wer oder was diese
Geister sind oder was sie thun, wollen oder können die Kanaken nicht

Haus, für den Duk-Duk bemalt.

Marengare.

Turangan.

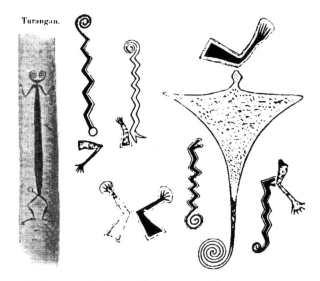

Zeichnungen der Kanaken von Karawarra an den Bäumen des Waldes.

erklären, sondern beschränken sich auf die Mittheilung, dass jene die Geister von Verstorbenen seien. Dies ist ein weiterer der vielen Beweise dafür, dass die Kanaken an ein Leben nach dem Tode glauben, beweist indessen ebenso wiederum ihre finstere Sinnesrichtung, derzufolge sie meinen, dass Menschen, mit denen sie bei deren Lebzeiten wohl bekannt, vielleicht gar verwandt waren, Feindesgestalt und -sinn annehmen, sobald sie aus der Reihe ihrer Mitmenschen ausscheiden und in die der Geister eintreten. Der eingezäunte Hüttencomplex ist nur für Duk-Dukmitglieder zugänglich. Jeder, der unversehens das Gehege betritt, wird schwer in Strafe genommen, und da die Richtung, in welcher das „Torain" liegt, wohl bekannt ist, wird sie ängstlich vermieden. Die hier gefeierten Festlichkeiten sind sehr eigenthümlicher Art. Ich glaube nicht, dass ein Europäer bei einer wirklich wichtigen Feier, zu der nur die Mitglieder für eine ihnen allein bekannt gegebene Stunde geladen werden, Zutritt erhalten würde. Nur einmal gelang es mir, einen einflussreichen Mann zu bestechen, mir Einlass zu erwirken, und ich würde auch jenerzeit kaum Erfolg gehabt haben, hätte nicht meine damalige officielle Stellung meinem von Dewarra unterstützten Gesuche Nachdruck verliehen. Dennoch glaube ich, nur einer untergeordneten Ceremonie beigewohnt zu haben. Ungefähr 20 Leute hockten im Halbkreise auf der Erde, ihre Gesichter den bemalten Häusern zugekehrt. Alle sassen schweigend, und im flüsternden Tone forderte mein Führer auch Schweigen von mir. Er hockte darauf selbst nieder, etwa zwei Schritt von den anderen, denen er den Rücken zuwandte. Kurz darauf wurde ein Korb mit allerhand Lebensmitteln vor ihn, den Leiter des Festes, niedergesetzt. Er erhob sich, murmelte einige unverständliche Worte über den Inhalt des Korbes, trat dann auf die anderen, jetzt ebenfalls aufrecht stehenden Leute zu und hielt jedem Einzelnen gewisse, doch jedesmals andere Nahrungsmittel vor Mund und Nase, die Handlung abermals mit kaum hörbar gemurmelten Worten begleitend. Hierauf legte er die Speisen in den Korb zurück, der nach Beendigung seiner Runde weggetragen wurde, worauf die Versammelten niedersassen. Die schweigsame Zusammenkunft wurde noch zu beliebiger Dauer verlängert. Von diesem Augenblick an ist für jeden der Theilnehmer diejenige Speise „tambu" (verboten), welche ihm zum Munde geführt worden war. Das „Tambu" dauert einen Monat, vielleicht sogar ein Jahr und nicht allein Nahrungsmittel werden auf diese Weise „tambu" gemacht, sondern auch andere Dinge, Handlungen, ja sogar Worte. So kann es „tambu" sein, gewisse Schmuckgegenstände zu tragen, innerhalb eines Hauses zu schlafen oder gewisse Worte oder Namen auszusprechen. Bemerkenswerth ist der auffallende Parallelismus zwischen der letztgenannten Sitte und der unter den Zulus „Hlonipa" genannten Gewohnheit. Während der Dauer des „Tambu" haben sich die Theilnehmer einer gewissen Controle zu unterwerfen. In unregelmässigen Intervallen, die anscheinend mit den Mondphasen im Zusammenhange stehen, versammeln sie sich im „Toraiu", von wo aus sie in Procession die Umgegend durchziehen. Im Gänsemarsch schreiten sie einher, statt irgend welcher Kleidung bedecken sie sich mit merkwürdiger Malerei, in der wir die Schlangenzeichnungen wieder erkennen, welche wir schon auf den Bäumen vor dem „Toraiu" wahrnahmen. Unter dem rechten Arme wird ein aus Cocospalmenblatt geflochtenes Täschchen getragen, von welchem ein Rohr mit buschiger Blüthenrispe nach rückwärts emporragt. Nach einigen Schritten schlagen alle Theilnehmer gleichzeitig mit der flachen Hand auf den nackten Oberschenkel, wodurch ein auf erhebliche Entfernung hörbares klatschendes Geräusch entsteht. Die Einetz-Ceremonie lässt sich nicht durch die materielle Voranlagung des Kanakencharakters erklären, wenn ihr aber die Leute wirklich eine bestimmte Bedeutung beilegen, was zweifelhaft erscheint, so vermögen sie diese keinesfalls zu erläutern. Durch die grosse Abneigung der Kanaken, dem Europäer irgend welche Angaben über diese Ceremonien zu machen, durch die Schwierigkeiten, welche ersteren verhindern, die Vorgänge öfters zu beobachten, wird es fast unmöglich, den Ursprung der Sitte zu ergründen. Wir können indessen nicht weit vom Ziele gehen, wenn wir den Schlüssel zu den geschilderten Gewohnheiten im Charakter des Kanaken suchen. Da sich hier Furcht und Misstrauen mit grobem Materialismus vereint finden, so erscheint es durchaus nicht unwahrscheinlich, dass, so wie der Duk-Duk ein Mittel bildet, sich auf Kosten der Mitmenschen zu bereichern, das Einetz eine Form ist, welche böswillige Geister bewegen soll, zugedachtes Uebel zu unterlassen.

Ein anderes sehr merkwürdiges Fest wird „Marawot" genannt. Dass die Kanaken ihm grosse Wichtigkeit beilegen, geht schon aus dem Umstande hervor, dass es nur in langen Intervallen gefeiert wird. 1889 wurde es zum ersten Male von Europäern gesehen. Kanaken, die sonst kaum Neigung haben würden, sich zu begegnen, geben zeitweilig alle Feindseligkeiten auf, und beim „Marawot" findet ein kunterbuntes Getriebe statt, welches beweist, dass, obwohl die Sucht nach Abschliessung ein mächtiges Hinderungsmittel für allen Verkehr bildet, das Bewusstsein der Stammeszusammengehörigkeit doch nicht

Kanake in Marawot-Bemalung.

ganz erloschen ist. Nach der wenigen, nur widerwillig gegebenen Information über das Fest hat es den Anschein, als ob kein Einzelindividuum dessen Feier veranlassen kann, dass vielmehr eine Verständigung unter nicht wenigen Leuten von Einfluss dazu erforderlich ist. Diese Angabe gewinnt an Wahrscheinlichkeit durch die seltene Wiederholung des Festes. Es ist vermuthlich unter verschlossenen, misstrauischen Kanaken nicht leichter, eine Anzahl widerstrebender Meinungen nach einer Richtung in Bewegung zu setzen, als unter gleich misstrauischen, aber umgänglicheren Europäern. Für das „Marawot" wird eine Plattform von Bambus etwa 50 bis 60 Fuss über dem Boden errichtet. Das ganze Bauwerk wird mit grünen Blättern und Guirlanden bedeckt, so dass es fast einem alten mit Epheu umrankten Thurme ähnelt. Crotons beleben durch ihre prachtvolle Färbung das dunkle Grün. Die Plattform ist etwa 15 Fuss im Quadrat und ragt allseitig über den Unterbau hinaus.

Hier haben eine Anzahl mit Speeren und anderen Waffen ausgerüstete, junge Männer eine Art Kriegstanz auszuführen. Das Bauwerk, welches nur durch Bastseile zusammengehalten wird, besitzt natürlich wenig Festigkeit, schwankt bei jeder Bewegung der Tänzer und beugt sich vor jedem Windstosse. Es ist folglich nicht leicht, auf der ohne jegliches Geländer gelassenen Plattform zu tanzen. Um der Aufführung Erfolg zu geben und Unfälle zu vermeiden, werden viele Proben abgehalten, während deren sich die Tänzer an die luftige Höhe, sowie an das unbequeme Schaukeln ihres Tanzbodens gewöhnen und sich zu bewegen lernen, ohne äusserlich irgend welche Zaghaftigkeit zu verrathen. Die Tänzer und ihre Waffen sind reich decorirt mit bunten Federn der verschiedenen zahlreichen Papageien und Kakadus des Landes. Das einzige Marawotfest, welches jemals Europäer sahen, wurde auf Matupit, einer kleinen Insel der Blanchebai, abgehalten. Es dauerte drei Tage und zog etwa 300 bis 400 Zuschauer aus allen Theilen der Gazellenhalbinsel und der Neu-Lauenburggruppe dahin zusammen. Das Bambusgerüst wurde stehen gelassen. Dachte Jemand, es wäre doch möglich, die Bambusstangen könnten sich loslösen und beim Herabfallen aus solcher Höhe das Leben der Passanten gefährden, so war ihm vollkommen anheimgestellt, das Bauwerk zu beseitigen. Derartige Betrachtungen stören indessen den Gleichmuth des Kanaken nicht und die Aufräumungsarbeit verblieb den Europäern.

Es ist zur Zeit noch völlig unmöglich, den Ursprung dieser Gebräuche zu ergründen oder sie vernünftig zu erklären. Alle haben indessen einen gemeinsamen Charakterzug, die Uneingeweihten müssen

die Kosten tragen. Sie sind mit Geheimniss umwoben, dessen
Schleier nur dem sich enthüllt, der Mitglied des Vereins wird durch
Zahlung eines Beitrages, welcher die Festleiter bereichert. Der Beitrag schwankt zwischen 50 und 100 Faden Dewarra, etwa 100 bis
200 Mark, beträgt also etwa so viel als der Jahresbeitrag zu einem
guten Club. Ich habe schon gezeigt, dass diese Gebräuche erst dann
eine speculative Richtung einschlugen, wenn sie sich genügend gefestigt
hatten, um sich mit einem Nimbus der Autorität zu umgeben; man
würde daher fehl gehen, wollte man annehmen, dass sie ihren Ursprung lediglich dem Streben nach Bereicherung verdanken. Anlangend
den Gewinn derer, die das Fest geben, wirft sich eine weitere schwie-
rige Frage auf. Wer gewinnt, und wie wird ein Gewinn erzielt? Die
Häuptlinge geben zu, dass derartige Feste für sie einträglich sind,
obwohl sie das für die ersten Auslagen erforderliche Dewarra vor-
strecken müssen. Es heisst, dass jeder Besucher ein Stückchen
Dewarra zu zahlen habe. Wie aber kann das controlirt werden, da
doch kein Kanake eine Sache bezahlen wird, die er umsonst haben
kann. Um den Tanz zu sehen, hat er ja nur nöthig, die nächste Palme
zu erklettern und was er zu seinen Mahlzeiten braucht, bringt er sich
mit. Dennoch ist es ganz ausgeschlossen, dass ein Häuptling sich die
Ausgabe für die Veranstaltung eines derartigen Festes auferlegt, ohne
einen reichlichen Profit in der Ferne winken zu sehen. Es bleibt nur
eine Möglichkeit, diesen zu erzielen, das „Tambu". Wir haben gesehen,
wie Duk-Duk sowohl als Einetz gewisse Dinge zeitweilig „tambu" machen
können; nach Verlauf der Frist muss das „Tambu" mit Dewarra abgekauft werden. In einem Trauerfalle, welcher Anlass ist, dass alle
Familienmitglieder mit irgend einem „Tambu" belegt werden, zahlt die
nächste weibliche Verwandte an den nächsten männlichen Verwandten
ein Stück Dewarra, welches, um ein wenig vermindert, an den nächsten
männlichen Verwandten und so weiter fortgegeben wird, bis ein win-
ziger Rest den letzten Angehörigen erreicht. Dieser Process wiederholt
sich für jeden Gegenstand, der „tambu" gemacht worden war. So haben
wiederum die Weiber das Dewarra herzugeben, damit die Männer sich
bereichern. Ein ähnliches Verfahren mag bei den Festlichkeiten
beobachtet werden. Eine Anzahl „Tambus" werden vielleicht auferlegt
und müssen abgekauft werden. Es erhebt sich die Frage, wird das
„Tambu" nur Männern auferlegt? Wer giebt dann das Dewarra zum
Loskauf und wie vermag sich der Verein oder Häuptling zu bereichern? Wird das „Tambu" auch den Weibern aufgenöthigt, weshalb
kommen sie dann, sich das Fest anzusehen, dessen Kosten, wie ihnen

unbedingt bekannt sein muss, sie zu tragen haben? Es ist völlig ersichtlich, dass wir noch nicht hinreichende Aufklärung über alle mit diesen Festen verknüpften Einzelheiten haben und dass es noch eingehenden Studiums bedürfen wird, ehe sie uns bekannt werden, besonders erschwert wird die Forschung auf diesem Gebiete durch die von dem Kanaken beobachtete Zurückhaltung, sobald das Gespräch den Gegenstand berührt. Werden wir aber einmal die Dewarrafrage gelöst haben, so werden wir wahrscheinlich finden, dass sie lediglich die speculative Seite von Gebräuchen darstellt, für welche die Erklärung nur in denjenigen Charakteranlagen des Kanaken gefunden werden kann, welche er stets eifrig bemüht ist, vor dem forschenden Auge des Europäers zu verschleiern und aus denen sein offenbares Streben nach Abschliessung entspringt.

Das Bestehen aller der Sitten und Gebräuche, welche wir unter dem Namen des Duk-Duk zusammengefasst haben, ist ins Wanken gerathen. Die Furcht, welche sie früher einzuflössen vermochten, ist verblasst vor dem verächtlichen Lächeln des Europäers. Die Häuptlinge fühlen, wie ihre Macht ihren Händen entgleitet und bestreben sich, ihre Vorrechte in Baar umzusetzen, damit diese nicht bei dem Versuche, sie länger zu erhalten, gänzlich entschwinden. Sie verkaufen das Recht, den Duk-Duk aufzurufen, an Stämme, die tiefer im Inneren des Landes wohnen, wo noch dichter Busch sein Auftreten dem spähenden Blicke des Europäers verbirgt und wo im Gedankenkreise unverfälschter Wilder kritische Ueberlegung noch zukünftiger Entwickelung harrt. Die neuen Käufer zahlen gut und die Verkäufer behalten sich das Recht vor, Bussen aufzuerlegen in Fällen, wo die verwickelten und schwer zu befolgenden Vorschriften des Duk-Duk nicht genau inne gehalten wurden. Auf diese Weise sichern sich die Eigenthümer des Duk-Duk auch jetzt noch ein nettes Einkommen bis zu der Zeit, wo das unaufhaltsame Vordringen des Europäers den Duk-Duk zwingen wird, in noch entlegenere Gegenden zurückzuweichen. Dieser Zeitpunkt ist nicht allzu weit entfernt. Die Ausbreitung der weissen Rassen über die Erde ist eine Nothwendigkeit, welche vielleicht langsam, aber mit unerbittlicher Sicherheit alle Hindernisse niederworfen wird, welche Klima und Unwegsamkeit ihrem Fortschritt in diesen Inseln entgegenstellen. Um so mehr muss man sich daher beeilen, alle nur mögliche Information über die Sitten und Gebräuche eines der wenigen Völker zu sammeln, die noch heutigen Tages in der Steinperiode leben.

Der Pflug der Civilisation reisst jungfräulichen Völkerboden auf, um ihn für den Empfang des Samens europäischer Cultur vorzubereiten. Bei seiner Bestellungsarbeit wird er manche Pflanze umackern, welche, obwohl sie im neuen Felde sich nur als Unkraut zeigen würde, dem alten vielleicht keinen Nutzen brachte, es aber doch schmückte. Und wie der Zoologe aus den in der Erdkruste gefundenen Ueberbleibseln wunderlicher Thiere diese wieder zu veranschaulichen vermag und an ihnen den Ursprung und den Entwickelungsgang lebender Thierarten erkennen lernt, so ist das Studium von Sitten und Gebräuchen ursprünglicher Völker für uns nothwendig zur immer klareren Erkenntniss unserer eigenen Geschichte und Entwickelung.

Viertes Capitel.

Im Weltendrama ist der Mensch der Darsteller, der Ort der Hand-lung die Erde. Wir haben uns das Aeussere der handelnden Personen — so weit sie uns hier interessiren — genau betrachtet, wir haben versucht, in ihrem Inneren zu lesen, die Motive ihrer Handlungen zu erkennen. Die Scene im Drama wird uns erst völlig verständlich, wenn wir den Ort kennen, an dem sie sich abspielt. Und wie unser Auge, nachdem es das Bild von der völlig erfassten Persönlichkeit des Spielenden dem Gedächtniss überliefert hat, sich der Prüfung der Gegend zuwendet, darin die Handlung sich abspinnt, so wollen auch wir unsere Aufmerksamkeit dem Gebiete schenken, in welchem der merkwürdige Urmensch, von europäischer Zudringlichkeit fast noch ungestört, sein Wesen treibt. In einer nach unseren Begriffen er-schlaffenden Eintönigkeit verläuft das sociale, politische, wirthschaft-liche Leben des Kanaken, um so grösserem Wechsel scheint die ihn umgebende Scenerie unterworfen zu sein. Stetig werden die Coulissen verschoben, das Bild der Gegend verändert durch die mächtigste Ma-schinerie, welche der Werkstatt der Natur zu Gebote steht, durch den Vulcanismus. Es giebt wohl wenige Gebiete, in denen die Spuren dieser Naturkraft sich dem Auge so deutlich offenbaren als im Bismarckarchipel, keins, wo sie selbst häufiger in die Erscheinung tritt. Zwar steht die Vehemenz ihres Auftretens hinter solchen Ausbrüchen, wie sie auf Java noch ab und zu vorkommen, weit zurück, wenigstens sind sie in den

bewohnten Theilen des Archipels noch nicht beobachtet worden. Mög
licherweise aber vollziehen sich noch heute mächtige Erdbewegungen
in Gegenden des Archipels, welche von Europäern nie betreten werden,
und diese nehmen nur die Fernwirkungen derartiger Vorkommnisse
wahr. Vielleicht auch befinden wir uns in einer Periode der Ruhe,
aus der wir durch das plötzliche Thätigwerden anscheinend erloschener
Vulcane plötzlich aufgescheucht werden, wie die Bewohner der Umgebung des Vesuvs oder die der fruchtbaren Abhänge javanischer Feuerberge. Nachrichten über Vernichtung verbreitende Ausbrüche der Vulcane des Archipels besitzen wir nicht. Die Bevölkerung ist zu wenig
mittheilsam und in ihrer Gesammtheit uns noch zu unbekannt, um von
ihr auch nur legendenhafte Aussagen erhalten zu können. Ferner liegt
die Wahrscheinlichkeit vor, dass selbst Ausbrüche grösster Kraft den
Bewohnern verhältnissmässig geringen Eindruck hinterlassen haben
werden, weil sie zwar Zeugen des Schauspiels waren, aber im Ganzen
wenig darunter zu leiden hatten. Wo die Bevölkerung so dünn über
das Land verbreitet ist wie im Archipel, kann auch die gewaltigste
Convulsion nur wenige Individuen als Opfer fordern. Das geringe Mitgefühl des Kanaken verwindet diesen Verlust leicht und die Erscheinung selbst wird als das Product der besonders üblen Laune irgend
einen bösen Geistes angesehen und vergessen. Anders würde sich
die Erinnerung eines Riesenausbruches dem Kanakengehirn einprägen,
wenn damit, wie in den dicht bevölkerten und wohlhabenden Districten
Javas, eine ins Ungeheure gehende materielle Schädigung verbunden
wäre. Dass noch vor vergleichsweise kurzer Zeit die vulcanischen
Kräfte dieses Gebietes mächtig sich entfalteten, wissen wir durch das
Zeugniss keines Geringeren als des Seefahrers d'Urville, der auf
seinen Fahrten im Anfang des Jahrhunderts das ganze Westende Neu-
Pommerns tagsüber in Rauch gehüllt und nachts von rothem Feuerschein erleuchtet sah. Aus sicheren Anzeichen lässt sich schliessen,
dass auch heute noch in dieser Gegend vulcanische Vorgänge sich
häufig abspielen, doch sind zur Zeit noch keine Zeugen dort, die uns
über deren Umfang und Wirkung Bericht erstatten könnten. Sicher
verbürgt ist von heftigeren Ausbrüchen nur der des „Ghaie" im Jahre
1868. Im Norden der nach einem englischen Kriegsschiffe so benannten
Blanchebucht erheben sich drei anscheinend erloschene Vulcane, die
Mutter mit den beiden Töchtern, ihre Höhe ist sehr bedeutend, der
Verfasser ermittelte für die Mutter durch Messung mittelst Kochthermo-
meters 2241 Fuss, die Spuren ihrer Wirksamkeit werden uns noch weiter
beschäftigen. Ihre Kraft scheint sich erschöpft zu haben oder doch

wenigstens augenblicklich zu ruhen. Nachdem der kleinste der drei
Berge, die eine Tochter, anscheinend lange geschlummert hatte, ge-
baren ihre letzten Wehen noch einen Kegel, den „Ghaie", der, im Vergleich zu den drei anderen, nur ein kleiner Hügel genannt werden
kann, an und für sich aber ein respectabler Berg ist, zu dessen Besteigung man im besten Falle eine halbe Stunde nöthig hat. Auch
dieser kleine Nachkomme galt für harmlos, bis er im Laufe des Jahres
1868 sich zu regen anfing. Nur kurze und schwache Vorwarnung gab
er von der Thätigkeit, die er gleich darauf entwickelte, und wenn
man annehmen dürfte, dass sich die frühere der grösseren und älteren
Vulcane zu der des „Ghaie" ebenso verhält, wie ihre Grösse zu der
des letzteren, so ergeben sich daraus Erscheinungen von einer Gewalt
und Wirkung, die schon deswegen für den Menschen völlig unfasslich
bleiben müssen, weil er nicht ihr Zeuge sein und leben kann. Drei
Tage dauerte der jüngste Ausbruch. Die Blanchebucht und ihre
Umgebung war auch tagsüber in tiefe Finsterniss gehüllt, statt der
völlig verdunkelten Sonne erleuchtete nur die aus dem Krater thurm-
hoch aufschlagende Flamme für die Zeit ihrer Dauer Land und Meer
mit schauervoll rothem Licht. Krachende Donnerschläge durchbrachen
das Tosen der zum Sturmwind erregten, von rasendem Brüllen des
Kraters stetig erfüllten Luft. Das Meer wüthete in grausigem Kampfe
mit dem ihm feindlichen Elemente des Feuers; kochend stürmte es
an die Küsten, als wolle es die Lande verschlingen. Die Erde zitterte
und wankte. Ein dichter Regen feinkörniger Asche senkte sich in
weitem Umkreise hernieder, in mässigerer Entfernung wurden noch
Bimssteinstücke aufgehoben, die von der Explosion nicht zu Staub
zermalmt worden waren. Als vor der allsiegenden Sonne die Finsterniss
wieder gewichen war, als die Milde der Natur in stiller Ueberlegenheit die sich titanenhaft aufbäumende Macht der Naturschreknisse
siegreich überwunden hatte, zeigte sich dem Auge des Beschauers eine
kaum glaubhafte Umwälzung. Die Blanchebucht, selbst ohne Zweifel
ein Product früherer Thätigkeit der oben erwähnten alten Vulcane,
schien verschwunden, an ihrer Stelle breitete sich eine trümmerbedeckte
Ebene aus. Durch den Ausbruch waren ungeheure Massen Bimsstein
zu Tage gefördert worden, der die Bucht völlig, das Meer auf weite
Strecken bedeckte. So mächtig war die schwimmende Schicht dieses
Materials, dass ein kleiner Dampfer, der einige Tage nach dem Ausbruch neugierig in die Bucht hineinzudringen versuchte, unverrichteter
Sache umkehren musste. Erst allmälig und im Laufe der Zeit führte
die Strömung die Bimssteinmassen nach Norden und Nordwesten und

vertheilte sie auf die weiten Gebiete des Stillen Oceans. Noch heutigen
Tages findet der Ansiedler überall kopfgrosse Stücke dieses Materials
an den Küsten der Inseln. Die Blanchebai war noch vorhanden, allein
ihr Aussehen war wesentlich verändert. Ihre Oeffnung nach dem
Meere wird durch die kleine Insel Matupit in zwei Theile getheilt.
Die weit breitere südliche Einfahrt war plötzlich durch eine lange, das
Wasser etwa 10 bis 12 Fuss überragende Insel verschlossen, aus deren
Mitte noch beständig Rauch und Flammen emporstiegen. Die unter-
irdischen Kräfte hatten sich muthmaasslich so erschöpft, dass sie
nicht mehr das über ihnen lagernde Material der Erdrinde bis zur
Gipfelhöhe des „Ghaie“ emporzutreiben vermochten, sie suchten sich
daher einen Ausweg an einer Stelle geringeren Widerstandes und reichten
noch hin, den Boden der Bai an diesem Punkte so weit zu heben,
dass er das Meeresniveau als Insel überragte. Allein diese Schöpfung
neuen Landes war nicht von Dauer. Die Nachhaltigkeit der auf-
geregten Kräfte genügte nicht, das aufgestossene Land bis zur völligen Erstarrung und Festigung in seiner neuen Lage festzuhalten.
Nach kurzem Bestehen sank die Insel wieder unter die Meeresfläche
bis auf einen kleinen Theil von etwa der Ausdehnung eines Morgen
Landes, der das Wasser um nur wenige Fuss überragt. In der
Mitte dieses Inselchens liegt die Stelle, aus welcher früher Feuer
und Rauch hervorbrachen, jetzt ein Miniatursee, der mit dem Meere
in Verbindung steht, doch aber oft noch eine höhere Temperatur
seines Wassers zeigt, als die umgebende See. Seit jener Katastrophe
ist der „Ghaie“ leise thätig geblieben. Zwar äussert er keinerlei Neigung zu zerstörender Wirkung, allein seinem Krater entsteigen stets
Dämpfe und an vielen Stellen setzten sich Schwefel und Alaun ab, in
Mengen, die fast die Einsammlung lohnen würden. Fast täglich oder
eher nächtlich hört man dumpfes, unterirdisches Rollen, welches stets
von grösserer oder geringerer Erschütterung des Erdbodens begleitet
ist. Der Neuling empfindet den „Ghaie“ seines häufigen Grollens wegen
als einen recht unbequemen Nachbar und es lässt sich nicht leugnen,
dass ein sehr bestürzendes Gefühl mit der Wahrnehmung verbunden
ist, der Erdboden, in dem wir den Urbegriff alles Feststehenden zu
erblicken gewohnt sind, geräth plötzlich ins Wanken. Auf Matupit
kann man deutlich bemerken, wie das rollende Getöse unter dem
„Ghaie“ entspringt, anwächst und sich unter der Insel hindurch zu
der vorher beschriebenen sogenannten Vulcaninsel hinüberzieht. Allein
nicht nur der Berg ist der Urheber der häufigen Erdstösse, diese
scheinen vielmehr noch aus einem anderen vulcanischen Herde herzu-

Einfahrt in den Hafen von Karawarra.

Zu Seite 173.

stammen. Auf Karawarra, dem Wohnsitze des Verfassers, liess sich dieser Umstand aus der Thatsache schliessen, dass die Bewegungen aus zwei verschiedenen Richtungen kommend wahrgenommen wurden. Von Westen ausgehend, stammten sie, wie das stets als Begleiterscheinung auftretende rollende Geräusch bewies, von dem in dieser Richtung liegenden „Ghaie", waren als Erschütterungen kenntlich und sehr häufig. Seltener kamen sie von Südosten, vollzogen sich dann meist ohne Getöse, waren recht stark und trugen den Charakter des Stosses. Zwar gewöhnt man sich wegen ihrer häufigen Wiederkehr rasch an diese Erscheinung, allein der Verfasser erinnert sich zweier Fälle, die geeignet waren, dem abgebrühtesten Südseecolonisten eine Gänsehaut über den Körper laufen zu machen. Eines Tages im März 1889, Vormittags, erfolgte aus Südosten ein ungewöhnlich heftiger Stoss. Der Verfasser sass an seinem Schreibtische an der Arbeit und notirte, seiner Gewohnheit gemäss, sofort die Stunde. Unmittelbar darauf erfolgte ein zweiter noch heftigerer Stoss, der sich sofort wiederholte, eine schwankende Bewegung einleitete und diese andauern liess. Das ganze, aus massiven Balken gebaute grosse Haus wankte hin und her und zwar in solchem Maasse, dass ein etwa acht Fuss hoher, sehr breiter Actenschrank in die Mitte des Zimmers hinstürzte. Alle Möbel wurden verschoben, das Waschgeschirr im Nebenzimmer herabgeworfen und zerbrochen, der Erdboden schien Wellen zu schlagen. Sich zu legen war nutzlos, aufrecht zu gehen wäre unmöglich gewesen, der Verfasser blieb daher in Erwartung einer furchtbaren Katastrophe ruhig auf seinem Stuhl sitzen, die Augen auf die Uhr geheftet. Genau eine Minute währte das Ereigniss. Wie eine Ewigkeit schien es denen zu dauern, die es erlebten. Mit verstörten Gesichtern traten, als alles vorüber, die weissen Bewohner der Insel zusammen, mit Blicken nur sich fragend, ob die Gefahr vorüber sei oder noch einmal drohen werde. Später kam aus derselben Richtung ein anderer Stoss, oder richtiger eine Wellenbewegung, die an Heftigkeit fast noch ärger, aber von kürzerer Dauer war. Das Ereigniss trat des Nachts ein, der Verfasser zündete sofort Licht an, konnte bei dem Scheine des Streichholzes noch genau erkennen, wie die Balken des Hauses wankten, als aber die Flamme den Docht soweit erfasst hatte, dass sie hinreichendes Licht verbreitete, hatte sich die Erde beruhigt. Daraus lässt sich annähernd die Dauer der Bewegung bemessen, die der Verfasser auf etwa 45 bis 50 Secunden schätzte. Die Eingeborenen erschrecken zwar auch, wie die Europäer, bei der Heftigkeit solcher Stösse, allein sie sind erstens mehr daran gewöhnt, dann aber vielleicht auch zu wenig vertraut mit dem Charakter der

Erscheinung, um zu ermessen, welche Folgen die Steigerung von deren
Gewalt herbeizuführen im Stande ist. Sie erblicken in dem Ereignisse
nur die Handlung eines bösen Geistes, dass es sich zur Katastrophe
eines Ghaieausbruches entwickeln könne, mit diesem gleichen Ursprunges ist, überlegen sie sich nicht und glauben es auch kaum, wenn
sie es von dem Weissen hören. Ihre Stumpfheit in dieser Richtung
ist geradezu erstaunlich. Obwohl viele von denen, die dem Verfasser
bekannt wurden, Zeugen des erzählten Ghaieausbruches gewesen sein
müssen, war es doch unmöglich, von ihnen eine Beschreibung zu erhalten. Darüber befragt, bemerken sie leichthin, etwa so viel als: „O
ja, der hat letzthin einmal ordentlich gespuckt“, fühlen sich aber sichtlich gelangweilt, wenn der Europäer sie über Einzelheiten befragt und
Antwort erwartet. Dieser kleine Umstand ist auch ein Beleg dafür,
wie ungemein schwierig es sein wird, geschichtliche Aufklärung von
diesen Leuten zu empfangen, wenn wir uns mit derartigen Studien im
Archipel befassen werden. Zwei merkwürdige, von dem „Ghaie“ ausgehende Erscheinungen verdienen noch der Erwähnung. Obwohl seine
Thätigkeit sich jetzt fast ausschliesslich auf Schwefel und Alaunberei-
tung zu beschränken scheint, so führte er doch den Ansiedlern eines
Abends ein ungewöhnlich prachtvolles Schauspiel vor. Auf der Veranda
des grossen Hernsheim'schen Hauses auf Matupit sass der Verfasser
in munterer Gesellschaft bei gemüthlicher Unterhaltung, als plötzlich
der fast schwarze mondlose Nachthimmel über dem Berge sich röthete,
mit schwachem Sausen entstieg dem letzteren eine mächtige Feuerkugel,
hob sich mit mässiger Geschwindigkeit hoch in die Luft und zerplatzte
mit leisem Geprassel. Die Erscheinung war von keinerlei unter-
irdischem Geräusch begleitet. Die Luft in Matupit ist stets mit den
Schwefelaushauchungen des Kraters, oft sogar in sehr unangenehm
empfindlicher Weise erfüllt. Dies führte zu einer merkwürdigen Erscheinung. Der Verfasser liess seine Boote stets weiss anstreichen,
wozu eine stark bleihaltige, gewöhnliche weisse Oelfarbe benutzt wurde.
Auf seinem Wohnsitz Karawarra hielt sich dieser Austrich in tadel-
loser Ordnung, so dass die Boote stets einen fröhlichen, sauberen Anblick gewährten. Besuchte der Verfasser im Boote die Insel Matupit,
so machte sich jedesmal die Anwesenheit von Schwefel in der Atmosphäre sehr unbequem geltend, indem er mit dem Blei der Oelfarbe
schon im Verlauf weniger Stunden eine Vereinigung einging, welche
den weissen Anstrich der Boote in eine schmutzig-graue verwandelte.
Merkwürdig bleibt es, wie gleichgültig der Mensch gegen Gefahren
wird, von denen er sich dauernd unmittelbar bedroht sieht. Wollte

man Jemandem zumuthen, sich auf dem Abhange eines stets thätigen Vulcans anzusiedeln, würde man muthmaasslich für gestört oder böswillig, oder noch schlimmer, für simpel gehalten werden. Hier sehen wir Menschen mit Gleichmuth einen Flecken Erde bewohnen, dessen fast täglich ihm widerfahrenden Erschütterungen ständig an die furchtbaren Kräfte gemahnen, deren Herd eine verschwindend dünne Schicht der Erdrinde bedeckt. Dennoch ist auch hier des Menschen grösste Sorge der Fortschritt seiner kleinlichen Betriebe, die im Zeitraume eines Augenblickes in einer, ihre Erneuerung auf Jahrhunderte ausschliessenden Weise vernichtet werden würden, durch einen einzigen Athemzug jenes unbeachteten Giganten, der da unten wühlt und tobt, dass die ihn fesselnde Erde bebt und dessen Hauch sichtbar dem Boden entsteigt. Vertrauen gewinnt Vertrauen und so glaubt Niemand an eine mögliche Gefahr, der sieht, wie die von ihr Bedrohten sie unbemerkt lassen. Keinen Ansiedler würde die Möglichkeit eines neuen Ausbruches von der Niederlassung hier abhalten, wohl aber würde er sich dazu einladen lassen, durch die Fruchtbarkeit, welche das Gelände in der Umgebung von Feuerbergen gemeinhin auszeichnet. Mit dem „Ghaie" ist die sichtbare Aeusserung des Vulcanismus noch nicht erschöpft. In südwestlicher Richtung liegen drei andere Vulcane, die zum Unterschied von den vorigen als der Vater mit den Söhnen bezeichnet werden. In welcher Weise sie sich thätig zeigen, hat der Verfasser nicht beobachten können, doch liess sich öfters des Nachts ein heller Feuerschein am südwestlichen Himmel wahrnehmen. Ganz ohne Zweifel kommen hier zuweilen Ausbrüche vor, doch war mit ihnen niemals eine am Wohnsitz des Verfassers wahrnehmbare Fernwirkung verbunden. Leider waren die Schwierigkeiten unüberwindlich, welche die Beobachtung des „Ghaie" im Augenblick der südwestlich stattfindenden Eruptionen verhinderten, es liess sich daher kein Anhalt dafür gewinnen, ob die beiden Vulcansysteme einem gemeinsamen Feuerherde angehören oder überhaupt in irgend welchem Zusammenhange stehen. Eine weitere gut verbürgte Aeusserung vulcanischer Thätigkeit wurde am 13. Februar 1888 wahrgenommen. An dem nördlichen Ende der Neu-Guinea und Neu-Pommern trennenden Dampierstrasse erhebt sich ein steiler vulcanischer Kegel aus dem Meere und bildet die kleine, unzugängliche Rookinsel (Kräheninsel). Dieser Berg scheint an dem genannten Datum plötzlich in Thätigkeit getreten zu sein. Ob ein Ausbruch erfolgte, ob nur heftige Stösse von ihm ausgingen, ist unbekannt geblieben. Man hat aus einer vermutheten Aenderung des Bergprofils auch auf einen Vorgang schliessen wollen, ähnlich dem, der sich am „Krakatao" im Jahre 1883 vollzog. Ein Stück des Berggipfels soll empor und ins Wasser geschleudert worden sein. Jedenfalls rief die von dem Krater ausgehende Wirkung eine entsetzliche Katastrophe hervor. Das Meer wurde in seinen unergründlichsten Tiefen aufgewühlt. In einer Welle von unermesslicher Mächtigkeit stürmte es gegen die der Rookinsel gegenüberliegende Küste von Neu-Pommern. Hier bildete eine Landzunge die Seite einer offenen Bucht der ziemlich steil ansteigenden, waldbedeckten Küste. Mit solch allgewaltiger Wucht vollzog sich der Aufprall der entuferten Wassermassen, dass die Landzunge hinweggerissen, das Gestade bis zur Höhe von 40 Fuss über Normalwasserstand von seiner Erdschicht bis auf das Felsengerippe entblösst wurde. Wenige Tage vor dem Ereigniss hatte ein Dampfer die beiden Herren v. Below und Hunstein in der Bucht gelandet, welche Ausgangspunkt einer der Aufsuchung von Plantagenland dienenden Expedition werden sollte. Der Untergang der letzteren, an sich schon tieftraurig und bedauernswürdig, wirkte besonders erschütternd durch folgenden Umstand. Von den beiden wegen ihres Charakters hoch geschätzten Führern war Herr Hunstein schon mehrere Jahre im Schutzgebiet als Jäger thätig gewesen, hatte sich etwas Vermögen erspart und wollte ursprünglich mit dem unmittelbar vor Abgang der Expedition auslaufenden Dampfer nach Europa zurückkehren. Nur durch besonderes Zureden liess er sich bewegen, an dieser letzten Expedition noch theilzunehmen. Sie wurde auch seine letzte. Herr v. Below hatte lange Jahre in Java als Plantagendirector gelebt, aus Interesse für deutsche Colonien besuchte er unser Schutzgebiet, wo er Kaffeebau einzuführen beabsichtigte. Er war mit dem Verfasser von Australien herübergekommen und hatte in der kurzen Dauer seiner Anwesenheit in der Colonie sich allgemeine Freundschaft erworben. Seine erste Expedition wurde sein Todesgang. Beiden Herren bewahrt der Verfasser ein warmes Angedenken. Hat man der Trauer um ihren frühzeitigen Hingang nachgegeben, vergegenwärtigt man sich dann mit aller Deutlichkeit, dass ein Jeder früher oder später das Rauschen der Flügel des Todesengels zu hören bekommt, so erwacht man bald zu dem Bewusstsein, dass selten Jemandem ein so herrliches Ende beschieden wurde. Was kann der Naturforscher sich Besseres wünschen, als in vollem Lebensmuth und Thätigkeit Zeuge zu sein von der Entfaltung der gewaltigsten aller Naturkräfte, mit lebendem Auge das Wesen ihres Wirkers wahrzunehmen, selbst wenn sein Untergang die unausbleibliche Folge ist und ihm verwehrt,

Zeugniss abzulegen von der Herrlichkeit einer Kraft, welche zu
schauen von Tausenden er allein gewürdigt wurde. Wie der menschliche Geist zu gering ist, einen Willen und Intellect zu begreifen, der
ein Weltall ins Dasein rufen konnte, so ist sein ganzes Wesen zu zer-
brechlich, um dauern zu können gegenüber Kraftäusserungen, die hinreichen, um einen wenn auch nur geringen Theil des Erdkörpers um-
zugestalten und die neu schöpfen, indem sie zerstören.

Einen Weltuntergang, eine Neuschöpfung sehenden Auges erleben
zu dürfen, ist Hunstein und v. Below beschieden worden. Das Donnern des Vulcans, das Geheul des zum Kampfe mit dem feindlichen
Element herbeistürzenden Meeres muss ihre Aufmerksamkeit erregt
haben. Wie ein Lebensalter muss ihnen der auf vielleicht eine Zeit-
minute zu bemessende Augenblick erschienen sein, der zwischen dem
ersten Donnerschlag des Vulcans und dem Geprassel der Woge lag,
die sie verschlang. Was aber haben beide in dieser Jahre dauernden
Minute erlebt und gesehen. Hob sich vor ihren Augen ein Theil des
Feuerberges in die Luft, um sich dann in das Meer zu stürzen? Sahen
sie die erste Welle in rasender Hast auf das Ufer zueilen und es mit
sich reissen? Sahen sie weithin den Meeresboden bloss gelegt, als die
Gewässer über dem eingestürzten Berge zusammenschlugen, um in der
nach erfolgtem Rücklauf gesammelten Kraft mit Schöpfungsgewalt das
Festland anzufallen, dessen Gestalt zu verändern sie bestimmt waren?
Wer kann sich ein Bild machen von dem, was die beiden Aus-
erwählten erblickten, wer kann auch nur ahnen, was sie fühlten. War
es Schrecken, Todesangst? War es Bewunderung der Elemente? War
es demüthige Verehrung des Schöpfers, der sich ihnen in seinem
Wirken offenbarte, wie einst im Sturmwind und durch ein leichtes
Säuseln dem Propheten in einem Gesicht?

In voller Lebenskraft, inmitten strebsamer Thätigkeit sind sie von
uns gegangen. Menschenhände haben sie in kein Grab gebettet, Niemand weiss, ob die reissende Fluth sie in weite Fernen getragen oder
aufgewühlte Erdmassen über sie geschüttet hat. Unvergänglich aber
ragt über dem Schauplatz ihrer letzten Thätigkeit, ihres Unterganges,
der rauchende Vulcan der Rookinsel; in dem Klopfen seines feurigen
Pulses ein mächtiges Sinnbild würdiger menschlicher Triebkraft, in
seiner meerumhegten Abschliessung und Erhabenheit ein titanenhaftes
Denkmal zweier in pflichttreuem Streben untergegangenen, guten
Menschen.

Man nimmt an, dass die Herren mit ihrer Karawane von etwa
15 bis 20 Leuten, Zelten und Vorräthen auf der Landzunge ein Lager

bezogen haben. Die Vernichtung der Landgestaltung führte ihren
Untergang herbei. Die Mannschaft des nach der Katastrophe herzu-
eilenden Dampfers vermochte bei der völligen Veränderung der Küsten-
physiognomie nur mit Mühe den Ort ihrer ersten Landung wieder zu
finden, konnte aber nur die grauenhaften, vom Wasser angerichteten
Verwüstungen beobachten und darüber berichten, von der Expedition
blieb jede Spur und Kunde aus.

Ist man sich über die Ursache der Katastrophe nicht völlig
klar, so ist deren Verlauf doch mit unzweifelhafter Sicherheit festgestellt. Am stärksten wirkte natürlich die so plötzlich empor-
brausende Fluthwelle am Orte ihrer Entstehung, wo ihre Höhe durch
die Grenze der von ihr angerichteten Zerstörung genau bezeichnet
wurde. In Finschhafen brach das Wasser in Gestalt eines starken
Stromes in den Hafen, riss mehrere Schiffe von ihren Ankern los und
zertrümmerte einen aus Steinen gebauten Damm, der vom Festlande
bis zu einer kleinen, im Hafen liegenden Insel führte. In der Nähe
des Wohnsitzes des Verfassers, in einer Entfernung von 600 km von
seinem Entstehungsorte, zeigte sich das Phänomen in Gestalt einer
nicht sehr hohen, aber riesenhaft breiten Welle, welche, ohne stark
überzukippen, also ohne äusserste Kraftentwickelung, urplötzlich die
Küsten überschwemmte. In Matupit drang das Wasser bis zur Thür
der niedrig gelegenen Wohnhäuser vor, auf Karawarra wurde das
sonst nur bei höchstem Fluthstande mit Wasser bedeckte Riff augen-
blicksweise zum Boden eines anscheinend tiefen Meeres. Schaden
wurde durch das vordringende Wasser nicht angerichtet. Von Interesse
ist die Zeitdauer, welche die Welle nöthig hatte, von dem Orte ihres
Ursprunges aus bis zur Neu-Lauenburggruppe zu gelangen. Die Katastrophe soll zwischen 5 und 6 Uhr Morgens stattgefunden haben, gegen
Mittag stieg das Meer in der Blanchebucht und der Neu-Lauenburggruppe. Die Welle hatte mithin etwa sechs Stunden gebraucht, um
die Entfernung von rund 600 km zurückzulegen. Man darf, ohne zu
übertreiben, annehmen, dass in der Blanchebucht das Wasser um etwa
5 Fuss stieg. Bedenkt man, dass die Welle, als sie diese Höhe noch
erreichte, schon durch eine reich gegliederte Küste vielfach gebrochen
worden war, ehe sie bis zur Neu-Lauenburggruppe gelangte, so lässt
sich ein Schluss ziehen auf die Anschwellung der grössten Woge, die
am Entstehungsorte sich aufthürmte.

So furchtbar zerstörend eine Kraft wirkt, welche sich in der beschriebenen Weise zu äussern vermag, so gewaltig ist auch ihre
Schöpfungsfähigkeit, indem ihr Zerstörungsproduct für den Menschen

oft werthvoller ist als das zerstörte Object. Ein Erdbeben, welches eine schroffe Abschliessungsküste zerreisst, wirkt zwar in erster Linie vernichtend, allein, wenn es Eingangspforten zu bisher unzugänglichen Gebieten eröffnet, so ist die Schöpfung wichtiger als die Zerstörung. Der Mensch schneidet ja alle Vorgänge auf Erden gern auf sich selbst zu und so bezeichnet er gewaltsame mechanische Umbildungen der Erdoberfläche als Zerstörungen, wenn er oder seine Werke unter dem Vorgange leiden oder auch schon dann, wenn ein solcher vor sich geht, ohne ihn in Mitleidenschaft zu ziehen. Welchen Zweck die Natur bei derartigen Umgestaltungen verfolgt, interessirt den Menschen so wenig, wie er ihn zu ergründen vermag. Da auf der Insel Neu-Pommern der Culturmensch im Allgemeinen von den im Erdinneren sich regenden Kräften nicht zu leiden hat, keinesfalls zu leiden hatte zur Zeit, als diese formbildend wirkten, so werden wir den Vulcanismus Neu-Pommerns auch nur unter dem Gesichtspunkte einer schöpfenden Kraft zu betrachten haben, zumal sich erkennen lässt, dass seine Thätigkeit und in Verbindung mit ihr die des Wassers dem Colonisten hier mehr als in irgend einem anderen Theile des Schutzgebietes die Wege gebahnt haben. Die Blanchebai ist für das ganze, der Gazellenhalbinsel zugehörige Gebiet nicht nur der bequemste, sondern auch fast einzige bekannte Zugang und an sich ein Hafen von hervorragenden Eigenschaften. Im Centrum des Gebietes der Inseln Neu-Pommern und Neu-Lauenburg gelegen, ist er wie von der Natur absichtlich geschaffen zum Ausgangspunkt europäischer Culturarbeit in diesen Gegenden. Leicht zugänglich, geräumig, gegen alle Winde vortrefflich geschützt, musste er vor allen anderen Stellen in die Augen fallen und die ersten Ansiedler an seine malerischen Gestade einladen. Dieses mit hohen landschaftlichen Reizen ausgestattete, ungewöhnlich fruchtbaren Boden, weite besiedelungsfähige Flächen aufweisende Gebiet der Bucht mit ihrer Umgebung ist ohne Zweifel das Product eines durch vulcanische Kräfte hervorgerufenen Umbildungsprocesses, den wir, wenn er sich vor unseren Augen nochmals abspielte, als ein Zerstörungswerk sonder Gleichen bezeichnen würden. Wir haben in der Blanchebai höchstwahrscheinlich eine Einbruchstelle von colossalen Dimensionen vor uns und können das an zwei Stellen noch heute erkennen. Zunächst zeigt uns das inmitten der Bai gelegene, in seiner ganzen geringen Ausdehnung aus vulcanischer Asche bestehende Inselchen Matupit, dass es ursprünglich horizontal und in anderem Niveau gelagert war. Man kann die Schichten an dem hoch aufgethürmten Südostende des Inselstrandes genau erkennen und verfolgen. Bei den Vorgängen, durch welche die Bai sich bildete und ihre jetzige Gestalt erhielt, veränderte das Stückchen heute Matupit geheissene Land seine Lage derart, dass sein nordwestliches Ende sich um ein Bedeutendes senkte. Die Aschenschichten lassen den Winkel, um welchen das Stück Erdrinde aus seiner horizontalen Lage gebracht wurde, deutlich erkennen, er beträgt etwa 15 Grad. Ohne allen Zweifel fand die Veränderung des Horizontes statt, nachdem die vulcanischen Aschenmassen sich auf einem vorhandenen Untergrunde abgelagert hatten, und wir erhalten durch die schräge Lagerung der Schichten den Beweis dafür, dass letzterer seine Ebene erst veränderte, nachdem die Asche darauf gefallen war. Bei der geringen Entfernung, welche die Insel von den Vulcanen, mithin von der Stelle grösster Kraftentfaltung trennt, möchte man annehmen, dass sie allein von einer Bewegung ergriffen worden sei, durch welche sie sich neigte. Abgesehen von der inneren Unwahrscheinlichkeit eines solchen Vorganges finden sich andere Anzeichen eines Einbruches, deren Sprache wir unser Ohr nicht verschliessen dürfen. Einzelne Theile der Baiufer, vornehmlich die Stellen Malangunan und Walaur, lassen erkennen, dass daselbst Erdrutschungen stattgefunden haben, ja vielleicht in geringem Grade noch fortdauern. Die dichte Vegetation des Baiufers steigt nicht bis zu diesen Abhängen von geringer Höhe hinauf, die, kahl und nackt, sofort die Blicke des Forschers auf sich ziehen. Die Himmelsgewässer sind zur Zeit andauernd bemüht, die scharfen Kanten und Spitzen dieser Stellen nach Möglichkeit auszugleichen und abzurunden. Dadurch wird zwar der landschaftliche Reiz dieser an und für sich schon so anziehenden Gegend noch erhöht und das Bestreben der Natur dargethan, den einstigen Tummelplatz ihrer unbändigsten Kräfte durch Verleihung weicher Formen und lieblicher Farben ebenso einladend zu machen, als er dereinst unnahbar gewesen sein muss, allein die Beweiskraft dieses Punktes wird durch die Mitwirkung der Atmosphärilien auch ein wenig beeinträchtigt. Aber selbst wenn wir letzteren ganz allein den Charakter der genannten Stellen auf Rechnung setzen wollten, so würden uns doch die am Südrande der Bai gelegenen Orte Barawon und Dewaun von einem ehemaligen Einbruch überzeugen. Von hier erstreckt sich landeinwärts in geringer Höhe über dem Meeresspiegel eine nicht sehr mächtige, fast horizontal gelagerte Schicht trachytischen Gesteins, die mehrerorts unverkennbare Bruchstellen aufweist, wiewohl der jetzt noch daselbst verbliebene Theil kaum in seiner Lagerung gestört worden ist. Ganz besonders deutlich lässt sich der Bruch erkennen an einer Stelle, wo er sich nicht glatt vollzogen hat. Gewaltige Blöcke

Der Vulkan „Mutter".

Zu Seite 181.

haben sich daselbst losgelöst und sind dem weggebrochenen Theile nachgestürzt, in wilder Unordnung bedecken sie das schmale Baigestade, machen es fast unwegsam, verleihen ihm aber durch ihre bizarren Formen und dunkle Färbung ein höchst romantisches Gepräge. Bei Betrachtung dieses Ortes bleibt uns kaum die Möglichkeit einer anderen Annahme als der, dass der fehlende Theil weggebrochen und im Wasser versunken ist. In dieser Vermuthung werden wir noch bestärkt, wenn wir uns nach dem Ursprung des Trachyts umsehen. Die Oeffnung, an welcher er aus dem Erdinneren entquoll, darf man in dem ältesten der vorhandenen Vulcane erblicken, von dem allerdings nur ein Rest vorhanden ist, sein Hauptmassiv scheint von den nach ihm thätigen Bergen, namentlich der früher erwähnten Nordtochter und Mutter vernichtet worden zu sein. In weitem Halbkreise, einem römischen Amphitheater nicht unähnlich, erhebt sich der Rest seiner stark verwitterten Umwallungsmauer auf der Landzunge von Nodup, zwischen der Nordtochter und der Mutter, die er beide an Umfang weit übertroffen zu haben scheint. Das Material des noch erhaltenen Theiles ist durchweg Trachyt, und man darf annehmen, dass dieses aus seinem Schlunde entfloss, als der Krater sich noch in Thätigkeit befand. Man findet das Gestein wieder unweit von dem Fusse des Berges, dem noch heute eine heisse Quelle entsprudelt, und sieht sich gezwungen, anzunehmen, dass es einst auch bis an die Stelle reichte, wo es heute beginnt; damit ergiebt sich sofort die Frage, wohin das Stück gelangt ist, welches die Ausflussquelle mit dem in ursprünglicher Lagerung noch vorhandenen Theile verbindet, und als Antwort erhalten wir bei Barawon und Dewaun die Auskunft: weggebrochen und versunken. Der Vorgang lässt sich durch die Thätigkeit der später entstandenen Vulcane erklären. Diese haben, mit Ausnahme der Nordtochter, vermuthlich nur Asche ausgeworfen, die sich in ungeheurer Mächtigkeit rings umher lagerte und mit gewaltigem Druck auf die Erdrinde lastete, unter welcher sie fortgewühlt worden war. Erwägt man, dass Explosionen, wie die von Vulcanen der Grösse der hiesigen, sich nicht ohne mächtige Erschütterungen vollziehen, so darf man mit Recht annehmen, dass eine solche einst die mit Asche belastete weit umher unterminirte Erdrinde in der Umgebung der Berge so stark in Bewegung setzte, dass der spröde Trachyt zerbröckelte und in die Tiefe versank. Das Wasser des Meeres drang nach und bildete die Bai, deren Fluthen Matupit entragt, das einzige Stückchen Erdkruste, welches nicht unter den Fluthen begraben wurde, sondern sich über ihnen erhielt, allerdings in einer Lage, welche, wie wir gesehen haben, von seiner ursprünglichen um einen messbaren Betrag abweicht. Der Boden der Bai ist mit derselben Asche bedeckt, welche wir in den schrägen Schichten von Matupit finden; er wird als grauer, feiner Schlamm von Netzen oder Senkbleien heraufgebracht. Schliesslich darf noch auf den Umstand hingewiesen werden, dass auch Matupit, wie alle die anderen Inselchen, in seinem östlichen Ende gehoben ist, mithin die Bewegung, welche die Bai durch Einbruch entstehen liess, möglicher Weise dieselbe war, die das Korallenriff Neu-Lauenburg zerriss und in Inselchen zertheilte. Von Interesse wäre es, festzustellen, wie weit nach Südosten und Nordwesten Asche den Meeresboden bedeckt, es liesse sich daraus annähernd ein Schluss auf die Ausdehnung des früheren Geländes ziehen, von dem man vielleicht annehmen darf, dass es sich ehemals vom Nordcap bis Kiningunan hinüber erstreckte, in gerader Verlängerung des Zipfels, der die drei Vulcane trägt. Ueber seine Ausdehnung in entgegengesetzter Richtung fehlt uns jeder Anhalt. Der gewaltige Aschenhaufen, den die Natur hier abgelagert hat, entstammt, wie man mit Sicherheit annehmen kann, hauptsächlich den Vulcanen Mutter, Südtochter und Ghaie und zum Theil auch der älteren Nordtochter. Während die Aussenwand des Ghaie noch nicht tiefreichender Verwitterung unterlegen ist, findet man bei Besteigung der Mutter und Südtochter, dass beide aus demselben Material bestehen, aus welchem Matupit gebildet ist und welches weiter südlich auf dem Plateau lagert. Die den Bergen entsteigende Asche wurde natürlich in der Richtung der vorherrschenden Winde entführt, doch ist der Umstand bemerkenswerth, dass im Verhältniss zu der Nähe der Vulcane, zu der muthmaasslichen Gewalt ihrer Ausbrüche und der Mächtigkeit der in der Nachbarschaft der Berge lagernden Aschenschicht die Ausbreitungszone der letzteren eine nur geringe ist. In der Luftlinie gemessen ist die Grenze nach Südwesten nur etwa 17 km vom Gipfel der Mutter entfernt. Nach Südosten dürfte sich das Aschenland kaum so weit ausdehnen, blickt man von dem mit mächtigen Trachytblöcken gekrönten Varzinberge in dieser Richtung über das Land, so kann man keines der Merkmale wahrnehmen, welche für das Vorkommen der Asche kennzeichnend sind. Von der Bai aus bis an die Ostküste die Gazellenhalbinsel zu durchwandern, hat noch Niemand versucht. Die südliche Grenze der Aschenzone erreichte der Verfasser, als er die Gazellenhalbinsel von Raluana aus bis zum Weberhafen durchquerte. In der Nähe des letzteren begegnete er wieder der trachytischen Lava, deren wir schon als am Fusse des ältesten Kraters auftretend Erwähnung thaten. Diese verhältnissmässig geringe Ausdehnung des Aschengebietes darf man wohl durch das Verhalten der Luft während der Vulcanausbrüche erklären. Als gewaltiger Sturmwind wird sie sich von allen Seiten auf die lodernde Gluth gestürzt haben und von dieser in die Höhe gerissen worden sein. Die Asche ist ihr gefolgt und beim Herabfallen in die Region des vulcanwärts gerichteten Luftstromes gelangt, der sie entweder in der Nähe der Berge niederschlug oder mit sich nahm in einem Kreislauf, den sie schliesslich doch in geringer Entfernung von dem Schlote, dem sie entstammte, beendete. In entferntere Gegend ist wahrscheinlich nur die Asche entführt worden, welche dem einigermaassen beruhigten Vulcane in schwächerer Säule entstieg und dem nun wieder in sein Recht eintretenden Monsun folgen musste. Demgemäss ist nur das feinste Material bis an die Grenzen der Ausbreitungszone der Asche gelangt und deren Schicht nimmt von der Mitte nach dem Umkreise an Mächtigkeit ab. Diese lässt sich genau messen. Bei Ratum, wo das einstmalige Land nur wenig Meereshöhe gehabt zu haben scheint, fällt heute die Küste mit etwa 20 Fuss Höhe senkrecht zur See ab. Der ganze Steilabfall wird gebildet von der Aschenschicht, deren Mächtigkeit in dem hier sichtbaren Querschnitt aufgedeckt wird. Wegen der grossen Porosität der Asche ist die Verwitterung bis zu bedeutender Tiefe eingedrungen, wodurch der Boden eine ganz ungemeine Fruchtbarkeit erhalten hat. Aber selbst die Art des früheren Geländes, sowie dessen chemalige Vegetationsdecke wird uns an dieser Stelle deutlich kennbar vor Augen geführt. Mitunter lösen sich mächtige Stücke des losen, tiefgründigen Erdreichs von der Uferwand ab und fallen ins Meer. Wir erkennen dann, dass die mürbe, obere Erdschicht einem festeren lehmhaltigen Grunde auflagert. In den abgebröckelten Stücken finden wir ausgezeichnet erhaltene Theile ehemaliger Pflanzen, Früchte und Blätter verschiedener Arten Pandanaceen lassen sich sofort erkennen, nachdem sie, wie die Gärten Pompejis vielleicht über ein Jahrtausend in trockene Asche verbacken gewesen, wie die Häuser jener Stadt die unerwartete Sonne, die in unverminderter Heiterkeit strahlt, doch auf welche veränderte Gegend. Selbstverständlich hat die niederfallende Asche die Plastik des Urgeländes völlig verwischt. Das leichte, lockere Material rutschte von steilen Hängen von selbst nach der Tiefe, die sanftesten Winde genügten, es dahin zu wehen und der Regen vollendete den allgemeinen Nivellirungsprocess, indem er von den Anhöhen hinabwusch, was sich darauf festgesetzt hatte. Wahrscheinlich sind eine ganze Anzahl Ausbrüche erfolgt, so dass dieser Vorgang sich mehrmals wiederholte; daraus erklärt es sich, dass das Gebiet der Aschenablagerung im Wesentlichen eine grosse Fläche ist, deren Unebenheiten der Wirkung der Atmosphärilien zuzuschreiben sind, nicht aber die Plastik des darunter begrabenen Geländes andeuten. Dennoch lassen sich bei einiger Ueberlegung Anhaltspunkte finden, welche einen Schluss auf die Gestaltung der früheren Bodenoberfläche gestatten. Wo wir die Asche in grosser Mächtigkeit liegend finden, war früher, wie wir soeben gesehen haben, eine Vertiefung oder Niederung. Hier wird sich wegen des porösen Charakters des Bodens keine solche Vegetation haben entwickeln können, deren Gedeihen davon abhängt, dass ihre Wurzeln das Grundwasser oder irgend welche Feuchtigkeit erreichen. Wir sehen daher in Wirklichkeit auch die Aschenebene hauptsächlich nur mit langem, ziemlich werthlosem Alang-Alang genannten Grase bestanden, dessen Wurzeln nicht mehr Feuchtigkeit erfordern, als Thau und Regen ihnen zuführen. Wo die Asche nur dünn, der lehmhaltige Boden nicht allzu tief unter der heutigen Oberfläche liegt, hat früher das Land eine Erhöhung gehabt. Das dürfte überall da der Fall gewesen sein, wo wir nach unserer Rechnung vegetationsarme Aschenschicht finden müssten, statt dessen aber auf hochstämmige, wasserbedürftige, schattenspendende Vegetation stossen. Die Gegend niedrigster Erhebung über dem Meere scheint die der nächsten Umgebung der Vulcane an Stelle der heutigen Blanchebai gewesen zu sein. Die durchlässige Asche erlaubt dem Wasser nicht, sich darin zu sammeln, es dringt daher bis auf die Oberfläche des ursprünglichen Geländes, dessen natürlicher Neigung es folgt, bis es Gelegenheit findet, zu Tage zu treten. Geschieht dies auf der Ebene der Aschenschicht, so dürfen wir vermuthen, dass letztere an der Stelle nur dünn ist, geschieht es an einem Abhange, so wird das zu Tage tretende Wasser ungefähr den Boden der Aschenschicht bezeichnen, was uns abermals in den Stand setzt, deren Mächtigkeit zu messen. Eine solche Stelle am Südufer der Bai, Karawia genannt, ist auf weite Entfernung der einzige Wasserplatz für die umwohnende Bevölkerung; von deren weiblichem Theile man daher den Ort zu jeder Tageszeit belagert sieht. Die Weiber füllen ihre Cocosschalen und Bambuseimer und erzählen sich den neuesten Klatsch aus ihren Dörfern, beklagen sich über die Behandlung, die sie von ihren Männern erfahren, deren Reichthum und Einfluss sie in demselben Athem rühmend preisen. Die weibliche Jugend wäscht sich bei dieser Gelegenheit vielleicht einmal, verzehrt einige der reichlich von der Natur gebotenen Früchte oder mitgebrachte Leckerbissen, beklagt sich über harte Arbeit und wirft verstohlene Blicke in das Dickicht des Waldes, wo versteckte Kanakenjünglinge dem flüsternden Geplauder

dieser holden Kanakenblumen bewegten Herzens lauschen. Für den
Europäer hat ein derartiges Volksidyll unter den Kanaken wenig An-
ziehendes, das Volk schliesst sich zu sehr ab, besitzt neben seiner Un-
nahbarkeit zu wenig Eigenschaften, die es dem Europäer anziehend
erscheinen lassen. Wohl aber ist das Wirken der Natur dazu angethan,
hier seine ganze Aufmerksamkeit zu fesseln. Das klare Wasser quillt
aus einem Spalt in senkrechter, rankenbedeckter Wand, um sich an
deren Fusse in kleinen Bassins zu sammeln. Diesen enteilt es rasch,
um als plätschernder Bach die Stille des dunkeln Tropenwaldes zu
beleben, eho es den sonnenerwärmten Gewässern der lachenden Bai
Kunde bringt von öder Asche, der es froh entronnen. Weit ausladende
Kronen mächtiger Bäume beschatten den durch die Quelle feuchtkühl
gehaltenen Ort, dessen Temperatur nach der auf dem trockenen
Aschenplateau waltenden grossen Hitze nervenstärkend und erfrischend
wirkt. Umgefallene Bäume, grotesk gruppirte Stücke herabgefallenen
Erdreiches bieten bequeme Sitzplätze und laden den Wanderer ein,
unter dunklem Laubdach Rast zu machen, um mit Musse seine Umgebung und die sie bevölkernden Menschen zu betrachten. Von letzteren schweift indessen der Blick bald durch verschlungene Baumäste
in das Weite und senkt sich nieder auf die tief unter uns sich aus-
dehnende breite Bai. Ein treuer Spiegel ihres Gestades ruht reglos
die Fluth, der gleich winzigen Felsen die kleinen Inselchen Matupit
und Vulcaninsel entragen. Jenseits im Norden erheben die riesigen
Vulcane ihre spitzen Gipfel hoch über die Grenze breitlaubiger Vegetation und kühlen ihre nur mit Gras bedeckten Häupter in dünner,
schärferer Luft; während blaues Gewässer mit spielender Brandung
ihren Fuss badet, dessen Gelände von scharfen, zackigen Formen und
kräftigen Farben in die feine, glänzende Linie verläuft, mit welcher
das Meer im Osten unseren Horizont bildet. Von unvergleichlicher
Schönheit ist dieser Punkt. Aus frischer, schattiger Waldeskühle blickt
der ruhende Wanderer auf sonnendurchglühte Gebiete, aus enger,
waldumschlossener Spalte auf das endlose Meer. Von ragender Höhe
schaut er nieder auf die Welt zu seinen Füssen, empor zu scharfen
Spitzen mächtiger Berge. Von der steil abfallenden Wand zu seiner
Seite wandert sein Auge bewundernd zu den üppigen Formen der
reichen Gliederung des jenseitigen Ufers der Bai; noch nie hat ein
Ansiedler diesen von der Küste aus leicht erreichbaren Punkt besucht,
ohne mit Entzücken seine Anmuth zu preisen; wer diese zu bewundern
Gelegenheit hatte, kann nicht anders als sich hingezogen fühlen zu
einem Lande, dessen äussere Schönheit so mächtig zu seinen Sinnen

spricht. Mit Recht nennt man diese Stelle das Amalfi des Archipels. Lassen wir unser entzücktes Auge auf dem herrlichen, zu unseren Füssen ausgebreiteten Panorama weilen, so wird es bald von einer merkwürdigen Erscheinung angezogen, und zu unserer Bewunderung gesellt sich alsbald wieder rege Aufmerksamkeit. Westlich von Matupit, unweit dieser kleinen Insel, ragen zwei Felsen aus dem Meere, denen man wegen ihrer Form den Namen die „Bienenkörbe" gegeben hat. Ungefähr 50 Fuss hoch entsteigen sie unvermittelt dem Wasser, d. h. ohne umgebenden Strand, und nähere Betrachtung zeigt, dass sie aus vulcanischem Conglomerat bestehen. Bimsstein, trachytische Laven, Obsidian und verschiedene andere Bestandtheile sind hier durch Feuersgewalt zu mächtigen Blöcken zusammengeschweisst. Man kann nicht gut annehmen, dass diese Felsen einst urplötzlich, wie die Vulcaninsel, aus der Tiefe emporgetaucht sind, wir werden daher versuchen müssen, ihr Dasein auf andere Weise zu erklären. Der Verfasser hat darauf hingewiesen, dass der älteste Krater und die Nordtochter neben Asche auch andere festere Materialien, wahrscheinlich in einer sehr frühen Periode, ausgeworfen haben. Da man die Thätigkeit dieser Vulcane in eine sehr weit zurückliegende Zeit, vielleicht in das Tertiär oder in eine Epoche verlegen darf, in welcher hier die Erdkruste die letzten Stadien ihres Bildungsprocesses durchmachte, so ist es wohl möglich, dass wir in den „Bienenkörben" einen Rest der Ausflüsse jener ältesten Vulcane, ein Stück Gelände vor uns haben, welches den später stattfindenden Einbruch erlebte, ohne selbst mit zu versinken. Diese Ansicht wird unterstützt durch folgende Beobachtung. Stellen wir uns auf das Festland von Nodup, im Norden der Insel Matupit, reconstruiren wir uns in Gedanken das ehemalige Land, indem wir Matupit durch Hebung seines westlichen Endes wieder in seine horizontale Lage bringen und sein allgemeines Niveau ein Weniges erhöhen, um den Senkungsprocess auszugleichen, so finden wir, dass nun die Schichten der Insel mit den Häuptern der Bienenkörbe, bei denen wir atmosphärische Annagungen in Rechnung ziehen, in einem Horizont liegen. Vielleicht erstreckte sich der erste Einbruch nur bis zu diesen Felsen, die einst Uferabhang gebildet haben mögen, später fand allmäliges Nachrutschen und weiteres Eindringen des Wassers statt, dem indessen die feste Structur dieses feuergehärteten, bis in dunkelste Erdtiefen reichenden Materials zu widerstehen vermochte.

Haben wir bei dieser Betrachtung kennen gelernt, wie der Vulcanismus ein ausschlaggebender Factor unter den formenbildenden

„Bienenkorb" in der Blanche Bai.

Kräften bei Gestaltung der Insel gewesen ist, so dürfen wir auch noch einen prüfenden Blick den Bergen widmen, welche die Stellen bezeichnen, an denen diese Kraft ihre vehementeste Aeusserung fand. Deren höchster ist der mittelste. Seine Gestalt ist die regelmässigste und er präsentirt in typischer Weise die Form des vulcanischen Kegels. Sein Gipfel ist ein wenig eingesunken und macht den Eindruck, als sei ein Stück ausgesprengt worden. Dieser Umstand mag vielleicht die Veranlassung gegeben haben zu der Annahme, dass eine auf dem Gipfel des Berges vermuthete Höhlung mit Wasser angefüllt sei, mithin eine Art See sich dort befinde. Diese Behauptung ist längst als unrichtig erwiesen. Dass ein grösseres Volumen angesammelten Wassers sich in einer Höhlung des Berges halten könne, ist schon desswegen unwahrscheinlich, weil der ganze Kegel aus der porösen Masse zusammengebackener Bimssteinasche gebildet zu sein scheint, mithin Wasser sofort durchlassen würde. Ob ein innerer Kern von festerem Material vorhanden ist, lässt sich nicht feststellen. Jedenfalls besteht die Aussenhülle des Berges aus Asche, die sich indessen im Laufe der Zeit zu einem leichten, tiefgründigen Boden von unerschöpflicher Fruchtbarkeit umgewandelt hat. Diesen Umstand haben die Eingeborenen wohl erkannt und sich in ausgiebigster Weise zu Nutze gemacht, indem sie ihre Gärten an den steilen Berglehnen anlegen und fast bis zum Gipfel hinaufführen. Die Schwierigkeit der Bestellung wird aufgewogen durch die an Menge und Güte gleich hervorragenden Ernten. Etwa bis zu zwei Drittel seiner Höhe hat der Berg Buschvegetation aufzuweisen, die ihn jedoch nicht gleichmässig bedeckt, sondern namentlich in den höher gelegenen Partien gern den Schutz der Schluchten aufsucht, welche sich im Wege der Erosion in der Bergwand gebildet haben. Namentlich ist dies auf der Südseite zu bemerken, welche dem der Entwickelung kräftigeren Pflanzenwuchses auf so exponirter Lage nicht gerade günstigen Südost-Monsun besonders ausgesetzt ist. Die Ostseite der Mutter ist durch die vorgelagerte Südtochter vor dem Monsun geschützt, weist daher auch dichteren Waldbestand auf, während die schützende Südtochter nur mit Graswuchs bedeckt ist, den wir auch auf dem oberen Drittel der Mutter wiederfinden. Die Schlucht zwischen beiden Bergen ist gut mit Busch, dem man den Namen Wald allerdings nicht geben kann, bestanden.

Auf der Mutter ist die Existenz des Holzbestandes schon in Frage gestellt. Der Ertrag des reichen Bodens ist so ausgiebig, dass die Kanaken den Busch abholzen, um Gartenland zu gewinnen. Als der Verfasser unter Begleitung einiger Ansiedler den Berg bestieg, musste er

sich durch das wirre Geäst umgehauener, der Zersetzung überlassener
Bäume und Sträucher hindurcharbeiten, um auf die grasbedeckten
Partien zu gelangen, in denen der Aufstieg bequemer wird. Das
Gras in dieser Höhenlage ist nicht das sonst allgemein auftretende
ziemlich nutzlose Alang-Alang, sondern ein weiches, dünnes, im
Verhältniss zu jenem kurzes Gras. Zwar weist es immer noch die
stattliche Länge von etwa 18 Zoll auf, wächst aber dicht und geschlossen
und erinnerte den Verfasser durch seine rothe Farbe lebhaft an das
süsse Präriegras der küstennahen Gebiete in dem südafrikanischen
Natal. Würde der Grasbestand der beiden Berge regelmässig und rationell abgebrannt, so wäre es vielleicht möglich, eine grössere Heerde
Ziegen mit Erfolg hier oben zu ziehen, wodurch dem Fleischmangel
der Gegend wesentlich abgeholfen werden würde. Leider sind Versuche in dieser Richtung für die Casse von Privatunternehmern meist
zu kostspielig. Bis fast hinauf zu ihrem Gipfel ist die Süd- oder
Südostseite der nördlichen Tochter mit Busch bildender Vegetation
bedeckt. Die beiden vorgelagerten Berge bieten hinreichend Schutz
gegen die Heftigkeit des Monsuns, und die Nordtochter ist, wie schon
mehrfach erwähnt, der älteste der Berge, seine Aussenseite mithin
am längsten den verwitternden Einflüssen der Atmosphäre ausgesetzt.
Dennoch kann sich der Boden auf diesem Berge an Tiefgründigkeit
nicht mit dem der Mutter messen. Das ehemalige Auswurfsproduct
war ein anderes, härteres als das seiner jüngeren Collegen und ver-
witterte nicht bis in solche Tiefe, wie die für Feuchtigkeit und Luft
leichter zugängliche Bimssteinasche. Der Nordabhang der Nordtochter
lässt noch heute genau die Lavaströme erkennen, die einst ihrem
Inneren entquollen, und wenn man die Wirkung der Angriffe der
Atmosphäre auf die Seiten der Mutter Rinnen nennen kann, so muss
man die auf der Nordtochter als Risse bezeichnen. Hier sind weichere
Stellen ausgewittert und ausgespült, die Ränder des härteren Materials
sind in rissiger Form stehen geblieben, eine ungangbare Spalte hat
sich gebildet, auf der Mutter hat nur Abspülung stattgefunden, die
an einigen Stellen tiefer in die Oberfläche eingedrungen ist als an
anderen, nirgends aber hat das leicht lösliche Material rauhe und
scharfe Formen entstehen lassen, so dass auch die vorhandenen
Schluchten durchklettert werden können. Im Gegensatz zu der Ruhe,
welche die drei grossen Berge umfängt, befindet sich deren Enkel,
der „Ghaie", noch im Zustande des Werdens. Er ist ein richtiger
Aschenkegel, von welchem sich das Bimssteingeröll unter dem stei-
genden Fusse ablöst und mit klirrendem Geräusch nach unten gleitet.

Oben auf dem Berge angelangt, blickt man in einen runden Kessel
von etwa 50 m Tiefe und 200 m oberem Durchmesser, auf dessen
Boden gelblichweisse Ablagerungen sichtbar sind. Der Kraterrand ist
ausserordentlich schmal, so dass stellenweise nur eine Person darauf
einherschreiten kann. Hier und da finden sich kleine Aschenhaufen,
denen stetig ein scharf riechender weisslicher Dampf entsteigt, der
sich als weisser Alaun in krystallinischer Form niederschlägt. An
anderen Stellen entquillt Schwefeldampf dem Boden, man kann hier
einen äusserst feinen, völlig reinen Schwefel in beträchtlichen Quantitäten aufsammeln. Derartige Dämpfe sind natürlich todbringend für
alle Vegetation und es dürften noch lange Jahre vergehen, ehe diese
mit dem Sammet ihrer Gewandung das im Ghaie ausbrechende Geschwür in der Epidermis des Erdkörpers liebend verhüllt.

Der Verfasser möchte weiter auf eine Erscheinung hinweisen, die
ihn viel beschäftigt hat, über die er aber nicht Gelegenheit fand, auf-
klärendes Material zu beschaffen. Blickt man auf die Insel Neu-Pommern als ein Ganzes, so fällt schon die Richtung ihres Verlaufes auf,
der sich quer zu all den anderen Inseln der Gruppe des Archipels
erstreckt, aber auch ihre Gliederung hat höchst eigenartige Merkmale
aufzuweisen. Eine besondere Einschnürung des Inselkörpers wiederholt sich an verschiedenen Stellen, an deren beiden Seiten jedesmal
gleichartige Einbuchtungen zu finden sind. Im Norden beginnend,
haben wir die erste Einschnürung zwischen Blanchebai und Weberhafen,
weiter südlich zwischen Henry Reidbai und Hixonbai. Die Jacquinot-
bucht bezeichnet eine weitere solche Stelle, doch ist für sie und die
Montaguebucht die gegenüberliegende Commodorebai die gemeinsame
Begleiterscheinung, die sich an dem westlichsten Ende der Insel, auf
deren Nordküste, noch einmal wiederholt, ohne auf der Südküste die
ihr zukommende Parallele in ausgeprägter Form zu finden. Es ist bei
dem heutigen Stande unserer Kenntniss des Inselkörpers noch völlig
unmöglich, diese sehr auffallende Erscheinung zu erklären, die man
auf den in dieser Insel so kräftig thätigen Vulcanismus hat zurückführen wollen, die jedenfalls der Wirkung gleichartiger Kräfte auf Rechnung gesetzt werden muss. Der Verfasser besuchte die Henry Reidbai,
vermochte indessen keine Spuren vulcanischer Thätigkeit zu entdecken,
konnte jedoch nicht umhin, die Verwandtschaft der Gestaltung dieser
Bucht mit der der Blanchebai zu bemerken. Bei beiden ist der Verlauf des Südrandes ein annähernd ost-westlicher, bei beiden biegt der
Rand dergestalt um, dass er von Nordwesten her eine Landzunge herab-
sendet, die den Eingang in die Bucht abschliesst und in dem einen

Falle mehr, in dem anderen weniger hafenbildend wirkt. Dieselbe
Erscheinung wiederholt sich bei den anderen Buchten der Südküste,
wenn deren Gestaltung von den existirenden Karten auch nur annähernd
richtig wiedergegeben ist. Allerdings verwischt sich das Charakteristische der Form, je mehr die Küste die genaue Ost-Westrichtung
einnimmt, die Südränder der Buchten mithin dem Druck des Südost-
Monsuns direct ausgesetzt sind. Umgekehrt wird der abschliessende
Theil der Buchten an der Nordküste immer deutlicher, je weniger der
Nordwest-Monsun die ganze Oberfläche der Bucht bestreichen kann.
So ist an der Süd- resp. Ostseite der Insel das von Nordwest sich
herabsenkende Horn in der Blanchebucht das kräftigste, an der Nord-
seite das von Südwesten vorspringende Vorgebirge in der Commodorebai am deutlichsten entwickelt. Weit davon entfernt auf Grund des
geringen Beobachtungsmaterials eine Theorie über die auffallende
Formbildung dieser Küste aufstellen zu wollen, glaubt der Verfasser
doch seine vorläufige Ansicht kurz darlegen zu sollen, um künftige
Forscher zu veranlassen, ihr Augenmerk auf diese höchst interessante
Erscheinung zu richten. So weit sich hat feststellen lassen, durch-
setzen die Gebirgszüge der Insel diese in einer Richtung parallel zu
der, welcher das Hauptmassiv Neu-Guineas im Westen und das Rückgrat Neu-Mecklenburgs im Osten folgen, man darf mithin mit einigem
Recht annehmen, dass hier einst ein Zusammenschrumpfen der Erdkruste stattfand, wodurch eine Anzahl paralleler Runzeln entstanden.
In gewissen Zwischenräumen bildeten sich Spalten, aus denen die vulcanischen Kräfte des Erdinneren nach aussen in die Erscheinung traten.
Die Dampierstrasse, Commodorebai, Hixonbai und Blanchebai bezeichnen solche Stellen. Ueberall, wo die durch vulcanische Kräfte
gehobene Erdrinde sich wieder senkte, oder da, wo die parallel
laufenden Anschwellungen der letzteren so viel Abstand von einander
hatten, dass zwischen ihnen die Höhenlage der Erdrinde über dem
Wasser verhältnissmässig gering war, setzten Wind und Wasser sofort
mit ihrer Thätigkeit ein, um im Laufe der Jahrtausende alles das
wegzunagen, was sich, ohne hinreichende Härte zu erfolgreichem
Widerstande zu besitzen, der Richtung der Kraftäusserung beider
Factoren entgegenstellte. Auf der Südseite und dem westlichen Theil
der Insel sind daher die Buchten völlig offen, deren westlicher Rand,
auf den Wind und Wasser sich richten, wenig ausgebildet. Wo der
Inselkörper nach Nordosten umbiegt, richtet sich die tiefste Annagung
der Richtung der Kräfte entsprechend nach Nordwesten möglichst zwischen zwei Bergzüge hinein, welche dann als südlicher Rand und von

Nordwesten herkommende Landzunge die Stelle der Auswaschung um-
schliessen. In genau analoger Weise hat sich, die Richtigkeit der
vorgetragenen Anschauung vorausgesetzt, der Vorgang auf der entgegengesetzten Seite der Insel vollzogen, doch verzichtet der Verfasser
darauf, die Idee weiter zu entwickeln, die, auf ein geringes Material
sich stützend, nur seinen Nachfolgern in der Erforschung der Insel
Anregung zu weiterer einschlägiger Beobachtung geben soll.

Ueber den geologischen Aufbau der langgestreckten Insel Neu-
Mecklenburg lässt sich mit Bestimmtheit heute noch kaum eine Ansicht aussprechen. Auf Grund der gefundenen Gesteinsproben möchte
man zu dem Schluss gelangen, dass die Insel in zwei Theile zu
zerlegen sei, deren jeder einen anderen Charakter trägt. Der südöst-
lichste, in seinem Verlauf nach Süden gerichtete Theil scheint vulcanischer Natur zu sein, wenngleich auch, so viel uns bekannt,
weder thätige noch erloschene Vulcane in dieser oder einer anderen
Gegend der Insel sich befinden. Die aus den Bächen dieses Theiles
der Insel stammenden Gesteinsproben gehören indessen fast ausnahmslos älteren vulcanischen Formationen an. Damit ist die Thatsache
sehr wohl vereinbar, dass in den kleinen Buchten dieses Inselstückes,
welche von Europäern besucht worden sind, gehobene Koralle anstehend gefunden worden ist. Noch hat indessen Niemand das von
hohen Bergen und tiefen Schluchten ungemein unwegsam gemachte
Innere dieses Gebietes betreten, auch würde ein Reisender, ohne langen
Aufenthalt an einer Stelle zu nehmen, nur sehr oberflächliche Information erlangen können, da die dichte Buschvegetation und die Unwegsamkeit des Geländes gerade der geologischen Forschung hervorragende Schwierigkeiten bereiten. Bei seiner Durchquerung der Insel
glaubte der Verfasser, ohne sich für die Richtigkeit seiner Auffassung
unbedingt verbürgen zu können, Folgendes zu bemerken. Wo die Längsrichtung der Insel nach Nordwesten umbiegt, verlieren die Berge ihre
auf dem südlichen Theile obwaltende chaotische Anordnung und charakterisiren sich als ein einfacher Höhenzug mit steilem Abfall nach Südwesten, sanfter Abdachung nach Nordosten, und man gewinnt den
Eindruck, dass man eine gehobene, gewaltig aus ihrer Horizontale gebrachte Erdscholle vor sich habe. Ist die früher dargelegte Anschauung
des Verfassers richtig, so wird man in dem Neu-Mecklenburg durchsetzenden Gebirgszuge die letzte, d. h. östlichste der Runzeln erblicken
dürfen, welche sich auf dem zusammenschrumpfenden Theile des Erd-
antlitzes hier bildeten. Wiewohl es fast unmöglich ist, ohne sehr auf-
merksame und zeitraubende Untersuchungen Schichtung nachzuweisen,

so spricht doch alles dafür, dass man sich hier in einem Gebiete
der Ablagerung befindet. Wo es dem Verfasser gelang, anstehenden
Fels anzuschlagen, fand er stets Kalk abwechselnd mit Sandstein,
allerdings ist es sehr wahrscheinlich, dass diese auf einer Unterlage
alten vulcanischen Gesteines ruhen, welches im südlichen Theile
der Insel anscheinend formationsbildend auftritt. Die Bäche des mittleren Theiles der Insel führen Geröll sedimentären Charakters, hauptsächlich Kalk, hier und da Stücke Grauwacke, daneben aber grauen
Granit und Porphyr.

Dieses Gestein fand der Verfasser in einem der Bäche der Gegend,
im Meeresniveau auch anstehend, während das von den Bergen herab-
gebrachte Geröll eben dieses Baches durchaus sedimentären Charakters
ist. Je weiter man dem Laufe der Insel nach Nordwesten folgt,
desto mehr scheint sich die vulcanische Unterlage nach der Tiefe zu
neigen, selbst in Meereshöhe findet man schon sedimentäre Gebilde,
abgesehen von den überall auftretenden, oft die Küste säumenden
Korallen. Der Charakter der auflagernden Bergrücken scheint durchaus sedimentär zu sein, jedenfalls findet sich im mittleren Theile
der Insel jenes merkwürdige kreideartige Material, aus welchem die
Eingeborenen ihre räthselhaften Figuren schnitzen, die wir in den
Museen anstaunen, deren Zweck und Gebrauchsart uns aber bis
heute noch völlig dunkel ist. Das Gelände senkt sich allmälig und
verliert etwa in der Längsmitte der Insel seine sonst sehr beträchtliche Höhe. Gleich darauf erhebt es sich wieder, steigt zu gewaltigen Spitzen an und sinkt langsam nach seinem westlichen Ende
zu, welches in niedriges, fast ebenes Land von geringer Meereshöhe
ausläuft. Ob wir hier dieselbe Anordnung vor uns haben, ob sedimentäre Gebilde auf altvulcanischer Unterlage in anfänglich geringer,
nachher weit bedeutenderer Mächtigkeit aufliegen, ist eine offene
Frage. Jedenfalls tragen die kleinen dem Westende Neu-Mecklenburgs
vorgelagerten Inselchen durchaus sedimentären Charakter. Man findet
hier ein körniges, in der Farbe an Granit, in der Structur an groben
Sandstein erinnerndes Gestein anstehend, vulcanische Gebilde kamen
auf diesen Inselchen dem Verfasser nicht zu Gesicht.

Darf man den Vulcanismus als die am heftigsten und unmittel-
barsten wirkende der im Archipel einst thätig gewesenen, formbilden-
den Kräfte bezeichnen, so muss ihm doch das Wasser als in seiner
Wirkung gleichwerthiger, wenn auch in seiner Thätigkeit langsamerer
Arbeitsgenosse, zur Seite gestellt werden. Wir haben dies schon bei
der Betrachtung der Küstengestaltung Neu-Pommerns wahrzunehmen

geglaubt, können uns jedoch an anderen Beispielen von der gewaltigen Wirksamkeit des flüssigen Elementes überzeugen. Die Insel Neu-Lauenburg bildet einen Theil jenes Stückes Erdrinde, welches sich hier einst durch Schrumpfung zusammenzog, und es lässt sich kaum verkennen, dass irgend ein Bewegungsprocess die Lage dieses Erdfleckchens veränderte, es zu einer Drehung um seine eigene Längsachse zwang. Der westliche Theil senkte, das östliche Gestade hob sich, eine Bewegung, welche sich durch eine Schrumpfung recht wohl erklären lässt. Während nämlich der westliche Theil der Insel sich ganz flach zum Meere hin absenkt, sich gleichsam in das hier angebaute, mächtige Korallenriff verläuft, ragt das östliche, fast auf seiner ganzen Länge einen Steilabfall bildende Ufer bis zu der für den kleinen Umfang der Insel beträchtlichen Höhe von etwa 50 m über dem Meer empor.

Vom Boote des die Gegend besuchenden Ansiedlers aus gewährt diese Steilküste einen imposanten Anblick. Da man fast am Fusse der Felswand entlang fahren kann und sie von niedrigem Sitz aus betrachtet, überschätzt man leicht ihre Höhe und Steilheit, unterliegt aber um so mehr der malerischen Wirkung des Gesammteindruckes. Das Gestein ist Korallenkalk, dessen weisse Farbe stellenweise fast das Auge blendet, der jedoch überall da, wo man seine rauhe, zerrissene Oberfläche erkennen kann, einen unschönen Eindruck hervorruft. Von oben herab senkt sich die Vegetation über die scharfe Kante des Steilufers, theils sind es Schlingpflanzen, die ihre graziösen Ranken in der Seebrise schaukeln, theils haben anspruchslose Gewächse, wie Pandanaceen, ihre feinen Wurzeln in die Poren des Gesteins gesenkt, saugen daraus ihre kümmerliche Nahrung und verhüllen dankbar mit dem reichen Kleide ihres tiefgrünen Blätterschmuckes ihren kargen, unschönen Nährboden. Wo dieser aus den weichen Falten des üppigen Gewandes in schroffen Zacken oder kühnem Vorsprung hervortritt, umtost ihn das monsunbewegte Gewässer des St. Georgcanals, reichlicher Gischt spritzt hoch am Felsen empor, als wolle er den Saum des Blattgewandes erhaschen. Dieser entzieht sich jedoch dem Ungestüm des Elementes, und nur wo letzteres sanft das mehr geneigte Gestade bespült, reichen seine dichten Falten bis zu dem plätschernden Gewässer hernieder. Zum besonderen Schmuck des schmalen Strandes ragt hier und da aus dem dichten Gebüsch eine Cocospalme, welche meist die Nähe einer Hütte verräth, die sich indessen, wohl verschämt ob ihrer Baufälligkeit, fast gänzlich hinter dem Pflanzengewirr verbirgt. Zwischen Port Hunter und der Weiraspitze fällt an einer Stelle der Fels fast senkrecht zum Meere ab. Etwa

20 Fuss über dem Meeresspiegel befindet sich, hinter herabhängenden
Ranken versteckt, eine ungefähr 12 Fuss hohe und 6 Fuss breite
Oeffnung, die den fast ovalförmigen Eingang zu einer Höhle im
Inneren des Felsens bildet. Ein 100 Schritt langer und sich allmälig
bedeutend erweiternder Tunnel führt in westlicher Richtung zu einer
Halle, welche dereinst gewiss bedeutende Dimensionen besessen hat.
In ganz jüngster Zeit ist ihr Dach eingestürzt, das heruntergefallene
Material, welches zum Theil in Gestalt riesiger Blöcke umherliegt,
füllt die Mitte des Raumes. In der Decke ist durch den Einbruch
eine Oeffnung entstanden, welche dem eine merkwürdige Licht-
wirkung hervorrufenden Tage den Eintritt gewährt. Stellt man sich
in den tieferen Theil der Höhle und blickt nach oben, so kann man
die daselbst befindliche Oeffnung nicht wahrnehmen, wohl aber erkennt
man dicke Strahlenbündel eines blauen Lichtes, welche von einer engen,
anscheinend runden Stelle von oben ausgehend, nach allen Seiten sich
ausbreiten, bis sie sich wieder in völliger Dunkelheit auflösen. Schon
nach nur secundenlanger Betrachtung des Schauspiels ist das Auge für
seine Umgebung geblendet, die vorher noch sichtbaren Theile des
Höhleninneren hüllen sich in schwärzeste Nacht, nur die anscheinend
intensiv blau gewordenen Lichtstrahlen bleiben sichtbar, lassen sich indessen plötzlich viel weiter als bisher verfolgen. Die hereinströmende
Lichtmasse gewinnt Körper, an ihrer Basis eine dicke Säule, zer-
splittert sie sich bald in tausend Ruthen, deren zahllose feine Spitzen
sich scharf in die überwältigende Dunkelheit hineinbohren. Das Licht
ist für den Beschauer hier anscheinend zur Materie, jeder Strahl greif-
bar geworden, so vollendet ist die Täuschung. Diese wirkt weiter
auf die Wahrnehmungsfähigkeit. Tritt nämlich einer unserer farbigen
Begleiter unter das niederstrebende Strahlenbündel, so sehen wir ihn
nicht gleichmässig beleuchtet, sondern nur die Stellen seines Körpers erscheinen hell, auf welche einer der von der Gesammtmenge
des Lichtes sich abzweigenden Strahlen fällt, die anderen Körperstellen
erscheinen dunkel. Eine ganze Zeit lang hält die Täuschung an, bis
das Auge, gelenkt vom Willen und dem besseren Wissen, auch die vorher anscheinend unbeleuchteten Stellen erkennt. In dem Augenblicke
schwindet aber auch die ganze Täuschung, das Licht ist nicht mehr
das einzige wahrnehmbare Object, sondern nur das Medium, in welchem
wir andere Dinge erkennen, es tritt daher diesen gegenüber zurück.
Die Erscheinung ist indessen sehr wirkungsvoll und kann beliebig hervorgerufen werden; denn, sobald unser Begleiter sich aus dem Bereiche des Lichtes entfernt, gewinnt dieses wieder Körper. Es unter-

liegt keinem Zweifel, dass die Täuschung sich überall da wiederholen wird, wo in einem grossen, dunkeln Raume von genügender Tiefe sehr intensive Lichtstrahlen wie hier von oben hereinfallen, ohne dass das Auge die Stelle ihres Eintrittes wahrnimmt.

Die Halle ist ungefähr 30 bis 40 Fuss, der von der Oeffnung in der Felsenwand zu ihr führende Tunnel etwa 10 bis 12 Fuss hoch. Von letzterem zweigen sich nach Süden und Südwesten mehrere andere sehr niedrige Gänge ab, in denen man sich nur gebückt fortbewegen kann, auch verengen sie sich bald so sehr, dass es unmöglich wird, ihren Endpunkt zu erreichen. In der südlichen Ecke der Halle befindet sich ein Loch; lässt man sich mit Benutzung eines Taues auf dessen Boden hinab, so gelangt man in einen neuen, ziemlich hohen, in nordwestlicher Richtung verlaufenden Gang. Wie alle die anderen Gallerien verengt sich auch diese, doch muss man vorsichtig sein mit Aeusserungen über ihre Gangbarkeit. Nachdem ein sich nach Süden abzweigender Spalt schon als unwegsam erklärt worden war, gelang es dem Verfasser doch, sich auf dem Boden liegend hindurchzuwinden, der Spalt biegt nach Osten um und aufsteigend mündet er in einen der Gänge, welche mit dem Eingangstunnel in Verbindung stehen. Wo dieser die Halle erreicht, senkt sich abermals ein Loch in das Gestein als Eingang zu einer an hundert Schritt langen, nach Norden führenden Gallerie. Das Niveau dieses Ganges hält etwa die Mitte zwischen dem Eingangstunnel und den darin mündenden Gängen und denen, die man durch das in der Halle befindliche Loch erreicht, diese liegen am tiefsten. Es ist anzunehmen, dass es eine Zeit gab, wo der Eingang des Tunnels in der Höhe des Meeresspiegels lag und dass die Brandungswelle im Laufe langer Jahre die ungeheure Arbeit vollbrachte, diese gewaltigen Hohlräume in das Gestein zu nagen. Ob die unterschiedlichen Höhenlagen der verschiedenen Gänge die jedesmalige Erhebung des Geländes über dem Meere anzeigt, mag dahingestellt bleiben, jedenfalls würde die Beantwortung dieser Frage eine weit eingehendere Untersuchung der Höhle erfordern, als der Verfasser in der Lage war, ihr zu widmen. In einigen, nicht in allen Gängen sind die Seitenwände völlig glatt geschliffen. Man darf dies wohl auf die Wirkung des Sandes zurückführen, den die Brandungswelle in ihrem Ansturm auf das Gestein theils vom Strande her mit sich führte, theils dem anstehenden Felsen selbst entnahm. Wo letzterer eine dichte Structur besass, konnte die stete Friction des im peitschenden Wasser enthaltenen Sandes polirte Flächen schaffen, war die ursprüngliche Koralle nicht so sehr zu einer mehr oder minder homogenen Masse verbacken, dass ihre poröse Geartung noch vorherrschte, so bot sie grössere Angriffsfläche und erhielt keine Politur. Die Spuren derartiger Vorgänge lassen sich an einer Stelle mit grosser Deutlichkeit erkennen. In der einen Gallerie ist ein etwa meterhoher Grat stehen geblieben, der genau die Form einer dem Wasser entragenden scharfen Riffklippe aufweist. Beide Seiten des Grates sind glatt geschliffen, während die Wände des Ganges, in welchem er sich befindet, nur geringe Politur besitzen. Höchst wahrscheinlich hat atmosphärische Einwirkung dazu beigetragen, die Höhlungen zu vergrössern. Man erkennt dies schon aus dem stattgehabten Deckeneinsturz. Den Vorarbeiten des Wassers hat vermuthlich die Verwitterung kräftig nachgeholfen, das zerbröckelte Gestein ist dann wieder als Sand in die See befördert worden, ohne eine derartige Wechselwirkung liesse sich sonst der Umfang der Ausspülung nicht gut erklären. Stalaktitenbildung fehlt gänzlich in dieser Höhle, was wohl darauf zurückzuführen ist, dass sie nicht unter dem Niveau des Grundwassers liegt, mithin keinen ständigen Zufluss von Sickerwasser erhalten kann. Nur das während der Regenzeit fallende Wasser durchdringt die verhältnissmässig dünne Erdschicht über der Höhle, insofern es nicht schon wegen der Neigung des Geländes aus deren Umgebung in die unmittelbar benachbarten, tiefer gelegenen Theile der Insel abfliesst. Ihr Inneres ist daher auch völlig trocken und entbehrt gänzlich der feuchten Kellerluft und des damit verbundenen dumpfen Geruches, welche Uebelstände in Höhlen so häufig anzutreffen sind.

Von Vegetation war im Tiefinnersten der Höhle keine Spur anzutreffen, nur in der dem Tageslicht zum Theil zugänglichen Halle hat sich auf dem von der Decke herabgestürzten und vielleicht auch noch nachgewaschenen Erdreiche ein wenig Geströuch angesiedelt. An Bewohnern fehlt es der Höhle nicht. Ungeheure Schaaren von Fledermäusen haben ihren Wohnsitz in den geräumigen Gängen aufgeschlagen und treiben dort, von Menschen und Feinden unbelästigt, ihr lichtscheues Wesen. Von ihnen stammt eine mächtige Schicht dunkeln, verhältnissmässig wenig übel riechenden Guanos, er bedeckt in allen Gängen den Boden, auf dem der stiefelbeschwerte Fuss des europäischen Forschers lautlos und weich dahin schreitet. Unter den getödteten Fledermaus-Exemplaren befand sich die vom Missionar Brown entdeckte Gattung, die sich durch merkwürdige, die Nasenlöcher tragende Hörner auf der Nase auszeichnet. Die grosse, „fliegender Hund“ bezeichnete Fledermaus wurde nicht gefunden, sie scheint ihren Wohnsitz ausschliesslich auf Bäumen aufzuschlagen. Kerbthiere wurden verhältnissmässig nur wenige angetroffen, bemerkenswerth war nur ein ungemein anwidernder, kleiner Spinnenkrebs, welcher der in Schwerin befindlichen Sammlung des Verfassers einverleibt ist.

Ein Ansatz zu ähnlicher Höhlenbildung kann auf der Südseite der kleinen Insel Mioko beobachtet werden, doch besteht nach Aussagen von Besuchern das Gebilde nur aus einem geraden Schacht ohne Abzweigungen und Erweiterungen. Der Verfasser fand keine Gelegenheit, diese Höhle zu besuchen. Nicht unerwähnt bleiben darf das östliche Ende der kleinen Insel Karawarra, welche in kleinstem Maassstabe den Vorgang zeigt, durch welchen sich, wie man muthmaassen darf, diese Höhlen gebildet haben. Das erwähnte Inselende ist, wie die Ostseite der anderen zur Neu-Lauenburggruppe gehörigen Inselchen, gehoben und läuft in mächtige Felsen des den ganzen Archipel bildenden Korallenkalkes aus. Mit gewaltiger Wucht haut laut donnernd die Brandungswelle in die Spalten des Gesteins, aus denen ihr Gischt, namentlich zur Zeit des Südost-Monsuns, weit über die höchsten Felszacken emporgeschleudert wird. Allmälig erweitern sich die Spalten und der Fels wird unterwühlt, und könnte der heutige Besucher des Ortes diesen nach ungefähr 1000 Jahren wieder betreten, würde er wahrscheinlich finden, dass in der immerwährenden Minirarbeit das weiche Wasser über den harten Felsen den Sieg davon getragen hat. Gutta cavat lapidem!

Oft sass der Verfasser auf der steilsten Klippe dieser Stelle und beobachtete den Vorgang zu seinen Füssen, in dem sich ein gewaltiger Kampf vollzieht. Dabei kann der geübte Beobachter nicht umhin, wahrzunehmen, wie lebende Individuen in den Kampf der Elemente hineingezogen und zu ihm Stellung zu nehmen gezwungen werden. Kleine Schalthiere kleben in grosser Anzahl auf dem wellenbenagten Felsen. Würden sie von der Fluth fortgespült, so müssten sie, wenn sie nicht irgendwo wieder festen Boden finden, zu Grunde gehen, bliebe die Bespülung durch Wasser aus, müssten sie vertrocknen. Sie sind also zu gleicher Zeit auf den Felsen sowohl wie auf das Meer angewiesen. Den ersteren überziehen sie stellenweise mit glattem Schleim, welcher vermuthlich seine Angreifbarkeit verringert; wenn sie abgestorben sind, liefern sie dem Meere durch ihre Schalen reichliches Material, um die Schleifarbeit energischer zu betreiben. Merkwürdige Geschöpfe! Von der Natur dazu bestimmt, es mit beiden widerstehenden Parteien zu halten und aus dem Kampfe Anderer die eigenen Lebensbedingungen zu saugen. Hat der Beobachter die Vorgänge soweit verfolgt, dass ihre Bedeutung sich seinem Geiste erschlossen hat, ist damit ein Gedankenprocess in sich abgeschlossen, so überlässt er sich wohl auch den seelischen Eindrücken, welche seine Umgebung in ihm wach ruft. Der Monsun raubt dem Haupthaar die Bedeckung und durchwühlt es ungestüm, doch was schadet's, bringt es doch Kühlung und harmonirt es doch mit dem Tosen und Donnern, das unablässig vom Fuss des Felsens an das Ohr dringt. Gemahnt nicht das Ringen der Elemente an den Kampf, den jede individualistisch veranlagte Persönlichkeit mit dem Leben auszufechten hat, ist nicht jeder strebende Wille einmal Meeresfluth, um mit gewaltigem Anprall auf wehrendes Gestein sich zu stürzen, ein andermal Fels, der unerschütterlich ausharren muss gegenüber anstürmenden Angreifern. Und wie unendlich viel Schalthiere entdeckt man im Lebenskampfe. Hier wie dort halten sie es mit beiden Parteien und begäben sich die kräftigen ihres Ringens, so müssten die unglücklichen Wesen verkommen.

Aber nicht nur zerstörend im Sinne der Trennung des Materials wirkt das Wasser. Was sein nagender Zahn hier dem Inselgestade entreisst, wird zum Baustoff, mit welchem es an anderer Stelle ergänzt, vollendet. Die Thätigkeit des Meeres in dieser Richtung liess sich vortrefflich zwischen den beiden kleinen Inseln Karawarra und Kabakon beobachten. Beide Inseln gehören zur Neu-Lauenburggruppe, von der wir die Ansicht gewonnen haben, dass sie dereinst ein zusammenhängendes, ausgedehntes Korallenriff bildete, dessen Oberfläche wahrscheinlich nicht höher über den Meeresspiegel emporragte, als die Riffe jüngeren Datums, die wir überall in der Südsee antreffen, deren Entstehung und Wachsthum wir oft selbst beobachten können. Die Kräfte, welche jenes alte Riff zerrissen, hoben muthmaasslich auch dessen Bruchtheile bis zu ihrer jetzigen, nur an den östlichen Rändern bemerkenswerthen Höhe und schufen dadurch die kleinen Inseln. Zwar erleiden diese an ihren Rändern, wie gezeigt, noch stets merkliche Einbusse durch die Angriffe der See, doch ist gerade diese bestrebt, den Zusammenhang der Inselchen unter sich wieder herzustellen.

Einmal entsendet sie ihre Ameisen, die Korallen, um durch Wasserbauten colossalster Ausdehnung den Umfang der Inseln wieder zu vergrössern. Aber nicht nur Anbauten führen diese fleissigsten aller Bauhandwerker an den Inselgestaden auf, sondern in den Canälen zwischen den Inseln errichten sie mächtige Colonien, von denen aus sie ihrem am Inselgestade arbeitenden Collegen nach allen Seiten entgegenstreben. Dann kommt die See ihren Völkern zu Hülfe. Das

Material, welches sie allerwärts abgebröckelt, wirft sie in grossen
Mengen auf die neuerstandenen Riffe, wo es nur eine einzige Trockenzeit zu liegen braucht, um genügend Festigkeit zu gewinnen, seines
Salzgehaltes hinlänglich sich zu entäussern, pflanzliche Stoffreste in
sich aufzunehmen und damit zum fruchtbaren Erdreich sich umzu-
bilden. Sobald dann die erste Pflanze Wurzel auf dem neugestalteten
Stück Land gefasst hat, ist dieses der Herrschaft der See entrissen
und gliedert sich dem Festlande an, bis es im Laufe der Zeit wieder
in den Schooss der Mutter zurückkehrt, die es gebar, der See zum
Opfer fällt. Zwischen Karawarra und Kabakon befand sich ein Canal
von etwa ½ km Breite, der jedoch von Korallen schon so zugebaut
war, dass an Tagen tiefer Ebbe man fast trockenen Fusses von der
einen Insel zur anderen gelangen konnte, nur ein schmaler, etwa
10 m breiter Streifen tiefen Wassers trennte noch die zusammen-
strebenden Korallenriffe. Deren breiteres ist an der Westseite der
Insel Karawarra angebaut. Im Laufe von nur anderthalb Jahren
warf die See solche Mengen Sandes darauf, dass es sich zu einer
langen und schmalen Sandbank umgestaltete, die der Brandung eine
etwa 2 Fuss hohe Stirn zukehrt, nach der Seite der steilen, insel-
umschlossenen Lagune jedoch sanft sich abdacht. Treibholz wurde
angeschwemmt und da, wo der Verfasser im Anfange seines Aufenthaltes auf dem von der Ebbe blossgelegten Riff Seethiere gesucht und
Korallenbauten beobachtet hatte, pflegte er ein Jahr später trockenen
Fusses seine Abendspaziergänge zu machen. In weit geringerer Ausdehnung hatte sich von der Insel Kabakon aus ein ähnlicher Anbau
vollzogen. Nur der oben erwähnte Streifen war offen geblieben. Man
konnte nun den interessanten Vorgang beobachten, wie durch die
Rinne all das Wasser seinen Weg zu nehmen gezwungen war, welches
früher beim Steigen der Fluth das ganze breite Riff überschwemmt
hatte. Es entwickelt sich daher in diesem engen Canal eine oft so
starke Strömung, dass ein Boot selbst mit voller Ruderbemannung
kaum den Durchgang erzwingen kann. Um diese Lücke in dem Neu-
bau auszufüllen, bedarf es natürlich eines besonderen Zufalls. Vielleicht giebt den Anlass ein sich festklemmender Treibholzbalken, an
dem sich Tang und Gesträuch festsetzt. Dann findet bald der Sand
sich ein und die Brücke ist geschlagen. Sollte einmal Jemand wieder
so unklug sein, eine dieser kleinen Inseln zu seinem Wohnsitz zu
wählen, dürfte er vielleicht die beiden genannten Inselchen schon als
einen einzigen, durch eine breite Sanddüne verbundenen Landcomplex
vorfinden. An diesem einen Punkte hat sich der beschriebene Vorgang

bequem und gut beobachten lassen, zweifelsohne vollzieht er sich aber auch an Hunderten von anderen Stellen und fast hat es den Anschein, als wollen die erwähnten kleinen Inselchen sich mit Ulu, Utuan und Mioko wieder zu einem Ganzen vereinigen.

Auf den Südküsten von Karawarra und den benachbarten Inselchen Mioko und Kabakon wird in grossen Mengen Treibholz angeschwemmt. Auf Karawarra hat es sich zu mächtigen Haufen aufgestapelt, denen man in keiner Weise die Verminderung anmerkt, welche ihnen durch die Eingeborenen, die ihren Bedarf au Brennholz dort entnehmen, zu Theil wird. Es wäre eine interessante Aufgabe, die Baumgattungen zu untersuchen, denen die hier lagernden Stämme zugehören und dadurch vielleicht deren Herkunft zu bestimmen. Bekanntlich schwimmen die wenigsten tropischen Holzarten, und wenngleich Salzwasser durch seine grössere Tragfähigkeit auch verschiedenartige Hölzer zu befördern vermöchte, die in süssem Wasser sofort untersinken, so dürften doch die wenigsten Hölzer tropischer Länder in grünem Zustande sich über Wasser halten können. Sind die Stämme grün ins Wasser gelangt, so darf man annehmen, dass sie entweder subtropischen Gegenden, oder sehr hoch gelegenen Orten der Tropen, in denen Nadel- und weiche Laubhölzer gedeihen, angehörten. Selbst dann wäre die lange Reise verwunderlich, welche diese Hölzer zurücklegen, ehe sie ihren Bestimmungsort, den öden Strand einer weltentlegenen kleinen Koralleninsel, erreichen. Prachtvolle Exemplare finden sich hier angeschwemmt. Ein Stamm, gerade gewachsen wie eine Tanne, völlig ausgetrocknet, seiner Rinde und seines Gipfels beraubt, maass noch 41 m in der Länge, 1 m Durchmesser am dicken, 1½ Fuss am dünnen Ende. Man wird versucht, die Heimath der Stämme zunächst in Neu-Pommern oder auch auf Neu-Guinea zu suchen, allein, so weit die Küste Neu-Pommerns bekannt ist, weist sie keine unmittelbar an die See herantretenden hochstämmigen Waldungen leichter Hölzer auf, aus denen die Fluth ohne Weiteres starke Bäume entführen könnte. Doch mag ja ab und zu einer der grösseren Flüsse Neu-Pommerns aus dessen gebirgigen Theilen den einen oder anderen Stamm herunterspülen. Neu-Guinea kann kaum in Betracht kommen. Die schroffen Küsten seines Südostzipfels sind der Fluth unzugänglich und nur in den Hüongolf mündet ein Strom, gross genug, um unter Umständen entwurzelten Bäumen als Fahrstrasse zu dienen. Man darf auch annehmen, dass Hölzer dieser Gegend von der Strömung durch die Dampierstrasse geführt werden würden. Der Verfasser ist weit davon entfernt, irgend welche Theorie anstellen zu wollen, hat

aber stets das Gefühl gehabt, als müsse Neu-Seeland sich als der
Ursprungsort dieses reichlichen und starkstämmigen Holzvorraths ent-
puppen.

Der Grund, dass gerade Kabakon, Karawarra und Mioko am reich-
lichsten mit Treibholz bedacht werden, ist in ihrer Lage zu der Haupt-
strömung zu suchen. Zu allen Zeiten des Jahres scheint ein leichtes
Drängen des Wassers nach Nordwesten stattzufinden. Während des
Südost-Monsuns tritt indessen die Strömung mit solcher Macht in den
St. Georgs-Canal, dass man ihren Verlauf mit Leichtigkeit verfolgen
kann. Da Neu-Mecklenburg sich im Bogen fast nach Westen wendet,
so wird der Strom auch in dieser Richtung hinübergedrängt. Das
Stauen und Ueberkippen des Wassers muss ihm eine Bewegung mittheilen, die sich thatsächlich in dem engen, zwischen Neu-Lauenburg
und Neu-Pommern gelegenen Theile des Canals recht gut wahrnehmen
lässt. Zu Zeiten des Südost-Monsuns ist die See hier so bewegt, dass
Canoes der Eingeborenen nur an ruhigen Tagen und auch dann nur
mit Anstrengung die Ueberfahrt wagen können. Die Strömung ist fast
reissend zu nennen. Gelegentlich seines unfreiwilligen Aufenthaltes
an der Küste Neu-Mecklenburgs hatte der Verfasser mehrmals Gelegenheit, vorbeitreibende Hölzer zu beobachten, die innerhalb weniger
Stunden im Gesichtskreise auftauchten und daraus verschwanden. Zur
Fahrt von Karawarra nach Port Hunter auf Neu-Lauenburg benutzt
man der Strömung wegen gern den Weg durch den Canal, bei der
Rückkehr wird dem Wege um die gegen Wind und Seegang mehr geschützte Westseite der Insel meist der Vorzug gegeben. Auf der
bogeneinwärts gekehrten Küste Neu-Mecklenburgs kann sich des über-
kippenden, abdrängenden Wassers halber kein Treibholz ablagern.
Die Küste Neu-Lauenburgs biegt mit dem Strome um und ist durchweg so steil, dass nennenswerthe Mengen Holzes hier nicht hängen
bleiben können, erst auf der niedrigen Südküste Neu-Hannovers, wo
der Strom seine ursprüngliche Richtung wiedergewinnt, fand der Verfasser neue Ablagerungen angeschwemmter Stämme. Der in den
St. Georgscanal von Südosten einlaufenden Strömung gerade vorgelagert
liegt die Neu-Lauenburggruppe, deren südlichste, oben genannte Inseln
den Anprall des Wassers aufnehmen und den Strom in zwei Hälften
theilen. Oestlich herum verläuft der eben beschriebene Arm, der
westliche wird nach den kleinen Pigeon-Islands und zum Theil in die
Blanchebai hingedrängt. Nach Passirung der Pigeon-Islands wird der
Strom wieder frei und vereinigt sich mit dem durch die Neu-Mecklenburger Küste nach Westen hinübergeleiteten Ostarm. Gerade an der

Südseite der Inseln Karawarra und Kabakon muss somit aber eine Zone stillen Wassers oder Rückstaues entstehen, in welcher das hierher gebrachte Holz nicht mehr einem Strom, sondern nur der Brandungswelle gehorcht, die es hier auf den Strand wirft. Zwischen Kabakon und den Pigeon-Islands fliesst die Strömung mit grosser Heftigkeit dahin. Selbst bei ruhigem Wetter kann man ihren Lauf und besonders ihre übrigens variirende Breite genau erkennen, zu Zeiten des Monsuns ist hier die See stets sehr unruhig. Segelboote werden dann kräftig hin und her geworfen, während der Bereich der Strömung für Dampfbarkassen völlig unfahrbar zu werden pflegt, wenn der übrige Theil der See nur „bewegt" ist. Der Verfasser hat diese Thatsachen auf unzähligen Fahrten am eigenen Körper erprobt, öfters auf wenig angenehme Weise. An der Grenze der Strömung angelangt, schlug einst seine Barkasse voll Wasser, so dass das Feuer erlosch und er nur durch grosse Anstrengung das Fahrzeug mittelst Ruder von dem gefährlichen Strome entfernen konnte. Bei einer anderen Gelegenheit kam der Verfasser von Ralum, welchen Ort er bei schönstem Wetter in seiner sehr seetüchtigen, aber kleinen Gig verlassen hatte. Die Fahrt wurde gewöhnlich so gemacht, dass man die Südseite Karawarras umsegelte und die östliche Einfahrt des Hafens benutzte. Kurz nach Abfahrt von Ralum erhob sich der Monsun, zwar beschleunigte dies die Segelfahrt, allein es wurde fraglich, ob es möglich war, so dicht am Winde zu halten, dass die Umfahrung der Südseite Karawarras gelang. War dies unthunlich, so musste nach Norden abgebogen, Kabakon umfahren und der Hafen von Nordwesten aus angelaufen werden. Wolken thürmten sich auf, die See fing an hohl zu gehen. Das sonst mit erstaunlicher Sicherheit und Zierlichkeit rapide dahin schiessende kleine Boot war den Wellenungethümen nicht mehr gewachsen; sank es zwischen zwei der Wasserberge hinab, so erhielt es keinen Wind mehr in das Segel, welches sich plötzlich mit einem Ruck wieder füllte und dadurch das Boot bedenklich neigte, wenn ein Wellenkamm erreicht war. Die gewünschte Umsegelung wurde bald als unmöglich erkannt, zumal die erwähnte Strömung, deren Mitte schon überschritten war, das Boot ebenso wie der Wind stark nach Nordwesten führte. Es wurde beschlossen, den Curs zu ändern und von Osten nach Nordwesten umzubiegen. Hierbei musste einen Augenblick die See breitseits kommen und es ist die Aufgabe des Bootführers, diesen nicht ungefährlichen Zeitpunkt auf die geringste Dauer zu beschränken. Die Wendung, die bei ruhigem Wasser sich ganz von selbst vollzieht, wird bei so bewegter See am besten mit dem Segel unterstützt und kann dann in wenigen Secunden ausgeführt werden. Ich rief den Leuten die nöthigen, ihnen wohlbekannten Commandos zu, während ich das Boot mit dem Steuer umlegte. Muthmasslich waren die Kanaken durch die kritische Situation verwirrt, vielleicht auch wollten alle zugreifen, um die Sache recht gut zu machen, kurz, das eben niedergenommene Segel wurde nicht richtig beigelegt, es flog den Leuten aus den Händen auf die falsche Seite des Bootes, füllte sich plötzlich und ging wieder völlig in die Höhe. Zwar war dadurch das geplante Manöver sofort ausgeführt, allein jetzt fasste der Wind mit voller Kraft von hinten in das gänzlich ausgespannte Segel und trieb das Boot in der Richtung der mächtigen Strömung und des Wellenganges vor sich her. Der Verfasser durfte das Steuer nicht verlassen, die Leute aber waren zu verwirrt, um auf seine Rufe, die sie bei dem Getöse der Elemente auch wohl kaum vernommen hätten, zu achten, oder auch nur den Versuch zu machen, das Segel zu bergen. Das Boot sass auf dem Kamm einer haushohen Welle, mit der es vom Winde gejagt, von der Strömung getrieben, in fürchterlicher Geschwindigkeit dahinschoss. Die Kanaken bekamen grüne Gesichter und auch der Verfasser mag nicht rosig ausgesehen haben beim Anblick der Situation. Da das Boot mit der Welle dahinflog, stampfte es nicht mehr, die Leute gewannen daher ihre Besinnung wieder und achteten auf die Rufe des Verfassers, so dass nach einer Weile, die eine Ewigkeit dünkte, das Segel herabgenommen wurde. Es war die höchste Zeit, in solchem Falle gehorcht das Boot dem Steuer nicht und wendet es sich nur um ein Weniges, so dass das Segel den Wind von der Seite erhält, so kentert es rettungslos. Die Fahrt hatte lange genug gedauert, um uns an der Insel Kabakon und zwar dicht an ihrer Westspitze vorüber zu treiben; erst als das Segel geborgen war, griffen die Leute zu den Rudern und wenige Augenblicke später umspülte uns ruhigeres Wasser unter Lee der schützenden Inselufer. Es ist die schnellste Reise, die der Verfasser jemals gemacht hat, und wenn er auch im Laufe der langen Jahre seines Reiselebens in mancher bedenklichen Situation sich befunden hat, so glaubt er doch niemals dem Tode so geradeswegs in den Rachen gefahren zu sein, als auf jener Boottour in der Südsee.

Das Vorhandensein und namentlich Charakter und Verlauf von Meeresströmungen festzustellen, ist stets eine missliche Aufgabe, und so will der Verfasser, nachdem er die Richtung eines Stromes angegeben hat, dessen Existenz man schlechterdings nicht übersehen kann, sich auch nicht in eingehendere Erörterungen über dessen wei-

tere Verzweigungen einlassen, der Vollständigkeit halber sei nur
noch erwähnt, dass erfahrene Seeleute eine Strömung in der Blanchebai wahrzunehmen meinen, die, zwar von geringen Winden schon
beeinflusst, im Allgemeinen aber einen Kreislauf beschreiben soll, derart, dass sie in den südlichen Theil der Bai von Osten eintritt und
diese im Norden mit ostwärts gerichtetem Laufe wieder verlässt.
Sind vorstehende Angaben richtig, so dürfte man in dieser Strömung
vielleicht eine weitere Abzweigung des in den St. Georgscanal einlaufenden Hauptstromes erblicken können. Wie überall sind auch
hier die Strömungen zum grossen Theile von den Winden abhängig,
man wird diesen mithin einige Aufmerksamkeit zu schenken haben.
Im Allgemeinen herrschen nur zwei Winde im Archipel vor, der Süd-
ost- und der Nordwest-Monsun. Der erstere setzt etwa im Mai ein
und hält sich bis zum April, er weht weit anhaltender mit weit
grösserer Heftigkeit als sein Gegner und beherrscht die Trockenzeit.
Der andere ist der Regenbringer, er weht milder und setzt tageweise
völlig aus oder erlaubt Localwinden aus anderen Richtungen ihn zeitweilig abzulösen. Es kommen indessen grosse Unregelmässigkeiten hinsichtlich der Dauer und des Zeitpunktes des Eintrittes der Winde vor.
Im Jahre 1888 wiesen die Monate November und December anhaltenden
starken Südost auf, der im zweiten Drittel des März bereits wiederkehrte.
Aehnliche Verschiebungen kommen beim Monsunwechsel in der anderen
Hälfte des Jahres vor. Der Südost-Monsun bringt durchschnittlich
heiteres Wetter, allein, wo man seiner zähen Energie während seiner
ganzen kaum unterbrochenen Dauer schutzlos preisgegeben ist, wirkt
er nervenzerrüttend. Ihm stetig ausgesetzte Bäume bequemen die
Richtung ihres Wuchses seinem Drucke an, nur gesundes Blattwerk
kann ihm gegenüber seinen Platz behaupten, was im Mindesten an-
gekränkt ist, wird weggefegt, wo er Küstensand umherwirbeln kann,
schleift er das Gestein an. Unter seinem Druck ist die See stets mehr
oder minder bewegt, die Kämme der leichten Wellen zerstäubt er und
führt ungeheure Mengen Salz mit sich, die er auf feuchten Gegenständen wieder ablagert. Die Zinkdächer europäischer Wohnungen
werden mit Salz gleichsam incrustirt, und wenn die ersten Regen das
Dach vom Hause des Verfassers wieder abspülten, so war das in grossen
Tanks aufgefangene Wasser anfänglich stets ungeniessbar und musste
abgelassen werden. Der Heftigkeit dieses Windes entspricht es vollkommen, dass, seiner Richtung folgend, die Gewässer nach Nordwesten drängen und in dieser Bewegung auch noch gegen den weit
schwächeren Nordwest-Monsun beharren, bis zur Zeit ihres allmälig

eintretenden Stillstandes die ihre Bewegung veranlassende Kraft in
Gestalt des Südostwindes wieder ersteht. Im Allgemeinen folgen die
Regen dem Winde, so dass man von einer trockenen Südostperiode
und einer Regenzeit mit Nordwestwind reden kann. Allein, wie bei
den Winden Abweichungen eintreten, so sind auch Anfang und Ausgang der Trocken- und Regenzeit unregelmässig, man kann Regen
haben, wenn man Trockenheit erwarten zu dürfen glaubt, und umgekehrt. So z. B. zeichnete sich der Mai des Jahres 1889 durch häufigen Regenfall aus, während derselbe Monat des Vorjahres durchweg
trocken war. Die Monate Juli, August, September und October können
als Trockenzeit bezeichnet werden, d. h. als Monate mit geringerem
Regenfalle. Absolute Trockenheit gehört zu den Seltenheiten, doch
kommt es vor, dass längere regenlose Perioden eintreten. So waren
die Monate Juni und Juli im Jahre 1888 so trocken, dass in Karawarra das Trinkwasser mangelte. Die Insel besitzt keine Quelle, man
sieht sich daher genöthigt, Regenwasser in grossen Tanks aufzufangen.
Während der Regenzeit hat man dessen im Ueberfluss, in den trockenen
Monaten ist man auf den Vorrath in den Tanks angewiesen. Ende Juli
1888 waren die zahlreichen und grossen Behälter der Station völlig
geleert und der Verfasser sah sich genöthigt, das Trinkwasser für die
Bewohner der Insel aus einer Quelle am Südende der Insel Neu-
Lauenburg zu holen. Es wurden die grössten Boote der Station so
voll geschöpft, dass sie die Last gerade noch zu tragen vermochten,
dann nach Karawarra zurückgesegelt und ihr Inhalt mittelst Eimer
in die Tanks entleert. Ein zeitraubendes, unbequemes und schliesslich
nicht sehr appetitliches Verfahren. Von der Vertheilung der Niederschläge, den Winden, der Temperatur, welche in ihrer Gesammtheit
das Klima darstellen, hängt in erster Linie das Wohlbefinden der
Europäer im Lande ab. Der Südost-Monsun wird im Allgemeinen bei
seinem Eintreten mit Freuden begrüsst, er bringt grössere Kühle,
weniger Regen und vertreibt die während der Regenzeit oft als
fürchterliche Plage auftretenden Mosquitos. Diese sind besonders da
schrecklich, wo man Wassertanks zu benutzen gezwungen ist. An der
inneren Oberfläche dieser Behälter legen sie ihre Brutstätten an, aus
denen sie nicht vertrieben werden können und von wo sie namentlich
des Nachts in ganzen Wolken ausschwärmen, um den Menschen zu
beweisen, dass die kleinsten Uebel oft die am schwersten zu ertragen-
den sind. Allein trotz des erwähnten Vorzuges bringt der Südost manche
Unannehmlichkeiten mit sich. In jede Ritze weht er hinein, so dass
man sich stets im Zuge befindet, auf dem Schreibtisch weht er, ist das

Fenster offen, jedes Papier bis in die Mitte nächster Woche hinein; sind Fenster und Thüren geschlossen, wird es unerträglich heiss und durch die kleinsten Oeffnungen tritt ein feiner, salzgeschwängerter Luftstrom, der sich höchst gefährlich erweisen kann. Der Monsun pflegte direct auf das Fenster zu wehen, an welchem des Verfassers Schreibtisch stand. Obwohl ersteres stets geschlossen sein musste, stellte sich doch ein fast unmerklicher Zug ein, der dem Verfasser eine so empfindliche Augenentzündung eintrug, dass er zur Schonung der Augen alle schriftliche und Lesearbeit zwei Wochen lang unterlassen musste. Diese Uebelstände treten natürlich in weit geringerem Maasse oder auch gar nicht auf, wenn der Wohnsitz vor der Gewalt des Windes hinreichend durch Waldungen oder natürliche Lage geschützt ist. So sind z. B. die Anlagen an der Südseite der Blanchebai in dieser Hinsicht ganz besonders bevorzugt, das hinter ihnen sich erhebende, gut bewachsene Gelände bricht den Wind, der daselbst durch seine Kühle nur angenehm zur Geltung kommt. Der Nordwest-Monsun ist nicht so aggressiv und belästigend als sein stärkerer College, allein er bringt Hitze und Feuchtigkeit. Letztere ist die Veranlassung, dass erstere sich oft schwer ertragen lässt, selbst wenn sie, absolut genommen, verhältnissmässig unbeträchtlich ist. Alles Lederzeug leidet während des Nordwest-Monsuns Schaden, Stiefel, die, obwohl gut in Fett gehalten, nicht alle Tage getragen werden, überziehen sich sofort mit einer dichten Schimmelkruste. Der Aufenthalt im Freien muss eingeschränkt werden, denn auch die geräumigen Verandas der Häuser, auf denen sich in der trockenen Zeit das häusliche Leben eigentlich abspielt, lassen sich nicht immer so legen, dass sie vor dem Regen geschützt sind. Und was solch richtiger Südseeregen bedeutet, das muss man erlebt haben. So viel Rillen in dem gewellten Blech der Hausdächer sich befinden, so viel Giessbäche stürzen von letzteren herab. Als undurchsichtige Gardine legt er sich zwischen das Auge und die Gegenstände und Personen in nächster Umgebung, die er völlig zu verdunkeln im Stande ist. Selbst der poröseste Korallenboden vermag die herabfluthenden Wassermassen nicht aufzusaugen, es bilden sich überall Pfützen, die auf festerem Untergrunde die Ausdehnung kleiner Teiche annehmen. Wehe dem unseligen Europäer, der in solchem Regenguss hinaus muss. Kein Regenmantel vermöchte das Durchnässtwerden zu verhindern, selbst wenn er dies nicht schon veranlasste, indem er die Ausdünstung festhält, wodurch sein Träger sofort in Schweiss gebadet wird. Regenschirme sind das von dem nassen Elemente am meisten gehasste Gebilde der Menschenhand, welche auf deren Gebrauch nach nur einmaligem Versuch sofort verzichtet. Nur sprungweise bewegt sich ein von solchem Regenwetter Ueberfallener vorwärts, hoffend, dass es möglich sein werde, die wenigen vom Wasser unbedeckten Stellen zur Fortbewegung zu benutzen. Thörichter Neuling, der glaubt, auf diese Weise sich trockene Füsse bewahren zu können. Das Land wird zum See, der sein Opfer verlangt, man muss hindurch, aber selbst auf dem durchlässigsten Sandboden würde solcher Guss von oben schon hinreichen, die Wasserdichtigkeit des theuersten schwedischen Jagdstiefels als schwächliche Renommage zu kennzeichnen. Wer im Boote sitzt, hat sofort darauf bedacht zu sein, Wasser zu schöpfen, es umgiebt das Boot, ist darinnen und darüber, Wasser, Wasser überall, man kann sich dessen nicht erwehren, die Sorge steigt auf, inwieweit man selbst in Wasser löslich sei und wie man es anfange, die etwa nicht löslichen Theile an ihren Bestimmungsort zu bringen. Der von solchem Regen betroffene alteingesessene Südseebewohner versucht kaum, sich davor zu schützen, es nützt doch nichts, das einzige Mittel ist aushalten und sich, daheim angelangt, sofort umzuziehen. Wunderbarer Weise hat die Taufe durch solche Regengüsse nur in seltenen Fällen eine Erkältung zur Folge.

Zum Theil ist dieser glückliche Umstand wohl mit auf die Lufttemperatur zurückzuführen, die das ganze Jahr hindurch eine warme genannt werden muss. Sie ist nur geringen Schwankungen unterworfen und es fällt besonders auf, dass die Tage höchster Mittagstemperatur oft in die Monate fallen, welche der Theorie nach die kältesten sein sollen, und umgekehrt. Die höchste Mittagstemperatur in dem Beobachtungsjahre 1888/1889 betrug 36° C. und zwar im März 1889, die niedrigste im December 1888 23,6° C. Der niedrigste Stand des Minimalthermometers betrug ebenfalls im März 23,1° C. Diese Ablesungen geben insofern kein ganz richtiges Bild, als die Monate Juni und Juli fehlen, in deren Nächten zweifelsohne noch etwas niedrigere Temperaturen vorkommen. Im Durchschnitt beträgt die Mittagstemperatur das ganze Jahr hindurch etwa 26° C., ein Wärmegrad, der bei feuchter Luft entschieden drückend empfunden wird, zur Zeit des kräftigeren Monsuns aber durchaus nicht lästig ist. Man darf trotz dieser Luftwärme das Klima des Archipels nicht als ungesund bezeichnen, wie sich denn überhaupt bei näherer Betrachtung der Begriff „ungesund" als ein sehr relativer herausstellen wird. Wenn jedes Klima, welches auf die darin Lebenden gesundheitsnachtheilige Folgen äussert, als ungesund bezeichnet werden muss,

so giebt es nur wenige gesunde Orte auf Erden und zu den aller-
ungesundesten muss dann das nördliche Europa gerechnet werden.
Grundlegend bei Betrachtung des Klimas ist die Frage, unter welchen
Voraussetzungen äussert das Klima nachtheilige Folgen? Treten solche
ein, wenn der Europäer in der Lage ist, seine Lebensweise genau den
Anforderungen des Klimas entsprechend einzurichten, so muss letzteres
entschieden als schlecht bezeichnet werden. Solche Orte sind z. B.
das alte Batavia und Tjilatjap auf der Südküste Javas, was der Verfasser aus traurigster, eigener Erfahrung bezeugen kann. Treten aber
nachtheilige Folgen nur dann auf, wenn der Europäer sich Entbehrungen
und Umständen auszusetzen hat, welche an und für sich als Zu-
muthungen an den Organismus bezeichnet werden müssen, so darf man
deswegen das Klima noch nicht verurtheilen, sondern höchstens zu dem
Schluss gelangen, dass derartige Anstrengungen in dem betreffenden
Klima möglichst zu vermeiden sind. Es wird eine der Hauptaufgaben
unserer Tropenhygieniker zu sein haben, genau festzustellen, welche
Berufsarbeiten am leichtesten die Einkehr malariöser Anfälle vermitteln.
Ist man in der Lage, derartige Arbeiten thunlichst zu vermeiden, so
wird man beobachten, dass eine Menge Orte, deren Klima heute als
verrufen gilt, nicht ungesunder sind als unser Vaterland. Wählt man
sich hier zu Lande Schneeschippen und Wasserkarreufahren zum
Beruf, so darf man eintretenden Rheumatismus nicht der Schädlich-
keit des Klimas zuschreiben. Ist man in den Tropen gezwungen, Erd-
arbeiten zu machen, oder doch solche Arbeiten, bei denen Erde in
Bewegung gesetzt wird, so darf man mit Sicherheit Malaria erwarten.
Wer sich dieser Krankheit nicht aussetzen will, muss sich vor Hacke
und Schaufel in Acht nehmen. Da die Benutzung dieser Werkzeuge
unumgänglich nothwendig ist, werden sich auch stets Menschen finden,
sie zu handhaben, doch darf man dem Klima nicht zur Last legen,
was der Beruf an Unannehmlichkeiten mit sich bringt. Mildernd
wirken zwei Thatsachen. Einmal unterliegt es keinem Zweifel, dass
in demselben Grade, in dem der Europäer seine Lebenshaltung zu
verbessern vermag, seine Angriffsfähigkeit für das Fieber sich vermindert. Der Pionier der Forschung, der kleine Coprahändler von
vor 15 Jahren, hatten sicherlich mehr an Fieberanfällen zu leiden als
der heutige Grosskaufmann oder hoch besoldete Beamte. Des Weiteren
ist unsere Kenntniss von dem Charakter der Malaria in stetiger Entwickelung begriffen und das Fiebergespenst früherer Zeiten hat schon
viel von seiner Hohlwangigkeit eingebüsst. Es kann nicht allzu lange
mehr dauern, bis es in das Reich verbannt wird, in dem alle die Ge-

spenster ihre Existenz fristen, welche unseren Ureltern ebenso Schrecken einjagten, als sie uns ein Lächeln abringen. Mit dem Worte Klimafieber oder Malaria wird auch viel Unfug getrieben, es dient zur Bezeichnung des leichtesten malariösen Anfalles sowohl wie des heftigen Schwarzwasserfiebers. Letzteres ist ohne Frage eine Krankheit ernstester Natur, allein sie ist, ebenso wie bei uns der Typhus, eine Ausnahmeerscheinung. Gewöhnliches Fieber, d. h. eine malariöse Erkrankung tritt häufiger ein, hat aber an sich nicht mehr zu bedeuten, als ein Schnupfen bei uns. Zugestandenermaassen hat man während des Anfalles arg zu leiden, allein eine dreitägige Erkrankung gilt schon als heftig und doch dürfte ein ordentlicher Wald- und Wiesenschnupfen das unbequemere Uebel sein. Bedenklich werden solche Fieber fast nur dann, wenn man sich nicht schonen und pflegen kann und gegen allgemein gültige oder durch die eigene Constitution vorgeschriebene hygienische Regeln verstösst. Wessen Berufsarbeit nicht mit Malaria liebäugelt, wer durch unvernünftiges Leben ihr nicht Thor und Thür im eigenen Leibe öffnet und nicht von Haus aus schwächlicher Constitution ist, der mag ruhig die Gefahren des Klimas im Archipel auf sich nehmen, sie werden ihn nicht eher umbringen, als die unseres zugig-feuchten sonnenlosen deutschen Nordens. Klima und Boden sind ausschlaggebend für das Pflanzenkleid. Da ersteres im Ganzen feucht und heiss genannt werden muss, so dürfte man eine üppige, sogenannte tropische Vegetation erwarten. Dies trifft jedoch höchstens bedingungsweise zu. Auf den kleinen Inseln gestattet die lediglich von einer dünnen Humusschicht bekleidete Koralle nur selten ein kräftig entwickeltes Pflanzenleben, welchem meistens die Pandanacee ihren Charakter aufdrückt. Stellenweise überwiegt wieder die Cocospalme, hauptsächlich da, wo von höher gelegenem Lande guter Boden auf die Koralle hingeschwemmt worden ist oder wo auf dieser durch irgend einen anderen Process Humus sich gebildet hat. Die Cocospalme scheint zwar in der Tiefe leicht reichliche Nahrung aus der Koralle zu entnehmen, doch aber eine obere Bodenschicht zu verlangen, in der sie im Anfang ihres Wachsthumes ihre Tauwurzeln bequem seitlich auszubreiten vermag. Der Baum hat ein ausgesprochenes Bedürfniss nach Salz. Er sucht seinen Standort gern da, wo seinen Wurzeln das Seewasser erreichbar ist, und wächst dann dicht gedrängt, fast waldbildend. Allein das ihr nöthige Salz scheint die Palme auch dem damit geschwängerten Seewinde entnehmen zu können, denn sie gedeiht vortrefflich an Stellen, deren Höhenlage es ihren Wurzeln völlig unmöglich macht, Salzwasser zu finden, allerdings ist dann der Bestand

sogleich dünner. So wenigstens erklärt sich der Verfasser die Erscheinung, dass die Palmenwälder in unmittelbarer Nähe des Gestades
meist so viel dichter sind, als die weiter im Lande gelegenen. An der
Nordküste Neu-Mecklenburgs finden sich Palmenwälder von überraschender Dichtigkeit, während z. B. die landeinwärts vom Weberhafen auf der Gazellenhalbinsel gelegenen, trotz aller Vorzüglichkeit
der einzelnen Exemplare, doch einen weit lichteren, kaum waldartigen
Eindruck machen. Auch an der Südküste der Blanchebai stehen die
Cocospalmen dichter als beim Weberhafen, doch können die in ersterer
Gegend kaum zum Vergleich herangezogen werden, da sie sich nicht
mehr in ihrem Urzustande befinden, sondern schon dem stellenweise vermindernden, theils erhaltenden, jedenfalls einen gestaltenden
Einfluss ausübenden Wirken europäischen Willens ausgesetzt sind. Dass
für die Entwickelung der Palme ihr Standort in der angedeuteten
Richtung maassgebend ist, lässt sich aus den wenigen Exemplaren erkennen, die auf unerklärte Weise bis zum Gipfel des Vulcans Nordtochter gelangt sind. Sie stehen einzeln in grossen Abständen von
einander umher, ihr Wuchs ist kümmerlich in Bezug auf Höhe und
Umfang, und die geringe Anzahl Nüsse, welche sie zu tragen fähig
sind, fallen sofort durch ihre Kleinheit, wenig entwickelte Basthülle,
geringen Inhalt an Milch und dementsprechend schwachen Kern-
ansatz auf. Jedenfalls ist es bemerkenswerth, dass in so bedeutender
Höhenlage (2241 Fuss) Cocospalmen überhaupt noch gedeihen, ja sogar Früchte tragen, und es wirft sich nur die Frage auf, welchem
Umstande diese Thatsache zuzuschreiben ist, der nach dieser Richtung hin noch nicht genügend bekannten Anpassungsfähigkeit der
Palmen oder dem bis in solche Höhe hinaufgetragenen Salzgehalt
der Luft. Die Cocospalmen und palmenartigen Gewächse scheinen
im Allgemeinen die höher als 200 m gelegenen Gegenden zu meiden,
wenigstens da, wo dichte Vegetation ihnen den ungehinderten Zutritt
salzhaltiger Luft wehrt. Oberhalb dieser Höhenlage ist, mit Ausnahme der vulcanischen Kegel, das Gelände fast durchgängig von
dichtem Busch bedeckt, der jedoch auffallend wenige Hochstämme
aufweist. Noch harren jene Gegenden der Erschliessung, und es wäre
vermessen, behaupten zu wollen, dass die kühlere Luft gebirgiger Insel-
theile nicht auch der Entwickelung kräftigeren Holzwuchses günstig
sei, allein in den hoch gelegenen Theilen Neu-Mecklenburgs, die
der Verfasser besuchte, waren starke Baumstämme verhältnissmässig
selten anzutreffen. Dennoch rief der dichte Busch Erinnerungen an
europäischen Wald wach. Das Unterholz ist im Gebirge nicht ganz

so hoch und dicht als in tieferen Gegenden, die kühle Temperatur,
das schattige Laubdach, die zahllosen, von einem verirrten Sonnen-
strahle getroffenen und in dessen Lichte aufblitzenden, Ast und Gesträuch schmückenden Thautropfen, die dichte Decke, welche mannig-
fache Gattungen hellgrünen Mooses über Gestein und Baumstamm
ausbreiten, vor Allem aber das Rauschen der Blätter in einem
kräftig kühlen Winde, versetzen das Empfinden in den nordischen
Hochwald. Die vorkommenden Moose zeichnen sich durch zierliche
Form und grosse Verschiedenheit aus. Der Verfasser sammelte eine
sehr beträchtliche Anzahl, von denen ihm später bei einem Angriff
der Eingeborenen ein Theil wieder verloren ging. Ein nicht unerheblicher Rest wurde indessen gerettet und dem botanischen Museum in
Berlin überwiesen, es dürften die ersten Moose sein, die aus der
immerhin bedeutenden Höhenlage von etwa 600 m aus diesem Theile
der Südsee nach Deutschland gelangt sind. Grasbestandenes Gelände
gehört in dem bis jetzt bekannten Theile des Archipels durchaus zu
den Ausnahmen. Wir haben schon die Grasebene auf der Gazellenhalbinsel kennen gelernt und gesehen, dass die drei Vulcane daselbst grasbedeckte Gipfel haben. In Neu-Mecklenburg fand der Verfasser eine einzige, wenig umfangreiche Stelle auf den Ostabhängen
des die Insel durchsetzenden Bergzuges, welche statt des üblichen
Busches das in Java „Alang-Alang“, in Südafrika „Tambuti“ genannte
rohrartige hochstengelige Gras aufweist. Nicht mit völliger Sicherheit
möchte der Verfasser behaupten, dass die hohen Bergrücken in der
Umgebung der Henry Reid-Bai auf der Südküste Neu-Pommerns in
erheblicheren Höhenlagen ebenfalls Graswuchs aufweisen. Das Tiefland in dieser Gegend und die niedrigen Ufer des in diese Bucht
mündenden Flusses sind mit dichtem Busch bestanden, der sich durch
reichliches Vorkommen hoher Stämme auszeichnet. Das Auftreten von
Nutzholz hängt muthmaasslich mit dem Umstande zusammen, dass,
wie der bekannte Botaniker Dr. Warburg festgestellt hat, an dieser
Stelle die Verbreitung der australischen Eucalypten ihren nördlichsten
Punkt auf der südlichen Halbkugel erreicht. Diese Baumgattung zeigt
prächtige Hochstammbildung und ihr Holz, obwohl äusserst rissig,
eignet sich wegen seiner grossen Zähigkeit vorzüglich zu Balken und
wird besonders geschätzt, weil es wegen des ihm anhaftenden aroma-
tischen Geruches von den weissen Ameisen gern gemieden wird (Euca-
lyptus globulus, blue gum.). Dass im Allgemeinen der tropische Wald
der Blumenpracht entbehrt, der Busch der Südsee sich aber durch die
prachtvolle Färbung vieler seiner Crotonsträucher auszeichnet, wurde

14*

schon erwähnt. Durch das Waldesdickicht zerstreut, dem achtlosen
Wanderer nur selten sichtbar, meist an den unzugänglichsten Stellen
verborgen oder in luftiger Höhe sich schaukelnd, finden sich die herrlichsten Exemplare seltenster, in Farbe und Blüthenform gleich
wunderbarer Orchideen. Zur Zeit der Anwesenheit des Verfassers
stellte sich eines Tages ein Sammler ein, der im Auftrage irgend einer
grossen Blumenhandlung Orchideen suchte. Obwohl er die Resultate
seiner Arbeit sorgfältig geheim hielt, verlautete später doch, dass
sie ganz aussergewöhnlicher Natur gewesen seien und glänzenden
materiellen Nutzen abgeworfen haben. Es unterliegt nach des Verfassers Ansicht kaum irgend einem Zweifel, dass in dem noch so völlig
undurchforschten, seit Jahrtausenden einem abgesonderten eigenen Ent-
wickelungsgange folgenden Vegetationsgebiet Neu-Guineas und des
Archipels eine Anzahl neuer Formen aufgefunden werden müssen, unter
denen auch die Orchideen in noch mehr als den bisher daselbst
entdeckten Individuen vertreten sein dürften. Blumenliebhaber und
Blumenhandlungen werden neue Erscheinungen auf diesem Gebiete
aus ethischen und materiellen Gesichtspunkten mit Enthusiasmus begrüssen, von grösserer Bedeutung dürfte es sein, wenn eine andere
Vermuthung des Verfassers sich erfüllte. Der Busch des Archipels ist
voll der verschiedensten Früchte, deren einige schon in ihrem wilden
Zustande als wohlschmeckend bezeichnet werden müssen; sollte der
Versuch glücken, sie in Culturanlagen zu ziehen und zu veredeln, so
dürfte davon ein hoher Genuss für die auf gastronomischem Gebiete
nicht gerade verwöhnten Bewohner der Südsee zu erwarten sein.

Den ersten Rang unter den der Veredelung möglicher Weise
fähigen Früchten nimmt wohl die „Patik", „Atan", „Napukapuk"
oder „Natu" ein. In Gestalt und Grösse ähnelt sie einer runden
Birne mit grüner, lederartiger Schale, die sich ähnlich der einer
Orange ablösen lässt; ihr gelbliches Fleisch ist von einer dünnen,
ebenfalls abziehbaren Haut eingeschlossen. Der Geschmack, wiewohl
aromatisch und sehr süss, ist ein wenig weichlich und lässt sich mit
dem „turkish delight" oder „Sultansbrot" genannten orientalischen
Confect vergleichen. Gelänge es im Wege der Cultivirung, das Aroma
zu kräftigen, die Weichlichkeit herabzumindern, so würde diese Frucht
wegen ihres reichen Saftes und üppigen Fleisches zu einem vorzüglichen Leckerbissen werden. Das Fleisch sitzt um einen ziemlich grossen,
der Paranuss ähnlichen Kern, dieser wird für 20 Tage in Seewasser gelegt, darauf seiner Schale entkleidet und entweder als Nuss oder mit
anderen Gerichten zusammen gekocht gegessen. Die Frucht wächst

auf einem starken Baume mit röthlicher Rinde, dessen Wuchs wie auch seine Blätter der Rosskastanie ähneln.

„Ele" ist eine andere indifferent schmeckende Frucht mit geniessbarem Kerne, auch sie wächst auf einem grossen Baume, dessen lancetförmige Blätter stets zu dreien angeordnet sind.

„Akur" soll nach Aussage der Eingeborenen nur auf den Inseln der Neu-Lauenburggruppe, nicht auf Neu-Pommern vorkommen. Die Schale dieser sehr wohlschmeckenden Frucht ist gelb und glatt, ihr Kern besteht aus einem faserigen Gewebe, welches sie ganz durchsetzt und einige kleine Samenkerne enthält. Es würde zu weit führen, alle vorkommenden Früchte beschreiben zu wollen, abgesehen davon, dass sich dem Wunsche, möglichst genau zu sein, eine grosse Schwierigkeit in den Weg stellt. Lernt man eine Frucht nur dem Namen nach, nicht aus eigener Anschauung kennen, so ist es fast unmöglich, von den Eingeborenen Näheres über deren Art zu erfahren, entweder fehlt ihnen die Fähigkeit präciser Beschreibung, oder wahrscheinlicher noch, ist ihnen eine solche zu langweilig. Auch ist es möglich, dass man oft fehlgeht in seiner Bemühung, sein Verlangen nach der Beschreibung verständlich auszudrücken, da jede kleine Dorfgruppe einen anderen Namen für die gerade in Rede stehende Frucht besitzt. Nachstehend seien die Namen noch einiger vorkommender Früchte angeführt, doch will der Verfasser gleich auf die Möglichkeit hinweisen, dass unter verschiedenen Benennungen dieselbe Frucht gemeint sein kann. Nicht alle angeführten Früchte lernte der Verfasser kennen, er erhielt die Namen bei Gelegenheit der Unterredung mit Eingeborenen, als sie andere Früchte verzehrten oder ihm brachten. Von saftigen Fleischfrüchten verdienen noch Erwähnung „Atabu", „Akai", „Bukubuk", „Ananantumu", letztere wird nur in gekochtem Zustande gegessen. „Towarro" enthält, wie „Patik", einen wohlschmeckenden Kern. Von Früchten mit nussartigen Kernen oder Nussarten giebt es eine stattliche Reihe, die fast ohne Ausnahme recht wohlschmeckend sind. „Angaliep" oder „Temap" wurde als vorzügliches Nahrungsmittel schon früher erwähnt. „Pawa" ist bedeutend grösser und hat den Geschmack einer jungen Wallnuss, „Atalie" und „Awakawake" sind ebenfalls Nüsse, „Natie" soll der Banane, „Lepua" der Brotfrucht ähneln, das Vorkommen der letzteren und die Art ihrer Zubereitung wurde schon beschrieben. Zwei Pandanusarten tragen sehr schöne und höchst decorativ wirkende Früchte hellrother Farbe, die für Europäer ungeniessbar sind und auch von den Eingeborenen nur im Nothfall gegessen werden. Der Schraubenpandanus trägt eine etwa 1 bis 1½ Fuss

lange, an der Basis 4 Zoll dicke, einem Maiskolben in Form und
Zusammensetzung völlig gleichende Frucht, deren Körner die Eingeborenen auf dem Feuer rösten und verzehren. Sie wird „Uom" genannt. „Banumia" und „Amarite" ist die in Form der Ananas
ähnliche Frucht des grossen, Zweige bildenden Pandanus. Diese
Palmenart in verschiedenen Gattungen kommt ungemein häufig, namentlich auf den kleinen, zur Neu-Lauenburggruppe gehörigen Inseln vor,
während sie auf den grösseren, die man im Archipel als Festland bezeichnet, weit seltener ist. Im Gegensatze zur afrikanischen Küste ist
verhältnissmässig wenig Mangrove anzutreffen. Auf Karawarra war
die dem Hafen zugekehrte Seite mit einem Dickicht von geringer Ausdehnung bewachsen. Der Mangrove-Creek Neu-Lauenburgs ist damit
erfüllt und im westlichen Theile Neu-Mecklenburgs fand der Verfasser
dies Gebüsch in einer Bucht. Bemerkenswerth sind die sogenannten
Banianenbäume, deren fast jede der kleinen Inselchen der Neu-Lauenburggruppe ein starkes Exemplar aufzuweisen hat. Der Stamm strebt
empor zu mächtiger Höhe und breitet nach allen Seiten dicht belaubte,
schattenspendende Aeste, von denen unzählige Luftwurzeln von der
Stärke gewöhnlichen Bindfadens bis zu der des gewaltigsten Anker-
taues sich auf die Erde herab senken, um reichlichere Nahrung dem
Baume zuzuführen und dessen Ausbreitung möglichst zu fördern. Es
liegt auf der Hand, dass ein solches Ungethüm von Baum im Laufe
der Jahre nach allen Seiten neue Colonien vorschieben, die Nachbar-
pflanzen verdrängen und einen ungeheuren Raum einnehmen müsste.
Allein die Natur sorgt dafür, dass die Bäume weder in den Himmel
wachsen, noch sich zu weit seitlich ausdehnen. Dem Banianenbaume
lebt ein grimmiger Feind in Gestalt einer Ficusart, die sich anfänglich leicht und graziös an seinem Stamm emporrankt, diesen allmälig mit einem engmaschigen Netz starker Ranken umschlingt, welch
letztere als so viel Polypen das Lebensmark und den reichlichen, durch
die Luftwurzeln zugeführten Saft dem Baume aussaugen. Es wäre ein
interessantes Studium, zu untersuchen, ob nicht bis zu einem gewissen
Grade die Aussendung der Luftwurzeln auf das Bestreben des Baumes
zurückzuleiten ist, den ihm von dem Ficus entzogenen Saft wieder ein-
zubringen auf Wegen, welche in geringerem Grade als der Stamm der
schröpfenden Wirkung dieses fast ausnahmslos auf jedem Exemplare
jener Baumgattung anzutreffenden Schmarotzers unterliegen. Meist hält
sich Saftzufuhr und Aussaugung die Wagschale und das Bild des wurzel-
umwobenen, von den Ranken der Schlingpflanze gefällig umschlungenen
Baumes gewährt ein in jedem Falle malerisches, merkwürdiges Bild.

Banianenbaum auf Karawarra.

Allein es kommen Fälle vor, in denen der Schmarotzer siegt und der Baum trotz aller Lebenszufuhr durch die Luftwurzeln unterliegt, indem er austrocknet, während sein Parasit lustig weiter grünt. Auf Herrn Parkinsons Besitzung in Ralum stand ein solcher Baum mit vertrocknetem Stamm, der auf irgend eine Weise in Brand gerieth, vollständig verkohlte, zu Asche zerfiel und nur das Netzwerk der Ficusranken blieb, seines Kernes beraubt, als hoher, geflochtener Cylinder stehen. Herr Parkinson machte die Nachbarn auf das interessante Bild aufmerksam, ein lustiges Picknick führte uns alle an die betreffende Stelle, wo zu guterletzt ganz spontan die Neu-Mecklenburger einige ihrer Maskentänze aufführten, die der Reisende sonst selten zu sehen bekommt. In Bezug auf Nutzpflanzen ist im Allgemeinen die Flora des Landes noch wenig erforscht. Schon früher wurde erwähnt, dass die Eingeborenen aus der kugelförmigen Frucht eines Baumes ein Harz gewinnen, welches zum Verdichten der Boote dient; bei den Proben, die der Verfasser damit anstellte, erwies es sich für Zwecke unserer Industrie zunächst als unbrauchbar, da es nach kurzer Zeit brüchig wurde. „Atub" ist das wild wachsende, von den Eingeborenen zum Kauen benutzte Zuckerrohr. „Komock" wurde schon als Gemüse angeführt und „Kamawar" ist der wild vorkommende, aber kaum brauchbare Ingwer. „Lewara" ist eine Pflanze, aus welcher die Eingeborenen eine gelbe Farbe und einen angenehmen Duft zu ziehen verstehen. Eine hervorragende Rolle ist der Brotfrucht „Ambere" zugetheilt. Sie wird von Gross und Klein als Lieblingsspeise in mancherlei Zubereitung verzehrt und ihre dunkeln Kerne bilden geröstet einen beliebten Leckerbissen. Sie ist überall im Archipel verbreitet, die Zeit ihrer Reife schwankt indessen merkwürdiger Weise in ganz benachbarten Gebieten. Im Bereiche der Blanchebai, ungefähr bei Nodup, beginnt die Fruchtzeit im Januar, bei Cap Gazelle etwa Ende Februar, während Karawarra schon Anfang Februar essbare Früchte aufweist. Leider ist die Periode der Reife eine sehr kurze, so dass man nicht allzu viel der Früchte erhält. Der wilde Mango ist in Neu-Guinea sehr häufig, im Archipel hat ihn der Verfasser nicht zu sehen bekommen.

Im engsten Zusammenhange mit den fruchttragenden Eigenschaften der Bäume oder anderer Pflanzen steht, wie man wohl mit Sicherheit annehmen darf, die Ausbreitung verschiedener Vogelgattungen, ja der Charakter der von vegetabilischer Nahrung lebenden Vogelwelt überhaupt. Der Verfasser ist natürlich gar nicht in der Lage, hier eine erschöpfende oder auch nur annähernd vollständige Aufzählung der vorkommenden Species zu geben, er kann nur die Thatsachen mittheilen, die jedem einigermaassen aufmerksamen Laien auffallen müssen. Die Vogelwelt des Archipels ist reich an Arten, deren einzelne, namentlich Tauben, Kakadus und Papageien, äusserst zahlreich vertreten sind. Der weisse Kakadu ist in Neu-Guinea und Neu-Pommern sehr häufig, auf letzterer Insel wird eine Art mit blauen Augen von den Eingeborenen sehr geschätzt und gern gezähmt. Der Verfasser erinnert sich nicht, ihn auf Neu-Mecklenburg gesehen zu haben. Der schwarze Kakadu gehört ausschliesslich Neu-Guinea an, wo er aber selten zu sein scheint. Papageien sind überall anzutreffen. Zwei sehr bunte Arten bevölkerten Karawarra, verzogen sich aber bald, als auf sie geschossen wurde, um sie zur Herstellung einer ganz vorzüglichen Bouillon zu verwenden. Auf der Gazellenhalbinsel findet sich eine kleinere, ganz ungemein farbenprächtige Gattung, die leicht zu fangen ist, aber die Gefangenschaft durchaus nicht ertragen kann. Nach wenigen Tagen stellte sich bei allen den eingebrachten Exemplaren eine Art Krampf ein, der die Füsse und Flügel in die merkwürdigsten Stellungen verzieht. Alle Gelenke schwellen dabei an, die Sehnen werden steif, die Bewegungsfähigkeit hört auf, sie fallen von ihrem Sitz, auf dem sie sich nicht mehr festzuhalten vermögen, und nach kurzer Zeit erfolgt der Tod. Es unterliegt keinem Zweifel, dass die Ernährung der Thiere dabei in Frage kommt, nur war es unmöglich, festzustellen, was ihnen zusagte oder sie schädigte. Sie pflegten mit grossem Vergnügen alles zu verzehren, was ihnen geboten wurde, bis ganz plötzlich die Krankheit da war. Niemand hatte damals Zeit, den Gepflogenheiten dieser sehr schönen Thiere am Orte ihres Vorkommens Aufmerksamkeit zu schenken, und von dem Kanaken erfährt man das Resultat etwa vorliegender Beobachtungen nicht. Nur die Thatsache, dass die geschilderte Krankheit auftritt, scheint bekannt zu sein, woraus sich wiederum schliessen lässt, dass auch ihnen die Lebensweise des Vogels fremd ist, den der Verfasser niemals in gezähmten Exemplaren bei den Eingeborenen angetroffen hat. Am zahlreichsten nach Individuen und Gattungen sind die Tauben vertreten. Man findet mehrere Arten des sogenannten Taubenpapageis, deren eine durch einen hornigen Auswuchs von rother Farbe an der Basis des Schnabels auffällt. Von ebenso grosser Farbenpracht wie sein afrikanischer Vetter erreicht er nicht ganz dessen Grösse und Fettleibigkeit, ist daher als Braten auch weniger geschätzt. Graue Tauben bevölkern einige der Inseln in ungeheuren Schaaren. Zwischen der Neu-Lauenburggruppe und dem Festlande von Neu-Pommern liegen zwei kleine Felseneilande, die von uns die Taubeninseln genannt wurden wegen der zahllosen Schwärme dieser Vögel, die hier ihre Ruheplätze und wohl auch Brutstätte hatten und vielleicht noch haben, wenn die ihnen zu Theil werdende Nachstellung beschränkt worden ist. Des Tages über besuchen diese Tauben die Neu-Lauenburginselgruppe und Neu-Mecklenburg, von wo sie des Abends in dichten Schaaren wieder zurückkehren. Auch die westliche Ecke von Karawarra war eine von ihnen bevorzugte Localität, bis Flintenknall und Schrot ihnen den Aufenthalt verleidete. In geringerer Anzahl und nicht in Schwärmen pflegen drei andere Taubenarten aufzutreten, deren eine wegen ihres zierlichen Baues und netten Federkleides, braun mit grünen Flügeln, besonderes Wohlgefallen erregt. Eine eigenartige Gattung Taube trifft man in dem mittleren Theile Neu-Mecklenburgs, auf der Neu-Lauenburggruppe und der Gazellenhalbinsel ist sie noch nicht beobachtet worden, doch soll eine ihr wenigstens sehr ähnliche Art in Nordaustralien vorkommen, wo sie „Torres strait pigeon" genannt wird. Sie ist von mittlerer Grösse, gelblichweisser Farbe und schwarz gerändeten Flügeln und Schwanz. Auf der Gazellenhalbinsel kommt der Kasuar vor. Zwar bekam ihn der Verfasser nicht zu Gesicht, doch wurden seine Eier mitunter zum Verkauf gebracht. In der Neu-Lauenburggruppe und auf Neu-Mecklenburg ist dieser Vogel unbekannt. Schnepfen sind zahlreich und in zwei Varietäten vorhanden, sie wurden hauptsächlich auf der Neu-Lauenburggruppe wahrgenommen. Gross ist die Anzahl der mövenartigen Vögel. Ziemlich häufig kommt eine grosse Möve von brauner Farbe und geradem Schnabel vor. Die wenigen von dieser Art geschossenen Exemplare waren derartig von grossen lausartigen Parasiten besetzt, dass selbst die Kanaken sich scheuten, den Vogel länger in der Hand zu halten. Die parasitären Insecten bewegen sich mit Vorliebe seit- und rückwärts und zwar mit grosser Geschwindigkeit; da sie gewaltige Zangen tragen, müssen sie für den Vogel, auf dessen Leibe sie schmarotzen, eine höchst widerwärtige Plage sein. Im Busch finden sich in grosser Zahl die Megapoden, Buschhühner genannt. Ihr Fleisch ist unbrauchbar, von ganz hervorragendem Werthe aber sind ihre im Verhältniss zu ihrem Körper ausserordentlich grossen, zimmtbraunen Eier. Die Vögel im Archipel gehören nicht zu der Gattung, welche Laub und dürres Holz zum Bau ungeheurer Nesthaufen zusammenscharrt. Hier legt das Huhn seine Eier in Löcher, die es in den Sand kratzt, und zwar pflegen stets mehrere der Thiere dasselbe Loch zu benutzen. Der Vogel ist ungemein scheu, hält sich für gewöhnlich nur im dunkeln Busch auf, sichert, ehe er heraustritt, eilt dann zu

dem Nestloch im Sande, wo in möglichster Eile das Ei gelegt wird
und läuft sofort nach vollzogenem Geschäft hastigen Schrittes in das
bergende Gebüsch zurück, die Eier dem Geschick und der Sonne über-
lassend. Die Kanaken kennen die Stellen, wo die Nester sich befinden,
passen wohl versteckt auf, wenn die Vögel legen und entnehmen den
Nestern die Eier, die sie theils selbst verzehren, theils den Europäern
verkaufen, die dafür horrende Preise zahlen, da frische Eier ein im
Archipel seltener Leckerbissen sind. Natürlich wird der arme Weisse
oft geprellt, denn, um ganz sicher zu sein, dass die Eier frisch sind,
muss er sie sofort sämmtlich aufschlagen. Unterlässt er dies und
bezahlt er den geforderten Preis, so findet er hinterher natürlich jedesmal, dass die Eier schon im Stadium der Entwickelung sich befinden,
in dem sie trotz der dabei stattfindenden Exhalation im Charakter von
Schwefelwasserstoffgas dem Kanaken noch völlig genussfähig erscheinen.
Auf der Gazellenhalbinsel kommt das Wallaby vor, ein kleines, auf
Bäumen lebendes Känguruh; auf den anderen Inseln ist es bisher noch
nicht gefunden worden. Verschiedene Nager sind ebenfalls bekannt.
Fliegende Hunde und Fledermäuse hatte der Vorfasser schon Gelegenheit zu erwähnen. Erstere hängen tagsüber an den Bäumen, doch
kann man die von ihnen als Wohnsitz bevorzugten Exemplare auch,
ohne Jagdhund zu sein, leicht an der Witterung erkennen. Die fliegenden Hunde erreichen oft eine ganz bedeutende Grösse, Flügelspann-
weite von 1 m ist durchaus nicht ungewöhnlich. Sie haben in ihrem
zierlichen Hundskopf ganz entsetzliche Hakenzähne, die man eigentlich
nur Fleischfressern zutrauen sollte, und vermögen kräftige Bisse aus-
zutheilen. Auf Karawarra besass die Station eine riesige Ulmer Dogge,
der es besondere Freude machte, die Jagdbeute der Europäer zu erfassen. Wurde, was öfters vorkam, für die Kanaken ein „Ganan"
geschossen und fiel dieser auf die Erde, ohne sofort zu verenden, so
sprang die Dogge hinzu, um Besitz zu ergreifen, musste aber meist vor
den scharfen Zähnen des noch kampffähigen und meist ungemein
kampfeswilligen Gegners das Feld räumen. Das Flügelthier pflegte sich
mit den an seinen Flügelgelenken befindlichen Haken an die Ohren des
Hundes festzukrallen, sich in dessen Nase festzubeissen und dabei ein
kreischendes Geschrei auszustossen. Dem Hunde war diese Kampfesart,
bei der seine Augen oft von den grossen Fledermausflügeln bedeckt
wurden, unheimlich, die Zähne des flatternden Gesellen fassen fest zu
und der Geruch, den er von sich giebt, ist selbst für die Nerven
eines anständigen Hundes anstrengend, so dass mit der Zeit der Eifer
der Dogge erkaltete. Die wenigen existirenden Vierfüssler leben

nicht auf den kleinen Inseln und auf den grossen sind sie so scheu
und selten, dass man sie kaum je zu Gesicht bekommt.

Ungewöhnlich reich ist das Insectenleben vertreten. Setzt man des
Nachts eine Lampe ins Freie, so kann man innerhalb ganz kurzer
Zeit eine Sammlung der mannigfachsten Motten, Käfer, Fliegen etc.
anlegen. Wer mit Eifer und Verständniss sammeln will, der findet
auf den verschiedenen Inseln ein weites Feld, auf welchem der Forscher
gewiss noch manche völlig neue Beute erjagen kann. Die grösseren
Inseln sind noch so wenig erforscht, dass man von den sie bevölkernden Insecten keine auch nur annähernd erschöpfende Kenntniss haben
kann und man darf durchaus nicht annehmen, dass man die gesammte
Insectenwelt aller der Inseln überblickt, wenn man die auf einer
der kleinen auftretenden Species genau kennen gelernt hat. Der
Verfasser sammelte mit Vorliebe Käfer und wurde schnell mit den
auf Neu-Lauenburg und der Gazellenhalbinsel häufiger vorkommenden
Gattungen vertraut. Bei seiner Durchquerung Neu-Mecklenburgs fand
er bald einige Individuen, die sich von den derselben Gattung (Bupre-
stiden) angehörigen Bewohnern der Gazellenhalbinsel merklich unterscheiden. Eine ganze Reihe ihm bis dahin unbekannter Käfer wurde
in kurzer Zeit eingebracht, doch ging die Sammlung bei einem Angriff durch Eingeborene verloren und er vermag aus dem Gedächt-
nisse nicht mehr anzugeben, welchen Familien resp. Gattungen die
zwar gesammelten, aber nicht bestimmten Insecten angehörten. Auf
Schritt und Tritt drängt sich das Insectenleben dem aufmerksamen
Auge auf und so vermochte der Verfasser selbst während seiner Bureau-
arbeit eine ungemein interessante Beobachtung zu machen. In die
menschlichen Wohnungen kommt gern eine grosse, schwarzgelbe Wespe,
um ihr Haus aus Erde an die Wand zu kitten und ihr Ei hinein
zu legen. Auf des Verfassers Schreibtisch standen zwei Zwirnröllchen,
deren Bohrgang eine solche Wespe zu ihrer Ansiedelung ausersehen
hatte. Sie flog unablässig zu, trug kleine Körnchen Sand und Erde, die
sie mittelst ihres Speichels zu einem Flur in den Bohrgängen der Röllchen zusammenkleisterte. Nachdem in deren einem der Grund gelegt
war, begann die Wespe Nahrung für ihre Nachkommenschaft herbeizuschleppen. Sie brachte eine Anzahl Raupen, stets dieselbe Art, die
sie lebend in der Höhlung niederlegte. Mit ihren Zangen hielt sie jedesmal die Raupe hinter dem Kopfe gefasst, mit ihren Hinterbeinen deren
Leib umklammert, so dass sie mit den anderen vier Beinen bequem
irgendwo sich niederlassen konnte. Beide Röllchen wurden nach einander mit diesen Raupen gefüllt, dann das Ei gelegt und die Oeff-

nung des Hauses in derselben Weise geschlossen, wie der Boden gebaut worden war. Als sich die Wespe noch mit der Schliessung der letzten Höhlung beschäftigte, wurden beide Nester vom Verfasser zerstört. Es ergab sich, dass 32 Raupen darin aufgespeichert waren, dass aber alle diese Thiere, obwohl sie schon vier Tage lang da lagen, noch lebten, nur ihre hellgrüne Farbe in ein schmutziges Grau verwandelt hatten. Es wird angenommen, dass die Wespe sie durch ihren Stich in einen lethargischen Zustand versetzt. An einer der Raupen war das grüne, stecknadelknopfgrosse Wespenei befestigt. Kaum bemerkte die Wespe die Zerstörung, so begann sie ihr Werk von Neuem. Die Böden wurden abermals gebaut und schon wenige Stunden nach deren Vollendung waren wieder vier Raupen zugetragen. Die Arbeit vollzog sich ganz wie das erste Mal und wurde fortgeführt bis zur Schliessung des zweiten Baues, der nicht ganz zur Vollendung kam. Das Thierchen ermüdete wohl oder fiel einem Feinde zum Opfer, ehe es sein Werk beendete. Die Menge der in dieser Art arbeitenden Wespen ist ganz ausserordentlich und der Verfasser fand eines Tages zu seinem unwilligen Erstaunen, dass die hohlen Rücken mehrerer seiner Bücher nicht gerade zu deren Vortheil Wespenbrutstätten geworden waren. In Afrika hatte er Gelegenheit, eine ähnliche Wespe zu beobachten, die ihre Behausung in den Wänden menschlicher Wohnungen aufschlägt, indem sie sich ein Loch in den Lehmbewurf bohrt. Sie pflegt indess nur Spinnen einer bestimmten Art statt Raupen als Futter zuzutragen. Beide Wespengattungen waren bei dieser Beschäftigung durchaus friedlich und machten niemals Miene, ihre menschlichen Nachbarn anzugreifen. Auch der sich aller Beobachtung enthaltende Bewohner dieses Theiles der Südsee kann nicht umhin, zu bemerken, dass die Familie der Mantis in zahlreichen Arten vertreten ist. Auf den Aesten und Zweigen des Gesträuches sitzt die von ihrer Unterlage kaum zu unterscheidende Stabschrecke, im Grase findet sich eine Art Gottesanbeterin, auf dem Sande trabt eine andere Gattung umher, deren ekelhaftes Aeussere zu einer interessanten Beobachtung Veranlassung gab. Das über den Körper und alle Gliedmassen mit Stacheln besetzte, etwa 3 bis 4 Zoll lange Thier vermag mit seinen scharfen Krallen sich fest an den Gegenstand anzuhaken, auf dem es sitzen will. Der Verfasser besass einen auffallend schönen Küngurnhhund, dessen Liebenswürdigkeit und Schönheit ihn zum Verzuge aller derer machte, die ihn kannten. Der Hund pflegte den Verfasser in den Busch, auf das Riff, kurz überall hin zu begleiten und mit zu „naturforschen". Gelegentlich der Betrachtung einer dieser hässlichen, übel riechenden Mantis entglitt diese der Hand, fiel auf den Rücken des Hundes, wo sie sich nach ihrer Gepflogenheit energisch festhakte. Der Hund stiess sofort ein Wehgeheul aus, dessen Ursache keinesfalls in irgend welchem, durch das Thier verursachten Schmerz liegen konnte. Er wandte sich nach der Stelle seines Körpers, wo das Insect sich festklammerte und betrachtete dieses mit einem so unverkennbaren Ausdruck des Ekels, wie man ihn kaum im Gesichte eines Hundes erwarten sollte. Die Unterlippe trat zurück, so dass die entblössten Zähne sichtbar wurden, die Mundwinkel senkten sich, die Oberlippen hoben sich über den Eckzähnen, Geifer tropfte aus dem leise geöffneten Maule, die Augenbrauen waren zusammengezogen. Nach einigen Augenblicken trat Neigung zum Erbrechen ein. Der Hund schüttelte sich jetzt, das Thier fiel herab, der Hund beroch es sofort, schüttelte heftig den Kopf, doch der Ausdruck des Ekels blieb eine Zeit lang in seinem Gesicht haften. Der Vorgang wiederholte sich jederzeit, wenn ihm eine solche Mantis gezeigt wurde, nur der Brechreiz wurde nach dem ersten Male nicht wieder wahrgenommen.

Der Verfasser setzte eine Anzahl dieser ziemlich behenden und sehr kräftigen Thiere in eine Kiste, um sie näher zu beobachten. Das ihnen gereichte Futter, Gräser und Blätter, verschmähten sie, begannen aber bald sich heftig zu befehden. Binnen wenigen Tagen waren die meisten der Geschöpfe entweder den Angriffen ihrer Mitgefangenen oder dem sich freiwillig auferlegten Hunger erlegen. Die Weibchen zeigten sich am widerstandsfähigsten, sie überlebten die männlichen Thiere um mehrere Tage und legten eine grosse Anzahl schmutzig gefärbter, walzenförmiger Eier mit abgerundeten Enden. Anfänglich weich, erstarrte die Schale dieser Eier bald und wurde leicht brüchig, die Länge betrug nicht ganz 1 cm, die Dicke halb so viel. Giftige Insecten sind im Allgemeinen selten oder halten sich an Orten auf, wo der Mensch wenig oder gar nicht mit ihnen in Berührung kommt. Auch von den Eingeborenen hört man keine Klagen über Verletzungen durch giftiges Gethier. Schmetterlinge sind ziemlich häufig, doch sind die grossen, farbenprächtigen Exemplare, durch deren zahlreiches Auftreten Neu-Guinea sich in hervorragender Weise auszeichnet, sehr selten. Auch glaubt der Verfasser die Bemerkung gemacht zu haben, dass Neu-Pommern reicher an Schmetterlingen ist als Neu-Mecklenburg. Allerdings darf nicht unerwähnt bleiben, dass der grössere Reichthum Neu-Pommerns sich stets da vorfand, wo die Vegetation offen oder durch menschliche Hand gelichtet war, während in Neu-Mecklenburg fast nur dicht bewaldete Gegend besucht wurde. Auf den kleineren

Inseln findet man am Strande, am liebsten in der Nähe von Mangrove-
oder Cocosnussbäumen, einen grossen Krebs, richtiger Krabbe, die
ihren Wohnsitz in Löchern unter den Wurzeln der Bäume aufschlägt.
Die Eingeborenen behaupten, dass das Thier die Löcher selbst grabe
und erzählen auch, dass es herabgefallene Cocosnüsse durch Hämmern
und Kneifen mittelst seiner starken Scheeren öffne. Niemals jedoch
kann man Jemanden finden, der diesen Process selbst beobachtet hat
oder die Beobachtung zuverlässig bekunden kann, sie ist daher mit
Sicherheit in das Gebiet der Fabel zu verweisen. Die Krabbe ist
ungemein scheu und nur ganz selten gelingt es, sie zu Gesicht zu
bekommen. Selbst der leise Fusstritt des Kanaken wird von dem
wachsamen Thiere auf weite Entfernung wahrgenommen und ist Veranlassung zu dessen sofortigem Verschwinden in sein Loch. Tausende
von Krabben anderer Gattung beleben das Wurzelwerk am Strande.
Belustigend wirkt eines dieser Geschöpfe, welches nur mit einer Scheere
versehen ist, und diese wie einen Arm über seine Brust legt, wo sie
sich in eine Rinne einfügt. Betritt man unversehens ein Gebüsch, wo
eine Colonie dieser Thierchen angesiedelt ist, so bemerkt man eine
sich über den Boden ringsum erstreckende Bewegung, die von rasseln-
dem Geräusch begleitet ist. Sie rührt von den kleinen Krabben her,
die zu Hunderten in ihre Schlupfwinkel eilen und zu dem Zweck
ihre Scheere kräftig einklappen. Blickt man genauer hin, so erkennt
man, wie die kleinen Gesellen es mit ihrer Flucht gar nicht so ernst
meinen. Im Eingang ihrer Löcher bleiben sie meist stehen, bereit,
sofort in deren Dunkel zu verschwinden, eigentlich aber neugierig, zu
erfahren, wodurch denn eigentlich die Störung entstand, die zum Flucht-
antritt nöthigte. Selbst Stellung und Haltung der Thierchen drückt
Neugier aus. Die runden Perlenaugen schielen nach der Richtung des
Geräusches, der Körper ist ein wenig auf den fluchtbereiten Beinen
emporgerichtet, die Scheere liegt dicht über ihrer Rinne zum sofortigen Zuklappen bereit, sollte die Fortsetzung der Flucht erforderlich werden. Meist aber siegt die Neugier, nach einer halben Minute
schon kriecht der kleine Höhlenbewohner wieder ans Licht, er senkt
seinen Körper auf die Erde und richtet die Scheere auf, ein Zeichen
des wiederhergestellten, geistigen Gleichgewichts. Beim nächsten
Schritt des menschlichen Störenfriedes vollzieht sich derselbe Vorgang.
Je mehr man sich dem Wasser nähert, desto reicher wird das Thierleben. Das Korallenriff ist ein Beobachtungsfeld, welches dem Forscher stets neue und interessante Ueberraschungen bietet. Seine Bewohner besitzen zum Theil hohe, wirthschaftliche Bedeutung, dies ist

besonders beim Trepang, der Seewalze oder „Bêche de mère", der Fall.
Dieses der Familie der Holothurien angehörige Thier liegt als unförmlicher Gegenstand auf dem stets wasserbedeckten Theile des Riffes,
wo man es bei oberflächlicher Beobachtung für einen Stein oder Lehm-
klumpen halten könnte. Nimmt man es jedoch auf, so erkennt man
bald, dass in der harten, aber beweglichen Masse Leben ist. Trägt
man das Thier fort, so wird es nach wenigen Minuten weich und glatt
und entgleitet leicht den Fingern. Es wird lang und dünn, hängt
man es über einen Stock, so bemerkt man, dass an jedem Ende des
Darmes, den es nun darstellt, eine kleine Oeffnung sich befindet. Bald
giebt das merkwürdige Wesen durch eine dieser Oeffnungen seinen
gesammten Inhalt von sich, d. h. nicht etwa den Inhalt eines Darm-
canals, sondern alle die Organe, welche sein Inneres birgt. Man erkennt eine Anzahl Därme und andere Dinge, die man für Magen,
Herz oder Leber halten möchte, wenn diese Thiere dergleichen Organe
besitzen. Zuletzt zertheilt das Geschöpf sich selbst und fällt in zwei
Hälften zu Boden. Sowohl nach Ausschüttung seines Inhalts als nach
Theilung seines Körpers behält das Thier sein Leben, wenn es wieder
in Seewasser gelangt. So wenig anmuthend dieses Geschöpf erscheint,
so sehr ist es im Handel begehrt. Es wird in grossen Mengen nach
China exportirt, wo es ein beliebtes Nahrungsmittel bildet und von wo
aus es seinen Weg auch schon in die ganz besonders feinen Küchen
Europas gefunden hat. Die Chinesen bereiten ein unerhörtes Ragout
daraus; die Europäer eine sehr theure Suppe. Ersteres zu probiren,
vermochte der Verfasser nicht über sich zu gewinnen, es roch gar zu
chinesisch, letztere ist ganz schmackhaft, wenn sie nach Art der Kiesel-
steinsuppen zubereitet wird, nämlich mit den Zuthaten, die auch ohne
den Trepang eine gute Brühe abgeben würden.

Man unterscheidet verschiedene Arten des Trepangs, von denen
die sogenannte rothe Sorte für die beste gehalten und auf dem chine-
sischen Markte höher bezahlt wird. Sie ist grösser als eine andere,
die schwarze Art, in Substanz jedoch weicher und dünner. Um das
Product marktfähig zu machen, wird von den Händlern folgendes
Verfahren angewandt. Nachdem durch Kanaken die Riffe abgesucht,
die tieferen Sandbänke mittelst Schleppnetz abgefischt worden sind,
wird die Holothurie der Länge nach aufgeschnitten und ihres Inhalts entleert. Das verbleibende lederähnliche, flache Stück Haut wird
jetzt einen Augenblick in heisses Wasser getaucht, darin abgespült
und dann sofort auf ein aus Bambus oder Rottang geflochtenes Gerüst gelegt, wo es abtropft und an der Sonne trocknet, dabei tritt der

Salzgehalt des Thieres an die Oberfläche, die sich stellenweise mit Salz incrustirt. Sobald das Product, welches beim Trocknen sehr zusammenschrumpft, völlig hart geworden ist, kann es verfrachtet werden, zu welchem Zwecke es in gewöhnliche Säcke verpackt wird. Hauptabsatzgebiet ist China, doch auch in Australien hat Trepang seine Liebhaber gefunden, nicht nur unter den Tausenden der dort als Arbeiter verdingten Chinesen, sondern auch unter der weissen Bevölkerung. In allen nördlichen Provinzen Australiens gehört Trepangsuppe zu dem eisernen Bestande der im Küchenzettel der Hôtels ständig wiederkehrenden Gerichte. Von besonderem Interesse sind die in mittlerer Tiefe auf den Korallenriffs vorkommenden Lebewesen, die man für Pflanzen hält, bis ihre willkürlichen Bewegungen den Beweis führen, dass ihnen bewusstes Leben innewohnt. Ihre bunten Farben, graziösen Gestalten und träumerisches Gebahren trägt unendlich viel dazu bei, den in die Tiefe gerichteten Blick des Beobachters fast mit magnetischer Gewalt zu fesseln. Und in der That kann man sich kaum etwas Phantastischeres denken als die bunte Welt, die sich dem Auge dort unten erschliesst. Jedem, auch dem unbedeutendsten Gegenstande verleiht das Seewasser einen eigenen Glanz und jede Form wird von ihm verschönt, idealisirt. So wunderbar uns ein aufs Trockne gebrachter Korallenblock durch seine künstliche Structur anmuthet, so ist doch der durch ihn hervorgerufene Eindruck nichts im Vergleich zu dem, den wir empfangen, wenn wir dasselbe Gebilde unter 6 bis 10 Fuss Wasser betrachten. Die Zeichnung kommt viel mehr zur Geltung, wird wesentlich unterstützt und gehoben durch die bunten, namentlich grünlichen Töne, mit welchen das Wasser alles erleuchtet. Zwischen den Armen eines zweigartigen Korallenstockes, oder auf dem in achteckige Felder getheilten Rücken eines kugelförmigen Blockes sieht man kleine Büsche wachsen, die in heiterem Hellgrün, sattem Blau oder kräftigem Roth strahlen. Ihre Form ähnelt sehr unserem Wirsingkohle, nur sind die Blättchen der im Ganzen kleineren Pflanze zarter. Neugierig holen wir uns eins der Pflänzchen herauf, es fällt sofort zu einem unscheinbaren Häufchen zusammen und wir verzichten gern auf nähere Bekanntschaft, da die Berührung der Geschöpfe auf dem Finger ein heftiges Brennen verursacht. Rasch lassen wir das Pflanzenthier ins Wasser fallen, es sinkt auf den Boden, wo es sich sofort wieder ausbreitet und wie vorher durch seine zierliche Form und zarte Färbung unser Auge erfreut. Eine schmutzig-graue Röhre, ähnlich der herausgerissenen Gurgel eines Schafes, liegt dicht neben der Stelle, wo unsere Thierpflanze versank. Wir würden ihr kaum einen Blick schenken, wenn nicht plötzlich aus dem Gehäuse eine Pflanze herauswüchse, die man mit Recht als Feder bezeichnen könnte, verriethe nicht ihr rasches Wachsthum, dass wir weder eins noch das andere vor uns haben. Im Augenblick hat sich der auf einem runden Stiel sitzende, blendendweisse Federbüschel herangebildet, er tastet nach dieser und jener Richtung, kommt mit irgend einem fremd scheinenden Gegenstande in Berührung und zieht sich sofort erschreckt in seine unscheinbare Röhre zurück, die wir jetzt der lieblichen Erscheinung ihres Insassen wegen mit der Aufmerksamkeit betrachten, die wir ihr früher versagten. Ein unliebenswürdiger Geselle ist der Seeigel. Von der Grösse einer Haselnuss bis zu der einer Faust sitzt er an den Korallenblöcken und besonders gern an Holzbalken, die zu baulichen oder anderen Zwecken ins Wasser gelassen worden sind. Sein Körper besteht aus einer dicken pergamentähnlichen Haut, aus der nach seinem Tode ein einfaches hohles Kalkgebilde wird. Darauf befinden sich in symmetrischer Anordnung eine Unzahl Stacheln ganz verschiedener Länge. Vielleicht ist die Anordnung eine sternförmige, dann sind die Strahlen des Sternes durch die kräftigsten Stacheln markirt, die auch die grösste Länge besitzen. Von schwarzer Farbe, verjüngen sie sich alle zu einer Spitze von solcher Feinheit, dass sie dem Auge kaum sichtbar bleibt. Regelmässig verletzt sich der Neuling heftig an diesen Stacheln, die ihm schon im Fleisch sitzen, wenn er sich noch in zollweitem Abstande davon zu befinden meint. Der Kenner hält sich beim Baden gern in respectvoller Entfernung von allen Holzgerüsten, von denen er leicht eine beträchtliche Portion der heftiges Brennen verursachenden Igelstacheln mit fortnehmen kann. Die Thiere kommen zu Tausenden vor und ihre leeren Kalkgehäuse finden sich in entsprechender Menge auf den Riffen und am Strande, wo sie wegen der zierlichen darauf punktirten Arabesken, welche die frühere Gruppirung der Stacheln andeuten, gern aufgelesen werden. Wenn man beobachtet, wie zahlreich die kalkbildenden Thiere in der See auftreten, wie rasch sie sich fortpflanzen und absterben, mit dem weitaus grössten Theile ihres Körpers aber die vorhandenen Kalkmassen vermehren, so lernt man begreifen, wie es zugeht, dass Kalk einen so hervorragenden Platz in der Tektonik unseres Erdballes einnimmt. Gedanken über diese und ähnliche Dinge drängen sich gern dem Beobachter der bunten, unterseeischen Welt auf, wenn er, an schattiger Stelle über den Rand seines Bootes gebeugt, hinabschaut in das farben- und formenreiche Gebiet, welches sein Auge entzückt, seinen Geist anregt, welches er wohl schauen, doch

nicht betreten darf. Allein der Eindruck und dessen Wirkung auf die
Phantasie ist auf die Dauer stärker als die kritische Vernunft. Bald hört
man auf, in der bunten Koralle da unten formationsbildendes Material
zu sehen und man vergisst, dass der weisse Federbüschel nur einer
der vielen Holothurienarten angehört. Man fühlt sich zurückversetzt
in die Fabelwelt, der man in der Kindheit nahe stand, die Korallenbauten erweitern sich zu prachtvollen diamant- und perlengeschmückten
Hallen, die Pflanzen werden gruppirt in die herrlichsten Gärten, wo
nie gesehene Bäume bewusstes Leben tragen und Verständniss zeigen
für das, was den bewegt, der unter ihren Zweigen wandelt. Liebliche Blumen zieren das Gefilde, umgaukelt von Schmetterlingen und
Vögeln, die im Schmuck unnachahmbarer Farben prangen. Und über
all der Pracht wölbt sich ein ewig heiterer Himmel aus durchsichtigem
Krystall, der, selbst mit Leben begabt, jetzt friedlich und heiter
lächelt, jetzt seinen Zorn in heftiger Bewegung kund thut, aber auch
im höchsten Affect die Klarheit und Lauterkeit seines Wesens nicht
verlieren kann. Wie darf eine solche glänzende Welt sich Selbstzweck sein, es liegt nahe, dass es Wesen geben muss, denen zur Freude
und zum Tummelplatz dieses Paradies geschaffen wurde, und so sieht
sich die Phantasie gezwungen, Logik in ihre Sprünge zu bringen, sie
bevölkert daher ihre selbstschaffene Welt mit fabelhaften Wesen,
deren Charakter und Gebahren sie möglichst in Harmonie mit ihrer
Umgebung zu setzen sucht. Kein Wunder, wenn auf diese Weise der
die seltsamen Korallengebilde und bunten Gewächse durchstreifende
Klippenfisch, der an Merkwürdigkeit in Gestalt und Lebhaftigkeit der
Farbe wo möglich seine Umgebung noch zu übertreffen versucht, zum
verwunschenen Prinzen, zum liebessehnsüchtigen Meermädchen sich
gestaltet, deren Lebensverlauf und Lebenslage alles das zu eigen ist,
was dem Menschenkinde als irdisches Glücksgut unerreichbar und
darum begehrenswerth erscheint, denen aber das fehlt, was den Menschen über sie stellt, das Moment, dem sie ihren Ursprung und ihr
Wesen verdanken, die schöpferische Phantasie. Dieser darf auch der
nüchterne Forscher nicht entrathen. Sie allein befähigt ihn, die Ergebnisse seiner Beobachtungen zu einem formvollen Ganzen, dem Resultat
seiner Forschung zu gestalten. Im Dichter steckt oft ein Stückchen
des Gelehrten. Die Phantasie zeigt ihm ein bestimmtes Ziel und es
wird seine Aufgabe, das Material zusammenzutragen, mittelst welchem
er das, was er im Geiste geschaut, nunmehr aufbaut. Umgekehrt ist
im Gelehrten oft der Poet verborgen, nur muss der Gelehrte mühsam
das Material sammeln, bis die Phantasie ihm plötzlich zeigt, welch

herrliches Gebäude sich aus den ungeordneten Haufen einzelner Bausteine errichten lässt. Der Laie unter den Lesern wird den Verfasser gern in das bunte Reich der Fabelwelt begleitet haben und der Gelehrte ihm den kurzen Ausflug dahin verzeihen. Eins weiss der Verfasser ganz bestimmt, hätten beide ihn auf seinen Bootfahrten, auf denen die hier niedergelegten Beobachtungen gesammelt wurden, begleitet, sie wären, wie er, dem Zauber dieser unentweihten Welt unterlegen und hätten, versunken im Betrachten der Wunder der göttlichen Schöpfung, wie er einen Augenblick — geträumt.

Aber zurück zur Wirklichkeit, die den Traum erst rechtfertigt.

Das Riff fordert noch einen Augenblick unsere Aufmerksamkeit. Aus seinen verborgenen Schatzkammern wirft das unerschöpflich reiche Meer köstliche Gaben empor, die thatsächlich nur aufgehoben sein wollen. Muscheln der verschiedensten Gattungen, der buntesten Farbe, Zeichnung und eigenartigster Gestalt kann man auf dem Riff zur Zeit der Ebbe sammeln. Zu den gewöhnlichsten Producten gehören die sogenannten Tigermuscheln in verschiedenen Abarten und Grössen. Sie sind besonders beliebt, da man aus ihnen allerhand Geräth herstellen kann. Die Nautilusarten besitzen neben ihrer Schönheit auch einen erheblichen Werth, sie wurden früher gern polirt und mit Silber zu kostbaren Vasen verarbeitet. Allein auch heute wird für ein gutes männliches Exemplar ein hoher Preis bezahlt. Eine grosse, grüne Muschel liefert gutes Perlmutter von allerdings geringerer Qualität als die echte Perlmuttermuschel, deren beste Sorte, Goldrand genannt (golden edge), äusserlich ebenso unscheinbar ist, wie ihr verarbeitetes Material prachtvoll. Aber andere Seltenheiten spendet das Meer. Der Beruf des Verfassers erlaubte ihm nicht, seine Zeit auf Anlage von Sammlungen zu verwenden, er war aber Zeuge, wie ein ihm bekannter Missionar langsam, aber stetig eine Muschelsammlung zusammenbrachte, die ein kleines Vermögen darstellte, wegen der seltenen und herrlichen Exemplare, die sie enthielt. Auch weniger angenehme Dinge als schöne, bunte Muscheln lernt man auf dem Riff kennen. In den Löchern der Korallenblöcke hält sich merkwürdiges Gethier auf, welches oft unliebenswürdige Gewohnheiten bekundet. Der Verfasser erinnert sich eines kleinen Erlebnisses, in welchem ein Riffbewohner recht aggressiv auftrat. Es existirt eine Art Krebs oder Hummer, den man mit Recht Heuschreckenkrebs genannt hat. Sein Aussehen hat etwas heupferdartiges, ja man kann sagen schreckhaftes, denn er besitzt zwei grosse Arme, die er meist auf seine Schultern zurücklegt und an deren unteren Seite je ein mächtiger Sporn oder Stachel hervorragt. Haut

15*

das Thier mit diesen sehr kräftigen Armen nach vorwärts, so vermag
es die Stacheln tief in einen vor ihm stehenden Gegner oder in seine
Beute hineinzujagen; da das Thier unter Umständen bis über 1 Fuss
lang wird, so könnte es sogar dem unerwartet von seinen Armen getroffenen Menschen mindestens arge Schmerzen verursachen. Der Verfasser pflegte in seinen Mussestunden öfters auf das Riff zu gehen, um
Beobachtungen über das Wachsthum der Korallen anzustellen, er
wurde dabei meist von seinem schon früher erwähnten Hunde begleitet,
der stets eifrig auf dem Riff umherforschte. Eines Tages liess dieser ein
jämmerliches Geschrei hören, und als der Verfasser sich umwandte,
erblickte er „Intombi" (Zuluwort für Mädchen, Name des Hundes),
deren feine, spitze Schnauze in einem Korallenloch steckte, aus dem
sie anscheinend vergeblich sich bemühte, die Nase wieder heraus zu
bekommen. In dem Loche sass eine kleine Heuschreckenkrabbe, die
wahrscheinlich durch das Herumschnubbern des Hundes beeinträchtigt
worden war. Sie hatte heftig zugehauen und beide Stacheln tief in
die weiche Nase des Hundes eingejagt; dieser wollte entfliehen, hob aber
die Nase, wodurch die Arme der Krabbe gegen die Koralle gedrückt
und am Zurückziehen gehindert wurden. Sich los zu reissen, wagte
der Hund nicht, der Schmerz war zu gross. Erst die Hülfe des Verfassers befreite ihn aus seiner unbequemen Lage, er hatte nunmehr
seine Kenntnisse bedeutend erweitert, indem ihm die Existenz und
der Charakter der Heuschreckenkrebse zur Evidenz klar geworden
war. Sein Eifer zur Naturforschung war indessen von da ab merklich abgekühlt und den Löchern in den Korallenblöcken nahte er mit
Vorsicht. Am reichsten vertreten ist die Thierwelt im tiefen Wasser.
Zu unzähligen Schaaren tummeln sich Fische aller Arten und jeder
Grösse in den Gewässern der Südsee. Heerden von riesigen Wall-
fischen sah man mitunter in nicht zu grosser Entfernung von den
Inseln majestätisch ihres Weges ziehen. Eines Tages befand sich der
Verfasser mit dem alten, jetzt dahingeschiedenen Capitän Dalmann,
ehemaligem Wallfischfänger in nordpolaren Gewässern, späterem Führer
eines Dampfers und allgemeinem Vertrauensmann, zusammen im Boote,
als plötzlich in unmittelbarer Nähe ein mächtiger Wallfisch auftauchte
und allen Bootsinsassen nicht geringen Schrecken einjagte. Auf Rath
des Capitäns Dalmann pausirten wir mit dem Rudern, um die Aufmerksamkeit des Thieres nicht auf uns zu ziehen. Dieses trieb sich
einige Zeit dicht neben uns umher, stellte sich dann plötzlich auf den
Kopf, zertheilte mit furchtbaren Schlägen seines kraftvollen Schwanzes
das Wasser, setzte dieses dadurch so in Bewegung, dass unser Boot leb-

haft ins Schwanken kam, und verschwand in der Tiefe. Es war der erste Wallfisch, den der Verfasser in solcher Nähe sich tummelnd beobachten konnte, der letzte, den der alte Dalmann sah. Diesen traf der Verfasser später in Bremen, tauschte gemeinsame Erinnerungen mit ihm aus und hörte bald darauf, dass der vortreffliche, biderbe Mann zu seinen Vätern versammelt worden sei. Haifische kommen ebenfalls vor, doch sieht man sie selten und niemals hört man, dass durch sie ein Unglück angerichtet wird. Entweder sind sie weniger gefrässig oder gehören einer anderen Gattung an, als die in den Gegenden, wo sie dem Menschen Gefahr bringen. Verschiedenartige grosse Fische werden von den Eingeborenen in ihren früher beschriebenen Reusen gefangen und mitunter den Europäern zum Verkaufe angeboten. Man darf sagen, dass fast alle Fische jener Gewässer wohlschmeckend sind, doch wird die Palme dem sogenannten „Aurup" zuertheilt, der höchst wahrscheinlich den Salmoniden zuzurechnen ist, denen sein Fleisch und namentlich sein Wohlgeschmack durchaus ähnelt. Nach Aussage der Eingeborenen soll er nur in der Blanchebai vorkommen, was allerdings bewiesen werden müsste. Zutreffend ist, dass die zum Gebrauch gekauften Exemplare stets von dort gebracht wurden. Einen höchst interessanten Anblick gewährt es, wenn Schwärme von Fischen zum gemeinsamen Spiel sich einfinden. Ihre Zahl scheint dann in die Hunderttausende zu gehen, denn auf weite Flächen, deren Ausdehnung man nach Morgen bemessen kann, halten sie das Wasser in plätschernder Bewegung. Man kann ihr Spiel leicht verfolgen, da es nur bei ganz stiller See stattfindet, oder wenigstens nur dann sichtbar wird. Anscheinend bleibt jeder Fisch auf seinem Fleck stehen und schlägt das Wasser mit dem Schwanze. Dieses geräth dadurch in eine Bewegung, die den Anschein hervorruft, als sei es an der Stelle im Zustande des Siedens. Befindet man sich mit seinem Boote in der Nähe eines solchen Ortes, so vernimmt man ein Getöse, als fielen ungeheure Ladungen Schrot in dichtem Regen in das Wasser. Ab und zu springt dann ein einzelner Fisch mit mächtigem Satze meterhoch und kerzengerade aus dem Wasser empor, in welches er nach einigen Ueberschlagungen zurückfällt. Es scheint stets dieselbe Gattung Fisch zu sein, die sich in dieser Weise erlustirt, wenigstens glaubt man in den Springern stets dieselbe Art wiederzuerkennen, auf die auch schon die sich stets gleichbleibende Grösse von etwa 18 Zoll hindeutet. Man könnte in diesem Zusammenströmen von Fischen die Paarung erkennen wollen, allein die grosse Unregelmässigkeit der Wiederkehr dieser Erscheinung spricht dagegen. Das Schauspiel kann zu jeder

Jahreszeit beobachtet werden, Voraussetzung ist nur stilles und warmes Wetter. Dennoch darf man die Idee nicht ganz von der Hand weisen. Wäre der Mensch mit hinreichendem Geräth versehen, um einen Angriff auf solche Schaaren von Fischen zu wagen, so dürfte diesen bald ein mächtiger Feind entstehen, der hier den Krieg gegen die Schöpfung mit Aussicht auf reichen Lohn betreiben könnte. Vor der Hand steht er noch lächelnd am Ufer oder lehnt behaglich in seinem Boote und erfreut sich so lange an dem unermesslichen Reichthum der Natur, als er nicht in der Lage ist, ihn zur eigenen Bereicherung einzuheimsen und zu zerstören. Allein die Natur selbst sorgt dafür, dass jedes ihrer Producte einem Zwecke diene, und auch die unermesslichen Fischschaaren haben einen solchen zu erfüllen. Kaum beginnen sie ihr lustiges Spiel, so sieht man von allen Seiten die verschiedenartigsten Möwen in Zügen herbeifliegen, um sich von dem reichen, unter ihnen aufgehäuften Vorrath so viel als angängig anzueignen. Mit lautem Gekreisch stürzen sie sich auf die spielenden Fische und jeden Augenblick kann man sehen, wie ihrer eine mit der erfassten Beute empor- und dem Lande zufliegt, wo letztere in Ruhe verzehrt wird. Nur ein starker Vogel kann einen dieser kräftigen Fische allein bewältigen und forttragen, alle aber möchten ihre Mahlzeit haben. Man sieht daher oft, wie die Vögel nur nach den über das Wasser ragenden Rückenflossen der Fische hacken und letztere schwer verletzen. Die Thiere können nun nicht mehr schnell schwimmen, vermuthlich auch nicht mehr wie früher tauchen, so dass nach Beendigung der Spiele, und wenn die Schaar der Fische den Ort verlassen hat, eine grössere Menge verletzte oder auch schon verendete Exemplare am Platze bleiben, die den Möwen Material zu ausgiebigstem Mahle liefern. Im Interesse der Entwickelung des Schutzgebietes dürfte es liegen, die Fischerei rationell zu betreiben, um die Kanakenarbeiter mit billigem, gutem Nahrungsmaterial zu versorgen oder auch den Export nach China einzuleiten. Weniger nützlich, aber weit interessanter und wunderbarer als die grösseren sind die kleinen Korallenfische, die in grosser Anzahl in dem seichten Wasser des Riffs zwischen den Korallen sich tummeln. Es giebt wohl wenig Geschöpfe, auch die herrlichsten Schmetterlinge nicht ausgenommen, die in so berückendem Farbenschmuck prangen wie diese kleinen Fische, welche, wenn ein solcher Vergleich überhaupt zulässig ist, die Kolibris des Wassers genannt zu werden verdienen. Der Verfasser pflegte mit Vorliebe die Dörfer zu besuchen, in denen gerade die Reusen vom Riff eingebracht wurden und hat oft bedauert, dass es noch keine Methode giebt,

Fische so zu conserviren, dass nicht nur ihre Farben, sondern auch deren Glanz erhalten bleibt. Obwohl es unmöglich ist, wiederzugeben, wie die Farben in einander übergehen, bei verschiedener Beleuchtung sich ändern, bald matt, bald glänzend, jetzt metallisch, dann sammetartig erscheinen, so will der Verfasser doch die Beschreibung einiger dieser Fische, wie er sie einst in sein Journal eintrug, hierhersetzen und der Phantasie des Lesers überlassen, die trockenen Angaben mit dem unbeschreiblichen Glanz und Schimmer der Wirklichkeit auszuschmücken.

Nr. I. Schwarzgrün, heller in der Gegend des Kopfes als über den Körper. Um den Schwanz ein hellrother, zollbreiter Ring. Schwanzflosse gelb angelaufen. Länge 6 Zoll.

Nr. II. Abwechselnd schwarze und gelbe Streifen von oben nach unten über den Körper. In dem schwarzen Streifen stets eine dünne, blaue Linie. Bauch hellblau bis Schieferfarbe. 4 Zoll.

Nr. III. Von Augen zum Schwanze diagonal gestreift, abwechselnd braun und weiss. In dem weissen Streifen eine oder zwei dünne, gelbe Linien, in den braunen Streifen ebensolche Linien von noch dunklerer Farbe. 6 Zoll.

Nr. IV. Blau bis Violett geht in Orange über, Schwanz ganz orange.

Nr. V. Hellgrün mit silbernen Streifen.

Die Liste möge genügen, um die Geduld des Lesers nicht zu ermüden, sie könnte endlos ausgedehnt werden, denn jeder Fang, dem der Verfasser beiwohnte, brachte neue, ihm unbekannte Geschöpfe zu Tage, jedes so glänzend, so bunt, so prachtvoll gezeichnet, dass man sicher zu sein glaubte, in dem gerade vorliegenden das schönste Exemplar vor sich zu haben, bis der nächste Fang neue Bewunderung, neues Staunen wachrief. Allein nicht nur ihren Farbenspecialisten hat die Natur in einer verschwenderischen Anwandlung angefeuert, sein Bestes hier zur Schau zu stellen, auch ihr Modellirer hat seiner Laune und Einbildungskraft die Zügel schiessen lassen müssen. Zu den seltensten Farben gesellen sich die wunderlichsten Formen. Der unter Nr. I beschriebene Fisch hat etwa die Gestalt einer kleinen Flunder mit einem Haifischschwanze, dessen Flossenecken durch zwei lange Mäuseschwänze geziert sind. Ein anderer hat einen schmalen Schnabel, dünnen Körper, aber mächtige, nach hinten in lange Gräten auslaufende Rücken- und Bauchflossen, die im Bogen bis über das Schwanzende hinausragen. Fast alle haben merkwürdige Stacheln, die sie nach Belieben aufrichten oder an den Körper anlegen können und die ohne

Zweifel dazu dienen, sich einem verfolgenden, hungrigen Feinde so
unschmackhaft als möglich zu machen. Merkwürdig ist es, dass einige
der Fische diese Stacheln in Rinnen ihres Körpers so hineinlegen
können, dass sie völlig glatt erscheinen, während bei aufgerichtetem
Stachel die Seite des Leibes gleichsam ein Etui für ersteren aufweist.
Bei manchen Exemplaren lässt sich der aufgerichtete Stachel wieder
umbiegen und an den Körper andrücken, andere vermögen den Be-
wegungsapparat festzustellen und dadurch den Stachel unbeweglich
zu machen. Zum Theil haben wir es mit Schuppenfischen zu thun,
theilweise haben die Thierchen eine rauhe Haut, ähnlich wie der Haifisch, oder etwas glatter, ähnlich dem Wels. Ihre Grösse erreicht nach
oben die Grenze von 6 Zoll, durchschnittlich messen sie 2 bis 3 Zoll.
Von Gestalt sind sie fast ohne Ausnahme breit. Es ist ein fesselnder
Anblick, diese glitzernden Geschöpfe in dem spiegelklaren, seichten
Wasser zwischen den vielgestaltigen Korallen und bunten Thierpflanzen
sich tummeln zu sehen. Einige folgen einander in genau inne-
gehaltener Linie, die jetzt gerade, dann in gewundenstem Schlangen-
wege sich hinzieht. Diese schwimmen breitseits neben einander, jene
in ordnungslosen Gruppen, immer aber erfolgen alle Bewegungen wie
auf präcis befolgtes Commando in genau demselben Augenblick. Hier
schwimmt ein grösserer Fisch, umgeben von einer Anzahl kleinerer,
irgend eine wichtige Persönlichkeit der Fischwelt mit glänzendem Gefolge. Ein dichter Haufe gewöhnlichen und unscheinbaren Pöbels treibt
sich ordnungslos in nächster Nähe umher, bis plötzlich wie ein Blitz
ein langer, aalartiger Fisch unter sie schiesst, ihrer einen entführend.
Muthmaasslich ein Vertreter der hochwohllöblichen Fischpolizei, der
Ordnung zu halten kam und einen Inculpaten sofort arretirte.

Nicht unerwähnt lassen darf der Verfasser eine Mittheilung, die
er nur mit allem Vorbehalt wiedergiebt. Manche Ansiedler wollen im
Eingange der Blanchebai ein seehundartiges Thier von hellbrauner
Farbe gesehen haben, welches ungewöhnlich wachsam und scheu, den
nahenden Menschen schon von Weitem wahrnimmt und ihn flieht. In
der That glaubt der Verfasser ein derartiges Thier selbst flüchtig auftauchen gesehen zu haben, kann jedoch mit Sicherheit nichts behaupten und muss daher abwarten, bis der Zufall die Gelegenheit zu
genauerer Beobachtung herbeiführen wird.

Der Verfasser müsste fürchten, seine Leser zu ermüden, wollte er
ihnen die Scenen aus dem Leben der hier so reichen Thierwelt
vor Augen führen, die er bewundernd erblicken, begeistert beobachten
durfte. Noch heute aber gedenkt er mit Entzücken der Stunden, die

er, von der Aussenwelt unbehelligt, der Betrachtung der unentweihten, so emsig wirkenden, stets gleich erhabenen Schöpfung widmete. Diese war der nie versagende Quickborn, aus welchem er in mühevollen Tagen stets wirksame Erholung und Anregung schöpfte. Und wer mit offenem Auge ohne Voreingenommenheit die Natur betrachtet, dem kann auch die andächtigste, andauerndste Versenkung in ihr Walten nie ermüden, da sie im stets wechselnden Kleide sich vorstellt, ständig neue Ueberraschungen ihrem Verehrer bereitet, durch Enthüllung immer neuer Geheimnisse seine Wissbegierde in steter Spannung hält. Und in welch erhabener Sprache redet sie zu dem, der nur ihren Worten lauschen will. Im Donnern flammender Vulcane, dem Getöse der rollenden Brandung, im Heulen des Vernichtung tragenden Cyklones vernehmen wir die Accente der Leidenschaft, mit leiser, sanfter Stimme redet zu uns das Weben und Werden der Pflanzen, und welch köstlichen Humor entdecken wir oft in dem, was die rastlose, ewig heitere Thierwelt zu uns und unter einander plaudert. Wie sehr erweitert die Betrachtung der Natur unseren Blick, schärft sie unser Verständniss nicht nur in Bezug auf sie selbst, sondern auch mit Hinsicht auf unsere Mitmenschen, mögen sie äusserlich und innerlich unseres Gleichen sein, mögen sie in jeder Beziehung von dem Bilde abweichen, in welchem wir das Ideal des Menschen zu erblicken uns gewöhnt haben. In jedem Falle werden wir Bewunderung zollen müssen der unermesslichen Mannigfaltigkeit, in welcher der Schöpfer jeden einzelnen seiner Gedanken zum Ausdruck zu bringen vermocht hat. Ob wir aber den Process verfolgen, durch welchen die Erdkruste ständig sich umbildet, ob wir duftenden Pflanzen ihre lautlosen Geheimnisse ablauschen, oder an dem Treiben der heiteren Thierwelt uns ergötzen, immer zwingt uns die Vollkommenheit der Producte überall wirkender Kräfte zur ehrfurchtsvollen Bewunderung. Und wer mit einigem Verstande nur noch ein Weniges von Herz und Gemüth verbindet und beide nicht dem ausschliesslichen Wachsthum des ersteren zum willigen Opfer gebracht hat, wie kann der bei Betrachtung der unvergleichlich herrlichen Schöpfung anders als fühlen und ausrufen: „Herr! wie herrlich sind alle die Werke Deiner Hände!"

Fünftes Capitel.

Nachdem wir uns in den vorhergehenden Capiteln mit dem Boden des Landes und den Menschen, die letzteres hervorbringt, beschäftigt haben, wollen wir nunmehr den Versuch wagen, uns eine Anschauung zu bilden über die Art und Weise, in welcher beide, das Land und seine Bewohner, der Cultur zugänglich gemacht, für sie gewonnen und dadurch mit Nutzen für das Vaterland dessen Besitzstande angegliedert werden können. Leider werden unsere Untersuchungen auf einen ausserordentlich geringen Theil des in Rede stehenden Gebietes be-schränkt bleiben müssen. Nach Ansicht des Verfassers lässt sich ein Programm für die Entwickelung eines Landes nur auf hinreichend genauer Kenntniss des letzteren aufbauen und diese besitzen wir nur von einem verhältnissmässig kleinen Theil unseres Gebietes. Ist es selbstverständlich auch unmöglich, in kurzer Frist alle natürlichen Hülfsquellen eines bisher völlig unerforschten Landes festzustellen, so ist doch unbedingtes Erforderniss, wenigstens seine Hauptzugangs-punkte aufzudecken und in grossen Zügen seine Oberflächengestaltung kennen zu lernen, um mit Hülfe dieser beiden Orientirungsresultate wenigstens grobe Irrthümer bei der Auswahl des Ortes zu vermeiden, an welchem wir anfänglich mit unseren wirthschaftlichen Unter-nehmungen einsetzen. Die Nichtbefolgung dieses Grundsatzes rächt sich meist schon nach kurzer Zeit, indem einmal die Ergebnisse wirthschaftlichen Betriebes, sei dieser Producte erzeugender oder commercieller Art, ausbleiben werden, andererseits leicht die Möglichkeit eintreten kann, dass man die geschaffenen Betriebsunterlagen aufgeben muss, um sie an anderer, geschickter gewählter Stelle wieder ins Leben zu rufen. Entdecken wir bei Ausdehnung unserer Kaffee-, Tabak- oder Baumwollenplantage, dass der tiefgründige Boden sich nicht weiter erstreckt, als unsere ersten Anpflanzungen, dass wir ringsumher auf seichten, unfruchtbaren Grund kommen, so ist unserem Unternehmen der Lebensfaden abgeschnitten, wir müssen eine neue Stelle suchen, unsere Anlagearbeiten nochmals von vorn beginnen und die alten abbrechen, wenn wir nicht auf jede Weiterführung verzichten wollen. Auch Handelsstationen können in ihrem Bestehen gefährdet werden, würden sie ohne hinreichende Kenntnisse der umliegenden Gegend errichtet. Ist die Bevölkerung zu dünn, der von ihnen bebaute Boden oder bewohnte Wald zu arm, um in hinreichender Menge das gewünschte Product zu liefern, so muss Verlegung der Station erfolgen. Die entstehenden Kosten schmälern natürlich den vom Handelsproduct abgeworfenen Gewinn. Von ganz besonderer Wichtigkeit aber ist die Befolgung obigen Grundsatzes von Erkundung des Landes bei Auswahl solcher Punkte, welche behördlichen Organen als Amtssitz dienen sollen. In Gegenden ohne Bevölkerung kann das Land noch immer durch seine sonstigen Eigenschaften entwickelungsfähig sein, wo ihm aber die Fruchtbarkeit fehlt, wo deren Mangel nicht durch andere schwer ins Gewicht fallende Vorzüge ersetzt wird, kann auch die etwa vorhandene Bevölkerung die Begründung eines Amtssitzes nicht rechtfertigen. Als nebensächlicher Umstand tritt dann hinzu, dass die Kosten einer solchen Gründung, wird diese verlegt, nimmer wieder eingebracht werden können, weil kein Gewinn abwerfender Betrieb damit verbunden zu sein pflegt. Die Verwaltung leidet mithin directen Verlust oder muss ihn im Wege der Auflagen wieder einbringen, ein Verfahren, welches aus allen Gründen unrathsam ist. Scheut die Verwaltung die Kosten einer Verlegung ihres Wohnsitzes, so kann der Fall eintreten, dass sie von den Menschen und deren Wirkungskreis, die ihrer Aufsicht unterstehen, deren Gegenstand bilden, durch Entfernungen getrennt wird, die ihre Amtshandlungen ungemein erschweren, wenn nicht ihr Bestehen überhaupt illusorisch machen.

Die Ausserachtlassung des Recognoscirungsprincipes muss namentlich im Anfange colonialer Entwickelung zu Fehlern Veranlassung geben, die sich völlig ziffernmässig ausdrücken lassen. Nach Ansicht des Verfassers wäre es ein sparsames und empfehlenwerthes Verfahren,

in den Etat eines Gebietes, wie das der noch völlig unerforschten Süd-
seelande deutschen Besitzes, wenigstens für eine Reihe von Jahren eine
Summe einzustellen, deren Betrag hinreicht, eine behördliche Stelle
zu schaffen, von welcher aus gewisse, nach Maassgabe eben dargelegten
Grundsatzes unerlässliche Untersuchungen angestellt und deren Ergebnisse festgehalten werden. Unternehmern wirthschaftlicher Betriebe
müssten die Acten einer solchen Stelle, eventuell gegen Entgelt, zugänglich sein, wodurch ihnen unter Umständen grosse sogenannte Präliminar-
ausgaben erspart werden könnten. Zwar sind in jüngstverflossener
Zeit mehrere Vorstösse in das Innere Neu-Guineas gemacht und dadurch höchst werthvolle Thatsachen zu unserer Kenntniss gebracht
worden, allein die angestellten Untersuchungen sollten billiger Weise
nur der Anfang einer Reihe ähnlicher Unternehmungen sein. Die erforderlichen Aufwendungen sind im Vergleich zu dem Gesammtetat
des ganzen Gebietes so verschwindend klein, dass sie gar nicht in
Frage kommen können, jedenfalls stehen sie weit hinter den Summen
zurück, welche unwiederbringlich verloren gehen, wenn Stationen, nachdem sie jahrelang in Betrieb gewesen sind, verlegt werden müssen,
weil sich nachträglich herausstellt, dass ihnen die Bedingungen zu ge-
deihlicher Entwickelung fehlen. Der Verfasser möchte empfehlen, dass
Expeditionen kleinen Umfanges, wie die von Herrn Lauterbach höchst
erfolgreich ausgeführte, sich jährlich wiederholen. Würden wo möglich
auch stets dieselben Persönlichkeiten mit deren Ausführung betraut,
so würde sich bei diesen, wo sie noch nicht vorhanden ist, sehr bald
die Fähigkeit einstellen, den wirthschaftlichen Werth der durchzogenen
Gebiete und die Aussichten für deren Ausnutzung mit einiger Sicherheit zu beurtheilen. Noch harren verschiedene der Flüsse Neu-Guineas
der Untersuchung und Prüfung auf ihre Verwendbarkeit als Zugänge in
das Innere, von dem uns der Augenschein lehrt, dass es Hochländer aufweist. Dass diese in irgend einer Beziehung hinter denen Javas zurück-
stehen, darf man nicht von vornherein voraussetzen, selbst dann nicht,
wenn man, wie es der Fall ist, mit ziemlicher Sicherheit annehmen
kann, dass ihr Fruchtboden in weit geringerem Maasse vulcanischen
Ursprungs, also erstclassig sein wird. Weisen aber die Bergländer im
Inneren Neu-Guineas nicht zu schroffe, ihre Bebauung beeinträchtigende
Formen auf, stehen sie in Bezug auf Bodenwerth nicht weit hinter dem
zurück, was man füglich von einer mit dichter Vegetation bedeckten
und starken Verwitterungseinflüssen ausgesetzten Erdkruste voraussetzen
darf, so liegt kein Grund vor, die Annahme abzulehnen, Neu-Guinea
werde dereinst in demselben Maasse wie die reichen Sundainseln ein

Kaffee und Thee producirendes Land werden. Eine Specialaufgabe, die nach Ansicht des Verfassers einer weiteren Ausdehnung behördlicher und wirthschaftlicher Unternehmungen voraufgehen sollte, ist die Untersuchung der Insel Neu-Pommern. Noch ist der Verlauf von deren anscheinend reich gegliederten Küste nur ungenau festgestellt, und wenn wir annehmen, dass die bei Entstehung der Insel thätig gewesenen Kräfte dieselben gewesen sind und in derselben Weise gewirkt haben wie die, deren Spuren wir an anderen Stellen deutlich zu verfolgen vermögen, so dürfen wir erwarten, dass die angeregte Untersuchung eine Anzahl bislang unbekannt gebliebener Häfen aufdecken wird. Diese werden sich zu so viel Eingangsthoren in ein Bergland gestalten, welches, soweit der von der See aus dahinein mögliche Einblick uns lehrt, keine schrofferen Formen aufweist, als die in jeder Beziehung wegsam gewordenen Bergländer anderer tropischer Gebiete oder der deutschen Heimath. Immerhin ist es misslich, den Entwickelungsgang eines Landes vorherzusagen oder ein Programm für diesen aufzubauen, auf Verhältnisse und Thatsachen, die man zwar mit einigem Rechte als vorhanden voraussetzen darf, deren Bestätigung indessen einer hoffentlich nahen Zukunft vorbehalten ist. Der Verfasser will daher dem, was er über die muthmassliche Entwickelung der Colonie zu sagen hat, lediglich die bereits wirklich bekannten Verhältnisse zu Grunde legen und seine Betrachtungen auf das Gebiet beschränken, welches jetzt als hinlänglich untersucht bezeichnet werden darf.

Als grundlegendes Moment wirthschaftlicher Entwickelung aller Colonien mit vorwiegend landwirthschaftlichem Betriebe, und als solcher muss Plantagenbau durchaus bezeichnet werden, ist die Arbeiterfrage zu betrachten. In subtropischen Ländern oder hoch gelegenen Districten tropischer Gebiete ist stets die erste Frage, ob der Europäer selbst in eigener Person die erforderliche Arbeitsleistung zu vollbringen vermag; in Ländern, deren Klima dem Nordländer die körperliche Arbeitsleistung schlechthin verbietet, wird jegliche auf Production beruhende wirthschaftliche Entwickelung unmöglich, wenn nicht andere Arbeitskräfte an Stelle von der des Europäers gesetzt werden können. Diese herbeizuziehen resp. heranzubilden, muss mithin die erste, wichtigste und andauernd auszuübende Aufgabe des Colonisators sein. In den meisten Fällen wird es in tropischen Ländern an Eingeborenen nicht mangeln, die Frage ist nur, ob sie als Arbeiter überhaupt verwendbar sind oder doch werden können, und weiter in welcher Weise die Arbeitskraft des Farbigen hinreichend dienstbar zu machen ist, wenn der letzteren eigene Charakteranlage, wie Gewinnsucht, Drang zur Befriedigung vorhandener oder erworbener Bedürfnisse sie nicht schon antreibt, bei dem Weissen Arbeit und damit Verdienst zu suchen. Stellt sich heraus, dass der Eingeborene zu der vom Europäer geforderten Arbeitsleistung aus physischen oder psychischen Gründen untauglich ist, so bleibt nur das Mittel der Einführung fremdländischer Arbeiter aus Ländern gleicher oder doch ähnlicher klimatischer Beschaffenheit. Dass die Eingeborenen unseres Südseeschutzgebietes sich nicht zu Arbeitern erziehen lassen, dass deshalb die sich ausbreitende weisse Rasse sie zuletzt gänzlich verdrängen werde, war in früheren Jahren die Ansicht vieler Ansiedler des Archipels und wurde mit mehr oder weniger Geschick begründet. Man machte vor Allem geltend, dass selbst das längste Zusammenleben mit dem Europäer nicht vermöge, auf den Eingeborenen hinreichenden Einfluss auszuüben, ihn von irgend welchen Eigenheiten seiner Lebensweise zu entwöhnen, ihm auch nur das geringste Bedürfniss anzuerziehen. Selbst wenn der Kanake unter Europäern jahrelang Kleidung getragen hat, entäussert er sich dieser, wie wir schon beschrieben haben, sogleich nach Ankunft in seinem Heimathsorte. Die Nahrung des Weissen lernt er erst nach langer Zeit und nach Ueberwindung tief eingewurzelten Misstrauens zu geniessen, selbst Reis ist ihm auf die Dauer nicht bekömmlich, nur bei seiner altgewohnten, sehr stärkemehlhaltigen Nahrung von Taro und Yam, deren anhaltender Gebrauch jedem Europäer die lästigsten Magenbeschwerden zuzieht, fühlt er sich wohl und zufrieden. An der ihm zugewiesenen Arbeit betheiligt sich der Kanake niemals mit seinem Geiste, sie bleibt ihm dauernd fremd, ein Grund, der hinreichend erklärt, warum Kanaken mit seltenen Ausnahmen keinerlei Arbeit besserer Qualität zu liefern im Stande sind. Eine gewisse Auffassungsfähigkeit erlaubt ihnen, sich äusserlich in das Unvermeidliche zu fügen und sie lassen sich herbei, ein gewisses, jedoch sehr beschränktes Maass von Arbeit zu verrichten. Sie bequemen sich hierzu um so eher, da sie glauben, dass der Zustand, welcher ihnen diese Arbeit auferlegt, nur ein vorübergehender sei. Noch ist in ihnen der Gedanke lebendig, dass der Aufenthalt der Europäer im Lande zeitlich beschränkt ist. Im Archipel wurde zwar dieser Glaube durch öfteres Einschreiten bewaffneter Macht schon wiederholt erschüttert, so dass er jetzt nur noch selten laute Aeusserung findet. In Neu-Guinea aber, wo der Charakter der Eingeborenen nicht ganz so verschlossen ist wie im Archipel, wo sie wegen seltenerer Berührung mit Weissen sich an und für sich eine grössere Kindlichkeit ihres Wesens bewahrt haben, wird diese Anschauung öfters laut zum Ausdruck gebracht. In Finschhafen war es wohl bekannt, dass die umwohnenden Eingeborenen bereits festgesetzt hatten, in welcher Weise die Theilung der von abziehenden Weissen dereinst zu hinterlassenden Habe vor sich gehen solle, jeder der einflussreicheren Leute hatte bereits bestimmt, welches der europäischen Häuser ihm später als Wohnsitz dienen solle, über den Waarenvorrath war ausführliche Verfügung getroffen, nur die grossen Canoes, d. i. die Segelschiffe, waren unberücksichtigt geblieben, da man nichts mit ihnen anzufangen wusste. Wurden mehr oder weniger triftige Gründe dafür angeführt, dass die von Charakter milderen Stämme vor dem Weissen verschwinden würden wie Indianer oder Australneger, so wurde von den Leuten härterer Composition angenommen, dass sie zu kriegerischer, unversöhnlicher Natur seien, um sich in das von den Europäern ihnen zugedachte Arbeitsjoch zu fügen und deswegen ebenfalls anfänglich in die tiefere Wildniss hinein, später aus der Welt hinauscivilisirt werden würden und müssten. Ein Nebeneinanderbestehen dieser Völker und Europäer sei wegen der Unmöglichkeit der Erfüllung der entstehenden gegenseitigen Anforderungen undenkbar. Der Verfasser muss eine Anzahl der angeführten Gründe gelten lassen und hat selbst die Abschliessung des Kanaken gegen alle neuen Einflüsse betont. Allein er kann die Auffassung nicht theilen, dass die Verdrängung der Kanaken durch die Weissen die unausbleibliche Folge sein müsse. Er würde dies nur zugeben können, wenn mit der passiven Abschliessung eine energische Willensrichtung in dem Treiben der Weissen in entgegengesetzter oder in irgend einer Richtung vorhanden wäre, eine solche hat sich aber bisher noch nicht feststellen lassen. Bestände dieser Wille, so dürfte man annehmen, dass seine gewaltsame Unterdrückung auch das Ende der Rasse herbeiführen würde. Vor solchem Schicksal bewahrt sie aber der schon erwähnte Grad des Anpassungsvermögens und ihre innere Indolenz, welche die Eingeborenen zuletzt gegen jedes Ereigniss mit Indifferenz wappnet. Die kriegerischen Stämme sind, wenn wir nach den Salomoniern schliessen dürfen, den anderen an Intelligenz überlegen und erfassen bald, dass der friedliche Verkehr mit Weissen ihnen gewisse materielle Vortheile bringt. An vielen Beispielen, die wir der Colonisationsgeschichte Südafrikas und zum Theil auch schon der unserigen entnehmen können, lässt sich aber nachweisen, dass kriegerische Stämme, wenn sie erst ihre feindselige Haltung freiwillig oder gezwungenermaassen abgelegt hatten, vermöge ihrer höheren Intelligenz und energischeren Willensthätigkeit vortreffliche Arbeiter abgaben. Der Verfasser hat früher schon angedeutet,

dass er meint, der Fortschritt der Salomonsinsulaner werde sich in
ähnlicher Richtung bewegen. Allerdings lässt sich mit Sicherheit heute
über den künftigen Entwickelungsgang der Eingeborenen noch nichts
sagen, vielleicht wird er allen Schlüssen, die man auf ihre bis jetzt
bekannt gewordenen Charaktereigenschaften aufgebaut hat, durch das
Hervortreten anderer, noch verborgen liegender Anlagen widersprechen.
Unter Zugrundelegung der heute bekannten Thatsachen möchte der
Verfasser glauben, dass die Einstellung grösserer Mengen kriegerischen
Stämmen angehöriger Individuen als Arbeiter einer späteren Zukunft
vorbehalten sei und sich nicht vollziehen wird ohne vorhergegangene
Conflicte mit den so veranlagten Eingeborenen. In den milder gearteten glaubt der Verfasser die gewöhnlichen, nur zu den unter-
geordneten Diensten tauglichen Arbeiter der Zukunft erblicken zu
dürfen. Er ist daher der Ansicht, dass, namentlich so lange die Zahl
der zur Verfügung stehenden Leute nicht das vorhandene Bedürfniss völlig zu decken im Stande ist, das Mittel der Importation fremder
Farbiger nicht von der Hand gewiesen werden sollte. Der Verfasser
hat sich seiner Zeit durchaus gegen die Einführung von Kulis nach
Ostafrika ausgesprochen, weil er meint, dass hier ein intelligentes
Volk in genügender Anzahl vorhanden ist, um dauernd hinreichend
Arbeiter zu stellen zur Verrichtung der von europäischen Culturaufgaben
geforderten körperlichen Arbeitsleistung. Es hat bisher nur die
Methode gefehlt, die Arbeitergestellung in eine praktische Form zu
kleiden und durchzuführen. Anders liegen die Verhältnisse in der
Südsee. Die Bevölkerung ist dünn über das Land zerstreut, zieht sich
vor dem Europäer zurück und kann von diesem nur mit grosser
Schwierigkeit aufgesucht werden, giebt auch, wenn sie endlich eingebracht ist, ein Arbeitermaterial, welches dem afrikanischen in keiner
Beziehung an Seite gestellt werden kann. Chinesische Kulis haben
sich als Arbeiter im Archipel gut bewährt, ihre Anwerbungskosten sind
nicht erheblich bedeutender als die Eingeborenen des Archipels, und
es wirft sich die Frage auf, ob es nicht überhaupt wirthschaftlich
vortheilhaft sei, gewisse genau zu umgrenzende Districte des Schutzgebietes chinesischer Einwanderung zu öffnen. Den nicht zu leugnenden
Schattenseiten einer solchen Maassregel würde der Vortheil gegenüber-
stehen, dass dieses fleissige, bedürfnislose, wenn auch unsympathische
Volk an Stellen, wo der Eingeborene es nicht thut und der Europäer
es nicht kann, alsbald Werthe produciren und Erzeugnisse europäischer Industrie abnehmen würde. Die Frage der Einführung fremdländischer Arbeiter darf hier indessen nur Erwähnung finden, insoweit

sie bei der Betrachtung des möglichen Entwickelungsganges des Schutzgebietes nicht umgangen werden kann. Ihr nachzugehen, verbietet
sich, sobald man bestrebt ist, seinen Bau aus dem vom Lande selbst
gelieferten Material aufzuführen. Auch die vorher angeschnittene
Frage, ob der Kanake sich dem Europäer gegenüber erhalten werde,
soll von uns nicht weiter betrachtet werden, wir wollen untersuchen,
inwieweit eine Möglichkeit vorliegt, die Arbeitskraft der Eingeborenen
im weiteren Umfange als bisher in den Dienst der Cultur zu stellen.
Augenblicklich besteht das Arbeiteranwerbesystem. Es gehen Agenten
mit kleinen sogenannten Arbeiterschiffen nach bestimmten Inseln oder
Theilen von Inseln, lassen sich in Unterhandlungen mit den Eingeborenen ein, von denen sie so viele als möglich überreden, auf dem
Schiff die Reise mitzumachen und bei den Weissen in Dienst zu treten.
Geschenke werden reichlich ausgetheilt, doch erhält diese nicht derjenige, der sich anwerben lässt, sondern irgend jemand anders. Wer,
ist eine völlig ungelöste und bei dem jetzigen Stande unserer Kenntniss der Kanakensitten auch wohl unlösbare Frage. Auch gestattet
dem Anwerber schon die ihm zur Verfügung stehende Zeit gar nicht,
sich um das Wohin der Geschenke zu bekümmern, ihm kann nur
daran liegen, so viel Arbeiter als möglich ohne Anwendung von Gewalt mit sich zu führen. Oft geschieht es dann, dass mit sogenannten
Häuptlingen, über deren Befugniss, sich so zu nennen, über deren
Machtbereich und Autoritätskraft wir gar nichts wissen, Abkommen
geschlossen werden gegen Geschenke in bestimmtem Betrage und von
bezeichneter Art, eine gewisse Anzahl Arbeiter zu liefern. Diese erscheinen, jeder von ihnen erklärt, dass er aus freiem Willen sich anwerben lasse und die Reise antrete. Ist es kein Häuptling, der eine
Anzahl Leute bringt, so erhält man einen einzigen Arbeiter von irgend
einem alten Manne, der beispielsweise angiebt, seinen Sohn oder beliebigen Verwandten zeitweilig verdingen zu wollen. Dem Sachverhalt
im einzelnen nachspüren zu wollen, ist völlig unmöglich. Die Zeit ist
zu kostbar, aber selbst wenn sie zur Verfügung stände, so fehlt von unserer Seite jedes Mittel, von der anderen der Wille zur Verständigung.
Das aus wenigen Worten pigeon-english bestehende Vocabular des
Arbeiters ist bald erschöpft und reicht auch nicht annähernd aus,
Verhältnisse wie die zu ergründenden zu erörtern. Nach den Beobachtungen, die man gelegentlich solcher Anwerbungen an dem Gebahren
der Eingeborenen anstellen kann, unterliegt es kaum einem Zweifel,
dass in unendlich vielen Fällen ein Zwang auf die sich anbietenden
Leute ausgeübt wird, dessen Vorhandensein sich deutlich fühlen, dessen

Natur sich aber nicht erklären lässt. Ob die sogenannten Häuptlinge Sclaven oder Kriegsgefangene verkaufen, ob andere ihre Schuldner auf diese Weise zur Auslösung ihrer Verpflichtungen nöthigen, wer kann es wissen. Auch ist nach des Verfassers Auffassung der Arbeiterfrage die Erklärung dieser Verhältnisse höchst gleichgültig. Ohne den Arbeiter ist eine Culturentwickelung nicht möglich, er muss also beschafft werden, Anwendung roher Gewalt unsererseits ist ausgeschlossen, völlig legitim dagegen ist es für den Weissen, solche Autoritätsmittel in seinem Interesse zu verwerthen, welche unter den Eingeborenen selbst vorhanden sind, ihnen nicht als ein ungewohnter, daher unberechtigter Zwang erscheinen. Die angeworbenen Arbeiter werden zu Schiff in ein sogenanntes Depot gebracht, d. h. an einen Ort, wo sie Unterkunft und Verpflegung finden und von wo aus sie entweder an die einzelnen Stationen der Verwaltung oder an solche Ausiedler abgegeben werden, die gerade Arbeiter benöthigen. Dem Colonisten ist es nicht erlaubt, selbst auf Anwerbung auszugehen, ein Verbot, welches allerdings in dringenden Fällen willig aufgehoben wird. In den Depots müssen die Arbeiter oft des längeren verweilen, da vielleicht weder die Stationen noch die Ausiedler gerade Leute brauchen oder weil längere Zeit bis zur nächsten Transportgelegenheit verstreichen muss. Während dieser Pause müssen die Leute besoldet werden, doch ist man nicht immer in der Lage, ihnen productive Arbeit zuzuertheilen, man hat sie vielmehr zu beschäftigen, um sie an Arbeit zu gewöhnen und sie vor den Folgen des Müssigganges zu bewahren. Aus alle dem lässt sich erkennen, dass das Anwerbesystem höchst kostspielig ist. Berechnet man sich die Ausgaben für das Schiff und dessen Bemannung, für den Anwerbeagenten, für die an Häuptlinge und andere Leute zu machenden Geschenke, den Unterhalt und Besoldung der angeworbenen Arbeiter bis zu dem Augenblick, wo sie zu wirklich nützlicher Arbeit angestellt werden, so kostet jeder einzelne Mann bei seinem Arbeitsantritt schon eine recht erhebliche Summe. Man vergegenwärtige sich dann, dass die Leute consequentes, anhaltendes Arbeiten erst lernen müssen, dass sie durchschnittlich zu Arbeit besserer Qualität unfähig sind, und man wird finden, dass die Arbeitskräfte trotz der anscheinend niedrigen Monatslöhne ungemein theuer sind. Auch die Verpflegung macht Schwierigkeiten. In Neu-Guinea bauen die Eingeborenen Taro und Yams in Quantitäten, die eben nur für den eigenen Bedarf ausreichen, auf den Plantagen kann man sich bei wenigen und theuren Arbeitskräften nicht mit dem Anbau dieser unmarktablen Waare aufhalten. Obwohl neuerdings auch hierin Wandel zum Besseren eingetreten ist,

so sieht man sich genöthigt, den erforderlichen Bedarf an Lebensmitteln von den ausgedehntere Culturen betreibenden Bewohnern der
Gazellenhalbinsel aufzukaufen und an die Stationen zu verfrachten.
Muss diese Art der Verpflegung schon als umständlich und kostspielig bezeichnet werden, so leidet sie des Weiteren daran, dass bei
schlechter Ernte auf der Gazellenhalbinsel oder Stockungen im Verkehr Mangel auf den Stationen eintreten kann. Ein besonders schwer-
wiegender Nachtheil des Arbeiteranwerbesystemes liegt darin, dass es
Monopol der Behörde ist, oder vielmehr in dem Umstande, dass die
Behörden nicht in der Lage sind, den Folgen gerecht zu werden,
welche sich aus dem Monopol ergeben. Es muss zugegeben werden,
dass es nöthig war, die Anwerbung zum Monopol zu machen, da sich
auf andere Weise keine Garantie bieten liess gegen zwangsweise Er-
greifung, Verschleppung und rohe Behandlung von Eingeborenen.
Allein, weil die bis dahin vorgekommenen Willkürlichkeiten mit Einführung des Monopols aufhörten, war dieses an sich noch nicht ein
vollkommener oder auch nur praktischer Modus, die Arbeiterfrage
zu behandeln. In früheren Zeiten warb sich jeder Pflanzer oder
Händler so oft und so viel Arbeiter an, als er brauchte, und entliess
sie, wenn er sie nicht mehr hinlänglich beschäftigen konnte. Von
dem Augenblick ab, wo die Anwerbung zum ausschliesslichen Recht
der Regierung wurde, war der Ansiedler gezwungen, seine Leute aus
dem Depot und zwar auf bestimmte Zeit zu entnehmen. Er musste
sie also auch in der arbeitslosen Zeit beköstigen, löhnen und beschäftigen, doch fällt dieser Zwang gar nicht ins Gewicht gegenüber dem
Umstande, dass die Depots kaum je in der Lage sich befanden
oder befinden konnten, auch nur annähernd die Zahl von Arbeitern
herzugeben, welche von den Ansiedlern gefordert wurden. Das Monopol
vertheuerte also die Arbeitskräfte, nahm den Ansiedlern die Möglichkeit, sich selbst nach Bedarf mit Arbeitern zu versehen, legte ihnen
auf, sich diese aus den Händen der Behörden zu entnehmen und bot
auch nicht die Spur einer Garantie dafür, dass man die Nachfrage
nach Arbeitern auch nur annähernd befriedigen werde. Vertheuerung
aller wirthschaftlichen Betriebe und Verlangsamung von deren Ausbreitung mussten die unausbleiblichen Folgen des consequent durchgeführten Monopols sein.

Nicht das Monopol, wohl aber das Anwerbesystem an sich, ob von
Ansiedlern oder von den Behörden ausgeführt, musste zu einem Miss-
erfolge führen hinsichtlich der Einwirkung, welche die Berührung mit
Europäern auf die Eingeborenen ausüben soll. Dem Culturvolke liegt

16*

es ob, die rohen Stämme der Gesittung zuzuführen. Wie soll das geschehen, wenn die Eingeborenen zwei, vielleicht auch drei Jahre auf den Stationen arbeiten, während dieser Zeit zur Noth so viel pigeonenglisch lernen, um zu begreifen, welche Arbeit gerade von ihnen verlangt wird, und dann zurückgehen in ihre Heimath, um vielleicht überhaupt nicht wieder mit Weissen in Berührung zu kommen. Wir haben schon gesehen, dass es noch nicht möglich gewesen ist, dem Kanaken reichere Lebensbedürfnisse anzugewöhnen, dürfen wir dann annehmen, dass er in den drei Arbeitsjahren sich unsere Arbeitsmethode aneignen wird, dass er thätiger, unternehmender werden, in ihm das Bestreben erwachen wird, etwa Gelerntes zum Nutzen seines Volkes zu verwenden, wenn er heimkehrt? Dürfen wir voraussetzen, dass allein die Berührung mit uns von hinreichendem Einfluss ist, ihn erkennen zu lassen, dass es höhere Ziele im menschlichen Dasein giebt als die, welche sich durch planloses Herumlungern in pfadlosen Wäldern, auf dem Riff oder gelegentliche Canoefahrten erreichen lassen? Da wir diese Fragen sämmtlich zu verneinen gezwungen sind, stellt sich neben die Kostspieligkeit des Anwerbesystems und die mangelhafte Befriedigung des Arbeiterbedürfnisses durch das Monopol, die Unzulänglichkeit an civilisatorischer Einwirkung, welche auf die Eingeborenen auszuüben ein Culturgesetz uns auferlegt. Trotz all seiner hervorgehobenen Nachtheile werden uns die Umstände zwingen, das System noch auf längere Zeit beizubehalten, da sich vor der Hand noch kein besseres an seine Stelle setzen lässt und weil die Einführung irgend eines neuen Verfahrens Zustände voraussetzt und Vorbereitungen erfordert, deren Ausführung geraume Zeit in Anspruch nehmen werden. Dennoch muss der Zeitpunkt kommen, wo das Arbeiterwerbesystem der allgemeinen Arbeitergestellung Platz macht, ebenso wie in den militärischen Staaten Europas bei Aufstellung der Heere das eine Verfahren dem anderen weichen musste. Der Verfasser verlangt für die deutschen Colonien, mithin auch für Neu-Guinea und den Bismarckarchipel, nicht mehr und nicht minder als eine Form der Zwangsarbeit für den Eingeborenen, welche für diesen die Nothwendigkeit nach sich zieht, sich der Cultur anzubequemen, dem Weissen die Möglichkeit gewährt, auch solche Gebiete zu seinem Wohnsitz zu wählen, deren wirthschaftliche Erschliessung ihm nur mit Hülfe der Arbeitskraft der Eingeborenen möglich ist. Es ist lediglich Humanitätsdusel, zu behaupten, dass ein derartiger Zwang vom sittlichen Standpunkte aus verwerflich sei. Je freier ein Mensch, ein Volk ist, desto mehr Zwang gegenüber der im Menschen steckenden thierischen Triebe liegt der Freiheit zu Grunde, so dass man mit vollem Recht sagen kann, erst auf dem Wege des Zwanges, der Bezwingung alles dessen, was gemeinschädlich ist, gelangt der Mensch zu wahrer Freiheit, zur Cultur. Unserem eigenen Culturleben können wir Hunderte von Beispielen entnehmen dafür, dass Zwang nöthig ist und ausgeführt wird um der Cultur willen. Der Schulzwang, Impfzwang, die allgemeine Militärdienstpflicht, Uebernahme unbesoldeter Ehrenämter. Examenspflicht, Dienstpflicht im Beruf, Steuern jeder Art und hundert andere Dinge sind nur so viel Formen, in denen die Allgemeinheit jedem Einzelnen von uns den Zwang auferlegt, sich ihr nützlich zu machen, um dafür die Vortheile zu geniessen, welche mit der Zusammengehörigkeit unzertrennlich verknüpft sind. Es ist mithin nicht inhuman, die Eingeborenen der Länder, welche unser Expansionsbedürfniss uns zu eröffnen treibt, zu den Leistungen für die Allgemeinheit mit heranzuziehen, so lange sie dafür auch die Vortheile der Zugehörigkeit zur Allgemeinheit empfangen, die ihnen zugemuthete Bethätigung in einer Form verlangt wird, die ihren Fähigkeiten angepasst ist und letztere nicht übersteigt. Es würde im Gegentheil eine Ungerechtigkeit gegen die einwandernde Rasse, gegen uns selbst sein, wollten wir, dem unerbittlichen Culturgesetz folgend, die zur Erschliessung wilder Länder erforderliche Culturarbeit allein verrichten, die Eingeborenen müssig zuschauen lassen und die Errungenschaften unseres Wirkens ihnen in den Schooss werfen. Fowler Buxton'sche und Peabody'sche Anschauungen muthen uns heute weichlich an und auch Uncle Tom's Hütte ist uns kein wohnlicher Raum mehr. Wir stehen heute auf dem vielleicht harten Boden der Gesetze, welche den Völkern ihre Bewegungen vorschreiben, wollen zwar Niemandem zu nahe treten, aber auch vollauf das haben, was uns nach Maassgabe der Daseinswürdigkeit unseres Volkes zukommt. Dem zu Folge fordert die thätige weisse Rasse, deren Ausbreitung über den Erdball wenigstens augenblicklich als Nothwendigkeit sich vollzieht, dass der träge Farbige mit ihr Hand in Hand gehe und seinen Fähigkeiten entsprechend sich betheilige an dem Werke der Nutzbarmachung der Erde, oder dass er die Folgen trage, die sein Widerstand oder auch sein passives Verhalten gegenüber den sich ausdehnenden Kräften der fähigeren weissen Rasse nach sich ziehen muss. Sie heissen für ihn Untergang. Da, wo der Farbige sich dem Weissen anbequemt, wird sein ungestörter Fortbestand gesichert. Die Fehden der Stämme unter einander hören auf, der Cannibalismus wird unmöglich, der Mensch nähert sich dem Menschen, die Bevölkerungszahl hebt sich gewöhnlich bald. Alles dies sind Vortheile, die uns, die wir sie bringen, zur

Forderung einer Gegenleistung berechtigen. Wir verlangen einen Entgelt für den Culturfortschritt, den an unserer Hand, von dieser gestützt, der Kanake machen muss. Zwar empfindet der Eingeborene diesen zunächst als eine Unbequemlichkeit, allein die Cultur erfasst ihn unerbittlich, und auch er muss und wird es, wenn auch erst in späteren Generationen, als Annehmlichkeit empfinden, mit seinem Gedankengauge in höherem Niveau sich zu bewegen, aus der Nacht urvölkerlicher Unwissenheit dem Licht civilisirter Erkenntniss sich genähert zu haben. Wir verlangen eine Gegengabe für unseren Verzicht auf das Recht des Stärkeren im Kampfe ums Dasein. Dieses unerschütterliche, für alle Lebewesen gültige Gesetz würde, wollten wir es in seiner ganzen Macht walten lassen, die sofortige Vertreibung aller weniger kräftigen und darum weniger nützlichen Völker von den Stellen zur Folge haben, die uns selbst günstige Existenzbedingungen bieten, und wo wir mit ihnen in Berührung kommen. Aus freiem Willen mildern wir die Strenge dieses Gesetzes, mit Recht aber heischen wir dafür die Angliederung des Schwächeren an uns. Will er nicht dieselben Pfade mit uns wandeln, so steht er uns im Wege und darf sich nicht über Rippenstösse wundern, die ihn von seinem Platze verjagen. Uns, die wir einem Gesetze folgen, zu hindern, hat er kein Recht, sein Dasein ist nur berechtigt, so lange es einen Zweck erfüllt. Wird es im Sinne jenes Gesetzes zwecklos und hinderlich, so wird es ausgelöscht, selbst auf die Gefahr hin, mit ihm manches Anmuthende und an sich Schöne zu vernichten. Aber auch wenn vorstehende Gründe uns nicht das Recht gäben, von den Eingeborenen Theilnahme an unserem Culturwerke zu verlangen, so würde der ethische Theil des letzteren uns schon die Pflicht auferlegen, den Kanaken auch ohne seine Einwilligung zur Arbeitsleistung heranzuziehen. Als Culturvolk liegt uns ob, die Civilisation nicht allein uns zu bewahren, wohin wir wandern, sondern auch sie solchen Urvölkern, mit denen wir in Berührung kommen, mitzutheilen. Diese Pflicht hat man zwar bisher schon stets empfunden, allein ihre Erfüllung ist fast ausschliesslich auf theoretischem Wege angestrebt worden. Man hat geglaubt, durch das Mittel der Belehrung und des Beispiels den wilden Völkern den Weg anweisen zu können, den der gesittete Mensch gehen muss, und zu dem Zweck eifrig und viel Mission getrieben. Der Verfasser steht der Mission als solcher ausserordentlich wohlwollend gegenüber und erkennt in ihr ein hochbedeutendes Mittel zur Verbreitung wahrer Cultur. Allein er hat zu lange ihr Auftreten unter den verschiedensten Völkern beobachten können, um nicht erkannt zu haben, dass auch sie in vielen Fällen sich mit kleinen Augenblickserfolgen

zufrieden giebt, wo sie unermesslichen Einfluss ausüben könnte und
sollte. Nach des Verfassers Ansicht bleibt bei Völkern so niedriger
Stufe, wie die Melanesier, die Lehre und das Beispiel ohne Wirkung.
Dem Kanaken macht nur der kategorische Imperativ Eindruck. Es
ist mithin verlorene Liebesmühe, ihm anhaltend zu predigen, es sei
„dulce et decorum", sich zu kleiden, dem Cannibalismus zu entsagen,
Unterhalt für sich und die Seinen zu verdienen, ein nützliches Mitglied
der menschlichen Gesellschaft zu sein. Bei dem uns nun schon bekannten Charakter des Kanaken nimmt es uns nicht mehr Wunder,
dass er für die Lehre taub bleibt. Heisst es aber, du sollst dich
kleiden und du sollst aufhören, deinen Nächsten als Feind und als
theure Delicatesse zu betrachten, und wenn du nicht gehorchst, wird
das für dich sehr unangenehm, so macht das doch Eindruck, namentlich wenn die hässlichen Folgen wirklich einige Male eintreten. Die
Uebertragung der Cultur auf den Kanaken ist für uns eine Pflicht,
und involvirt daher an und für sich schon die Ausübung eines Zwanges,
indem wir Veranlassung werden müssen, dass der Kanake sich einem
innerlichen Umwandlungs- oder Anpassungsprocess unterzieht. Der Verfasser will es nicht der Indolenz des Kanaken überlassen, wenn und ob
er diesem Vorgang sich anbequemen will, und wünscht gleichzeitig ein
Mittel zu finden, letzteren baldigst und wirkungsvoll in Bewegung zu
setzen. Das beste Mittel hierzu ist die Verpflichtung zur Arbeit. Ist
dem Eingeborenen erst klar geworden, dass er im Laufe des Jahres
oder der Jahre unweigerlich eine bestimmte Zeitperiode der Arbeit
im Dienste des Weissen widmen muss, so ergiebt sich die Erfüllung
anderer an ihn zu stellender Anforderungen als selbstverständliche
Consequenz. Der periodisch arbeitende Kanake weiss genau, dass er
zur Arbeit nicht nackend kommen darf, sondern in ein Lawalawa oder
auch eine noch reichlichere Drapirung gekleidet sein muss; wenn er
weiss, dass er seines Nachbars Schinken nicht mehr zu essen bekommen
kann, hört ihn auf danach zu hungern, und dass es noch andere als
seine eigenen verworrenen Begriffe von Recht und Unrecht giebt, hört
er von dem Missionar, dessen Predigt sonntäglich zu besuchen er an-
gehalten wird. Wollen wir uns also nicht principiell auf den Standpunkt stellen, dass die einzigen Mittel, apathische, finstersinnige Eingeborene zu civilisiren, in einer süsslichen Stimme, himmelwärts
gerichteten Augen und Liedern aus der Kinderharfe bestehen, so fassen
wir ihn kräftiger an, veranlassen ihn, wie wir es zu thun gezwungen
sind, eine Aufgabe im Leben zu erfüllen, die zunächst darin besteht,
seine physische Kraft in den Dienst unserer Culturarbeit zu stellen.

Die Theoretiker, welche es in superhumaner Empfindsamkeit für gänzlich unvereinbar mit dem Recht der freien Selbstbestimmung des Menschen erachten, freie farbige Völker in irgend welches Zwangsverhältniss gegenüber den Weissen zu bringen, mögen doch erst einmal begründen, warum sie solchen Individuen gegenüber das für ein Unrecht erklären, was jedem Culturmenschen als ganz selbstverständliches, berechtigtes Ansinnen gilt. Sie mögen aber auch Thatsachen beobachten und sich von solchen belehren lassen. Wo wäre die hohe Cultur Javas ohne das „Culturstelsel", wie hätte in der Minehassa das Christenthum so rasche Verbreitung finden können ohne die Einführung irgend eines ähnlichen, Zwang enthaltenden Systems? Soll man die Kanaken Menschenfresser bleiben lassen, nur weil es in den Augen einiger Menschen für ungerecht gilt, sie vor eine Lebensaufgabe zu stellen und deren Durchführung zu überwachen? Von den vielen Gründen, welche die Einführung der Zwangsarbeit rechtfertigen, will der Verfasser nur noch einen anführen, den Trieb der Selbsterhaltung. Die weisse Rasse folgt in ihrer Ausbreitung über die Erde einem Gesetz, sie ist mithin berechtigt und verpflichtet, sich aller Mittel zu bedienen, deren Anwendung zur möglichst weitgehenden Erfüllung des Gesetzes beitragen. Ist durch die ihr innewohnende Expansionskraft die weisse Rasse einmal in die entlegenen Gebiete der Südsee geführt worden, so muss sie auch die Mittel finden, sich ihren Fortbestand daselbst zu sichern. Das Klima verbietet dem Europäer die körperliche Arbeit im Freien, der Eingeborene erschliesst weder aus eigener Initiative die vorhandenen Hülfsquellen des Landes, noch will er freiwillig dem Europäer dazu behülflich sein, es zu thun, mit vollem Recht, welches entspringt aus dem Selbsterhaltungstrieb des Stärkeren und Besseren, macht darum der Weisse sich den Farbigen dienstbar, letzterer wird dadurch in keiner Weise an seinem Besitz, seiner Person, seinem Stamme gefährdet, ersterer gewinnt aber durch des Anderen Dienste das Mittel, seine ihm vorgeschriebene Ausbreitung in diesem Theile der Welt durchzusetzen.

Der Verfasser ist sich völlig bewusst, dass der Einführung irgend eines Systemes der Arbeitsverpflichtung grosse Schwierigkeiten im Wege stehen und hat auch deshalb die Nothwendigkeit des zeitweiligen Fortbestehens des Anwerbesystems trotz aller seiner Nachtheile anerkannt. Die Schwierigkeiten liegen weniger in der Durchführung des als richtig erkannten Verfahrens, als darin, letzteres so zu gestalten, dass es bei aller Wirksamkeit doch der Härten möglichst entbehrt, welche von allen solchen Maassnahmen unzertrennlich sind, durch welche die Leistungen des Individuums für die Allgemeinheit geregelt werden.

Das hindert nicht, allmälig die Wege zur Einführung der Arbeitsverpflichtung anzubahnen. Dies ist nur möglich auf Grundlage hinreichender Macht, beabsichtigte Maassnahmen gegebenen Falles auch
dem Widerstande gegenüber durchzuführen. Die Macht muss in Bewegung gesetzt werden von den Behörden, in deren Händen sie ruht,
sie muss unterstützt werden durch die Ansiedler im Lande, deren
Interesse sie dient. In welcher Weise das geschehen kann, soll noch
später erörtert werden. Vielleicht liesse sich die Aufstellung einer
hinreichenden Executivmacht am leichtesten und bequemsten in der
Weise vornehmen, dass man von auswärts Rekruten für eine Schutztruppe einführt. Allein der Verfasser kann sich aus wirthschaftlichen
Gründen mit diesem Verfahren nicht einverstanden erklären, die entstehenden Kosten würden den Etat des Schutzgebietes in einem Umfange belasten, der den colonialen Gegnern zu viel Angriffsfläche böte.
Er hält es aber nicht für unmöglich, eine grössere Zahl Salomonier
durch Belohnungen zu bewegen, sich mit ihren Familien dauernd in
dem Gebiete niederzulassen, in welchem man die Anfänge der Exe-
cutivgewalt sich entwickeln lassen will. Natürlich müsste der Wohnsitz
dieser Leute so ausgewählt werden, dass sie mit den Eingeborenen der
Umgebung möglichst wenig in Berührung kommen. Eine solche Ansiedelung, namentlich wenn sie mit einigen noch zu erwähnenden Vor-
rechten ausgestattet würde, dürfte bald an Umfang wesentlich zunehmen
und im Laufe weniger Jahre schon eine genügende Anzahl männlicher
Individuen zählen, welche, wenn sie ein wenig gedrillt wären, nach
Maassgabe der Verhältnisse eine respectable Macht darstellen würden.
Man hätte mittelst dieser Siedelung eine Militärcolonie geschaffen, wie
sie an vielen Stellen wiederzufinden ist. Lediglich auf die solchen
Colonien entstammenden Truppen gründen Herrscher halbcivilisirter
Völker, wie z. B. der Sultan von Marocco, ihre verhältnissmässig an-
sehnliche Macht. Unter richtiger Verwaltung würden derartige Niederlassungen auch einen hohen wirthschaftlichen Werth haben, denn in
ihnen wäre am allerersten die Möglichkeit gegeben, werthvolle Producte durch die Eingeborenen selbst anbauen zu lassen und sie ihnen
gegen einen festen Preis abzunehmen, der den Producenten hinreichend
lohnte, der Behörde genügenden Verdienst liesse. Es ist bekannt, dass
dieses Verfahren der Kernpunkt des auf Java so erfolgreichen „Cul-
tuurstelsels" bildet. Verfehlt würde es sein, wollte man mit der so
gewonnenen Executivkraft eine Autorität über das ganze in Betrieb
genommene Colonisationsgebiet sichtbarlich zum Ausdruck bringen, die
Methode dürfte sich dann muthmaasslich als unzulänglich erweisen.

Es würde im Gegentheil die Aufgabe einer geschickten Leitung sein, die Ausdehnung des Gebietes, in welchem die vorhandene Macht in Wirksamkeit treten soll, nach dem Umfang der letzteren zu bemessen und es auszudehnen in dem Maasse, wie die Macht wächst. Auf diesem Wege würde im Laufe der Zeit sich eine wirkliche Herrschaft, anfänglich in kleinen Districten, später über weite Landstrecken, entwickeln. Der Verfasser glaubt, dass die Gazellenhalbinsel von Neu-Pommern ein höchst geeignetes Feld ist, das geschilderte System in seinen Anfängen ins Leben zu rufen. Die südlich vom Varzinberg gelegenen Ländereien eignen sich vortrefflich zur Ansiedelung der Salomonier, und die Bevölkerung dort ist, soweit bekannt, so dünn vertheilt, dass eine engere Berührung zwischen ihr und den Eindringlingen vermieden werden kann. Hat sich die Zahl der letzteren hinreichend vermehrt, um eine auch noch so kleine Macht darzustellen, so sind Folgen, soweit sie aus dem Einspruch der vorhandenen Bevölkerung erwachsen könnten, nicht mehr zu befürchten. Die Salomonier, willenskräftiger und behender als die Neu-Pommern, würden sich der letzteren leicht erwehren, auch wenn sie nicht den Rückhalt an der herrschenden europäischen Rasse hätten. Dass eine Anzahl kriegerischer Salomonier ein viel wirksameres Mittel zur Ausübung einer Autorität über die Eingeborenen bieten als die an den riffumsäumten Küsten stets selbst gefährdeten Kriegsschiffe mit ihrer den Anstrengungen des Buschgefechtes durchaus ungewohnten, dem Fieber ausgesetzten Mannschaft, bedarf keines Nachweises. Wie sich die Handhabung der so geschaffenen Macht des Weiteren gestalten würde, müsste sich im Laufe der Jahre ergeben und kann von Niemandem von vornherein schematisch festgelegt werden. Als Anhalt dürfen jedoch die Erfahrungen der Schutztruppe in unseren anderen Colonien gelten. Im Princip, glaubt der Verfasser, müsste man dahin streben, sich eine Controle der Eingeborenen zu sichern. Zu diesem Zweck würde man versuchen müssen, die Eingeborenen nach und nach zur Niederlassung in bestimmten Districten zu bewegen. Im friedlichen Wege könnte die Verlegung eines Dorfes in den reservirten District als Strafe verhängt werden, Strafexpeditionen müssten da, wo sie etwa nöthig werden, die Uebersiedelung des ganzen Stammes, wo von einem solchen die Rede sein kann, zur Folge haben. In den für die Eingeborenen reservirten Districten wäre es möglich, eine Controle über ihre Kopf- und Hüttenzahl zu führen und diese zur Grundlage der Aushebung der Arbeitsrekruten sowie zur Auferlegung etwa zu erhebender Abgaben zu machen. Ein weiterer mit dem System verbundener Vortheil ist der

Umstand, dass alle ausserhalb der Reserve gelegenen Landflächen der Regierung als Eigenthümerin alles Landes, also auch der Reserven, zur freien Verfügung stehen, mithin von ihr auch an Ansiedler verkauft werden können. In weiterer Perspective eröffnet sich die Möglichkeit, die so unter Controle gebrachten Eingeborenen unter Oberhäupter eigenen Stammes zu stellen und sie durch diese, eventuell auch ohne sie, zum Anbau tropischer Werthproducte zu bewegen. Allerdings verspricht sich der Verfasser von einem Versuch in dieser Richtung wenigstens in absehbarer Zeit geringen Erfolg. Das System lediglich auf die Gazellenhalbinsel beschränkt, auf dieser aber consequent durchgeführt, dürfte die Wirkung haben, dass alle zur Zeit bestehenden Privatunternehmungen sowohl wie die Stationen der Regierung mit einer völlig hinreichenden Anzahl von Arbeitern versehen, die Eingeborenen des Gebietes der Cultur näher gebracht werden könnten, damit wäre die Grundlage zu einer bedeutenden Hebung in wirthschaftlicher Hinsicht von selbst gegeben. Zum Ueberfluss möchte der Verfasser noch darauf hinweisen, dass die eigenthümliche Gestaltung der Gazellenhalbinsel die Ausführung des Verfahrens ungemein begünstigt, da der enge Isthmus, durch welchen sie mit der Hauptinsel zusammenhängt, jedes Ausweichen der Eingeborenen in unwegsame Gebiete, in die man ihnen wegen grosser Entlegenheit nicht zu folgen vermöchte, zur Unmöglichkeit macht. Man wird leicht erkennen, dass in oben dargelegtem System das Cultuurstelsel Javas, die Locationen Britisch-Südafrikas und die Milizorganisationen halbcivilisirter Völker auf die Verhältnisse unseres Schutzgebietes zugeschnitten sind. Man wird dem zu Folge die jeder dieser Methoden anhaftenden Nachtheile gegen die Einführung eines derartigen Systems ins Feld führen und sich namentlich darauf berufen, dass der javanische „Heeredienst", die dort früher übliche Form der Zwangsarbeit, sich auf die Dauer nicht hat halten können, sondern einem anderen Verfahren Platz machen musste. Dem kann entgegnet werden, dass, wenn unsere Colonien eine Stufe des Wohlstandes erreicht haben werden, welche die ursprünglichen Entwickelungsmethoden veraltet und rückständig erscheinen lässt, es auch an der Zeit sein wird, letztere durch bessere, welche sich im Laufe der Jahre herausgebildet haben werden, zu ersetzen, bis dahin sollte man sich solcher Mittel bedienen, welche in gleichen oder doch ähnlichen Verhältnissen mit Erfolg angewandt worden sind. Ein Hauptgrund, warum der javanische „Heeredienst" sich mit der Zeit überlebte, war ganz ohne Zweifel der, dass aus politischen Parteiinteressen die Autorität des Europäers den Farbigen gegenüber verwischt wurde und dass als nothwendige Folge Zwangsarbeit aufhören musste, wo die

Autorität ins Wanken gerieth. Dies führt uns zu dem schwierigen Capitel der Bestrafung der Eingeborenen, welches von fern so einfach aussieht, in der Praxis so ungewöhnlich schwer zu lösen ist und so unübersehbare Tragweite für die gedeihliche Entwickelung einer Colonie besitzt. Der an die Verwaltungsformen einer Regierung von Kind an gewöhnte, unter bestimmten Rechtsnormen aufgewachsene, in deren Anerkennung erzogene Angehörige eines Culturstaates will natürlich seine für richtig erachteten Anschauungen ohne Weiteres auf uncivilisirte Verhältnisse übertragen und allein der Behörde die Strafabmessung und Zuertheilung zubilligen. In Unkenntniss der thatsächlichen Verhältnisse ahnt er nicht, welche grausame Härte für den Antragsteller der Strafe ein solch „gerechtes" Verfahren mit sich führt. Der Arbeiter, der andauernd seinen Dienst vernachlässigt, muss dennoch Kost, Wohnung und Lohn erhalten, ihn zu der vielleicht weit entfernten Behörde zu bringen, um ihn daselbst abstrafen zu lassen, ist nicht allein unter Umständen, sondern meist mit solchen Verlusten an Zeit und Geld verknüpft, dass der Ansiedler diese nicht noch den vom Arbeiter ihm verursachten hinzufügen mag und lieber auf Bestrafung verzichtet. Gar oft treten noch erschwerende Umstände hinzu. Es ist sehr wohl möglich, dass ein Arbeiter seinen Arbeitgeber arg schädigt, dessen Geduld aufs höchste anspannt und seinen Dienst böswillig vernachlässigt, ohne dass sich diese Thatsachen rechtskräftig beweisen lassen. In solchem Falle ist die Behörde oft kaum in der Lage zu strafen, es kann vorkommen, dass Constellationen vorliegen, die es unerwünscht erscheinen lassen, reiche Strafrapporte einsenden zu müssen, es wäre nicht menschlich, wenn der Umstand nicht wahrgenommen würde, um die unbequeme Bestrafung unverhängt zu lassen. Die Rückwirkung ist höchst verderblich. Ein solcher Fall wirkt demoralisirend unter den Arbeitern des Pflanzers, der die Thatsache, dass seine Autorität in Frage gestellt ist, sofort in dem Quantum und der Qualität der geleisteten Arbeit zum Ausdruck gebracht sieht. Der wirthschaftliche Fortschritt des Ansiedlers wird verlangsamt. Der Colonist, der mit einer gewissen Berechtigung alle Erscheinungen innerhalb seines Gesichtsfeldes nur von einem ganz auf ihn selbst angepassten Nützlichkeitsstandpunkt betrachtet, verlangt stürmisch die Berechtigung, den in seinem Dienst stehenden Eingeborenen wenigstens für solche Vergehen, die keinen criminellen Charakter tragen, selbst abstrafen zu dürfen. Die aus solcher Berechtigung entstehenden Folgen sind ganz geeignet, das Kopfschütteln denkender Beobachter zu veranlassen. Gewährt man einem Colonisten ein solches Recht, so muss

es allen zustehen. Welche Sicherheit wird aber geboten, dass in der
Hand von Ansiedlern mit schwachem Gefühl für moralische Verant-
wortlichkeit, von solchen, deren geistiges Gleichgewicht vor dem
unleugbaren Einflusse des Klimas nicht Stand zu halten vermag, die
Ausübung des Rechtes nicht zur Begehung groben Unrechtes aus-
artet?

Ein Gegenstand, der nach den vorliegenden Erfahrungen in allen
Colonien noch stets einer Verschiedenheit der Auffassung seitens der
Behörden und der Ansiedler unterlag, war die Strafform. Die Behörden
neigen aus völlig natürlichen Gründen dazu, den Strafcodex der Heimath auf die neuen Verhältnisse zu übertragen, die Ansiedler beklagen
sich darüber, dass Dinge, die mit dem Maassstabe der Heimath gemessen, zwar Kleinigkeiten seien, unter denen sie aber hier in ganz
veränderten Verhältnissen bitter zu leiden haben, nicht durch kräftiges
und leicht mögliches Einschreiten der Behörden beseitigt werden, dass
mangels kräftiger Haltung der letzteren die Zuchtlosigkeit unter den
Eingeborenen geradezu gross gezogen werde. Man kann nicht umhin,
solchen Klagen ein gewisses Maass von Berechtigung zuzusprechen,
kann jedoch auch den Behörden keinen Vorwurf machen, die gezwungen
sind, die zu bestrafende That und das dieser entsprechende Strafmaass
nach Gesichtspunkten zu beurtheilen, welche die gleiche Anschauung
von Recht und Unrecht seitens der Allgemeinheit zur Voraussetzung
haben. So lange diese fehlt, so lange nicht durch Schöpfung besonderer Rechtsnormen der Verschiedenartigkeit der Anschauung Rechnung
getragen wird, so lange wird das auf Farbige anzuwendende Strafmaass
und die Strafform der Gegenstand widerstrebender Auffassungen seitens
der Behörden und Ansiedler bleiben. Diese Thatsache, die Nothwendigkeit, für den Eingeborenen ein Recht zu schaffen, welches auch in
seinen Augen Recht, nicht Ungerechtigkeit ist, hat man z. B. in Britisch-
Südafrika längst anerkannt und dort ein Eingeborenenrecht, das
„Native law", geschaffen, nach Maassgabe dessen die Vergehen der
Farbigen beurtheilt und bestraft werden. So empfehlenswerth dieser
Schritt ist, so darf der Verfasser doch nicht unterlassen, auf die Umständlichkeiten hinzuweisen, welche sich der Abfassung eines derartigen
Codex in der Südsee entgegenstellen würden. Ist es doch mit den
grössten Schwierigkeiten verbunden, nur die thatsächlichen Besitzver-
hältnisse unter den Eingeborenen festzustellen, wie will man ihre
Rechtsanschauungen ergründen? Freiheitsstrafen, noch dazu nach
europäischer humaner Methode bei voller Verpflegung und guter Unterkunft, sind für den Farbigen gleichbedeutend mit Feiertagen, und man

erkennt in der Verschiedenheit der Auffassung dieser Strafmethode schon genau, wie sehr man bemüht sein muss, sich in die Anschauung des Eingeborenen zu versetzen, um die Strafe so gestalten zu können, dass sie nicht nur in unseren, sondern auch in seinen Augen als Bestrafung wirkt. Acht Tage lang auf dem Rücken zu liegen, regelmässig seine Mahlzeiten zu erhalten und jeden anderen Tag spazieren gehen zu dürfen, ist für den Kanaken Wohlleben, und man kann den Zorn der Ansiedler verstehen, wenn lange, mit Zeitverlust und Kosten verbundene Verhandlungen endlich nur ein solches Strafresultat herbeiführen. Geldstrafen, also Lohnabzüge, bleiben ebenfalls wirkungslos. Was verschlägt es einem in jeder Hinsicht bedürfnisslosen Kanaken, wenn ihm am Ende der Woche, des Monats oder gar erst seiner Arbeitsperiode ein kleines Quantum Tabak, einige Lawalawas, ein Beil oder Leinwandhose von der Summe dessen abgezogen wird, was ihm an Lohn zusteht? Die Menge der Dinge, die er empfängt, ist für ihn sinnverwirrend, er vermag deren Werth nicht zu übersehen und würde dessen Vermehrung um den gleichen Betrag ebensowenig empfinden als die Verkürzung ihn kränkt, ihm bleibt genug, besonders da der Verdienst, mit Ausnahme etwa des Beiles, doch in die Hände der Stammesgenossen gelangt. In den seltenen Fällen, wo ein Kanake so lange als Hausdiener beschäftigt worden ist, dass er gewisse Begriffe von Werth und Bedürfniss in sich aufgenommen hat, würde ein Lohnabzug allerdings als Strafe empfunden werden, besonders schwer dann, wäre die Busse in Gestalt von Dewarra zu entrichten, allein Arbeiter haben kaum jemals Dewarra in ihrem Besitz und nicht alle gehören dem Stamme an, der es werthschätzt. Strafarbeit wäre sehr zu empfehlen, stellten sich nicht dieser Strafmethode grosse Schwierigkeiten in den Weg. Der Ansiedler ist kaum in der Lage, die Ausführung der Strafe zu übernehmen, muss er den Arbeiter zur Bestrafung abgeben, so ist er eigentlich der Bestrafte, denn er verliert zeitweilig die Arbeitskraft des Sträflings. Die Behörde vermag wohl Ueberstunden durchzusetzen; allein ohne Beaufsichtigung durch Weisse, die damit ebenfalls gestraft würden, dürfte das Resultat ein wenig befriedigendes sein und die Strafe wieder illusorisch werden. Doch auch ohne diesen Nachtheil enthielte die Strafarbeit bei der Behörde ein Moment wunderlicher Gerechtigkeit. Ein Arbeiter stiehlt oder ruinirt grosse Werthe, zur Sühne für das dem Ansiedler zugefügte Unrecht und Schaden wird diesem der Arbeiter entzogen, um seine Arbeitskraft eine Zeit lang in dem Dienst eines anderen, der Behörde, besonders scharf anzuspannen. Das wäre, namentlich wenn wir das Arbeiteranwerbemonopol im Auge behalten, selbst dann fragliche Gerechtigkeit, wenn es schon öffentliche Arbeiten gäbe, welche indirecter Weise allen Colonisten zu Gute kämen. Diese kurzen Betrachtungen beleuchten hinreichend die Schwierigkeiten, welche mit Gestaltung der Strafform und Bemessung von Strafmaass verknüpft sind. So lange wir noch nicht genügend in die etwa vorhandenen Rechtsanschauungen der Eingeborenen eingedrungen sind, um beurtheilen zu können, was in ihren Augen strafbar ist, was nicht, so lange unsere Erziehungsresultate noch nicht soweit gediehen sind, um den Farbigen eine schärfere Grenze zwischen Recht und Unrecht in unserem Sinne erkennbar zu machen, so lange durch die Strafform der Steller des Strafantrages in Mitleidenschaft gezogen wird, so lange giebt es nach Auffassung des Verfassers nur eine wirksame Strafe für den Eingeborenen, die Prügelstrafe. Sie entspricht völlig seinen Begriffen der Bestrafung, sie stellt das verletzte Recht wieder her und hat vergeltende Wirkung. Zwar lässt sich auch gegen sie wie gegen jede andere Strafform der Einwand erheben, dass sie verhängt werden könne in Fällen, in denen dem Delinquenten jeder Begriff des begangenen Unrechts, mithin auch das Bewusstsein der Straffälligkeit fehle. Allein abgesehen von der Relativität der Richtigkeit jeglichen Urtheilspruches besitzt die Prügelstrafe mehr als jede andere eine erzieherische Wirkung, und der Kanake, der heute noch nicht weiss, dass diese oder jene Handlung sich mit den Anschauungen der Weissen über Recht und Unrecht nicht verträgt, lernt zunächst an den Folgen seiner Handlungen erkennen, ob und wann diese im Gegensatz zu den Rechtsbegriffen der Weissen stehen, und sich letzteren anzubequemen, so lange er sie sich noch nicht zu eigen machen kann. Ganz ausserordentlich schwierig gestaltet sich die Beantwortung der Frage, wer die Prügelstrafe ertheilen soll. Die Behörde verlangt mit dem auf dem Boden europäischer Verhältnisse erwachsenen Rechte die Strafgewalt für sich und begründet ihren Anspruch ausserdem mit der ihr obliegenden Verpflichtung, Ausschreitungen seitens roh veranlagter Privatleute, Verhängung unverhältnissmässiger Strafen verhindern zu müssen. Die Ansiedler wieder klagen über die Last, die ihnen erwächst, wenn sie wegen kleiner Strafen den meist weiten Weg zur Behörde zurückzulegen haben, und über das Verschwinden ihrer Autorität, wenn sie aus wirthschaftlichen Gründen die Herbeiführung der Bestrafung unterlassen oder wenn das zudictirte Strafmaass zu gering ist, um wirkungsvollen Eindruck zu machen und das verletzte Rechtsgefühl wieder herzustellen. Nach langer Ueberlegung und der Prüfung des Strafmodus in den verschiedentlichsten Colonien anderer Nationen

glaubt der Verfasser sich schliesslich auch für eine weitgehendere Bemessung der Strafgewalt der Ansiedler entscheiden zu sollen. Das
Gewicht der wirthschaftlichen Gründe überwiegt das der rechtlichen,
so lange die Cultur in jenen Gebieten nicht soweit fortgeschritten
ist, dass der Verkehr mit der Behörde sich jeden Augenblick ermöglicht, die Ansiedler aber so weit aus einander wohnen, dass deren Controle bezüglich ihrer Haltung gegenüber den Farbigen sich dadurch
verbietet. Der Durchschnittsansiedler ist schon in seinem eigenen
Interesse gezwungen, seine Leute vernünftig zu behandeln, und meist
ist er besserer Kenner ihrer Sitten als der weniger im Verkehr mit
ihnen stehende Beamte. Ausschreitungen kommen fast ausnahmslos
zur Kenntniss der Behörde und müssten und könnten ungemein streng
geahndet werden. Die Erfahrung lehrt jedoch, dass deren Vorkommen
nicht gänzlich aufgehoben wird dadurch, dass jede Strafgewalt den
Ansiedlern gänzlich entzogen und ausschliesslich in die Hände der
Beamten gelegt wird. Dass auch Ansiedler ganz aus eigener Kraft oft
einen grossen Einfluss unter den Eingeborenen zu gewinnen und eine
beträchtliche Autorität auszuüben vermögen, beweisen viele Beispiele.
Es lässt sich daran stets nachweisen, dass solche Persönlichkeiten im
Umgange mit den Farbigen eher streng als nachgiebig, mehr zurückhaltend als umgänglich waren und vor allem die Vertraulichkeit mieden.
Selbst die übertriebene Strenge, so lange sie nur mit Gerechtigkeit
gepaart ist, schadet weniger als die auch nur zeitweilige Ausserachtsetzung des Selbstrespectes, die sofort Geringschätzung wachruft.
Strenge bewirkt Furcht, Gerechtigkeit erzwingt Achtung oder, soweit
dies bei Farbigen möglich ist, Liebe. Furcht und Liebe sind aber
noch stets die besten Erziehungsmittel gewesen und werden es bleiben,
aber die Furcht steht voran. Im Archipel lebte ein wegen seiner
grossen Strenge fast berüchtigter Händler. Er verhängte die härtesten
Strafen über seine Leute, allein da er nie ohne Ursache strafte, vermochte er ohne allen Beistand seine Autorität durchzusetzen und doch
stets Arbeiter zu erhalten. Man prophezeite ihm einen gewaltsamen
Tod durch die Hand der Eingeborenen. In seinem Dienst stand ein
anderer, auf einsamer, culturferner Station lebender Händler, der sich
seines vertraulichen Verkehrs mit den Kanaken seiner Gegend rühmte
und die völlige Sicherheit hervorhob, deren er sich auf seinem weltentlegenen Wohnsitz erfreue. Das letzte Mal, als der Verfasser ihn
sah, betonte er laut das gute Einvernehmen zwischen sich und seinen
farbigen Nachbarn. Drei Tage später wurde er und mehrere Chinesen
von denselben Nachbarn ermordet. Der andere, den Kanaken stets

nur in reservirter Haltung gegenüber tretende Händler lebte noch
lange Jahre und starb eines natürlichen Todes. Genaue Regeln lassen
sich über die Behandlung der Eingeborenen nicht aufstellen. Was
darüber gesagt werden kann, hat der Verfasser in seinem Beitrag zu
dem Giesecke'schen Sammelwerk niedergelegt, darf daher darauf verzichten, es hier zu wiederholen.

Ein Mittel von bedeutender Tragweite für die wirthschaftliche
Entwickelung der Gebiete und für die Ausbreitung der Cultur unter
den Eingeborenen ist die Besteuerung der letzteren. Zwar ist unser
Begriff, den wir mit einer Steuer verbinden, dem Kanaken durchaus
fremd. Allein mit der Thatsache der Abgabe ist er sehr wohl vertraut, da, wie wir gesehen haben, sowohl die sogenannten Häuptlinge wie auch der Duk-Duk als Experte in der Handhabung der
Steuerschraube bezeichnet werden können. Es wird den Eingeborenen
daher durchaus nichts Neues oder Ueberraschendes sein, wenn ein
noch Mächtigerer als der Duk-Duk auftritt und Abgaben verlangt.
Gedanken wird er sich kaum darüber machen, höchstens die unbequeme
Empfindung hegen, dass nun noch einer mehr da ist, der etwas haben
will. Er wird sich jedoch bald darin finden, besonders dann, wenn es
gelingt, die Brandschatzungen seitens der Grossen und des Duk-Duk zu
vermindern. In den vom Verfasser als Reserven bezeichneten, für die
farbige Bevölkerung bestimmten Gegenden wäre die Einführung einer
Steuer höchst einfach, indem mit Leichtigkeit für jede Hütte eine Abgabe erhoben werden könnte. Liesse die Regierung diese Steuer in
Dewarra ausbezahlen, so würde sie in ihrer Hand bald einen Reichthum an diesem Material ansammeln, der ihre Macht wesentlich unterstützen würde. Da, wo es möglich gewesen wäre, den Anbau werthvoller
Producte einzuführen, könnte man diese meistbietend an Interessenten
verkaufen und das Steuersoll des Districtes von dem erhaltenen Betrage abziehen, während dessen Rest unter die Producenten nach
Maassgabe ihrer Ablieferungen vertheilt würde. Die Methode hat sich
in Fidji ausgezeichnet bewährt, allerdings hat sie die Möglichkeit
der Controle der Eingeborenen zur Voraussetzung. In Anlehnung an
dieses Verfahren liesse sich indessen möglicher Weise auch unter den
bestehenden Verhältnissen schon eine Steuer von den Eingeborenen
erheben. Man könnte die Gegenden, in welchen sich grössere Bestände von Cocospalmen befinden, als Districte bezeichnen und begrenzen, die darin gelegenen Dörfer zählen und ihnen eine jährliche,
in Dewarra zahlbare Abgabe auferlegen. Die Steuer würde sich ohne
Bedrückung der Eingeborenen aufbringen lassen, denn diese hätten nur

nöthig, ihre Nüsse sorgfältiger zu sammeln und deren eine grössere
Menge zum Verkauf zu bringen, statt ihren Ueberfluss auf dem Boden
verfaulen zu lassen. Mit dem für die Nüsse erhaltenen Tabak würden
sie bald das nöthige Dewarra eintauschen. Die Folge wäre eine
grössere Regsamkeit des Kanaken, seine Gewöhnung an Autorität und
Pflicht, die Hebung der Copraproduction und die Einnahmen der
Regierung in einer Form, die noch höheren als nur den materiellen
Werth besässe. In derselben Weise liessen sich die Canoes be-
steuern. Jeder Canoebesitzer hätte jährlich eine bestimmte Menge
Dewarra zu entrichten, wofür er als Quittung einen Stempel in das
Fahrzeug eingebrannt erhält. Die Canoes lassen sich schwer verbergen
und deren Abschaffung durch die Kanaken ist nicht zu befürchten.
Selbstverständlich kann diese Maassregel nur da eingeführt werden,
wo es möglich ist, die Zahl der Fahrzeuge zu überblicken und deren
Besitzer zu erreichen. Im Bereich des Weberhafens, der Blanchebai
bis zum Ostcap der Gazellenhalbinsel und auf der Neu-Lauenburg-
Gruppe wäre die Besteuerung durchführbar; sie auf Neu-Mecklenburg auszudehnen, bei der Unzulänglichkeit unserer Machtmittel aber
nicht angängig. Mit Vorliebe werden Gewehre und Munition als Be-
steuerungsobjecte in Vorschlag gebracht, und so sehr der Verfasser
die Berechtigung und Nützlichkeit einer auf diese Dinge gelegten
Abgabe anerkennt, so hegt er doch Befürchtungen für deren Durch-
führbarkeit. Ein Gewehr ist leicht verborgen und selbst dessen Träger
kann sich heute noch bequem der Controle entziehen; ihn in seinem
Schlupfwinkel aufzusuchen, ist unthunlich und die Feststellung seiner
Identität kaum möglich. Eine solche Auflage würde mithin nur eine
Unzahl Verstösse gegen erlassene Gesetze herbeiführen ohne die
Möglichkeit, sie zu ahnden, auch dürfte der Ertrag einer Steuer
auf Gewehre die Kosten ihrer Durchführung kaum wesentlich über-
steigen, vielleicht nicht einmal erreichen. Nach des Verfassers Auffassung und Erfahrung ist die Frage von der Gestaltung der Beziehungen zwischen Weissen und Eingeborenen diejenige, welche den
allerweitgehendsten Einfluss auf die Entwickelung einer jungen Colonie
ausübt, alle anderen Fragen sind gleichsam in dieser enthalten,
deren Lösung die aller anderen wenn nicht im ganzen Umfange mit
sich bringt, so doch jedenfalls anbahnt. Kein Moment, welches in
irgend einer günstigen oder nachtheiligen Weise die Farbigen beeinflusst, darf daher von dem Colonisator unberücksichtigt bleiben, der
es entweder in den Dienst der Entwickelung der Colonie zu stellen
oder, wo nöthig, von den Eingeborenen fern zu halten hat. Eins der

wirkungsvollsten Mittel, auf die Eingeborenen einzuwirken, ein inneres Band zwischen ihnen und den Weissen herzustellen und sie dadurch dem Bereich der Cultur näher zu bringen, ist die Mission. Völlig unerheblich bei deren Betrachtung ist ihre confessionelle Richtung. Mit vollem Recht hält jede Confession ihre Glaubensform für die erspriesslichste und sucht sie nach Möglichkeit auszubreiten. Allen unter Urvölkern thätigen Missionen gemeinsam ist die grosse Aufgabe, diese der inneren und äusseren Cultur zu gewinnen. Welchem confessionellen Bekenntniss sie sich dabei zuwenden, muss für den Colonialpolitiker belanglos sein. Für diesen kommt nur in Betracht, dass das angestrebte Ziel in weitgehendstem Sinne baldigst erreicht werde, und seiner Fürsorge wird diejenige Mission am würdigsten sein, welche ihrer Aufgabe am nachdrücklichsten gerecht wird. Um beurtheilen zu können, ob und in wie weit dies der Fall ist, müssten wir uns über den vielumstrittenen Punkt klar werden, wie die Aufgabe der Mission aufzufassen sei. Der Durchschnittsmissionar behauptet ohne Umschweife, dass es seine ausschliessliche Pflicht ist, Seelen für das Christenthum zu gewinnen, wobei er natürlich letzteres mit der Form seines Bekenntnisses identificirt. Seine Antwort ist mithin eigentlich dahin auszulegen, dass ihm obliege, so viel Eingeborene zu Katholiken, Protestanten, Baptisten, Wesleyanern heranzubilden, als die Verhältnisse und seine Kräfte ihm gestatten. Welches dieser verschiedenen Bekenntnisse am geeignetsten ist, die Gemüther der Kanaken sich zu gewinnen, darf von dem Verfasser nicht entschieden werden, er will vielmehr kurz die Gründe anführen, warum der Colonisator der Confession der Mission, so lange sie nur auf christlichem Boden ruht, sich unparteiisch gegenüberstellen muss.

Der Eingeborene, dem jede analytische Geistesthätigkeit durchaus fremd geblieben ist, vermag die genauen Unterscheidungsmerkmale der verschiedenen Confessionen überhaupt nicht in solcher Präcision zu erfassen, dass sie ihm zum Gegenstand der gläubigen Ueberzeugung werden könnten. Selbst der Christ gewordene Kanake wird kaum im Stande sein darzulegen, warum er dieser oder jener Confession angehört oder er einer anderen nicht angehören möchte. Allen aber, die sich überhaupt dem Christenthum zugewandt haben, ist schon der Fortschritt gemeinsam, der sich darin kund thut, dass sie eine Gedankenarbeit zu entwickeln beginnen, die sich nicht nur auf die nächstliegenden materiellen Lebensfragen erstreckt, sondern auf einem Boden sich bewegt, welcher die Grundlage jedes Culturlebens ist, das Gebiet der Moral. Man darf sich der Ueberzeugung nicht

verschliessen, dass die farbigen Bewohner tropischer Länder, falls
sie alle dem Christenthume gewonnen werden sollten, sich dieses im
Laufe der Zeit durchaus so umbilden werden, wie es ihre innere Veranlagung, die dem Grunde jahrhundertelang wirkender, eigenartiger
Lebensbedingungen entsprossen ist, erforderlich machen wird. Diese
Umbildung des, wenn auch stets auf gleicher Unterlage ruhen bleibenden Christenthums lässt sich im Laufe von dessen Ausbreitung über
die Welt wiederholentlich wahrnehmen und selbst die grosse Spal-
tung in die beiden Hauptrichtungen des Katholicismus und Prote-
stantismus ist im Grunde nur der Ausdruck der Verschiedenartigkeit
der intellectuellen und ethischen Veranlagung von Völkern, wie sie
sich nach Maassgabe des Einflusses der physikalischen Verhältnisse,
unter denen letztere leben, entwickelt hat. So sehr sich die Lehren
des Kopten, des Griechen, des Spaniers von der des Lutheraners, des
Wesleyaners, des Baptisten etc. etc. unterscheiden, sie stehen doch alle
auf dem Boden des Christenthumes. Mit vollem Recht darf man annehmen, dass, wenn farbige Völker den Culturzustand erreicht haben
werden, der sie zur Kritik berechtigt, zu schöpferischer Gedankenarbeit
befähigt, sie in letzterer auch ihre rasslichen Eigenthümlichkeiten zum
Ausdruck bringen werden, und dass diese nicht ohne Einfluss bleiben
können auf die Form, welche ihnen Befriedigung für ihre metaphysischen Bedürfnisse zu gewähren vermag. Sobald man die Confessiona-
lität der Mission ausser Acht lässt, beantwortet sich die Frage nach
deren Aufgabe auch in anderer Weise als vorhin. Hauptzweck wird
nicht mehr Gewinnung so vieler Protestanten, Katholiken etc., sondern
Erziehung einer grösstmöglichen Anzahl von Individuen zum Verständniss für alle ethischen Lebensfragen. Der Missionar, welcher diesem
Satze seine Zustimmung giebt, wird in erster Linie und mit Recht die
Religion als die wichtigste dieser Fragen in den Vordergrund stellen
und seine eifrigsten Bemühungen dahin richten, seinen Zöglingen die
Heilswahrheiten nach Maassgabe des eigenen Verständnisses beizubringen.
Dass es wünschenswerth, ja durchaus nöthig ist, dem vorhandenen
metaphysischen Bedürfnisse des Kanaken die Bahn zur Erkenntniss
eines Schöpfers zu weisen, erkennt der Verfasser unbedingt an. Nur
durch die Beziehung zum Schöpfer und auf ihn erhält das Leben
sittlichen Werth, nur durch Verlegung der Entscheidung über Gut und
Böse ausserhalb seiner selbst, also durch Unterordnung unter einen
höheren Willen, kann sich der Mensch einen Maassstab für die Beurtheilung von beiden schaffen. Thut er das Gute nur, weil er es für
gut hält und weil es ihm Freude macht, es zu thun, vermag der

Mensch selbst als letzte Gerichtsstelle jederzeit den Maassstab für seine Handlungen beliebig nach der einen oder der anderen Seite zu verschieben, so verliert der Wille zum Guten den Charakter des Verdienstlichen. So wünschenswerth es sein mag, den Kanaken für die Wahrheiten des Christenthumes zu gewinnen, so erscheint dem Verfasser die Möglichkeit dafür ganz ausserordentlich beschränkt. Wie kann man erwarten, dass ein Kanake innerhalb einiger Jahre, während deren er zwar mit dem Missionar im Verkehr steht, aber doch unter seinen Stammesgenossen lebt, Verständniss für einen Glauben gewinnt, dessen allerfundamentalste Lehren, ganz abgesehen von dem dafür geforderten kindlichen Glauben, sehr erhebliche Denkoperationen voraussetzen, für welche das europäische Gehirn durch hundert Generationen vorgebildet, daraufhin erzogen ist, die an sich aber bereits wieder ungeheuere Anforderungen an das voraussetzungslose Kanakengehirn stellen. Bis zu der hierzu erforderlichen Stufe der Erkenntniss gelangen Urvölkern entnommene Individuen in den seltensten Fällen. Vergegenwärtigt man sich, dass selbst unter den gebildeten Christen diejenigen zu den Ausnahmen gehören, welche in knapper Form die Grundlehren der verschiedenen Religionsrichtungen neben einander stellen oder gar deren Unterscheidungsmerkmale präcise darlegen können, so wird man schon eher begreiflich finden, dass es von einem Kanakengehirn viel verlangt ist, sich den Inhalt irgend einer Glaubenslehre überhaupt zu eigen zu machen. Der für uns so leicht fassliche, versöhnliche, erhabene Gedanke der Erlösung, setzt er nicht Dinge stillschweigend voraus, die neu in sich aufzunehmen eine Riesenaufgabe für ein solchen Denkprocessen fremdes Gehirn ist. Böses giebt es gewiss in der Anschauung des Kanaken, allein warum und in welcher Weise soll es die Existenz nach dem Tode beeinflussen, besonders wenn es schon im Leben gerächt worden ist. Diebstahl von Dewarra ist böse, aber er stiehlt kein Dewarra, Mord ist böse, er begeht ihn nicht, ja leider hat er nicht einmal einen Feind erschlagen, was doch eine verdienstliche Handlung ist. Und wenn er nun wirklich böse Thaten begangen hätte und sie wären aus reinem Zufall ungerächt geblieben, so ist er ja schon von den Folgen befreit, was soll denn nun noch kommen? Dass ein guter Mensch umgebracht wurde, war eine böse Handlung, wenn seine Freunde ihn umbrachten; thaten es seine Feinde, so war sie verdienstlich. In welcher Weise aber kann dieser Tod auf Andere einwirken, befreienden Einfluss haben auf die Person, die den Dewarradiebstahl beging, der, wenn entdeckt, sofort bestraft wird, unentdeckt aber an sich schon folgenfrei ist. So ungefähr denkt und überlegt der Kanake, wenn er, was der Verfasser bezweifelt, überhaupt seine Gedanken auf einen so abstracten Gegenstand zu sammeln vermag. Wenn aber die grundlegenden Punkte einer derartigen Auffassung begegnen, wie darf man Verständniss voraussetzen für solche Theile der Lehre, welche den Predigern selbst Kopfzerbrechen verursachen. Missionare trösten sich gern damit, dass sie meinen, der Glaube komme zu Hülfe und ersetze das Verständniss. Wenngleich der Verfasser durchaus nicht bestreiten will, dass Fälle vorkommen können, wo Herzen sich einem kindlichen, voraussetzungslosen Glauben aufgethan haben, so vermag er ein solches Vorkommniss doch nicht als die Regel, sondern nur als die ausserordentlich seltene Ausnahme anzusehen. Aber nach der Auslegung der Missionare selbst kann doch der Glaube nur wirksam sein, wenn er eben das umfasst, sich auf das richtet, was als Heilswahrheit bezeichnet wird. Was kann nun ein Glaube nützen, dessen Gegenstand ein kunterbuntes Wirrwarr von falsch begriffenen oder falsch gehörten Mittheilungen ist. Kann der Missionar behaupten, jenen Mann dem Christenthum gewonnen zu haben, von dem er eines Tages, Jahre nach dem Uebertritt, auf seine Frage, was Sünde sei, die Antwort erhielt, Sünde ist Regen. Uns, die wir mit Begriffen operiren, ist es unverständlich, auf welche Weise eine solche Idee sich gebildet haben kann. Legen wir sie aber unserer Heilslehre zu Grunde, welch entsetzlicher Wirrwarr entsteht. Wie sah die Religion aus, zu der dieser sonst ganz gute Mann sich bekannte und in wie weit kann sein Glaube ihm geholfen haben, die Schwierigkeiten der Lehre zu überwinden. Wenn vorstehende Ausführungen auch nur zum Theil zutreffend sind, so drängt sich uns die Ueberzeugung auf, dass es, wenn auch nicht durchaus unrichtig, so doch zum mindesten unpraktisch sein muss, wenn die Mission von vornherein ihre Hauptaufgabe in der Bekehrung sucht. Zwar darf sie niemals die Verkündung der Lehre unterlassen, zugleich aber sollte sie grösseren Werth darauf legen, die Denkfähigkeit der Eingeborenen zu entwickeln, ohne welche eine Lehre, sei sie welche sie wolle, nicht haften kann. Aus Wilden erst Menschen machen, dann Christen, ist ein richtiger Grundsatz, dessen Consequenz allerdings unter Umständen bedeuten kann, dass die heutigen Missionszöglinge zunächst der Cultur, d. h. der Arbeit, ihre Nachkommen dem Christenthum zugeführt werden.

Das umgekehrte Verfahren, Farbige erst dem Christenthum zu gewinnen und sie als fertige Christen so zu sagen in Umlauf zu setzen, hat sich bisher nicht durch besondere Erfolge ausgezeichnet, sondern eher dazu beigetragen, den Werth der Missionsthätigkeit geringer er-

scheinen zu lassen, als er sein soll und ist. Kann es nur allein der
Fehler der Ansiedler sein, wenn sie im Allgemeinen ungern Missionszöglinge in ihren Dienst nehmen, beruhen die über jene so oft geführten Klagen wegen aufgeblasenen Wesens, Unwilligkeit zur Arbeit,
Unzuverlässigkeit lediglich auf böswilligen Darstellungen seitens missions-
feindlicher Laien? Wenn bei derartigen Behauptungen auch hier und
da Uebertreibungen mit untergelaufen sein mögen, so herrscht doch allgemein die Ansicht, dass der „bekehrte" Eingeborene ein viel unsym-
pathischerer Geselle ist als sein in völliger Wildniss, fern von allen
Bekehrungsversuchen verharrender Stammesgenosse. Grösstentheils zieht
der Farbige aus den christlichen Lehren nur die Nutzanwendung,
welche mit seinen Neigungen harmonirt. Da es vor Gott keinen
Unterschied der Person giebt, glaubt er sich als jedem Europäer
gleichstehend betrachten zu können. Die Lehre von der Vergebung
führt er sehr geschickt ins Feld gegenüber angedrohten Strafen für
Nachlässigkeit, und die Sonntagsheiligung kommt ihnen sehr gelegen,
man irrt sich ja so leicht in den Tagen und hält jeden der sieben für
Sonntag. Wie sie die Lehre von der Seligkeit zu verwerthen verstehen, ergiebt sich aus folgendem Beispiel. Ein untergeordneter
Weisser half einem getauften Kanaken irgend etwas in Ordnung
bringen, wurde aber wegen der Unachtsamkeit des letzteren zornig und
drohte mit Schlägen. Der Kanake ergriff sofort einen Knüppel, ging
auf den Weissen los, forderte ihn zum Kampf heraus mit der Bemerkung, mir ist ganz gleichgültig, was da wird, erschlägst du mich,
so komme ich doch gleich in den Himmel.

Derartige Anschauungen, selbst wenn sie sich als schroffe Ausnahmen charakterisiren, dürfen nicht das Resultat der von der Mission
aufgewandten Kräfte und Mittel sein, wenn sie ihrer hohen Bedeutung
gerecht werden will. Nach des Verfassers Ansicht liegt der Fehler
nur in dem Verstoss gegen den oben aufgeführten Grundsatz. Die
Mission würde ihren Zweck, die Bekehrung, viel sicherer erreichen, wenn
sie ihr Augenmerk mehr darauf richten wollte, den Farbigen erst zu
einem brauchbaren und nützlichen Menschen und danach erst zu einem
Christen zu erziehen, so gut und schlecht er eben ein solcher werden
kann. Der erstere Theil der Aufgabe ist mit, der zweite in seltenen
Ausnahmen zu erreichen. Der Kanake, der sich freiwillig zur Arbeit
stellt aus Ueberzeugung, es sei nützlich, eine Aufgabe im Leben zu
erfüllen, der ist sicher auch reif, alle Lehren des Christenthumes in
sich aufzunehmen. Diesen Gedanken haben einige Missionen bereits
erfasst und bringen ihn in praktischer Weise zum Ausdruck. Allen

voran steht in dieser Hinsicht die katholische Mission in Bagamoyo in
Ostafrika. Zwar lehrt auch sie ihre Zöglinge singen und weiht sie
in die Grundzüge der christlichen Lehre ein, allein was würde das
nützen, wenn nicht das Band gemeinsamer praktischer Interessen den
Zögling an die Mission knüpfte. Sobald der Knabe kräftig genug ist,
ein Werkzeug führen zu können, wird er einem Handwerker, meist
einem Laienbruder der Mission, überwiesen, der ihm Unterricht ertheilt. Mit 16 bis 18 Jahren sind die jungen Leute dann ganz brauchbare Arbeitsleute, die nicht allein mit ihrer Kunst ihren Lebensunterhalt zu erwerben verstehen, sondern auch die äusseren Formen
christlichen Lebens kennen und beobachten. Finden sich unter ihnen
besonders intelligente Individuen, deren Gemüth von den Wahrheiten
der heiligen Lehre getroffen wird, und das kommt unter den be-
fähigteren Negerrassen öfter vor als unter Kanaken, so werden sie
tiefer in die Lehre eingeführt und erweisen sich oft als ganz fähig in
der Gegend, in welcher sie sich später bei ihrer Verheirathung niederlassen, in christlichem Sinne auf ihre farbigen Nachbaren einzuwirken.

Das Gegenstück bildet eine andere Mission, die sich lediglich auf
den Bekehrungsstandpunkt stellt. Sie will Christen und zugleich gebildete Menschen erziehen und ertheilt ihren Zöglingen dementsprechen-
den Unterricht in allen möglichen Fächern, bis zu den alten Sprachen.
Zu irgend etwas zu gebrauchen sind die Leute aber nicht; will man
sie nicht in ihre Stammessitten zurückfallen lassen, so muss die Mission
die Sorge des Unterhaltes für sie übernehmen. Während die Zöglinge
der katholischen Mission in Bagamoyo stets gesucht, aber kaum zu
erhalten sind, so sind die anderen in Menge zu haben, aber Niemand will sie nehmen. Den Tüchtigen hält Jeder werth, den Un-
geschickten Niemand begehrt. Den Farbigen, der ordentlich mit Sichel
und Spaten, Hobel und Hammer umzugehen weiss, wird man schätzen
und auch seine Ansicht über Dinge, die seinem Verstande nahe liegen,
gern einholen. Den Neger, der uns gleich mit einem Gespräch über
Shakespeare's Stellungnahme zur Reformation ins Haus fällt, verlachen
wir und wollen auch nicht hören, was er über die Aussichten der
nächsten Maisernte denkt. Dieses Empfinden ist nur menschlich, wir
sehen täglich, dass der Neger nicht unseresgleichen ist und machen
ungern eine Ausnahme für solche, die es sein könnten. Das Geschick
derartig erzogener Neger ist auch meist ein trauriges, wie sich aus
nachstehend geschildertem Beispiel, dessen Persönlichkeiten dem Verfasser wohl bekannt waren, ergiebt. In dem Hause eines sehr hoch
stehenden und berühmten Geistlichen wurde ein Kaffermädchen genau

wie die Töchter des Hauses erzogen. Sie sprach geläufig englisch, spielte Clavier und Harmonium und war bewandert in der Literatur. Mit Weissen auf völlig gleichem Fusse verkehrend wollte sie auch ganz zu diesen gehören. Zu den Ihrigen, über deren Stand sie hinaus gestiegen war, konnte sie nicht zurück, die Weissen wiederum erblickten in ihr doch nur das Kaffermädchen. Einen weissen Mann konnte sie nicht erhalten, einen ihrer Rasse mochte sie nicht, und so gerieth sie auf Abwege. Zeitweilig pflegte sie in europäischer Kleidung zu erscheinen, sprach dann nur englisch und über interessante Sachen, die sie indessen nur oberflächlich zu behandeln verstand, ihr Spiel auf dem Harmonium war besser. Bald darauf sah man sie in der Tracht der Eingeborenen, d. h. mit einem schmalen, aus Glasperlen geflochtenen Gürtel um den Leib, am Arme eines farbigen Polizisten singend einherwandern. In solchen Augenblicken sprach sie nur kaffrisch. Sie war ein typisches Beispiel dafür, welche Resultate übertriebene Bekehrungs- und Erziehungssucht ohne das Gegengewicht der Arbeitsleistung unter Farbigen erzielen.

Der Verfasser hat schon vor vielen Jahren, am 13. September 1886, gelegentlich eines damals abgehaltenen Colonialcongresses in einer Rede hervorgehoben, das Wort „Bete und arbeite" müsse auf farbige Missionszöglinge in umgekehrter Ordnung angewandt werden. Wo das geschehen ist, hat die nach diesem Grundsatz verfahrende Mission, wie wir am Beispiel von Bagamoyo gesehen haben, stets einen bedeutenden Einfluss am Orte ihrer Wirksamkeit besessen. Wo sie das, wenn auch irdische, so doch ganz praktische Moment zu Gunsten des ideellen vernachlässigt hat, blieben Erfolge und Einfluss aus. Ein Beispiel bot zu des Verfassers Zeiten die katholische Mission im Bismarckarchipel. Sie ruhte damals in unzuverlässigen Händen und beschränkte sich auf Predigten und Lehren. Die Folge war ihr Verfall. Umgekehrt stand hier die wesleyanische Mission in hoher Blüthe. Der sie leitende Missionar trat völlig auf den Boden der vorgetragenen Anschauungen und verstand es vortrefflich, seine Zöglinge zur Arbeit zu erziehen, wodurch der religiösen Seite seines Berufes keinerlei Abbruch geschah. Oft haben er und der Verfasser die Principien erörtert, nach welchen unter den Kanaken Mission zu betreiben sei, beide sind aber stets auf die Ansicht zurückgekommen, dass erst der Körper die Arbeit lernen und der Intellect sich an Disciplin gewöhnen müsse, ehe in der Seele eine Thür sich öffne, durch welche die Lehre Eingang finden könne. Die günstigen Resultate, welche die im Archipel ansässige wesleyanische Mission erzielt hat, beruhen auf der Befolgung obigen Grundsatzes, zu dessen

Ausführung ihr allerdings ganz ungewöhnliche, vortreffliche Hülfskräfte zu Gebote stehen. Die Mission entsendet im Verhältniss nur wenige Missionare, giebt diesen aber sogenannte Katecheten zur Unterstützung. Diese sind gewöhnliche Fidjileute, die allerdings zur Ausübung ihres Berufes eine ganz specielle Vorbildung in der Missionsschule der Wesleyaner in Fidji erhalten. Es sind einfache Eingeborene, die, selbst an das primitive Leben im Busch völlig gewöhnt, durchaus kein Ungemach darin erblicken, sich bei den Farbigen, unter denen sie thätig sein sollen, anzusiedeln, genau wie diese mit ihnen zu leben und, im engsten Verkehr mit ihnen stehend, der Ausbreitung der Lehre obliegen. Die als sehr intelligent zu bezeichnenden Leute besitzen meist Sprachtalent, lernen schnell sich mit den Eingeborenen verständigen, müssen über ihre Thätigkeit in kurzen Zwischenräumen ihrem Missionar Bericht erstatten und haben an diesem einen moralischen, politischen und wirthschaftlichen Rückhalt. Der Einfluss jener Katecheten ist ungeheuer und bewundernswerth. Sie verdanken ihn zwei Dingen. Einmal dem Umstande, dass sie selbst Farbige sind, gleiche Lebensweise wie die Eingeborenen führen und unter diesen leben, und mit Absicht und Ueberlegung an allen den kleinen Interessen, den täglichen Streitfragen und Ereignissen im Leben der Eingeborenen den regsten Antheil nehmen. Demnächst verdanken sie ihren Einfluss ihrer hünenhaften Grösse. Die Fidjileute gehören zu den äusserlich am verschwenderischsten ausgestatteten Rassen, und ein über dem Durchschnitt stehender Fidjimann ist eins der schönsten Stücke Menschheit, die man sich vorstellen kann. Ein Mann, der den Eindruck macht, dass er zwei gewöhnliche Leute, ohne sich besonders anstrengen zu müssen, an einander entzweischlagen kann, erzwingt sich überall Respect, ist er aber seiner Umgebung auch geistig überlegen, wie diese von Natur intelligenten, mit Schulung aufgewachsenen Leute den Kanaken, unter denen sie leben, so wird er zum Heros, zum Männergebieter, dem ein Volk zujubelt und es für einen Vorzug erachtet, ihm blind gehorchen zu dürfen. Kein Wunder, wenn diese Leute von den körperlich und geistig ihnen weit nachstehenden Eingeborenen als ausschlaggebende Schiedsrichter in ihren Streitigkeiten angerufen werden, wenn man ihren Rath in wichtigen Fragen einholt, sich gegebenen Falles ihres Beistandes versichert, dafür aber, soweit es bewusst geschieht, gern, zum grossen Theil aber auch unbewusst gehorsamt. Die Katecheten kennen ihren Einfluss wohl und verwenden ihn nach Anleitung des Missionars in würdiger und zweckentsprechender Weise. Wo sie leben, giebt es keine Ueberfälle, kein gegenseitiges Niederhauen von Cocospalmen und der Canni-

balismus wird gänzlich hinweggefegt. Die Sicherheit der Arbeiter und
Arbeiterinnen auf den Feldern nimmt zu, der Ackerbau dehnt sich
aus, die Lebensführung steigert sich, denn die reicheren Erträge ermöglichen Ankauf europäischer Industrieerzeugnisse, unter denen Baum-
wollengewebe für Kleidung den ersten Rang einnehmen. Dabei sind die
Katecheten gar nicht blöde und machen von ihrer überlegenen Kraft
oft nachdrücklichen Gebrauch. Sie richten bestimmte Gebets- und
Unterweisungsstunden ein und erwarten von ihren schwarzen Nachbarn,
dass sie sich zu diesen einfinden. Wer ohne ausreichende Begründung
wiederholt ausbleibt, kann es erleben, sich einer Behandlung ausgesetzt
zu sehen, die ihn äusserlich in eine Bewegung setzt, die so stark ist,
dass sie sich in heilsamer Weise auf sein Inneres fortpflanzt. Gemeinhin
bewirkt diese dann pünktlicheren Kirchenbesuch. Es ist damit durchaus
nicht gesagt, dass diese Art, den Besuch der Betstunden zu bewirken,
nun auch das innere Verständniss für die Lehre weckt. Die Methode
ist aber insofern zweckmässig, als sie die Leute daran gewöhnt, eine
Autorität anzuerkennen, und sie lehrt mit dieser, wenn auch anfänglich
in unvollkommener und undeutlicher Weise, den Begriff der Moral zu
verbinden. Die wesleyanische Mission hat vielleicht nicht eine so hohe
Zahl von Bekehrten aufzuweisen als andere Gesellschaften, allein sie
setzt es durch, dass im Bereiche ihrer Thätigkeit die Culturstufe der
Eingeborenen sich hebt, dass ihre Zöglinge brauchbare Menschen, nützliche Mitglieder der menschlichen Gesellschaft werden. Eine Mission,
die dieses Ziel anstrebt und mit ihrer Methode Erfolg hat, verdient
nicht nur unsere Sympathie in der Weise, wie um ihres edlen Zweckes
willen jede andere Mission auch, sondern sie ist in jeder Beziehung
unserer Unterstützung würdig.

Eine geschickte Regierung muss die Fähigkeit besitzen, alle in
ihrem Gesichtskreise sich vollziehenden Bewegungen zu leiten, die
nützlichen vorwärts, so dass sie in einer oder der anderen Form der
Gesammtheit zu Gute kommen, andere so, dass sie wo möglich in eine
Sackgasse festlaufen, ehe sie Schaden anstiften. Demnach würde zu
untersuchen sein, ob nicht eine den Missionszweck vortrefflich fördernde
Methode auch Regierungszwecken dienstbar gemacht werden könnte.
Den Katecheten sollten kleine Autoritätsbefugnisse eingeräumt werden,
durch welche sie befähigt würden, das Ansehen ihrer Personen noch
höher zu heben, sie müssten angewiesen werden, die Eingeborenen
zu veranlassen, gewisse Streitigkeiten durch ihre Vermittelung vor die
Behörden zu bringen, die dadurch mehr Gewalt über erstere und
mehr Einblick in die Vorgänge unter den Stämmen erhielten. Die

directe Beeinflussung der Kanaken im Busch durch die Behörden
ist ausgeschlossen, da jene lieber auch den ärgsten Streit begraben,
als ihn vor das Forum europäischer Gerichtsbarkeit zu bringen. Mit
dem ihnen vertrauten Fidjimann die Angelegenheit zu verhandeln,
würden sie durchaus kein Bedenken tragen und durch ihn meistens
derartige Fälle vor die Behörde gelangen. Auch die Verlegung der
Dörfer in bestimmte Districte könnten die Fidjileute vorbereiten helfen,
indem sie an einigen Stellen Stimmung für die Sache machen, an
anderen Fälle feststellen, derentwegen man die Verlegung der Dörfer
verfügen könnte. Man wird einwenden, Diener der Mission dürfen
sich nicht mit politischen Aufgaben befassen, allein wir haben schon
den Standpunkt dargelegt, nach welchem jede die Cultur fördernde
und ausbreitende Maassregel in den Rahmen der Missionsthätigkeit
fällt, und vermögen ausserdem auf das Beispiel Englands hinzuweisen,
dessen Missionare fast ausnahmslos mindestens ihre Aufmerksamkeit
politischen Vorgängen schenken, oft aber sogar direct behülflich sind,
Lagen herbeizuführen, welche ihrem Lande die Möglichkeit bringen,
politische Erfolge zu gewinnen. Schliesslich bleibt es immer löblich,
dem Nutzen seines Vaterlandes in die Hände zu arbeiten und die
Beantwortung der Frage, ob es recht sei oder nicht, die Mission
mit Aufgaben in diesem Sinne zu betrauen, bleibt abhängig von dem
Standpunkte, den man einnimmt und damit völlig subjectiv. Misslich ist nur, dass die Katecheten englische Unterthanen sind, die
Mission selbst und ihre Missionare aus Australien stammen. Man
darf daher ein freudiges Hand in Hand gehen mit einer deutschen
Regierung nicht unbedingt voraussetzen. Der Gedanke liegt aber
nahe, die Fidjileute durch Angehörige eines anderen Volkes oder
Stammes zu ersetzen, um sich mit der Methode deren Vorzüge zu
sichern. Leider besitzen wir, wo wir auch in unseren Colonien Umschau halten mögen, keinen Stamm von Eingeborenen, der im Sinne
physischer Entwickelung sich auch nur annähernd mit den Fidji-
leuten messen könnte. Zwar haben einige afrikanische Völker schöne
Gestalten, allein wenn sie auch äusserlich den Kanaken imponiren
dürften, so würden sie doch, wollte man sie wie die Fidjileute in
den Archipel bringen, zu wenig Willenskraft und Gefühl der Ueberlegenheit beweisen, um dauernd sich auf einem höheren Niveau zu
halten, als die Kanaken, unter denen sie leben müssten. Sie würden
wegen ihrer grossen Anpassungsfähigkeit und liebenswürdigen Indolenz
keinen dauernden Einfluss auszuüben vermögen. Zum Ersatz für sie
möchte der Verfasser auf die Salomonier hinweisen. Zwar haben diese

keine herkulischen Gestalten, allein sie besitzen Zähigkeit, verbunden
mit unerschrockenem Muth, und es ist wohl möglich, dass sie, wenn
auch nicht in durchschlagender Weise, wie die riesenhaften Fidjileute, so doch aber in ähnlicher Art Einfluss unter den anderen
Kanaken gewinnen könnten, der dann in seinem ganzen Umfange,
ohne Beschränkung aus nationalen Rücksichten, den deutschen Behörden zur Verfügung stehen würde. Allerdings dürften Jahre über
den Versuch hingehen, sich derartige Leute heranzuziehen und sie
auszubilden, und es bleibt eine offene Frage, ob er glücken würde.
Für solche und andere Zwecke können wir der Schulen nicht entbehren. Ueber deren Nützlichkeit scheinen verschiedene Ansichten
obzuwalten. Der Verfasser hat oft Gelegenhiet gehabt, die Beobachtung
zu machen, dass Missionsschulen ihren Zweck schon zu erreichen
glaubten, wenn sie ihren Zöglingen beibrachten, irgend ein Stück aus
ihrem Lesebuch fliessend vorzulesen, es dann in möglichst schöner
Handschrift abzuschreiben und wenn eine dictirte Rechenaufgabe rasch
und richtig ausgerechnet wurde. Alle diese Aufgaben erfüllten die
von ihrem Missionar zur Begutachtung ihrer Leistungen dem Verfasser
vorgeführten Schüler aufs Trefflichste, namentlich waren die Hand-
schriften ganz ausgezeichnet und die dictirten Rechenaufgaben in den
vier Species wurden spielend gelöst. Der Verfasser forderte jetzt einen
der Schüler auf, ihm auf einer Schiefertafel einen Brief zu schreiben,
darin könne stehen, was dem Schreiber gut dünke. Mit grösster Mühe
gelang es, die kleine Arbeit zu vollenden, jedoch erst als Gedanken
suggerirt wurden, die vorher so schöne Handschrift wurde sofort un-
gelenk und die Schreibfehler Legion. Dieselbe Erscheinung trat beim
Rechnen ein. Anstatt eine Aufgabe in Zahlen zu dictiren, stellte der
Verfasser eine solche aus dem praktischen Leben. Wenn Du 2734 Cocosnüsse unter die anwesenden 39 Leute vertheilen sollst, wie viel erhält
Jeder? Obwohl die Aufgabe spielend gelöst worden wäre, hätte man ihr
die Fassung gegeben, theile 2734 durch 39, so vermochte doch keiner
der Schüler dasselbe Exempel praktisch anzuwenden. Es fragt sich, ob
Resultate, wie die geschilderten, einen Erfolg bedeuten, ob sie überhaupt einen Werth besitzen. Man kann aber weiter fragen, was soll
der Unterricht im Schreiben, Lesen und Rechnen, wenn jede Möglichkeit jemaliger Verwendung dieses Wissens ausgeschlossen ist? Ist es
Cultur, eine Sache zu können, die absolut werthlos ist für den, der
sie kann? Wäre es nicht vielleicht weiser gewesen, die Zeit, welche
nöthig war, den Schülern so weitgehende Schulkenntnisse beizubringen,
darauf zu verwenden, sie in irgend einem Handwerk zu unterrichten?

Wäre nur ein Dutzend Zimmerleute, Schuhmacher, Schmiede aus der
Schule hervorgegangen, so hätten sie, auch wenn ihr Können nur
gering gewesen wäre, sofort Arbeit und Verdienst bei den Ansiedlern
gefunden, denen Handwerker willkommen und nöthige Hülfe wären.
Die Burschen, die sich für gelehrt und ebenso gut halten, wie der
weisse Mann, weil sie wissen, dass es Zahlen und Buchstaben giebt,
will Niemand in seinem Dienst haben, sie sind vollkommen unbrauchbar. Zeigt dieses Beispiel nicht, dass Schulung ein Geschenk von
zweifelhafter Güte für die Schwarzen ist? Man kann nicht alle Berechtigung der Meinung absprechen, welche dahin geht, dass Schulkenntnisse nur dort beigebracht werden sollten, wo Aussicht ist, sie
einst verwerthen zu können. Nun ist ja Niemand in der Lage, vor-
auszusagen, wann dieser Augenblick einmal eintreten wird, es wäre
mithin kaum richtig, die Kinder auf den Missionen ohne Schulkenntnisse aufwachsen zu lassen. Sind sie dereinst Männer, so ist vielleicht
der Zeitpunkt da, wo sie ihr Wissen verwerthen können. Man kann
aber auf der anderen Seite wohl mit einiger Sicherheit behaupten,
dass dieser Zeitpunkt nicht eintreten wird bei Lebzeiten von Leuten,
die heute im Jünglings- oder gar noch vorgerückterem Alter stehen.
Mithin ist nicht ganz ersichtlich, zu welchem Zwecke man Menschen
dieses Alters Kenntnisse beibringt, die sie sich nur der Form, niemals
dem Wesen nach aneignen können und zu deren Verwerthung sie
nie gelangen, wenn doch dieselbe Lehrzeit, dem Handwerk gewidmet,
einen Culturmenschen aus dem Wilden gemacht hätte. Der Verfasser
erinnert sich eines Falles, der beweiskräftig dafür ist, wie wenig Farbige in den Geist dessen, was ihnen gelehrt wird, einzudringen vermögen und der seine Ueberzeugung von der Nothwendigkeit der Verbreitung von Schulkenntnissen einigermaassen erschütterte. Eine Hotten-
tottenfrau hatte Lesen gelernt und übte ihre Wissenschaft mit Eifer
in der Bibel. Eines Tages kam sie zu ihrem Missionar und in der
merkwürdigen, den Europäer so urkomisch berührenden Sprechweise
dieses Volkes fragte sie, Mein Herr Missionar, warum ist es doch beim
Lesen so sehr unbequem eingerichtet, dass alle die Buchstaben so
entsetzlich durch einander geworfen sind, es macht doch gar zu viel
Mühe, sie aus einander zu kennen, wäre es nicht viel gemächlicher,
wenn alle die „a"s und alle die „b"s und so weiter neben einander
gesetzt würden, dann hätte man sie doch beisammen. Derartige und
ähnliche Erfahrungen lassen den Wunsch der Ansiedler nicht ungerechtfertigt erscheinen, man solle vor Errichtung einer Schule prüfen,
ob die Verhältnisse es räthlich machen, dass erwachsene Zöglinge

in Schulkenntnissen unterrichtet werden und ihnen auf alle Fälle
Unterricht in Handwerken ertheilen. Kinder mögen mit Lesen,
Schreiben, Rechnen beginnen, vom 12. Jahre ab sollten auch sie die
Hände gebrauchen lernen. Finden sich sehr begabte Knaben, so
können sie eine weitergehende Erziehung erhalten, durch welche sie
die Befähigung erlangen, Aufgaben, wie die früher geschilderte, eines
Katechetenamtes zu übernehmen. Der Verfasser fürchtet, dass er sich
mit seinen dargelegten Anschauungen in Gegensatz zu der Meinung
mancher auf dem Gebiete der Missionsthätigkeit als Autoritäten
geltender Persönlichkeiten setzen wird. Er weiss sich aber eins mit
vielen Missionaren, die offenen Auges das Feld ihrer eigenen Thätigkeit und das der Mission überhaupt überblicken und genau erkennen,
ob die sich ihnen entgegenstellenden Schwierigkeiten dem Charakter
der Eingeborenen entspringen oder vielleicht der Form, in welcher
sie ihre Lehrthätigkeit auszuüben haben. Auch mit vielen Geistlichen im Heimathlande hat der Verfasser Missionsarbeit eingehend
besprochen und sie meist bereit gefunden, anzuerkennen, dass das
Endziel der Mission, die Heidenbekehrung, am sichersten erreicht
werde, wenn man den Umweg nicht scheut, aus dem Wilden zunächst
einen Culturmenschen, danach erst einen Christen zu machen. Für
diejenigen seiner Leser, die sich für den Gegenstand interessiren, und
deren hat der Verfasser stets eine Menge gefunden, möge die Auffassung eines Missionars hier wiedergegeben sein, in dem der Verfasser einen der energischsten und einsichtsvollsten der Vielen kennen
lernte, mit denen er in den langen Jahren seines Reiselebens in Berührung gekommen ist. Dieser meinte, dass die christliche Lehre
nur dann wirklich Eingang in die Herzen der Kanaken finden könne,
wenn sie, ohne dass ihr Gehalt dadurch beeinflusst würde, ein
Gewand erhielte, in welchem sie für den zum ersten Male mit ihr in
Berührung tretenden Eingeborenen einen Hauch der Bekanntschaft
an sich trüge. Dieser Satz müsste auf den Archipel in der Weise
Anwendung finden, dass man mit der Verbreitung der Lehre eine
Anzahl „Tambus" verknüpfte. Daran seien die Eingeborenen gewöhnt.
Das Fehlen des „Tambu" lasse ihnen die neue Lehre minderwerthig
gegenüber den eigenen Gebräuchen erscheinen, die ihnen wegen der
damit verbundenen Geheimnisskrämerei und Umständlichkeiten einen
weit tieferen Eindruck mache. Der Missionar bekennt sich damit zu
dem Satze, den der Verfasser auf S. 152 seines Werkes ausspricht,
dass man das Gemüth des Menschen am leichtesten auf dem Wege
seiner Interessen erreicht. Die katholische Mission hat es fast durch-

weg verstanden, die Phantasie ihrer Zöglinge zu fesseln, ihr Wirken wird dadurch lebendiger, als das der Protestanten, wenn auch nicht gesagt sein soll, dass es deswegen nachhaltiger ist. Jedenfalls berechtigen die angeführten Thatsachen zu dem Schlusse, dass, wenn erst die Denkkraft der Eingeborenen zur Höhe selbständiger Gestaltung entwickelt sein wird, sie dem wesleyanischen, katholischen oder lutherischen Christenthum eine Form geben werden, in der es sich ihren rasslichen Eigenthümlichkeiten anzuschmiegen geeignet ist. Obwohl diese das seelische Gebiet berührenden Fragen auf den ersten Blick ausserhalb des Rahmens angewandter Colonialpolitik liegen, so sind sie zuletzt doch von maassgebender Bedeutung für die Beeinflussung der Eingeborenen und deshalb der gewissenhaftesten Aufmerksamkeit des Colonialpolitikers bedürftig, ebenso liefern sie der Völkerkunde Material zur Beurtheilung der Eingeborenen vom psychologischen Standpunkte.

Haben wir bisher die Eingeborenen unter den verschiedensten Verhältnissen betrachtet, als Arbeiter, als Missionszöglinge, als Träger von Autorität etc., so ist es doch stets geschehen von dem Gesichtspunkte aus, dass sie dereinst theilzunehmen haben werden an dem allgemeinen Culturwerk der Erschliessung der wirthschaftlichen Quellen der Länder, die sie selbst bewohnen. Schliesslich ist es indess doch nur der Europäer, der direct, oder mittelbar die Quellen zu eröffnen, dem Lande wirthschaftlichen Werth zu verleihen vermag. Es ist deswegen von grösster Wichtigkeit, die Bedingungen zu untersuchen und festzustellen, unter denen der Europäer diesem Culturwerke mit Aussicht auf Erfolg obliegen kann. So lange der Weisse annähernd die Sicherheit materiellen Gewinnes vor sich erblickt, gelten ihm die äusseren Umstände, in die er sich begeben muss, um zu erwerben, sehr wenig. Wo director Gewinn nicht lockt, wo er im Gegentheil erst durch das Zusammenfliessen von Weissen bedingt wird, da müssen selbstredend solche Lebensbedingungen geschaffen werden, die dem wirthschaftliche Selbständigkeit suchenden Europäer das Haus wohnlich und die Erreichung seines Zieles möglich machen. Entdecken wir Gold im Lande, so werden Tausende sich einstellen und selbst die grössten Beschwerden, drückendsten Vorschriften mit Gleichmuth ertragen, wenn die Ausbeute lohnt. Im Archipel und in Neu-Guinea liegen die Verhältnisse anders. Zwar treibt die nationale Expansionskraft jährlich Tausende von Deutschen hinaus in die Welt, allein nur Wenige fühlen sich durch diesen weitab von allem Verkehr, von allen Weltmärkten gelegenen Erdenwinkel so angezogen, dass sie glauben, das Ziel ihrer Wünsche, die wirthschaftliche Selbständigkeit, hier besser als anderswo finden zu können. Diesen Nachtheil aufzuwiegen, wird es Pflicht des Colonisators, die Bedingungen, unter denen der Ansiedler sich hier niederlassen kann, nicht nur ebenso vortheilhaft zu gestalten, wie dieser sie anderswo findet, sondern er muss mehr bieten, weit mehr, um die Vortheile einzuholen, welche andere Länder durch ihre günstigere Erwerbsmöglichkeit, Arbeiterverhältnisse, Klima und Weltlage vor dem Archipel voraus haben. Dies führt uns zur Betrachtung verschiedener Verwaltungsarten neu erschlossener Länder. Ziehen sich auf Grund der Möglichkeit raschen Gewinnes grosse Ansiedlerschaaren zusammen, so geben sich diese bald auch eine Verwaltung, welche natürlich communalen Charakter tragen wird. Wenngleich der Anfang solcher Verwaltung in dem Wirrwarr der Willkür emporkeimt, so gesundet sie doch bald, da sie auf dem Boden der Nothwendigkeit erwächst. Anders in Fällen wie dem vorliegenden. Hier hat eine Verwaltung geschaffen werden müssen, um die Unterlage zu bilden, von welcher aus der Ansiedler allmälig seine Schritte vorwärts lenken kann. Demzufolge ist die tief einschneidende Frage zu lösen, welche Gestalt sich die Verwaltung geben, wohin sie ihren Schwerpunkt legen soll. Um nicht dauernd zu Umschreibungen und Erklärungen genöthigt zu sein, wollen wir die beiden Richtungen, in denen die Verwaltung sich entwickeln kann, als die bureaukratische und die commercielle bezeichnen. Erstere ist weitaus die einfachste, sie überträgt Princip und Modus heimathlicher Organisationen in die Colonie und bestimmt im Voraus den Entwickelungsgang, den letztere nehmen soll. Die Beamten haben keine andere Aufgabe, als Verordnungen auszuführen, die Maschine im Gange zu halten. Das System ist ohne Zweifel dasjenige, welches die wenigsten Ungelegenheiten bereitet, nur setzt es voraus, dass seitens des Steuerzahlers in der Heimath die Mittel gewährt werden, es durchzuführen, denn es besitzt nicht die Kraft, die wirthschaftlichen Eigenschaften des Landes auszunutzen. In einer nach diesem Princip regierten Colonie wird stets musterhafte Ordnung herrschen, denn es wird kaum je etwas da sein, was sie stören könnte. Man fragt sich nur mit Recht, welchen Nutzen eine Colonie besitzt, in der Ansiedler sich nicht niederlassen, wirthschaftliche Unternehmungen nicht gedeihen, die aber dennoch grosse Unterhaltungskosten fordert. Anders charakterisirt sich die Verwaltung, welche wir als die commercielle bezeichnet haben. Eine solche bleibt sich des wahren Kernes stets bewusst, der in dem Worte liegt, dass Colonien weniger durch die Regierungen, als trotz dieser entstehen. Die gesundeste Verwaltung wird ihr Augenmerk in erster Linie darauf richten, Leben und Eigenthum zu sichern, wo die Zustände deren Gefährdung herbeizuführen vermöchten. Alle Maassregeln aber, welche das communale Leben der Ansiedler berühren, lässt sie sich von diesen in Vorschlag bringen. Sie erspart sich damit Kritik und hat die Sicherheit, dass ihre Maassnahmen wohlthuend empfunden werden. Dies mag ungemein unbureaukratisch sein, allein es ist ungemein praktisch und der Verfasser hat selbst wiederholt erlebt, wie Leute zusammenkamen in ruhiger oder stürmischer Sitzung, die Gründung einer Stadt beschlossen, sofort deren Situationsplan feststellten, die einzelnen Hausstellen absteckten und nun abwarteten, bis so viel Einwohner vorhanden waren, dass communale Einrichtungen, Abgaben etc. nöthig wurden. Die Formulirung einer solchen Verwaltung erfolgte dann später und derartige Entstehungen pflegten stets zu kräftigem Leben zu erstarken. Man wird bei einer auf commercieller Basis aufgebauten Verwaltung zunächst daran denken, das grosse Capital werde herbeigezogen werden, um durch seine Kraft die Erschliessung der neuen Länder zu bewirken. Noch hat es sich indessen den deutschen Colonien und damit auch unsorem Südsee-Schutzgebiete gegenüber ungewöhnlich zurückhaltend gezeigt, aber auch da, wo es engagirt ist, keine in die Augen fallende Erfolge errungen. Die Gründe mögen wohl zum Theil in den Bedingungen zu suchen sein, unter denen es draussen zu arbeiten gezwungen ist, zum Theil in dem Mangel der Erfahrung in Bethätigung auf colonialem Boden. Es ist hier nicht unsere Absicht, in eine Untersuchung der etwaigen Ursachen einzutreten, es muss vielmehr unser Bestreben sein, nach Mitteln zu suchen, das grosse Capital zur energischeren Betheiligung zu veranlassen, oder, wenn diese nicht zu finden ist, wenigstens solche Verhältnisse anbahnen zu helfen, unter denen der mit mässigen Mitteln ausgestattete Ansiedler hier sein Fortkommen finden kann. Der Verfasser ist der Ansicht, dass mit letzterer Aufgabe auch die erste gelöst ist. Wo der einzelne Pflanzer lohnenden Erwerb findet, kann die mit grossen Mitteln arbeitende Pflanzergesellschaft Reichthümer anhäufen. Für den Colonialpolitiker ist es indessen von grösserer Wichtigkeit, eine Bevölkerung selbständiger Pflanzer in dem Lande zu haben, als einige grosse Gesellschaften, so wichtig das Vorhandensein letzterer auch im Allgemeinen für die rasche Entwickelung des Landes zugestandenermaassen sein mag. Das grosse Capital, ebenso wie der einzelne Ansiedler, lassen sich nur durch die Aussicht auf baldigen Gewinn in das Land ziehen, und selbst dieser darf, wenn er nicht ungewöhnlich reichlich ist, mit keinerlei drückenden Lasten verknüpft sein. Es muss sich mithin die Hauptsorge der Verwaltung darauf richten, die Möglichkeit des Erwerbes in jeder Beziehung zu fördern, unter Umständen selbst auf Kosten der Regelmässigkeit ihres eigenen Betriebes. Es ist im Anfang der Entwickelung einer Colonie höchst gleichgültig, ob einmal ein Schiff sich seiner Ladung ohne genaue Erfüllung aller Hafenregulationen entledigt, ob ein Ansiedler Arbeiten auf seinem Grundstücke begonnen hat, ehe sein Grundbuchblatt völlig in Ordnung war, ob er die Gelegenheit benutzt hat, sich anbietende Arbeiter in Dienst zu nehmen, ohne sich vorher mit den Behörden darüber zu verständigen. Ordnung in solchen Fällen ist gleichbedeutend mit geschäftlicher Knebelung, Unregelmässigkeit ein Symptom des pulsirenden Lebens und nur dieses bringt Entwickelung. Erst wenn Werthe vorhanden sind und deren Interessen collidiren, wird die strenge Ordnung zur Nothwendigkeit, die Erfahrung lehrt aber, dass sie dann von den Colonisten ebenso eifrig verlangt wird, wie man sie vorher gern umgeht. Es ist ein viel richtigeres Verfahren, eine grosse Anzahl Pflanzer sich ansiedeln zu lassen, später Grundbuchblätter für sie anzulegen, selbst auf die Gefahr hin, anfänglich eine Ungenauigkeit mit unterlaufen lassen zu müssen, als von vornherein die peinlichst genauen Vorschriften für Erwerb von Grundbesitz aufzustellen und mit deren Durchführung Ansiedler bis zur Abschreckung zu langweilen. Nach der Lage der Dinge in dem Schutzgebiete möchte der Verfasser unter Umständen sogar die fiscalischen Interessen hintenangesetzt sehen, so lange dadurch die Erwerbsmöglichkeit für das Individuum erleichtert und gefördert wird. Je mehr Ansiedler im Lande sind, desto kräftiger vollzieht sich seine Entwickelung, was in deren Anfangsstadien die Verwaltung an Einnahmen im Interesse der Colonisten einbüsst, trägt in kürzester Zeit tausendfältige Früchte. Nach des Verfassers Ansicht dürfte dem Erwerbe von Grundbesitz keinerlei Schwierigkeit gemacht werden, so lange der Erwerber bereit ist, sich darauf niederzulassen. Reservationen von Flussufern, Mineralien, Wegerechten und was dergleichen Dinge mehr sind, mögen der Verwaltung grosse Vortheile sichern, stehen aber in keinem Verhältniss zu dem Nutzen, welchen im Anfang der Entwickelung des Landes das Vorhandensein einer Regierung den Ansiedlern zu gewähren im Stande ist, sie werden als drückende Lasten empfunden und wirken hindernd auf die Einwanderung. Selbst die Speculation in Grund und Boden sollte man nicht ganz unterdrücken. Der „nur Speculant"

lässt sich nicht auf dem Boden nieder, den er bei erster Gelegenheit
wieder los zu werden wünscht, Unterschiebungen von Personen sind
nicht zu verhindern, und selbst wenn einige Speculation mit unterläuft,
so wird dadurch erreicht, dass ein Individuum oder mehrere in der
Colonie Verdienst finden, das lockt andere und einer muss doch schliesslich auf dem Grund und Boden bleiben. Die wüste, ungesunde Speculation lässt sich von vornherein unterdrücken, selbst der gesunden
kann man in so unentwickelten Ländern noch jeden Augenblick Zügel
anlegen. Man glaube nur nicht, dass durch die Entäusserung grösserer
Ländereien an arbeitswillige Private die Regierung sich selbst beraube.
Alles, was ihr an Besitz zusteht, kann sie gar nicht los werden, den
besten Theil für sich zu behalten und nur geringere zu verausgaben,
ist unwirthschaftlich, denn die Ansiedler, nicht die Regierung, entnehmen dem Lande die darin liegenden Werthe, daher von vornherein das Beste den Ansiedlern gegeben werden sollte und je mehr,
je besser. Erwirbt der Colonist, so vermag er auch Abgaben zu tragen,
bleibt er fern, so liegt das beste Land in den Händen der Regierung
werthlos.

Auch Edelmetalle sollten freigegeben werden. Sind sie Regierungs-
monopol, so nimmt Niemand sich die Mühe, danach zu suchen, ge-
sunder Egoismus, nicht Altruismus bewegt annoch die Welt. Wer
da weiss, dass die Entdeckung von Gold ihm selbst zuerst zu Gute
kommt, der sucht es auf, und der Gewinn, den die Regierung dadurch
verliert, dass sie die ersten Claims Privathänden überlässt, kommt
wieder dadurch ein, dass eine solche Entdeckung sofort viele Menschen
ins Land bringt. Gegebenen Falles ist es immer noch möglich, den
Erwerb später gefundener, edelmetallhaltiger Stellen durch Private zu
verhindern. In deutschen Colonien neigt man zu einer Controle des
Personenstandes, die schärfer ist, als in der Heimath und bei dem
sonst viel ungebundeneren Lebenszuschnitt in uncivilisirten Ländern
hart empfunden wird. Was wird damit bezweckt? Ist ein Vortheil
für die Regierung damit verbunden, dient die Maassnahme dem wirthschaftlichen Wohlergehen der Colonisten? Ein Bekannter des Verfassers meinte, dass er bei seinem Besuch einer Colonie den Eindruck
empfangen habe, er betrete eine im Belagerungszustande befindliche
deutsche Stadt, nicht aber ein in den ersten Anfangsstadien seines
Wachsthums befindliches völlig uncivilisirtes Land. Selbst militärische
Gründe können nicht die Veranlassung solcher Controle sein, denn wer
sich in den Colonien der Gestellung entziehen will, vermag das trotz
aller polizeilichen Anmeldungsvorschriften. Solche giebt es in keiner

englischen Colonie, dennoch gedeihen diese und sind trotz mangelnder Personencontrole nicht der Unterschlupf für alle Arten von Verbrechern. Derartige Controle macht dem Colonisten das Land unwohnlich und lässt die Freudigkeit an der Lebensfreiheit nicht aufkommen, sie wird als lästige Beschränkung, zwar nicht des Erwerbes, aber der geistigen Regsamkeit empfunden. Der Verfasser hat mit diesem Beispiel nicht allein die erwähnte Maassnahme, sondern eine Kategorie von Einrichtungen treffen wollen, die in einem hochcivilisirten, dicht bevölkerten Staate nothwendige Mittel zur Handhabung der Regierungszwecke sind, sie aber in Länder der Uncultur mitzunehmen, in denen der Ansiedler durchaus auf sich angewiesen ist, in denen die Regierung, selbst wenn sie es gern möchte, weder Schutz, Beistand noch Vergeltung üben kann, gehört in das Bereich jenes überflüssigen, früheren Formwesens, welches wir als „Zopf" zu bezeichnen pflegen. Auch auf diesem Gebiete sollte man den Ansiedler gewähren lassen; werden im Interesse der Gesammtheit das Individuum treffende Maassregeln nothwendig, so ruft er laut danach und schafft selbst die Vorbedingungen zu deren Einführung. Dabei zeigt die Erfahrung, das Verlangen ist in solchen Fällen stets ein so allgemeines, dass die Regierung gar nicht in die Lage kommt, mit Parteien rechnen zu müssen, diese Nothwendigkeit gehört einer späteren Entwickelungsperiode an, in der die Regierung die Leitung schon fest in der Hand haben muss. Der Verfasser erinnert sich eines Vorganges, der das Empfinden der Colonisten in solchem Falle in ein helles Licht stellt. In den siebenziger Jahren lebte er im Oranje-Freistaat, in dem jede Art Steuer verpönt war. Man empfand plötzlich die Nothwendigkeit, eine andere Handhabung der bis dahin nur in den Städten möglichen Rechtsprechung einzuführen, zu welchem Zwecke grössere einmalige Ausgaben nothwendig wurden. Die Ueberzeugung von der Nützlichkeit der Maassregel verbreitete sich mit Lauffeuergeschwindigkeit über das Land, dessen Einwohner, die sonst jede Steuer als grobe Ungerechtigkeit verschrien, sich sofort zur einmaligen Abgabe einer Kopfsteuer bereit erklärten. Sogenannte „Veldcornets" wurden ernannt und mit der Einziehung der Steuer beauftragt, darunter der Verfasser, der von Farm zu Farm ritt, um auf jeder ein Pfund Sterling zu erheben. Auch nicht in einem einzigen Falle wurde die Steuer verweigert oder abfällig beurtheilt, die Maassnahme war aus dem Verlangen der Einwohner entsprungen, daher durchweg gebilligt. Wenn in unseren Colonien der Ansiedler die Nothwendigkeit erkennen wird, Termine, auch wenn sie durchaus unwichtig sind, pünktlich inne

halten zu müssen, wird er eine Bootfahrt von zehn Stunden oder entsprechende Reise im Ochsenwagen nicht scheuen; so lange ihn kein
wirthschaftliches Interesse dazu drängt, empfindet er derartige, mit
grossen Anstrengungen verknüpfte Formalitätserfüllungen inmitten der
Uncultur als materielles Opfer und als Zwang, der ebenso unbequem
ist, als er komisch anmuthet.

Die kleine vorgetragene Episode führt uns zur Erörterung der
directen Besteuerung weisser Ansiedler. Im Allgemeinen kann sich der
Verfasser mit directen Steuern nicht einverstanden erklären, die im
Anfangsstadium des Entwickelungsganges einer Colonie deren weissen
Bewohnern auferlegt werden. Eine gerechte Vertheilung nach Maassgabe der Tragfähigkeit ist fast unmöglich, Hinterziehungen in den
meisten Fällen gänzlich uncontrolirbar. Eine jede directe Abgabe
wird aber als drückende Ungerechtigkeit empfunden, wenn die Regierung,
die sie erhebt, nicht in der Lage ist, die Gegenleistungen zu gewähren,
deren Erfüllung eigentlich die Voraussetzung ist, auf welche hin die
Abgabe bewilligt wird. Wo eine Regierung noch nicht die Macht besitzt,
Leben und Eigenthum zu schützen, wo sie verletztes Rechtsempfinden
nicht herzustellen vermag, wo sie nicht über die Mittel verfügt, ihren
kundgegebenen Willen durchzuführen und sich deswegen oft genöthigt
sieht, Willensäusserungen zu unterlassen, da fehlt ihr das Recht, Abgaben zu fordern als Entgelt für solche Leistungen. Das empfindet
der Ansiedler, wenn er es sich auch nicht immer so klar macht, er
wird unzufrieden, seine Unternehmungslust beeinträchtigt. Die Colonial-
verwaltungen anderer Länder haben diesen Punkt mit vollem Bewusstsein erfasst und wir finden daher in ganz jungen Colonien kaum je irgend-
welche directe Steuer. Wir Deutschen brüsten uns gern damit, dass
wir eine geordnete Rechtsprechung in unseren Colonien eingeführt
haben und glauben mit dieser Maassregel schon ein Anrecht auf Steuer-
erhebung begründen zu können. Wäre es möglich, unabhängige Urtheile
über unsere Rechtsprechung in den Colonien zu erhalten, so würden
sie nicht immer in der Note der Befriedigung ertönen, nicht weil
Streben oder Fähigkeit der betreffenden Beamten irgendwie antastbar
wäre, sondern weil die Rechtsprechung von Anschauungen ausgeht,
welche auf ganz anderen Verhältnissen beruhen als die, auf welche
sie jetzt Anwendung finden sollen. In den urwüchsigen Verhältnissen,
die der Verfasser selbst noch mit erlebte, pflegten Commissionen von
Ansiedlern zusammenzutreten und Rechtsstreitigkeiten aller Art nach
Maassgabe keines geschriebenen Rechtes, sondern des jedem Menschen
eigenen Gerechtigkeitsgefühls zu entscheiden. Niemals hat der Ver-

fasser wahrgenommen, dass ein auf diese Weise gefällter Rechtsspruch dauernde Verstimmung hinterliess oder als Bedrückung empfunden wurde. So lange nicht die Menge der Einwohner eines Landes die Einsetzung fester Behörden zur Nothwendigkeit macht, befindet sich ein junges Land am wohlsten unter dem freien Rechtsspruch seiner angesehensten Bürger; wenn in einem sich eben erst erschliessenden Lande Regierungshandlungen nöthig werden, deren Ausübung durch Behörden nur im Wege der Auflage directer Steuern möglich wäre, so ist es, wie die Geschichte anderer Colonien lehrt, weise, lieber etwas weniger zu regieren, und den Ansiedlern zu überlassen, das selbst zu thun, wofür sie nicht gerne bezahlen wollen. Im Laufe der Entwickelung der Colonie kommt ganz von selbst der Zeitpunkt, wo die Behörde sich bilden muss, er wird vom Ansiedler stets erkannt und bezeichnet durch die Bewilligung von Abgaben zu dem erforderlichen Zwecke. Der Verfasser erinnert sich lebhaft der Zeiten, in denen er selbst eifrig diese und ähnliche Fragen mit seinen Nachbarn erörterte, als es sich darum handelte, die „Crown colony" Natal in eine Colonie mit „responsible Government", d. h. mit selbstgebildeter Regierungsform umzuwandeln. Angesichts der drückend empfundenen Nachtheile, die sich aus dem Umstande ergaben, dass eine junge Colonie von Europa aus regiert wurde, konnte der Verfasser nicht umhin, seinem Gerechtigkeitsgefühl zu folgen, welches ihn auf die Seite der Partei zog, die „responsible Government" für ihr Land forderte. Heute wiederholen sich dieselben Fragen, modificirt nach Maassgabe anderer Landesverhältnisse, und auch hier bleibt der Verfasser seiner Fahne treu, er wünscht die Möglichkeit regerer Betheiligung der Ansiedler in der Werkstätte ihrer Regierung und lässt als Einwand nur einen Umstand gelten, den er selbst bedauernd an deutschen Ansiedlern in den verschiedensten Colonien häufig wahrgenommen hat, die politische Indifferenz.

Verlassen wir das Gebiet der Colonialverwaltung und schenken wir noch einen raschen Blick den Aussichten, welche sich den im Lande etwa schon vorhandenen oder noch zu errichtenden, wirthschaftlichen Betrieben eröffnen. Wir haben, als wir uns mit der Charakteristik der Bodenoberfläche im Archipel beschäftigten, bereits erkannt, dass wir in dem grössten Theile der Gazellenhalbinsel ein wegen der darauf lagernden, vulcanischen Auswurfsproducte ungewöhnlich fruchtbares Gebiet vor uns haben. Diese Meinung wird in ihrem vollen Umfange bestätigt durch die von den Eingeborenen erzielten Ernten und das Gedeihen der von Europäern hier angelegten Plantagen.

Die mit dem Anbau von Baumwolle gemachten Versuche haben ungewöhnlich günstige Resultate ergeben, der Faden des Productes ist sehr lang, fein und weich, der Ertrag war noch stets reichlich. Zwar befinden sich die zur Zeit existirenden Plantagen fast ausschliesslich innerhalb der Region des Aschenfeldes, somit auf besonders reichem Boden, und es bleibt abzuwarten, ob dieselben günstigen Erfolge auch dann nicht ausbleiben werden, wenn die Plantagen sich bis über die Grenzen der vulcanischen Ackerkrume werden ausgedehnt haben. Auf dem zur Zeit bekannten Gebiete haben sich noch kaum Gegner der Baumwollencultur in Gestalt von thierischen Schädlingen oder Krankheiten eingestellt; zwar fürchtet man, dass mit der Zeit auch diese sich einfinden werden, doch bleibt das abzuwarten. Jedenfalls hängt die Ausbreitung der Baumwolle über das ganze von vulcanischer Asche bedeckte Gelände nur davon ab, ob sich das nöthige Capital für grössere Unternehmungen findet und ob für solche hinreichende Arbeitskräfte mit Sicherheit beschafft werden können. Daran, dass der Anbau von Baumwolle in dieser Gegend mit gutem Erfolge, also auch mit materiellem Nutzen betrieben werden kann, darf heute Niemand mehr zweifeln. Auch der Absatz des Productes macht keine Schwierigkeiten mehr, da für genügende Dampferverbindungen gesorgt ist. Der einzige Uebelstand liegt darin, dass die Baumwolle auf europäische Märkte geschickt werden muss und durch die Kosten des Transportes belastet wird, die wegen des weiten Weges natürlich höher sind als die jedes Concurrenzproductes. Abhülfe dieses Uebels lässt sich nur schaffen, indem man der Faser der Baumwolle die denkbar grösste Aufmerksamkeit schenkt und ein wirklich in jeder Beziehung einwandfreies Product liefert. Nach den Bemühungen und den schon erzielten Resultaten des Herrn Parkison, in dessen Händen zur Zeit die Hauptproduction der Baumwolle liegt, erscheint Erfolg in dieser Richtung nicht nur möglich, sondern sogar wahrscheinlich. Ausserordentlichen Aufschwung würde die Baumwollencultur und damit die Entwickelung der Gazellenhalbinsel nehmen, wenn es gelänge, den indischen und amerikanischen Markt zu erobern. Bei kürzerem Wege würden sich die Transportkosten vermindern und die Cultur sich damit selbstredend einträglicher gestalten. Zur Zeit scheint die Aussicht für diese Möglichkeit gering zu sein und erst das dem amerikanischen und indischen Concurrenzproduct qualitativ wesentlich überlegene Material wird sich den Weg auf jene Märkte bahnen. Es liegt klar zu Tage, dass ein bedeutender Fortschritt in der Art der Culturen nur möglich ist unter der Bedingung, dass intensiverer Betrieb nicht durch plötzlich eintretenden

Arbeitermangel oder andere mit der Arbeiterfrage zusammenhängende Ereignisse gestört wird. Man erkennt mithin sogleich, welche grosse Wichtigkeit der praktischen Regelung der Arbeiterfrage beizumessen ist und wie sehr der ganze Entwickelungsgang der Colonie im Grunde von dem Ausgange unserer auf Lösung dieser Frage gerichteten Bestrebungen abhängig ist.

Auch die Production der Copra scheint noch Zukunft zu haben. Zwar darf man kaum annehmen, dass von Seiten der Eingeborenen aus eigenem Antriebe eine grössere Menge dieses Productes auf den Markt geworfen werden wird, allein die mühelose und sichere Art des Gewinnes, die nur eine verhältnissmässig kurze Arbeitsperiode und geringe Kosten zur Anlage der Pflanzungen und dann einige Jahre des Wartens erfordert, macht Cocosplantagen zu einem recht einträglichen Nebenbetrieb, der sehr wohl mit Kaffee, Baumwolle oder anderen Anlagen Hand in Hand gehen kann. Zwar ist nur das Seegestade oder doch sehr niedrig gelegenes Gelände der vollen Entwickelung der Cocospalme günstig, allein eingehendere Kenntniss der Küsten der Gazellenhalbinsel und anderer Theile Neu-Pommerns wird ohne Zweifel noch manchen Ort bezeichnen, den der Europäer nebenher mit diesem nützlichen Baume bepflanzen kann. Mit der Zeit wird sich sogar hoffentlich die Gepflogenheit entwickeln, nach dem Beispiel, welches die Natur uns giebt, selbst den schmalsten zwischen der höchst gelegenen Linie der Brandungswelle und dem ansteigenden Gestade sich erstreckenden Küstensaum mit Cocospalmen zu besetzen. Für andere Producte ist hier selten Raum oder geeigneter Boden, während sich die Palme an dieser Stelle am wohlsten fühlt. Schon ein einziger Kilometer Strand von Meterbreite könnte 300 Palmen tragen, ohne dass dadurch der Anbau eines anderen Productes irgendwie beeinträchtigt würde. Den an der Küste gelegenen Stationen sollte es von Regierungswegen zur Aufgabe gemacht werden, diese Strandbesäumung mit Cocospalmen im Wege gelegentlicher Arbeit soweit als möglich durchzuführen, es würden damit ohne Aufwendung merklicher Kosten Werthe von nicht geringer Bedeutung geschaffen.

Auch mit Kaffee sind Versuche angestellt worden. Wenngleich sie vor der Hand noch keine grössere Ausdehnung angenommen haben, so giebt das Gedeihen des Baumes und der Frucht doch Berechtigung zu der Annahme, dass auch der Anbau dieses Productes hier mit Erfolg wird betrieben werden können. Der Verfasser, der sich eingehend mit dem Studium von Kaffeeculturen beschäftigt hat, möchte eine Vermuthung aussprechen, die sich allerdings noch nicht auf praktische Versuche zu stützen in der Lage ist. Er glaubt annehmen zu dürfen, dass der sogenannte Liberiakaffee, den man seines leichten Fortkommens in geringer Meereshöhe halber mit Vorliebe zu Versuchen benutzt, nicht die für die hiesige Gegend geeignete Sorte ist, wenigstens den tiefgründigen, vulcanischen Aschenboden nicht zu lieben scheint. Ohne seine Ansicht ausreichend begründen zu können, glaubt er, dass die höher gelegenen Ländereien im Inneren der Gazellenhalbinsel und die Bergzüge südlich vom Weberhafen sich zum Anbau der Kaffeegattung eignen würden, die in den javanischen Bergdistricten, wie am Bromo, in Malang, Ngantang oder in der Provinz Preanger gezogen wird. Wenn nicht gänzlich ungeeignete Bodenarten das Gedeihen des hohe Lagen liebenden Kaffeebaumes hier ausschliessen, sind sonst alle anderen Vorbedingungen gegeben, welche diese Cultur in Java zu einer so ausserordentlich einträglichen machen. Die bedeutende Höhenlage bedingt niedrigere Temperatur, bei hinreichender Feuchtigkeit, eine dichte Vegetation verleiht genügenden Schutz gegen Bestrahlung durch die Sonne, die Berglehnen sind nicht so steil, dass jegliche Anpflanzung sich von selbst verbietet, kurz es scheint jede Möglichkeit vorhanden zu sein, auch den Anbau dieses Productes mit Erfolg betreiben zu können. Dieselben Aussichten eröffnen sich dem Anbau von Thee, der noch bedeutendere Höhenlagen liebt als der Kaffee. Und so ist es kein Phantasiegebilde, anzunehmen, dass die Zeit kommen wird, wo hinter den strandumsäumenden Cocospalmen schneeweisse Baumwollenstauden sich bis zu den Berglehnen hinziehen werden, an denen Kaffeebäume, unter dunkel glänzendem Laube ihre kirschrothen Früchte verbergend, hinaufklettern, um da, wo schärfere Lüfte ihre Blätter rauh zerzausen, dem bescheideneren, niedrigeren, aber lebenszäheren Theebusch Platz zu machen, oberhalb dessen auf steilen, grasbedeckten Abhängen fröhliche Ziegenschaaren sich lustig tummeln. Gerade die Bergländer eröffnen Aussicht für den Anbau einer Anzahl anderer Producte, von denen hier nur noch die Chinarinde erwähnt werden soll. Es ist allbekannt, welche Ausdehnung die Pflege dieses von einem Deutschen zuerst in Java eingeführten Productes daselbst gewonnen hat. Zwar soll die Massenproduction des Artikels dessen Werth ungemein verringert haben, allein ein gewaltiger Erfolg ist bereits dann erreicht, wenn das für dieses Product jährlich ausgegebene Geld nicht mehr in das Ausland wandert, sondern die Taschen deutscher Colonisten füllt. Zucker und Indigo gehören dem Tieflande und, soweit der Verfasser die

Gazellenhalbinsel hat überblicken können, bieten sich keine augenfällig günstigen Stellen für den Anbau dieser heute nur sehr geringen Verdienst abwerfenden Gewächse, auch der Cacaobaum liebt Terrain von anderer Beschaffenheit, als das von dem Durchschnittscharakter der Gazellenhalbinsel. Ob die Waldungen der Insel Neu-Pommerns uns Nutzholz, nutzbare Früchte oder Pflanzen liefern werden, lässt sich nicht voraussagen. Mit einigem Recht darf man annehmen, dass sich in ihnen die prachtvollen Holzarten Neu-Guineas wiederfinden werden. Welche Zukunft dem Bergbau bevorsteht, kann als eine ins Gebiet der Speculation fallende Frage hier nicht erörtert werden. Ohne Gefahr, weit fehl zu gehen, darf man sich auf Grund der Kenntniss der Gazellenhalbinsel ein Bild von dem Charakter der ganzen Insel Neu-Pommerns machen. Da wir Veranlassung haben zu der Annahme, es seien bei Entstehung der Insel überall die gleichen Kräfte thätig gewesen, so dürfen wir auch auf ein allerorts, wo nicht gleiches, so doch ähnliches Product ihrer Wirkung schliessen. Der Charakter der Gazellenhalbinsel wird sich daher auf den anderen Landcomplexen dieser merkwürdig zerstückelten Insel wiederfinden, wenn auch die beschriebene Aschenschicht eine Eigenthümlichkeit des nördlichsten Inseltheiles sein mag. Dass des Landes Charakter der Besiedelung durchweg günstig ist, kann heute nicht mehr bezweifelt werden, dazu gesellt sich der Umstand, dass die Insel an beiden Seiten reich gegliedert ist, sich mithin als bequem zugänglich, jedenfalls zugänglicher als die Küste Neu-Guineas erweisen wird. Wer offenen Auges die Anlagen an den Abhängen javanischer Feuerberge, die Pflanzungen auf den Bergrücken Ceylons, die Farmen in den dornbewachsenen Schluchten südafrikanischer Flussthäler betrachtet hat, der kann keinen Zweifel daran hegen, dass auch in Neu-Pommern die steilen Lehnen hoher Berge, die weiten Thäler, in die wir vom fahrenden Dampfer aus verlangende Blicke hineinzuwerfen vermögen, die Ufer noch unerforschter Flussläufe mit der Zeit ihre Fruchtbarkeit dem Menschen in Tribut geben werden, dass auch diese, jetzt so öden, fast nur Vögeln zugänglichen Erdenwinkel landschaftliche Reize bewundernden Augen enthüllen werden, und dass da, wo heute besten Falles ein schwacher Stamm düsterer, menschenscheuer Cannibalen in feuchtem Waldesschatten elende Schilfhütten bewohnt, dereinst freundliche Heimstätten reges Leben bergen werden, ein Leben, getragen und genährt von den Gaben, welche die Natur sicherlich auch an diesen vor der Hand noch unzugänglichen Orten in verschwenderischer Fülle darbietet, welches aber, zugleich die Natur beherrschend, sie zur

Entfaltung immer reicherer Schätze zwingen wird. Dass dieses Leben sich bald zu Nutz und Frommen des deutschen Vaterlandes entwickeln möge, ist des Verfassers sehnlicher Wunsch. Ob die Wege, auf welche er hindeutet, irre führen, ob sie den Wanderer so weit zu bringen vermögen, dass er ohne Wegweiser dem sichtbar gewordenen Ziele zustreben kann, wer vermag es zu sagen, jedenfalls bewegen sie sich auf dem Boden der gewissenhaften Ueberzeugung des Verfassers, der seine höchste Befriedigung darin erblicken würde, vielleicht im Alter die Lösung der Aufgaben noch selbst zu erleben, denen die Kraft seiner Jugend hingebend gewidmet war.

Sechstes Capitel.

In den vorhergehenden Capiteln hat der Verfasser, getreu seinem
Grundsatze, dass nur wirklich bekannte Thatsachen als Grundlage
eines Aufbaues wissenschaftlicher oder wirthschaftlicher Art dienen
können, seine Darlegungen auf die Gegenden und Völker beschränkt,
welche in zwar auch nicht annähernd erschöpfender, aber doch hin-
länglicher Weise von ihm beobachtet werden konnten. Nachstehend
will er versuchen, noch einiges Material zusammenzustellen, welches er
flüchtig, gleichsam im Vorbeigehen, an sich nehmen musste, etwa wie
man eine merkwürdige Blüthe vom Baume pflückt, unter dem still
zu stehen die Eile des Weges nicht erlaubt. Ihrer reichen Gliederung
wegen sind die Gazellenhalbinsel und die Neu-Lauenburggruppe der
Mittelpunkt geworden, um den sich das Völkchen europäischer Ansiedler und damit Handel und Wandel gruppirten. Naturgemäss sind
wir dadurch mit den Einwohnern gerade dieser Gegenden besser
bekannt geworden, als mit anderen. Alle Bekanntschaft hat uns
indessen noch keine abschliessende Ansicht darüber gebracht, wohin
wir den Ursprung des hier wohnenden Volkes zu legen haben, noch
wie die oft scharf zu Tage tretenden Unterschiede dicht benachbarter,
oder doch wenigstens dieselbe Insel bewohnender Stämme sich erklären
lassen. Merkwürdiger Weise ist es gelungen, Anhaltspunkte dafür zu

entdecken, dass unter der Bevölkerung Verschiebungen stattgefunden haben, über deren Grund wir allerdings wieder ebenso im Unklaren sind, wie über die Art und Weise, in welcher sie sich vollzogen. Ob Convulsionen der Erdrinde die Einwohner der betroffenen Gegend zur Flucht nöthigten, ob längst erloschene kriegerische Veranlagung zu Raubzügen führte, ob Handelsniederlassungen zahlreichere Ansiedelungen und spätere Verdrängung der Ureinwohner zur Folge hatten, kann man nicht mehr aufklären. Jedenfalls lässt sich feststellen, dass in dem mittleren Theile der Insel Neu-Mecklenburg ein Dialect gesprochen wird, der durchaus keine Ähnlichkeit besitzt mit dem, den man auf den beiden Enden der Insel findet, den aber nur geringe Unterschiede von dem auf der Gazellenhalbinsel heimischen trennen.

Ob die Sprache der Bewohner des Nordwest- und Südostendes Neu-Mecklenburgs eine einheitliche ist oder auch wieder geringere oder grössere Unterschiede aufweist, hat der Verfasser nicht ergründen können, da die Einwohner des südöstlichen Berglandes zu kriegerischer Natur sind, um eine Annäherung zwecks Studiums ihrer Sprache zu gestatten. Hält man die Sprachverwandtschaft der Bewohner der Gazellenhalbinsel zusammen mit der Gemeinsamkeit verschiedener Sitten und Gebräuche, wie z. B. die Eintheilung der Stammesangehörigen in „Maramara" und „Pikalaba", Art des Begräbnisses, Trauerceremonien, so ist der Schluss gerechtfertigt, dass von dem einen Gebiete nach dem anderen einstmals eine Wanderung sich vollzogen hat. In welcher Richtung sie stattfand, lässt sich nicht bestimmen, doch darf man annehmen, dass die Gegend zahlreicherer Bevölkerung die Mutter der an Individuen ärmeren Colonie ist, als erstere dürfte man dann die Gazellenhalbinsel ansprechen. Die Grenzen, an denen die nach Neu-Mecklenburg eingewanderte Bevölkerung sich mit ihren Nachbarn daselbst berührt, sind bisher noch nicht aufgefunden worden, doch glaubt der Verfasser auf Grund einiger flüchtig aufgezeichneter Worte der Sprache annehmen zu dürfen, dass die Stelle, an welcher er zum letzten Male in das Innere der Insel nach Osten eindrang, schon im Bereiche des Stammes liegt, den man im Gegensatz zu den Einwanderern als Ureinwohner der Insel bezeichnen möchte. In entgegengesetzter Richtung scheint Dorfhafen ohne Zweifel schon jenseits der Grenze zu liegen. Die innerhalb dieser Zone wohnenden Farbigen sprechen den Dialect der Gazellenhalbinsel mit Eigenheiten, die wir in der Heimath als Provinzialismen bezeichnen würden. So setzt der Neu-Mecklenburger gern ein „h" an die Stelle des vom Gazelleninsulaner gebrauchten „w". Auf der Gazellenhalbinsel ist ein Weib

„wawine" gegen „bahine" in Neu-Mecklenburg. Bemerkenswerth ist,
dass auf Neu-Lauenburg „papine" gebräuchlich ist. Banane ist
„wudu" auf der einen, „hudu" auf der anderen Insel. Worten, die auf
der Gazellenhalbinsel mit einem Vocal endigen, liebt der Neu-Mecklenburger ein „s" anzuhängen, z. B. Cocosnuss, „lama" — „lamas", See,
„ta" — „tas", sitzen, „ki" — „kis". Da, wo ein weiter Wasserweg
zusammengehörige Völker trennt, lässt sich die Entstehung dialectischer
Verschiedenheiten auf natürlichstem Wege erklären, schwerer wird dies
bei Leuten desselben Sprachstammes, die in fast unmittelbarer Nachbarschaft von einander wohnen. So finden wir auf der Nordküste der
Gazellenhalbinsel die Gewohnheit, den Labiaten, die z. B. in Ralum
rein ausgesprochen werden, ein „m" vorausgehen zu lassen. Hier wird
der Ortsname „Kabaira" zu „Kambaira", das Muschelgeld „Pelé" zu
„Mbélé". Derartige Unterschiede machen sich in benachbarten Dörfern bemerkbar, nehmen im nächsten Dorfe schon zu, bis eine Stunde
weiter ein neuer Dialect vorherrscht. Die Erscheinung wiederholt sich
überall, in Nusa, am Nordwestende Neu-Mecklenburgs, wird ein „b"
gebraucht, wo weiter, küstenabwärts, ein „f" steht, z. B. „angagappe"
— „angagaffe", werfen, Nacht, „labung" — „lafung", Brotfrucht,
„becko" — „fecko" u. s. w. Es leuchtet ein, dass durch diese in
unendlichen Variationen auftretenden Sprachumbildungen das Studium der Eingeborenen ganz ungemein erschwert wird. So viel sich
hat feststellen lassen, ist der Gazellendialect der weit verbreitetste.
Um ihren Missionszöglingen auf beiden Inseln dasselbe Lehrmaterial
brauchbar zu machen, trugen sich die wesleyanischen Missionare mit
dem Gedanken, die Aussprache gewisser Buchstaben verschieden zu
lehren. Z. B. sollten die Leute auf der Gazellenhalbinsel das „w" als
solches, die auf Neu-Mecklenburg es als „h" auszusprechen lernen, den
ersteren sollte gesagt werden, der Buchstabe „s" am Ende eines Wortes
sei nach einem Vocal stumm, während die anderen ihn auszusprechen
haben. Ob dieses Verfahren alle Differenzen der beiden Dialecte ausgeglichen haben würde, vermag der Verfasser nicht zu beurtheilen,
auch ist ihm unbekannt geblieben, ob es eingeführt worden ist.

Wenngleich sich die Stämme unter einander nicht viel an Rohheit der Sitten, Hass gegen und Furcht vor einander nehmen, so
scheint es doch, als ob die Bewohner der Gazellenhalbinsel und
auch die von ihnen abstammenden Neu-Mecklenburger in geringerem
Grade dem Cannibalismus ergeben sind, als andere, beispielsweise die
vorhin als Ureinwohner bezeichneten Einwohner Neu-Mecklenburgs.
In welcher Weise diese sich „Vau" verschaffen, wurde schon früher

erzählt, doch erhielt der Verfasser auch folgende, allerdings nur von einem der betheiligten Individuen stammende Nachricht. Ein Händler in Neu-Mecklenburg war von einigen in seinem Dienste stehenden Salomonsleuten ermordet worden, welche darauf unter Mitnahme von acht Gewehren und Munition in das Innere der Insel flüchteten. Der Stamm, zu welchem sie kamen, hegte Furcht, sich an ihnen zu vergreifen, so lange sie Gewehre besassen, und traf ein Abkommen mit den Mördern, sich mit ihnen zu verbünden, um von einem benachbarten Stamme so viele Menschen als möglich abzuschiessen, damit immer reichlich „Vau" vorhanden sei. Das Bündniss kam zu Stande und hielt so lange, als der Munitionsvorrath der Leute reichte. Als dieser verbraucht und der eingebrachte Vorrath von „Vau" vergnügt verzehrt worden war, mussten die neuen, nun vertheidigungsunfähigen Verbündeten selbst in den Kochtopf wandern. Ein Mann war schlau genug, das voraus zu sehen, entfloh an die Küste, wo er sich als Arbeiter auf dem bald darauf eintreffenden Schooner „Atafu" anwerben liess, von ihm erhielt der Verfasser die Nachricht über den Vorgang.

Bei diesem ausgesprochenen Hange zum Cannibalismus und der daraus sich ergebenden Feindschaft gegen Jedermann ist es im Grunde schwierig, sich ein Bild über den Verkehr der Leute unter einander zu machen. Wiewohl die Individuen verschiedener Stämme muthmasslich eine Begegnung nur unter den grössten Vorsichtsmaassregeln vor sich gehen lassen, so soll doch der Verkehr der Stammesangehörigen unter einander ein höchst ungezwungener sein. Es wird von den Neu-Mecklenburgern des nordwestlichen Inseltheiles behauptet, dass ihre Frauen und Mädchen das Recht völlig freier Verfügung über ihre Person sowohl vor wie nach der Ehe besässen. Eine solche Sitte würde natürlich nicht ohne Einfluss auf die Volksziffer des Stammes bleiben und dessen Weiterexistenz in Frage stellen, doch liegt genaueres Material noch nicht vor. Es wäre höchst interessant, zu erfahren, welche Schranken die Eingeborenen selbst dem Cannibalismus ziehen, bei welchem Verwandtschaftsgrade oder Grade der Stammeszugehörigkeit der Mensch aufhört, nach dem Maasse geringerer oder grösserer Schmackhaftigkeit werthgeschätzt zu werden, und inwieweit das thatsächliche Vorhandensein dieses Maassstabes einen Einfluss auf den Umgang mit nicht Blutsverwandten ausübt. Die Frage ist direct nicht zu lösen, weil der Fremde das Opfer seines Studieneifers werden würde, allein es wäre möglich, wenigstens einige Auskünfte über diese Dinge zu erhalten, wenn man die unter den Eingeborenen ansässigen Katecheten der Mission beauftragte, möglichst weitgehende Information über bestimmt formulirte Fragen einzuholen. Dass die Beschränkung des Verkehrs, namentlich in früheren Zeiten, eine äusserst strenge gewesen sein muss, geht aus dem Umstande hervor, dass selbst kleine Inselchen von nur wenig Morgen Grösse in Districte getheilt wurden, deren jeder einer Familie reservirt war. Auf ganz kleinen Inseln konnten solche Gruppen sich kaum wirksam von einander abschliessen, schon der natürliche, der Inzucht abgeneigte Instinct würde das verhindert haben. Auf grösseren Inseln indessen konnte die Abschliessung leicht perfect werden und so wird z. B. erzählt, dass in dem Districte „Kurapun" ein Mann lebte, der noch nie die Grenzen dieses minimalen Gebietes überschritten hatte. Die Insel Karawarra, obwohl nur wenige Morgen gross, zählte vier Districte, „Bupangan", „Natamasi", „Nambuala" und „Putput" und erst seit Menschengedenken haben sich die Grenzen dieser Districte, soweit sie zugleich Verkehrsschranken waren, verwischt. Der Name „Putput" scheint allerdings auch Landzunge zu bedeuten, denn man begegnet ihm häufig und meist da, wo eine Spitze Landes ins Meer ragt. Zur Zeit des Verfassers waren die erwähnten vier Districte zwar dem Namen nach wohl bekannt, aber schon deswegen bedeutungslos, weil durch die Weissen jede Schranke zwischen den einzelnen Theilen niedergebrochen worden wäre. Es lebte ein einflussreicher Mann auf der Insel, der neben grossen Dewarrareichthümern auch das Recht besass, den Duk-Duk aufzurufen, sein Name war „Topilai" und er galt als Herr der Insel; dennoch bestanden Erinnerungen an die Eintheilung früherer Zeiten, denn in dem Districte „Nambuala" führte ein Mann Namens „Toraut" eine Art Lehnsherrschaft kleinsten Styles. Beide waren in ihrer Weise zugänglich und ihnen verdankt der Verfasser manche Mittheilung, allein auch sie ermüdeten bald, wenn sie länger befragt wurden und vermieden geflissentlich alle Gespräche über Cannibalismus. In ihren Familien, die Europäer oft besuchten, herrschte vollständige Ungezwungenheit.

Obwohl der Verfasser lebhafte Abneigung gegen die Erwähnung persönlicher Erlebnisse empfindet, glaubt er doch nicht unterlassen zu sollen, ein solches zu erzählen; als Entschuldigung möge der Umstand dienen, dass dessen Verlauf ein Licht auf den Charakter der Eingeborenen wirft, die Formen erkennen lässt, in welchen der Cannibalismus zum Ausdruck kommt, dabei aber auch die Möglichkeit gewähren wird, noch Einiges über das sonst noch völlig unbekannte Innere von Neu-Mecklenburg zu berichten.

Im Mai und Juni 1888 unternahm der Verfasser eine Reise nach dieser Insel, um zu untersuchen, inwieweit deren Höhenzüge sich zu Ansiedlungsgebieten eigneten. Noch unbekannt mit der Tektonik des Landes, glaubte ich annehmen zu dürfen, dass die auf den Karten eine nicht unbedeutende Breite aufweisende Insel in ihrem Inneren ein Hochplateau bilden oder doch breite Hügelrücken tragen müsste, deren beträchtliche Höhenlage vermuthen liess, dass sie mit Gras bewachsen sein, mithin für Zucht von Ziegen, vielleicht sogar Rindern sich eignen würden. Ich organisirte meine Karawane in derselben Weise, wie ich dies bis dahin in Afrika zu thun gewohnt gewesen war, richtete für mich und meinen Begleiter ein Zelt her, nahm wenige Tauschwaaren, einige Lebensmittel für Weisse und Farbige, sowie von letzteren etwa 19 bis 20 Mann als Träger, Diener und Soldaten mit. Als Karawanenchef engagirte ich einen aus Jamaica stammenden Halbweissen Namens Ramsay, der seit Jahren auf Neu-Lauenburg lebte, wohin er als Matrose verschlagen worden war. Er besass nicht unbedeutende Erfahrung im Umgange mit den Eingeborenen, hatte einige Kenntniss des Lauenburger Dialectes und stand in Handelsbeziehungen zu Neu-Mecklenburg, dessen Küste er gelegentlich zu besuchen pflegte. Mit den Einwohnern eines Dorfes daselbst verkehrte er auf freundschaftlichem Fusse, er vertraute ihnen einige Schweine, die er im Laufe von Handelsgeschäften erworben hatte, zur Aufbewahrung an. Als einziger Weisser begleitete mich Herr A. Rocholl, der damals als Landmesser im Archipel angestellt war, in Gemeinschaft mit ihm hatte ich bereits eine Aufnahme des Hafens von Karawarra angefertigt, welche von ihm zu Papier gebracht wurde. Unsere Reise war folgendermaassen geplant. Mit zwei Booten wollten wir an der der Insel Neu-Lauenburg gegenüber liegenden Küste Neu-Mecklenburgs landen, die Insel der Länge nach in südlicher Richtung auf dem Kamme ihrer Gebirge soweit als angängig bereisen; stellte sich dies Verfahren als undurchführbar heraus, so sollte die Insel im Zickzack so oft durchquert werden, als es möglich war und der mitgenommene Proviant reichte. Die gegenüber liegende Küste wollten wir im Hinblick auf etwaige Häfen oder Landungsstellen untersuchen, und einen Punkt daselbst hatte ich bezeichnet als die Stelle, an welcher nach einer bestimmten Frist der Dampfer der Station die Expedition aufsuchen und abholen sollte. Der Beginn des Unternehmens wirkte nicht ermuthigend. Auch nicht die kleinste Bucht liess sich finden, die den Booten die Landung und bequemes Ausladen der Expeditionsgüter gestattet hätte. Wir sahen uns schliesslich gezwungen, in der Nähe der ersten flachen Stelle des Gestades ins Wasser zu steigen und die Landung durch Ueberschreitung der vorgebauten Korallen zu bewerkstelligen. An dem gewählten Landungsplatze besass der Strand nur geringe Breite, was indessen schon als besonders günstiger Umstand zu schätzen ist, gegenüber der Thatsache, dass meistens die Küste fast unvermittelt steil aus dem Meere emporsteigt. Dichter Wald von jedoch nur geringem Bestande hochstämmigen Holzes umfing uns, wir drangen hinein und schon nach wenig mehr als 100 Schritten begann der Anstieg der ausserordentlich steilen, nach Westen blickenden Abhänge des Gebirges. Wir wanderten pfadlos dahin und erst nach längerer Zeit entdeckten die geübten Augen unserer mit dem Busch vertrauten Kanaken, dass wir einen kaum wahrnehmbaren, also wohl auch nur wenig begangenen Steg erreicht hatten. Wir folgten diesem, dem Terrain sich anschmiegenden Wege, wodurch der Anstieg wesentlich erleichtert wurde, ich konnte mir indessen den Vergleich mit afrikanischen Gebirgen nicht versagen, die, in überhaupt von Menschen bewohnten Gegenden, meist mit einem Netz gut ausgetretener Pfade überzogen sind. Wir passirten ein Dorf von kaum mehr als drei Hütten, vor welchem grössere Steine in einer Weise aufgepflanzt lagen, als sollten sie einen breiten, darauf zuführenden Fahrweg kennzeichnen. Die Häuser zeigten sonst nichts Bemerkenswerthes, die Einwohner waren sämmtlich abwesend. Erst am Abend eines ermüdenden Marschtages erreichten wir ein zweites Dorf. Auf der Schulter eines Berges anmuthig gelegen, war seine Umgebung ein wenig entholzt, wodurch man einen Blick ins Freie gewann. Wir begrüssten die Fernsicht mit Freuden, denn ein bedrückendes Gefühl beschleicht den Reisenden, der den ganzen Tag nichts zu sehen bekommt, als die Linie des wegen seiner Steilheit dicht vor die Augen gebrachten Pfades oder das Dunkel des rechts und links sich erstreckenden Pflanzendickichts. Unmittelbar vor dem Dorfe senkt sich die grüne Fläche des durchzogenen Waldes steil hinab, weiterhin, aber tief unter uns, dehnte sich das unermessliche Meer aus, auf dem die Neu-Lauenburginseln wie kleine Rostflecken auf hell polirter Stahlscheibe erschienen; am Horizonte waren die Pyramiden der drei Vulcane auf der Gazellenhalbinsel noch sichtbar. Man darf annehmen, dass die Einwohner des von uns betretenen Dorfes sich kaum je hinab an die Küste wagen, oder wenigstens dass bei ihnen Kanaken von jenseits des Gebirgskammes einkehren, die von den Bergen nie herunter steigen. Was für Vorstellungen müssen in dem Inneren solcher Leute erwachen, wenn sie an hellen Tagen die blaue,

in majestätischer Ruhe vor ihnen liegende Meeresfläche plötzlich durch-
furcht sehen von einem Wesen, welches sie in keine der ihnen bekannten Rubriken der Naturgeschichte unterzubringen vermögen. Heutzutage ist längst die Nachricht zu ihnen gelangt, dass es weisse Menschen
giebt, deren Canoes von ungewöhnlicher Grösse an ihnen vorüberziehen.
Die Zeit, in der zum ersten Male Kunde von den Weissen in diese
Berge drang, liegt indessen gar nicht weit hinter uns. Der Mann kann
noch sehr wohl am Leben sein, der das erste europäische Fahrzeug
zu seinen Füssen vorübergleiten sah. Ich habe schon dargelegt, dass
nach meiner Ansicht solche Ereignisse, durch welche das materielle
Wohlergehen der Kanaken nicht direct beeinflusst wird, in ihrem Gedächtniss nicht haften und der Erwägung mit sich oder mit Anderen
nicht werth befunden werden. Wäre daher bei Küstenkanaken Nachforschung geschichtlicher Art schon wenig erspriesslich, so ist sie
ganz ausgeschlossen in einem Dorfe, dessen Einwohner nicht ein
Wort unserer Sprache verstehen, die ausserdem weissen Besuch als
eine nicht nur noch nicht dagewesene, sondern auch durchaus
daseinsunberechtigte Erscheinung mit einer Missbilligung betrachten.
die verstärkt wird durch die Wahrnehmung, dass festes Zusammen-
schliessen unserer Expedition auch die Möglichkeit in weite Ferne
rückt, der in Gestalt unserer Personen einherwandelnden culinarischen
Genüsse theilhaftig zu werden. Vor dem Dorfe tritt anstehendes
Kalkgestein zu Tage, Wasser ist nicht am Orte, es musste von
dessen Einwohnern jenseits des Gebirgskammes geholt werden. Ein
kurzer Aufstieg führte uns am nächsten Tage auf die Höhe. Ein
Blick genügte, um uns zu zeigen, dass der geplante Marsch auf dem
Bergesrücken entlang unmöglich sein, oder doch einen Zeitaufwand
erfordern würde, den wir uns nicht gestatten durften. Da der
dichte Busch die Orientirung ungemein erschwert, so wäre die Feststellung irgend welcher Charakterform der Insel, wenn nicht unmöglich, so doch äusserst schwierig gewesen. Wir beschlossen daher, die
Methode des Kreuzens in Anwendung zu bringen, auf die wir uns,
wie erwähnt, von vornherein eingerichtet hatten. Wir konnten gleich
erkennen, dass nach Osten zu das Gelände sich weit sanfter senkt
als im Westen, wo wir herauf geklettert waren. Felder von mässiger
Ausdehnung umgaben uns, man sah einzelne Dörfer aus dem Waldes-
grün hervortreten und auch Menschen wurden hier und da sichtbar,
doch ergriffen sie meist die Flucht bei unserem Anblick. Bald hörten
wir rings um uns her die Töne der früher beschriebenen Holztrommel ·
erklingen, mittelst welcher die Leute sich unter einander Mittheilung

von dem unerwarteten Besuche machten. In einem hübsch gelegenen,
aber von seinen Bewohnern verlassenen Dorfe, welches wir betraten,
fand sich eine dieser Trommeln, auf der einer unserer Leute ein Solo
ausführte, um, wie er sagte, den Nachbarn mitzutheilen, dass wir in
Frieden kämen. Ob er die Trommelsprache verstand oder sich nur
einen Scherz machen wollte, war nicht von ihm in Erfahrung zu
bringen. Ein kurzer Marsch auf weniger gebrochenem Terrain ent-
führte uns dem behauten Gelände und der auf dieser Seite weniger
dichte Wald nahm uns wieder auf, doch wurden keine Dörfer mehr
passirt. Gegen Abend erreichten wir ein kleines, seinen Lauf nach
Osten nehmendes Flüsschen, an dem wir unser Lager bezogen. Hier
begegneten uns zum ersten Male Leute, die, von Osten kommend, den
Weg einschlugen, den wir zurückgelegt hatten; bemerkenswerth war
an ihnen nur eine Last Tabak, der in wunderliche Taue zusammengedreht war und muthmaasslich als Handelsartikel dienen sollte. Nach
unserer Ansicht musste es ein einheimisches Product sein, da sich
der fremde eingeführte Tabak nicht in die Form bringen lässt, in
welcher er hier vorkam. Allerdings kamen uns Tabakspflanzungen
in den Dörfern, die wir bald erreichten, nicht zu Gesicht. Vom
Lager am Bach genügte ein kurzer Marsch, um uns an die Küste zu
bringen, und wir stellten fest, dass die existirenden Karten der Insel
an dieser Stelle eine übertriebene Breite gegeben hatten. Damit wurde
aber auch meine Hoffnung hinfällig, im Inneren der Insel ein Hochplateau oder wenigstens breiteres Gebirgsland zu finden, welches der
Viehzucht Aussichten zu eröffnen vermag. Zwar ist noch immer nicht
ausgeschlossen, dass später die Ansiedler auf dem Gebirgskamme sich
auch Ziegen werden halten können, allein doch immer nur in beschränktem Umfange und im Nebenbetriebe. Doch ist jede Erörterung
der Frage verfrüht, da die Besiedelung Neu-Mecklenburgs, oder wenigstens die von diesem Theile der Insel, vor der Hand gar nicht in
Frage kommen kann. Die Durchquerung ergab statt des gehofften
Resultates die Ueberzeugung, welche schon in einem früheren Capitel
ausgesprochen wurde. Die Insel wird gebildet von einer Scholle,
welche nach Westen resp. Süden steil abfällt, nach Osten resp. Norden
sich langsam senkt. Naturgemäss eignet sich der der Neu-Lauenburggruppe zugekehrte Steilabfall weniger für Bebauung und Besiedelung
und wir finden somit daselbst nur wenige Dörfer der Eingeborenen,
während die gegenüberliegende Seite dichter bewohnt und besser bebaut ist. Diese Anschauung über die Form der Insel, deren mit
letzterer zusammenhängende wirthschaftliche Verwerthbarkeit und Zu-

stand des Bewohntseins wird wahrscheinlich in ihrem südlichen Theile eine Modification erleiden müssen. doch ist heute noch nicht zu übersehen, wie weit sich diese erstrecken wird.

Schneller an der Küste angelangt als wir vermuthet hatten, zogen wir an dieser eine kurze Strecke nach Nordwesten, um einige grössere Dörfer zu besuchen. die wir von guten und ziemlich ausgedehnten Feldern umgeben fanden. Aeusserlich unterscheiden sich diese Niederlassungen kaum von denen jenseits der Berge, als höchstens durch das bessere Aussehen, welches schon durch die grössere Häuserzahl, naheliegende Felder, Zutritt der Sonne und sich bewegende Menschen bedingt wird. Man liess uns unbeachtet, doch konnte eine gewisse Verstimmung der Bevölkerung über den unwillkommenen Besuch wohl erkannt werden. Nach kurzem, zu Anpeilungen benutztem Aufenthalt wandten wir uns südwärts, um den Verlauf der Küste streckenweise festzustellen und den Rückmarsch über das Gebirge anzutreten. Die Insel wird hier von einem breiten Korallenriff begleitet, welches zwar an der Mündung des früher erwähnten Baches eine Unterbrechung erleidet, dennoch aber jede Annäherung eines Bootes, geschweige denn grösserer Fahrzeuge völlig unmöglich macht. Es existirt eine Legende, dass in dieser Gegend früher ein weisser Händler gelebt und einen Hafen entdeckt haben soll, allein die Beschaffenheit der ganzen Küstenform lässt darauf schliessen, dass diese Erzählung eben Legende ist. Südlich der Mündung des Baches schien das sanft ansteigende Land ziemlich weit in den Inselkörper einzuschneiden und man konnte erkennen, dass es besiedelt und bebaut ist. Jedenfalls tritt das steile Gelände bald wieder näher an die Küste, und das Dorf, in welchem wir uns später lagerten, befindet sich auf einem schmalen Streifen ebenen Landes, hinter welchem, steiler als weiter im Norden, die Scholle nach Westen ansteigt. Die Leute dieses Dorfes sahen weniger gut genährt aus, waren weit zurückhaltender und misstrauischer; die nahe gelegenen Felder klein und schlechter bestellt. Wir vermieden engere Berührung mit den Eingeborenen und traten am anderen Tage den Rückweg über den Gebirgskamm an. Die während dieser und der nächstfolgenden Ueberschreitung gemachten Beobachtungen bestärkten meine über die Form und den Charakter der Insel gewonnene Ansicht. Die Berge werden, je weiter nach Süden, desto höher, der Abfall nach Westen um so steiler, stellenweise in solchem Maasse, dass der Abstieg nur im Wege des langsamen Kletterns möglich ist. In den höchsten Theilen des Gebirges wird der Boden stark lehmhaltig, daher kalt und streng.

Dichter Busch, ohne hohe Stämme, umgab uns, feiner Nebel liess den Wald dunkler erscheinen, als er von Natur ist, und träufelte in feinem Schauer von Ast und Blatt hernieder, die Temperatur war oft selbst des Mittags unangenehm niedrig. Prachtvolle Moose überziehen in üppigem Grün das Gestein und Flechten hängen regungslos von den Bäumen. Nie bin ich in tropischem Walde so sehr wie hier an deutschen Buchenwald erinnert worden. Verlässt man den thaufrischen Busch dieser hohen Bergrücken, so verschwindet der Eindruck und mit der geringeren Höhenlage tritt der Charakter der Tropen wieder in den Vordergrund. Das Thierleben ist auf jenen hohen Bergen gering. Vierfüssler kommen mit Ausnahme weniger kleiner Nager und Beutelthiere überhaupt nicht vor, die buntgefiederten Papageien und Kakadus versteigen sich anscheinend nicht in diese Höhen, wo nur kleine, unscheinbare Vögel, unter denen Sänger sich nicht hören liessen, die Nähe der Dörfer aufsuchen. Der Busch erscheint durchaus unbelebt. Schmetterlinge wurden selten gesehen, meistens nur kleinere, und die grossen, farbenprächtigen Exemplare Neu-Guineas scheinen hier gänzlich zu fehlen. Dagegen ist das niedere Insectenleben rege. Rüttelt man an den Sträuchern, so fällt irgend eine Raupe oder Käfer herunter, gestürzte Baumstämme und morsches Holz enthalten stets interessante Exemplare; Nachts kommen mancherlei wunderliche Thiere, aber auffallend wenig Motten, in das im Zelt aufgestellte Licht geflogen. Es gelang, während der Reise eine recht anschauliche Sammlung von Moosen und Käfern anzulegen. Die wieder erreichte Westküste wurde, wie auf der anderen Seite, nach Süden verfolgt, wobei sich herausstellte, dass das auf früheren Karten eingetragene Cap Rossel in der ihm daselbst ertheilten Form nicht vorhanden ist. Eine neue Wendung nach Südosten führte uns zu einem Dorfe, in dessen Umgebung sich etwas ebenes, aber unangebautes Land befand. Die Einwohner schienen von unserem Besuche sehr überrascht und unangenehm berührt zu sein und es entstanden mit einigen unserer Leute lange Unterredungen, deren Inhalt uns verborgen blieb, nach dem Ausdruck der Gesten zu urtheilen, aber nicht freundschaftlicher Natur sein konnten. Grösste Vorsicht wurde anbefohlen, die Karawane stets eng zusammengehalten, der Marsch aber fortgesetzt. Durch unwegsame Schluchten, über gefährlich steile Abhänge ging es bergaufwärts. In einer Höhe, die alle bis jetzt erreichten Pässe weit überragte, begann starker, kalter Regen zu fallen, der nicht zur Bequemlichkeit der Expedition beitrug. Ich liess Halt machen und einen Lagerplatz aufsuchen, während dessen gesellten sich

zwei Eingeborene dieser wilden Gebirgswelt zu uns. Sie gingen völlig
unbekleidet, hatten dünne Bärte, verfilztes Haupthaar, waren hoch gewachsen, aber schmal von Schultern und Brust. Mühsam kam eine
Unterhaltung zu Stande, als deren einziges Ergebniss wir erfuhren,
dass nicht weit von unserem Lagerplatz ein Dorf gelegen sei. Erfreut,
in dieser Bergwüste Menschen zu finden, von deren Feldern unsere
stark auf die Neige gehenden Lebensmittel ergänzt werden konnten,
bei denen ausserdem vielleicht Auskunft irgend welcher Art zu haben,
neues in Bezug auf Sitten und Gebräuche zu beobachten war, ver-
sprachen wir am nächsten Tage in dem erwähnten Dorfe Rast zu
machen. Beim Abschiede reichte mir der grösste der beiden Besucher
eine Betelnuss mit einigen Worten, die unser Dolmetscher mit „You
very fine fellow man" übersetzte. Mangels näherer Kenntniss der
Sprache und des Charakters des gütigen Gebers blieb mir unklar,
wie ich dieses Compliment, denn ein solches war doch wohl gemeint,
auszulegen hatte. Sollte im Hinblick auf meine Körperlänge ein mit
leisem Bangen gepaartes Respectempfinden zum Ausdruck gebracht werden oder enthielt die Redensart eine zarte Hindeutung auf das Wohlwollen, welches man für eine Persönlichkeit hegen müsse, die so reichliches Material zu einem köstlichen Mahl zu gewähren vermöge.
Jedenfalls bemerkte ich, dass ich in den Augen des freundlichen
Neu-Mecklenburgers als ein Mensch erschien, an dem „viel dran war".
Ernst genommen, konnte die Betelnuss indessen auch etwas anderes
bedeuten, nämlich Zusicherung des Gastrechtes in dem zu besuchenden Dorfe. Unter so unbekannten Verhältnissen hiess es auch den
kleinsten Umstand in Erwägung ziehen. Nachdem die Träger eine
Zeit lang gesucht hatten, fanden sie einen Platz, an dem zur Noth
das Zelt aufgeschlagen werden konnte, doch standen unsere Lager-
stellen so schräg, dass an wirkliches Ausruhen nach den Strapazen
des Tages nicht zu denken war. Die Leute bauten sich nach meiner
Anweisung Hütten aus Zweigen, wie meine Afrikaner es früher zu thun
pflegten. Der Regen dauerte die ganze Nacht und auch den folgenden
Tag, so dass wir im gräulichsten Unwetter unseren Einzug in das Dorf
hielten. Die Hütten daselbst waren elende Behausungen, von Schilf und
dünnen Zweigen erbaut, und vermochten keinerlei Schutz vor Unbilden
der Witterung zu gewähren. Bei Regen werden die Bewohner nass, sie
kauern sich dann um kleine Feuer, von denen sie jedoch kaum irgend-
welchen Nutzen haben. Ob sie aus Furcht keine grössere Flamme
anfachen, ob sie zu faul sind, sich das nöthige Holz herbeizuschleppen.
lässt sich nicht entscheiden. Ein stellenweise verfallener Zaun um-

gab die Niederlassung, die fast im Unkraut erstickte. Von allen Seiten tritt der Busch bis an die Häuser heran und nur nach Osten öffnet sich dieser. so dass der Blick frei bis auf das Meer schweifen kann. Man überblickt von der Höhe unseres Standpunktes aus ein wildes Chaos von Bergen, zwischen denen ein Flüsschen sich hinwindet. welches wir vom Dorfe aus erreichen können, indem wir seine steilen Ufer hinabklettern. Dicht neben unserem Gehöft liegt ein zweites, so dass man beide als zu demselben Dorfe gehörig betrachten kann. Der helle Sonnenschein des nächsten Tages veranlasste uns zu gründlicher Trocknung und Reinigung. Im Flüsschen nahmen wir ein Bad und wurden dabei von einer Anzahl Leuten überrascht, die unter Führung eines Kerls mit breitem Gesicht und richtigem Kanakenbart den Fluss durchschritten und auf das Dorf zugingen. Nach vollzogener Waschung begaben sich mein Kamerad und ich auf eine frei gelegene Stelle, um von da aus das Gelände zu recognosciren und zu bestimmen, welchem Punkt der von hier aus sichtbaren Küste wir zustreben wollten. Zu unserem Lager zurückkehrend, passirten wir das erwähnte zweite Gehöft, wo wir eine Anzahl Männer in flüsternder Berathung fanden, unser Bekannter vom Fluss schien den Vorsitz zu führen. Düstere Blicke folgten uns, doch liess man uns unbehelligt. Kaum hatten wir unser Zelt betreten, als sich plötzlich ein grosses Geschrei erhob. Ein fremder Kanake säbelte an unseren Zeltleinen, einer unserer Leute suchte ihn daran zu hindern, ein Knabe, der sich uns an der Küste angeschlossen hatte, redete auf die Leute ein, Ramsay schien sich mit einem anderen zu streiten, die Weiber des Dorfes trieben ihre Schweine zusammen und ergriffen gemeinschaftlich mit diesen die Flucht. Das war ein bedenkliches Zeichen, denn es konnte bedeuten, dass Gefahr für beide im Verzuge war. Meine erste Sorge war, die fremden Leute aus der Umgebung des Lagers zu entfernen, was durch wenige Worte und energisches Zuschreiten auf solche gelang, die etwa Lust zum Verweilen zeigten. Ramsay behauptete, dass wir uns nunmehr auf einen Angriff gefasst machen müssten und das Lager wurde sofort in Vertheidigungszustand versetzt. soweit sich das unter so primitiven Umständen thun liess. Der Zaun wurde flüchtig hergestellt, solche Pflanzen, die uns den Umblick beengten, weggeschlagen, schützendes Gesträuch stehen gelassen. Da der Abend nahte und der Angriff des Nachts befürchtet wurde, befestigten wir eine mitgebrachte Magnesiumfackel in einer Bananenstaude in der Weise. dass die breiten Bananenblätter als Schattenspender für uns und unser Lager, als Reflectoren auf die Stelle dienen mussten, von der aus ein

Angriff auf uns am leichtesten war. Die ganze Expedition hielt sich
marschbereit, Niemand schlief. Da sich nichts regte, beruhigte sich
die Stimmung allmählich und wir traten in die Berathung der Maassnahmen für den nächsten Tag ein. Diese wurde sehr abgekürzt durch
Ramsays Erklärung, dass sowohl er wie die Leute sich weigerten, die
Expedition weiter zu begleiten, man befinde sich in Feindes Land,
jeder Schritt in der Richtung der von uns angestrebten Küste führe
unter kriegerische Stämme und verringere die Möglichkeit der Rückkehr. Mein Kamerad, ebenso wie ich, fest entschlossen, weiter zu
marschiren, half mir in den Bemühungen, die Leute umzustimmen, doch
mussten wir die Fruchtlosigkeit unserer Reden bald erkennen und, er-
drückt von dem passiven Widerstande derer, ohne die wir die Reise
nicht fortsetzen konnten, musste ich den Befehl zur Umkehr an die
Küste geben, doch trug ich mich mit dem Hintergedanken, von dort
aus in anderer Richtung wieder vorzudringen. Bei Sonnenaufgang
erfolgte der Aufbruch. Obwohl sich während der Nacht nichts Ver-
dächtiges hatte hören lassen, beobachteten wir doch die grösste Vorsicht. In Erwartung, dass ein Angriff am ehesten sich auf das Ende
der Karawane richten würde, schloss ich selbst den von Rocholl geführten Zug, in der Linken den Compass, in der Rechten den Revolver
tragend. So marschirten wir etwa zwei Stunden durch das zerklüftete
Gebirge, bis wir etwas über unseren früheren Lagerplatz hinaus zu
einem kleinen Bach gelangten. Hier wurde kurze Rast gehalten und
der ziemlich ängstliche Ramsay erklärte, dass er so fern von dem
Dorfe an keinen Angriff mehr glaube, wir betrachteten die Gefahr als
vorüber. Der Marsch wurde fortgesetzt, nur nahm ich jetzt wieder
die Spitze, um mittelst des Compasses die Route aufzunehmen und
Moose und Käfer zu sammeln. Ramsay sollte nunmehr die Karawane
schliessen und darauf achten, dass Niemand zurück blieb. So marschirten
wir etwa eine halbe Stunde, als plötzlich von hinten einer der Leute
herbeigelaufen kam mit der Meldung, wir würden angegriffen. Da
sich in der Stille des Waldes nichts hören liess, konnte ich der Behauptung keinen Glauben schenken, liess indessen sofort Halt machen.
Im Dickicht wurde jetzt ein Fremder sichtbar, auf den der Mann, der
die Nachricht gebracht hatte, das Gewehr anlegte, ich verbot das
Schiessen, da stürzte ein anderer herbei mit dem Ausruf, Ramsay
ist gefallen. Ich liess die Leute zusammentreten und die Lasten hin-
legen. Ramsay, sein ihm zuertheilter Diener Martin und mehrere
andere fehlten. Rocholl sollte bei den Lasten bleiben, ich selbst rief
einige Leute auf, mich rückwärts zu begleiten, um Ramsay, an dessen

Tod ich nicht glauben konnte, zu helfen. Niemand hatte den Muth
zu folgen, ich musste allein gehen. Mit Gewehr und Revolver bewaffnet eilte ich rückwärts, in dem Gedanken, bald auf Ramsay zu
treffen, allein dieser muss in Ausserachtsetzung meines Auftrages weit
zurückgeblieben sein, denn selbst nach mehreren hundert Schritt Eil-
laufes war nichts zu sehen. Plötzlich brachte eine Biegung des Weges
mich auf ein Menschenknäuel, dem gegenüber ich allein machtlos war.
Das Gewehr im Anschlag haltend, zog ich mich zurück, meinen Begleiter herbeirufend. Dieser erschien eilend und gemeinsam erreichten
wir die Karawane, ohne von den im Walde verschwindenden Kanaken
angegriffen zu werden. Von diesen hatte indessen eine andere Ab-
theilung sich den Umstand zu Nutze gemacht, dass Rocholl die
Lasten verliess. Sie waren auf unsere Leute eingedrungen, hatten
diese wie eine Schafheerde in die Flucht gejagt und sich in unglaub-
licher Eile der Lasten bemächtigt, von denen wir bei unserer Rückkehr, nach kaum zehn Minuten Abwesenheit, nur einen traurigen Rest
vorfanden. Alle Nahrungsmittel, Tauschwaaren, das Zelt, Kleidungsstücke und Decken waren verschwunden, unter dem zurückgelassenen
Theil befanden sich glücklicher Weise Bücher und Instrumente, der
Dreifuss des Theodoliten, der Kasten mit Küfern und das Herbarium
waren mitgenommen. Die Art der Beraubung hat in mir stets die
Ueberzeugung wach gehalten, dass unsere Leute von dem Ueberfall
gewusst haben müssen, wie würden Fremde sich in der Eile gerade
alle die Sachen haben aussuchen können, welche für sie Werth hatten,
die für sie belanglosen verschmähen. Wir haben später Material erhalten, welches unsere Vermuthungen bestätigte. Zunächst waren alle
anderen Empfindungen völlig unterdrückt von der einen, wir hatten
Menschenleben eingebüsst. Besonders schwer empfand ich selbst das
Ereigniss, in dem Gedanken, wäre ich am Ende der Karawane geblieben, so hätte der Ueberfall kaum stattgefunden, oder als weitaus
kräftigerer Mann hätte ich ihn erfolgreich abwehren können. Jetzt war
das Unglück geschehen und keine Philosophie brachte Ramsay wieder
ins Leben. Der Mann, der die Anzeige seines Todes brachte, erzählte,
Ramsay sei hinter der Karawane zurückgeblieben, weit hinter ihm sei
Martin gegangen, vor ihm, also der Karawane näher, er selbst, der
Bote. Plötzlich seien Kanaken aus dem Busch gesprungen und hätten
nach Ramsay und Martin mit Speeren geworfen. Letzterer sei sofort
gefallen, ersterer sei vorwärts gelaufen, habe sein Gewehr geladen und
versucht, es abzufeuern, es habe aber versagt, leise rufend sei er weiter
gelaufen, habe aber einen Speer in den Rücken erhalten, der zur

Brust herausgedrungen sei. Darauf sei er gefallen und die Leute
hätten sofort angefangen, ihn mit ihren Beilen zu zerhacken. Das
habe er beim Entlaufen noch wahrnehmen können und sofort Meldung
davon gemacht. Nochmals an den Ort, wo Ramsay gefallen, zurückzukehren, war zwecklos und schon deshalb unmöglich, weil blasse
Angst unseren Leuten jeden Schritt rückwärts verbot. Nur ein Bestreben, rasche Rückkehr zur Küste, überwog jedes andere Gefühl.
Der Rest der Expeditionsausrüstung wurde aufgenommen und der steile
Weg in einer Hast zurückgelegt, dass wir ledigen Europäer den be-
ladenen Trägern, die oft glitten statt zu schreiten, kaum zu folgen vermochten. Längs der Küste wurde der Marsch bis zu dem früher schon
berührten Dorfe Kalil fortgesetzt und dort das Lager aufgeschlagen.
Die unter den Leuten verbreitete Furcht verhinderte jeden Gedanken
an Wiederaufnahme der Expedition und meine ganze Aufmerksamkeit
musste darauf gerichtet sein, Mittel zu finden, die Insel zu verlassen
und unseren Wohnsitz wiederzugewinnen. Unglücklicher Weise hatte
in diesen Tagen der Monsun umgesetzt, der den im Canal stets herrschenden Strom mächtig antrieb, so dass die See höher ging, als Ein-
geborenen-Canoes im Allgemeinen vertragen können. Tagtäglich machte
ich den Versuch, ein Canoe nach Neu-Lauenburg hinüberzusenden, um
dem Dampfer Nachricht über unseren Aufenthalt zu geben und ihn
zu unserer Abholung heranzubeordern. Täglich mussten wir erleben,
dass die ausgesandten Fahrzeuge von dem Strom nordwärts entführt
wurden, oft umschlugen und unverrichteter Sache umkehrten. Unsere
Situation wurde dadurch höchst unbequem. Wir besassen keinerlei
Nahrungsmittel, weder für uns, noch für unsere Leute, unsere Tauschwaaren erfreuten Cannibalenherzen oben in den Bergen, die Einwohner
des Dorfes, in dem wir uns befanden, gaben nichts umsonst und
hatten wenig zu geben, wir wollten aber essen. So kam denn zuerst
meine Bettdecke an die Reihe des Verzehrtwerdens. Es wurden Taro
dafür eingetauscht und vertheilt, während ich mit Rocholl das Lager
theilte, das uns verbliebene Schutzdach des Zeltes wanderte denselben
Weg und andere Artikel mehr, allein, je geringer unsere Mittel zur
Befriedigung unseres Hungers wurden, um so mehr schien dieser zu-
zunehmen und dennoch erhielt ein jeder von uns nur erschreckend
geringe Portionen. Pro Tag und Mann wurde ein Taro gerechnet,
also eine sehr grosse, ungemein stärkehaltige Kartoffel, deren an-
dauernder Genuss dem daran Ungewöhnten starkes Sodbrennen verursacht. Allein ein gütiges Geschick kam uns zu Hülfe. An der Küste
trieb ein verendeter Delphin von respectabler Grösse an, wahrschein-

lich hatte ein Haifisch ihn angebissen, denn sein Leib war aufgerissen. Unsere Leute machten sich sofort daran, ihn zu verzehren, und auch wir versuchten verschiedene Stücke, fanden sie jedoch, trotz unseres Hungers, ungeniessbar. Obwohl der Fisch etwa 2 Ctr. Vorrath brachte, so wurde er doch auf eine Mahlzeit von den ausgehungerten Leuten aufgegessen, natürlich dachten sie nicht daran, für die Bedürfnisse des morgenden Tages zu sorgen, auch ist das Klima der Aufbewahrung irgend welcher Fleischnahrung nicht günstig. Für uns Weisse wurde aber auch gesorgt. Es zeigten sich Tauben einer merkwürdigen Art, die man sonst nur im Norden Australiens sieht und Torresstrassen-Taube nennt, sie sind von gelblichweisser Farbe, mit schwarzen Rändern an Flügel und Schwanz; in anderen Gegenden des Archipels werden sie nicht angetroffen. Es gelang uns, hin und wieder einen dieser Vögel zu erlegen, er wurde dann in dem uns verbliebenen Topfe zu Suppe gekocht und diese mit Seewasser gewürzt. Hatten wir keine Taube, so liess ich Seewasser einkochen, um mit der starken Lake die Taros schmackhaft zu machen. Allzureichlich fielen unsere Mahlzeiten nicht aus und die hier durchgemachte Hungercur war von längerer Dauer und hässlicherer Art als eine andere, welche ich als ganz junger Mensch in Südafrika einst auszustehen hatte. Zwischen zwei geschwollenen Flüssen eingekeilt, war jede Vor- oder Rückwärtsbewegung unmöglich, den im Wagen mitgenommenen Vorrath an Lebensmitteln hatten wir aufgezehrt, ich griff daher mit meinen Leuten zu dem einfachen Auswege, gewisse Gräser zu Spinat zu zerkochen und zu essen. Wir hielten es drei Tage aus, dann fielen die Flüsse und wir konnten weiter. Hier in Neu-Mecklenburg würde das Mittel nichts genützt haben, denn es giebt kein Gras und der Mangel an ordentlicher Nahrung, verbunden mit der Nachwirkung des empfangenen, aufreibenden, seelischen Eindruckes liess uns die Situation schwer empfinden. Mein sonst zu rundlichen Formen neigender Kamerad wurde erschreckend mager, mir traten die Backenknochen durch die Gesichtshaut. Unsere Leute arbeiteten in den Gärten des Dorfes, in dem wir lagerten, und erhielten dafür Nahrungsmittel zum Unterhalt, den wir ihnen nicht mehr gewähren konnten. Die Versuche, ein Canoe durch die Strömung zu bringen, wurden andauernd fortgesetzt, doch machten sich neben den von der Natur uns in den Weg gelegten Schwierigkeiten auch solche geltend, die von den Canoe-besitzern erhoben wurden. Zwar liess das Bedürfniss jede Rücksicht schweigen, wäre die Reise nur möglich gewesen, so hätten wir uns nichts daraus gemacht, das grösste der vorhandenen Canoes, auch ohne Zustimmung der Eigenthümer, zu leihen und davon zu fahren. Der

Zustand der See gestattete es aber nicht und die jüngsten Erlebnisse
mahnten zur Vorsicht. Nach langem, etwa zehntägigem Harren ent-
schwand ein wiederum ausgesandtes, von einem Jungen bemanntes
Canoe unseren Blicken, ohne umzuwerfen, und die Hoffnung auf Be-
freiung aus unserer Lage wuchs.

Ich wälzte mich schlaflos auf der mir als Lager dienenden Pan-
danusmatte, als ich plötzlich einen Ton vernahm, der kaum von etwas
anderem als von der Sirene unseres Dampfers herrühren konnte.
Freudig erregt weckte ich Rocholl, mit freudebeschwingten Schritten
eilten wir unserem Schiffe entgegen. Allein so viel wir in die Nacht
hinausspähten, nichts war zu erblicken. Plötzlich erklang der Sirenen-
ton wieder dicht vor uns und wir erkannten ein grosses Boot, welches
mit voller Bemannung auf uns zuruderte. Das abgesandte Canoe
hatte Port Hunter erreicht, mein Schreiben wurde an den dortigen
Missionar abgegeben und dieser hatte nach Anhörung der Erzählung
unseres Boten diesen nicht erst nach Karawarra zu dem Capitän meines
Dampfers weitergeschickt, sondern sofort sein eigenes Boot, mit Vorräthen aller Art versehen, an uns abgesandt. Trotz der späten Stunde
wurde sofort Thee bereitet und Brot mit wirklicher Butter, kaltes
Fleisch mit Jam heisshungrig verzehrt. Am frühen Morgen wurde in
dem grossen Boote die Reise nach Port Hunter angetreten und damit
endete eine der unbequemsten Situationen, in denen ich mich in
20 Jahren wechselvollen und ereignissreichen Reiselebens jemals befunden habe. Eine Pflicht möchte ich hier noch erfüllen, meinem
anspruchslosen, stets arbeitsbereiten und gutgelaunten Reisekameraden
Rocholl noch jetzt, nachdem lange Jahre über jenes Erlebniss hin-
gegangen sind, meinen Dank auszusprechen für sein Verhalten in
den Tagen, die wohl geeignet gewesen wären, Keime der Missstim-
mung zu voller Reife zu entwickeln. Allein weder der Angriff noch
die Hungercur vermochten den Gleichmuth meines Begleiters aus dem
Geleise zu bringen, sodass das gute Einvernehmen zwischen uns beiden
auch bei Verschiedenheit der Ansicht in sachlichen Dingen nie einen
Augenblick getrübt gewesen ist. So manches Mal haben wir seitdem
Gelegenheit gehabt, in gemeinsamer Unterhaltung uns jener traurigen
Ereignisse zu erinnern und dem Andenken der armen Ramsay und
Martin unser Glas zu widmen, und wenn auch seit Jahren unsere Lebens-
wege sich getrennt haben, niemals kann ich des Mannes vergessen, der
gemeinsam mit mir stets freundlicher Miene so Schweres erduldete.
Nachträglich hörten wir noch Folgendes. Der Kanake, der uns im
Bache beim Baden überraschte, war früher als Arbeiter in Australien

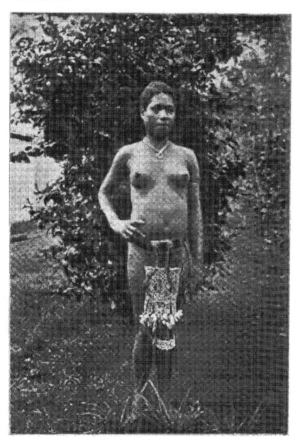

Mädchen von den Admiralitätsinseln.

oder Fidji gewesen und dort oft bestraft worden. Er suchte sich nun
an den ersten ihm begegnenden Europäern zu rächen, indem er seine
Nachbarn zum Mord anstachelte. Dem Eigenthümer des Dorfes, in
dem wir lagerten, soll er eine Anzahl Faden des früher erwähnten
Ledarageldes bezahlt haben, um ihn, als dessen Gäste wir während
unseres Aufenthaltes in dem Dorfe angesehen wurden, zum Bundesgenossen zu gewinnen. So lange ich selbst die eng marschirende
Karawane schloss, fürchtete man sich, diese anzugreifen, sobald Martin
und Ramsay einzeln zurückblieben, wurden sie überfallen, stückweise
in die Dörfer verschleppt und gefressen. Angesichts solcher Thatsachen
verliert der, der sie erlebt, das Verständniss für die Auffassung, der zu
Folge Cannibalen durch Beispiel und Wort civilisirt werden sollen.
Nicht viel anders als die Neu-Mecklenburger sollen die Bewohner der
Inseln Neu-Hannover und Admiralitätsinseln sein. Diese Inseln gehören
geologisch zu Neu-Mecklenburg, wenn man sie als Theile der Scholle
betrachten will, deren Hauptbestandtheil erstere bildet. Ihre Bewohner
sind uns nur flüchtig bekannt. Die Leute von Neu-Hannover unterscheiden sich äusserlich kaum von den Neu-Mecklenburgern. An der
Stelle, wo der Verfasser das Land betrat, schien es gut angebaut
und wohl bevölkert zu sein, doch waren die unseres Besuches wegen
zum Strande eilenden Leute ungemein misstrauisch und vermieden es,
in unsere Nähe zu kommen. Vermuthlich hatten sie mit Arbeiterschiffen üble Erfahrungen gemacht. Einen wesentlichen Unterschied
von den uns im Verlaufe der Erzählung bekannt gewordenen Stämmen
bemerkt man in den Bewohnern der Admiralitätsinseln. Sie sind von
hellerer Farbe und scheinen lebendigerer Gemüthsart zu sein, den
wenigen Individuen, die der Verfasser kennen lernte, fehlte der finstere
Zug der Abschliessung oder er trat nicht so energisch in den Vordergrund. Sie sind zur Unterhaltung geneigter und ihr Gesichtsausdruck
ist lebendiger. Ungleich den in völliger Nacktheit wandelnden Neu-
Mecklenburgern tragen die Weiber gern einen Schurz, den sie oft
kunstvoll aus bunten Glasperlen und Muscheln oder aus Muschel-
theilen, die nach Art der Geldsorten präparirt werden, herstellen.
Die Männer führen Speere mit Spitzen aus prachtvollen Stücken Obsidian. Von den Admiralitätsinseln wird viel Schildpatt gebracht.
Arbeiter werden dort nicht angeworben. Wie überall im Archipel,
haben auch auf diesen Inseln die Eingeborenen gute Figuren, und
niemals sieht man Krüppel unter ihnen, wenn man nicht die Leute
als solche bezeichnen will, welche an den früher beschriebenen Krankheiten zu leiden haben. Missgestaltete Kinder werden wahrscheinlich

umgebracht, dennoch ist es merkwürdig, dass man nie solche Krüppel
zu sehen bekommt, die es im vorgeschrittenen Lebensalter geworden
oder im Wachsthume zurückgeblieben sind. Da der normale Körper-
bau so sehr die allgemeine Regel ist, war der Verfasser nicht wenig
überrascht, eines Tages einen wirklichen Zwerg zu Gesicht zu bekommen. Ein von den Luisiaden heraufkommender englischer Schooner
hatte ihn auf den Woodlarkinseln aufgelesen und mitgebracht. Er war
höchst vergnügt und ganz intelligent, aber der Gegenstand stummer
Verachtung für die schlank gewachsenen Kanaken unserer Gegend,
die allerdings auch nicht in seiner Sprache mit ihm verkehren konnten.

Im November 1888 nahm der Verfasser Theil an einer Reise,
welche mit den beiden grösseren Dampfern nach den Salomonsinseln
unternommen wurde. Genau 24 Stunden Fahrt brachten uns von
„Ralum" nach dem Carolahafen, dem in Zukunft noch eine hohe Bedeutung zuzumessen sein wird, vorausgesetzt, dass die Insel Bouka die
Besiedelung durch Weisse lohnt. In dem Hafen finden sich einige kleine
Koralleninselchen romantischen Aussehens, „Iletau" und „Paroran",
denen jedoch wirthschaftliche Bedeutung im Sinne der Bebauungsfähig-
keit nicht zugesprochen werden kann, dagegen dürften sie als Arbeiterdepots, Kohlenlager, Quarantainestationen gewissen Werth besitzen. Ein
mächtiges Canoe mit Bemannung von 17 Köpfen kam uns entgegen-
gerudert. Im hinteren Ende stand aufrecht ein Capitän, der die ein-
zuschlagende Richtung angab und in dem schmalen Fahrzeuge seine
Balance hielt, indem er bei jedem Ruderschlage mit dem Körper eine
nachgebende Bewegung machte, die ihn in dem Zustande fortwährenden
Kopfnickens erhielt. An den Leuten konnte man die Verschiedenheit
des Schädels von dem der anderen Stämme deutlich wahrnehmen,
die sich besonders durch die kräftige Entwickelung des Hinterkopfes
kennzeichnet, mit der man bekanntlich ein gesteigertes Selbstbewusst-
sein zu verbinden pflegt. Eine Excursion in die Insel führte uns
zunächst durch sumpfiges, mit Mangroven bewachsenes Terrain, welches
später sanft austeigend mit dichtem Busch bestanden ist, der stellenweise abgeholzt war, um Raum für Felder zu gewinnen. Die Häuser
der Eingeborenen unterscheiden sich von denen der anderen Stämme
durch ihre Grösse, sorgsamere Bauart, äussere Form und Sauberkeit
im Inneren, von der es wünschenswerth wäre, dass sie sich auch auf
die Individuen selbst erstreckte. Diese sind indessen auf Bouka entschieden unsauber zu nennen, während sie auf Bougainville den Eindruck grösserer Reinlichkeit machen. Die Häuser sind lang und haben
im Querschnitt die Form eines Bienenkorbes, sie sind meist durch eine

Zwerg von den Woodlark-Inseln.

Mittelwand in zwei Abtheilungen getheilt, deren eine von den Eigenthümern als Wohnraum, die andere zur Aufbewahrung von allerhand
Geräthen benutzt wird. Doch herrscht in dieser Hinsicht keine Regelmässigkeit, denn man findet oft auch beide Abtheilungen bewohnt und
zugleich mit Hausrath angefüllt. Die Salomonier benutzen, abweichend
von anderen Stämmen, Bettstellen, die sie aus starken Rippen von
Palmwedeln anfertigen. Auf zwei quer stehende Blöcke beliebigen
Holzes, deren Länge die Breite des Bettes bedingt, werden die Palm-
rippen lose aufgelegt und mit Bast angebunden. Für jeden anderen,
nicht an diese Lagerstatt gewöhnten Menschen würde es eine harte
Strafe bedeuten, eine Nacht darauf zubringen zu müssen wegen des
heftigen Druckes, den die unbedeckten, kantigen Rippen ausüben
müssen. Es kommt hinzu, dass die Bettstellen regelmässig etwa $1\frac{1}{2}$
bis 2 Fuss kürzer als der Schläfer, mithin nach unseren Begriffen
raffinirte Marterwerkzeuge sind. Den Salomonier stört das nicht, er
streckt sich des Nachts auf sein Gestell, auf welches nur reiche
Leute eine Decke aus weichen Pandanusblättern breiten und ruht mit
dem Kopf auf einem untergeschobenen Stück Holz ganz vortrefflich.
Geschnitzte Kopfunterlagen bekam der Verfasser nicht zu sehen. Der
Estrich in den Häusern ist, da die Leute mehr im Hause wohnen als
andere Kanaken, meistens sauber gehalten und fest, auch ihre Mahlzeiten
scheinen sie gern da einzunehmen und der Verfasser sah eine grosse,
aus einem Baumstamm quer herausgeschnittene Holzplatte als Fleisch-
teller im Gebrauch. Die Häuser haben keine Lehmwände, das ganze
Gebäude ist Dach, an dessen Latten Palmblätter befestigt werden dergestalt, dass die obere Lage über die untere herabfällt. Sorgfältig hergestellt ist ein solches Dach durchaus regendicht und gewährt an heissen
Tagen einen Schlupfwinkel von herrlicher Kühle. Auf Bougainville
sahen wir später auch viereckige Häuser, doch kamen wir nicht dazu,
sie näher zu untersuchen. Wie andere Inseln ist auch Bouka in Districte eingetheilt, unser Ausflug bewegte sich in dem District „Bassis",
und das Dorf, in dem er endete, hiess „Hurima". Wir dampften nunmehr
zwischen der Küste und einer Reihe Koralleninselchen winzigsten Umfanges nach Süden, um die Passage aufzusuchen und festzustellen,
welche zwischen Bouka und Bougainville existiren soll. Ein doppel-
gegipfelter Hügel im Süden der Strasse bezeichnet deren Mündung, die
Passage, obgleich eng, ist jedoch auch für Schiffe grösseren Tiefganges
wohl befahrbar. Das jetzt an unserer Rechten bleibende Gelände der
Insel Bougainville hebt sich zu bedeutender Höhe, doch macht es nicht
den abweisend unwegsamen Eindruck, wie der Westabhang von Neu-

Mecklenburg, sondern lagert sich in breiten, an Höhe stetig zunehmenden Rücken, deren Abhänge zweifelsohne vorzügliches Culturland bieten. Es ist schwer zu erkennen, ob der nur früh morgens sichtbare, tagsüber in Nebel gehüllte M. Balbi bis zu den fast 10 000 Fuss seiner Höhe mit Buschvegetation oder in seinem letzten Theile nur mit Graswuchs bekleidet ist; in letzterem Falle dürften sich in den hochgelegenen Theilen dieser Insel der Viehzucht oder wenigstens Viehhaltung einige Aussicht eröffnen. M. Balbi ist ein noch unerloschener Vulcan, dessen Krater stetig Dämpfe entsteigen, auf seinem Haupte lagert eine weisse Schicht von ziemlicher Ausbreitung, die als Schnee angesprochen wurde. Der Verfasser glaubte darin eine Ablagerung von Alaun erkennen zu sollen, wie sie sich auch auf dem Ghaie in geringem Maasse findet, besonders aus dem Grunde, weil in etwa derselben Breite und inmitten eines Continents die Schneegrenze am Kilimandscharo höher liegt als die höchste Spitze des Vulcans auf Bougainville. Herrliche landschaftliche Bilder zogen während der Küstenfahrt längs dieser Insel an uns vorüber. Besonderen Eindruck macht das Cap Laverdie, welches, ohne hervorragende Höhe oder Wichtigkeit zu besitzen, durch seine schroffen und deswegen sich für den Beschauer rasch verschiebenden, wechselnden Formen einen höchst anziehenden Anblick gewährt. Vor nicht allzu langer Zeit scheinen sich Rutschungen hier vollzogen zu haben, welche scharfe Kanten stehen liessen, Theile des Caps ihrer Vegetation entkleideten; der dadurch bedingte Farbencontrast wirkt in Verbindung mit den schroffen Formen höchst malerisch, besonders da im Hintergrunde das Gelände in sanfteren, runden Formen emporsteigt, deren Entfernung und ungeheure Höhe keine Details mehr erkennen lassen, deren Massigkeit aber von höchst imponirender Wirkung ist. Cap Laverdie überragt den gleichnamigen Hafen von anscheinend sehr günstiger Beschaffenheit und räumlich weiter Ausdehnung. Sein Aussenrand wird umsäumt von einer Reihe kleiner Koralleninseln, den Wohnsitzen vieler Eingeborenen, die in zahlreichen Canoes den Schiffen ihren Besuch abstatteten. Die Fahrzeuge der hiesigen Eingeborenen unterscheiden sich kaum von denen in anderen Gegenden, als höchstens dadurch, dass sie fast ohne Ausnahme sehr klein sind, keines der uns umgebenden enthielt mehr als drei Personen. Diese stammten alle von den kleinen, im Hafen gelegenen Inselchen, das Festland hatte weder Canoes noch Menschen entsandt. Um einen Eindruck von dem Charakter des Landes zu gewinnen, wurde eine Landung unternommen, doch war es in den 25 Minuten unseres Verweilens nicht möglich, sich

Kaiser-Gebirge auf Bougainville, in das Cap Laverdie auslaufend. Von N.-N.-W. gesehen.

Cap Laverdie von N. gesehen.

Cap Laverdie von N.-O.

auch nur annähernd ein Urtheil zu bilden. Von den Leuten in den
Canoes trugen einige eine Kopfbedeckung, deren Form an chinesische
Papierlampions erinnerte. Das Ding zu berühren, wollten dessen
Träger nicht erlauben und bezeichneten es als „Tambu". Es wurde
behauptet, dass die Leute ihr langes, in einen Knoten zusammen-
gerafftes Haar darunter verbergen, eine Angabe, die dem Augenschein
nach auch viel Wahrscheinlichkeit für sich hat. Allein bei einiger
Ueberlegung stösst man doch auf Bedenken gegen die Richtigkeit
dieser Annahme. Diejenigen Leute, welche keine solche Mützen trugen,
hatten zwar kein wolliges Negerhaar, aber auch nicht das lange, glatte
der Europäer oder Indianer. Es war im Allgemeinen kraus und locker.
Wie kommen einzelne Individuen eines kurzhaarigen Volkes plötzlich
zu langem Haar, welches in einen Knoten gebunden werden kann, ist
es ihnen möglich, das Wachsthum des Haares beliebig zu fördern, um
es zeitweilig lang tragen zu können? Können die Träger langen Haares
einem anderen Volksstamme angehören und nur vereinzelt hier vorkommen? Alle diese Fragen erheben sich, wenn man an dem Vorhandensein langen Haares festhalten will, fallen aber fort bei der
Annahme, dass der Ballon mit irgend etwas, Gras, Moos oder auch
Haaren von Verstorbenen angefüllt, und als Zierrath auf dem Kopfe
befestigt ist. Nach kurzem Aufenthalt wurde an der Ostküste Bougainvilles in südlicher Richtung weitergedampft. Der Blick auf die
Berge im Inneren der Insel ist von überraschender Schönheit und ruft
eifriges Verlangen wach, die dort unzugänglich verborgen gehaltenen
Reize der Natur aus nächster Nähe zu betrachten. In „Numa Numa"
wurde aufs Neue gelandet, doch waren die Einwohner dieses Dorfes so
misstrauisch, dass eine Verbindung mit ihnen nicht hergestellt werden
konnte. Die Häuser dieses Dorfes sind viereckig, höchst unsauber und
verfallen. Am Strande entlang gehend fanden wir einen kleinen
Schooner im Sande vergraben. Welche Geschichte mag sich an das
Fahrzeug knüpfen. Den Verhältnissen nach kann man kaum etwas
anderes annehmen, als dass es seinerzeit hier strandete und seine
Mannschaft in die Kochtöpfe der Eingeborenen wanderte. Das nur
wenig dem Ufersande entragende Skelett des Fahrzeuges ist die einzige
Kunde eines wahrscheinlich tragischen Vorfalles, der sich hier einst
abspielte. Zwischen den höchst pittoresken Felseninselchen der Martins-
gruppe dampften wir hindurch und erblickten bald danach im Inneren
des Landes ungemein sauber aussehende Gebäude, die von weitem
sowohl in Gestalt als Anlage den Eindruck kleiner Schweizerhäuschen
machten. Nicht weit vom Strande erhob sich ein Haus, welches man

seiner Grösse nach fast für das eines Europäers hätte halten können.
Bei unserem Besuch entdeckten wir, dass es das Junggesellenhaus war.
Das Dorf hiess „Toboroi" und enthielt mehrere höhere Häuser, deren
eines sogar eine Art Belletage besass, zu der von aussen eine Treppe
hinaufführte. Besonders fielen die überall neben den Häusern umher-
stehenden grossen Thontöpfe auf, die den Bewois führen, dass hier
eine in der Lauenburggruppe völlig unbekannte Industrie in bedeutendem Umfange betrieben wird. Die Weiber des Dorfes hatten
meistentheils ihre Gesichter mit weissem Lehm gefärbt, ob Trauer
oder Hoffarth der Sitte zu Grunde liegt, liess sich nicht unterscheiden.
Zahlreiche gut geschnitzte Pfosten standen theils vor den Thüren der
Häuser, theils vereinzelt im Dorfe umher. Auf offenem Platz befand
sich eine Umfriedigung, die man für das Grab eines Häuptlings halten
konnte; in deren Mitte sah man ein sargförmiges, deckelloses, auffallend schön geschnitztes Kästchen stehen, dessen roth und schwarze
Bemalung die Wirkung seiner zierlichen Figuren wesentlich unter-
stützte. In einem Hause befand sich ein ähnliches Kästchen aufgehängt, beide waren tambu. Die Menschen waren sauber, tiefschwarz
und hübsch gewachsen, ihr Haar glänzend und lockig. Ganz auffallend
schöne Kinder sah man im Dorfe, ihre grossen, glänzenden Augen
blickten erstaunt und fragend auf die Fremden, und halb unwillig,
halb erfreut wehrten sie die Hand des Weissen ab, die gern freundlich
über ihre seidenweichen Locken glitt oder die runden Wangen der
hübschen, regelmässigen Gesichter streichelte. Dass bei aller Lieb-
lichkeit der Erscheinung die kleinen Gesellen doch schon von recht
nüchternen Gedanken beseelt wurden, beweist folgender kleine Vor-
fall. Alter Gewohnheit gemäss befreundete ich mich bald mit den
Kindern, um durch sie den Alten näher zu kommen. Ein besonders
hübscher, kleiner, etwa zehnjähriger Knabe ergriff meine Hand, die
ich ihm gern liess, um im Falle eines unliebsamen Ereignisses
mir den kleinen Mann dingfest zu machen und dadurch die Männer
von uns abzuhalten. Wunderte ich mich anfangs über die Zuthunlichkeit des Burschen, so erhielt ich bald Aufklärung über deren Grund.
An der Hand trug ich einen Ring mit schönem Stein, der dem Kleinen
sehr zu gefallen schien. Langsam bemühte er sich, mir den Ring vom
Finger zu streifen, und wäre es ihm gelungen, hätte er ohne Zweifel
das Weite damit gesucht. Ich liess den Ring indessen nur bis zum
mittelsten Gelenk gleiten und brachte ihn dann durch Beugung des
Fingers jedes Mal wieder in seine richtige Lage. Unverdrossen begann
der Kleine seinen Versuch immer wieder von Neuem, doch erreichte

ich durch das Spiel, dass während unseres ganzen, eine Stunde dauernden Aufenthaltes der niedliche kleine Kerl unseren Umgang an meiner Hand mitmachte. Als wir ins Boot stiegen, musste er traurig sein Vorhaben aufgeben, wurde indessen durch ein Geschenk von Zeug entschädigt und wieder freudig gestimmt. Das Gelände der Insel senkt sich jetzt bald in der Richtung nach Süden, so dass es den Eindruck einer ziemlich weiten Ebene macht, deren Ausdehnung man jedoch im Vorüberfahren vom Schiffe aus nicht beurtheilen kann, sie ist grasbewachsen und in der Entfernung erheben sich einige niedrige, runde Kuppen. Am Südende der Insel hebt sich das Land wieder, wird bergig und öffnet den Schiffen einen Eingang im „Tonolai"-Hafen, der, fast kreisrund von Gestalt, von steil ansteigenden, grasbewachsenen Ufern umgeben ist, aber in seiner nächsten Nähe kein süsses Wasser aufzuweisen scheint. Da wir nicht landeten, liess sich weder diese Vermuthung noch der Charakter des an einer Stelle sichtbar zu Tage tretenden hellfarbigen Gesteins feststellen. Der Insel Fauro erstatteten wir einen kurzen Besuch, fanden daselbst Eingeborene von tiefschwarzer und solche von gelblicher Farbe, die denen von der Insel Maleita ähnelten. Die hiesigen Canoes zeichnen sich durch hoch aufgethürmte Schnäbel aus. Im Sinosorohafen hat sich ein Engländer Namens McDonald angesiedelt, dessen Kaffeepflanzungen sich gedeihlich entwickeln. Zuletzt machten wir dem alternden Gorai auf Morgussai unseren Besuch. Gorai war in früheren Jahren ein Häuptling von grosser Macht und bedeutendem Ansehen. Man erzählt, dass er als Arbeiter in Australien gelebt habe und von dem Schiffe, welches ihn in seine Heimath zurückbringen sollte, an falscher Stelle ausgesetzt worden sei. Unter der sicheren Voraussetzung, aufgefressen zu werden, habe er das Land betreten, in dem es ihm jedoch bald gelang, Einfluss über die Einwohner zu erlangen, zu deren Häuptling er sich emporschwang und mit deren Hülfe er sich alle Stämme der benachbarten Inseln bis weit hinauf nach der Mitte von Bougainville unterwarf. Man darf ihn mit dem König Tyaka vergleichen, der den kleinen Stamm der Zulus in Südafrika zu einem der mächtigsten Völker dieses Erdtheils erhob. Allerdings hat Gorai nie Kriege in dem Umfange wie Tyaka zu führen gehabt, und sein Feldherrn- und Organisationstalent ist nie wie das der Zuluherrscher durch einen Anprall mit europäischer Staatsgewalt auf die Probe gestellt worden. Dennoch muss dem Manne ganz hervorragende Herrschgewalt und bedeutende Macht der Persönlichkeit innegewohnt haben, denn es unterliegt keinem Zweifel, dass er in den rüstigen Jahren seines Lebens machtvoller Häuptling vieler

Cannibalenstämme war. Sein Einfluss ist aber dahin, mit den Jahren ist sein Wille schwächer geworden als die von ihm früher kräftig unterdrückte Decentralisation der Stämme. Zwar hat er Söhne, allein nicht einer von ihnen besitzt auch nur annähernd die Gaben des Vaters, mit dessen Tode die Macht seines Namens erlöschen wird. Sein Lieblingssohn Fergusson hat in Australien als Arbeiter gedient, ist seinen Gaben nach nur ein gewöhnlicher Durchschnittskanake, der sichtbarlich das unabweisbare Bedürfniss fühlt, in sich den Vater geehrt zu sehen, wodurch eine überlegene Intelligenz nicht bekundet, der Liebenswürdigkeit im Umgange aber wesentlicher Abbruch gethan wird. Gorais Gesicht trägt den Ausdruck der Entschlossenheit, die Form seines Kopfes lässt auf productive Fähigkeiten schliessen; gelegentlich unseres Besuches war er noch regsam an Körper und Geist, doch schien die Nachhaltigkeit des Willens vermindert. Dieser Umstand kam zum Ausdruck durch die Besorgniss, die er über das Verhalten von Stämmen auf Bougainville bekundete, die ehemals unbedingt unter seiner Botmässigkeit gestanden hatten und deren Selbständigkeitsgelüste er früher sehr rasch gedämpft haben würde. Die Insel, auf welcher Gorai lebt, ist dicht bevölkert, doch ohne Plantagen, die Bewohner beziehen ihre Lebensmittel von den Nachbarinselchen. Die Häuser auf Morgussai waren durchweg viereckig mit niedrigen Seiten und hohem Dach, doch alle hübsch gebaut und sauber gehalten. Gorai's Haus ist gross und er hat nach europäischer Art einen Flügel angebaut, der sogar zwei richtige Fenster besitzt. Die Wohnung enthält eine merkwürdige Sammlung von tausenderlei Gegenständen, die ihm zum Theil geschenkt sind und die er wohl theils selbst erworben hat. Gewehre ältester und neuester Construction, Schlaguhren, Lehnsessel, Feldflaschen, davon einige aus kostbarem Material, Truhen, Speere, Spiegel, ein Bild der Königin von England etc. In einem angrenzenden Raume befinden sich Bettstellen der früher beschriebenen Art für eine grosse Anzahl Weiber, seine Frauen. Ein sehr niedliches, zehnbis elfjähriges Mädchen wurde uns als seine Tochter vorgestellt, und alle Leute im Dorfe erwiesen sich als äusserst höflich und umgänglich. Die Häuser stehen in regelrechten Strassen neben einander und der Ort macht einen ordentlichen, saubern Eindruck. Nicht weit von Gorai's Hause erhebt sich ein Schuppen, in dem eine Anzahl ungewöhnlich grosser Kriegscanoes lagen; sie waren auf hölzerne Querbalken gesetzt, um sie vor Fäulniss zu bewahren. Der Hafen wiegte eine Unzahl kleine Canoos, die meist mit Segel versehen waren, deren Gestalt und Anbringung jedoch leicht erkennen

Goral und seine Frau.

Strasse in Morguasai, Gorai's Dorf. Gorai's Sohn Fergusson im Vordergrund.

liess, dass sie mehr dem Schmuck als praktischem Gebrauch zu dienen bestimmt sind.

Dass Gorai's Macht und Ansehen so verfallen, wie es thatsächlich der Fall ist, muss in unserem colonialen Interesse sehr bedauert werden, ganz besonders da Gorai ein Mann ist, der ganz genau weiss, dass er sich auf einen Kampf gegen die Weissen mit Erfolg nie einlassen kann, daher stets bestrebt gewesen sein würde, in gutem Einvernehmen mit ihnen sich zu befinden. Er wäre deshalb ein sehr kräftiges und brauchbares Instrument gewesen, die ausgezeichnete Insel Bougainville zu öffnen oder wenigstens die ihm unterthänigen Eingeborenen nach Maassgabe ihrer Fähigkeiten in unserem colonialen Dienste zu verwenden. Selbst heute wäre es nicht zu spät, Gorai's Macht zu pflegen und durch künstliche Mittel auf einen Nachfolger zu übertragen, der, wenn er seines Vorgängers Geistesgaben nicht besässe, ein um so gefügigeres Werkzeug in der Hand der Weissen sein würde. Welch grosser Vortheil daraus erwächst, Eingeborene durch ihre Häuptlinge unseren Zwecken dienstbar zu machen, wie viel bequemer und leichter sich mit Hülfe von den Grossen eines Volkes dieses selbst regieren lässt, zeigt uns Java in ausgeprägtester Weise, und der vom Verfasser im vorigen Capitel ausgesprochene Gedanke, die Salomonier zur Bildung einer Executivmacht zu gewinnen, würde sich unter Mitwirkung eines wirklich einflussreichen Häuptlings mit Leichtigkeit ausführen lassen.

Morgussai und die umliegenden Shortlandinseln bilden das Bindeglied, durch welches Bougainville mit der Insel Choiseul zusammenhängt, welche ihrerseits durch ähnliche Inselchen mit Ysabel verbunden ist. Von diesen beiden grossen Inseln wissen wir bis heutigen Tages nur ungemein wenig, es wird erzählt, die Einwohner seien hellfarbig wie Javaner von ausserordentlicher Wildheit und eingefleischte Cannibalen. Da der Verfasser die Inseln selbst nicht von ferne zu Gesicht bekommen hat, verzichtet er darauf, nur Gehörtes oder Gelesenes wiederzugeben. Nach kurzem Aufenthalt in Morgussais prachtvollem, durch vorgelegene kleine Inseln wohlgeschütztem Hafen nahmen wir freundlichen Abschied von dem interessanten alten Häuptling, verliessen den Ort, dampften an einem Theil der Westküste Bougainvilles entlang und von da zurück nach Karawarra.

Nachdem wir somit in den bisher bekannt gewordenen Gegenden des Bismarckarchipels Umschau gehalten haben, mit den Eingeborenen, ihren Sitten, Lebensführung und Gedankengang, mit den von ihnen bewohnten Gegenden vertraut geworden sind, wenden wir uns noch einmal zurück zu dem Hauptbestandtheil unseres Schutzgebietes in

der Südsee, nach Neu-Guinea. Der erste Volksstamm, mit dem
die Europäer bei Niederlassung auf der Insel in Berührung kamen,
ist der der Jabim. Und obwohl diese Menschen gerade wegen des
Umstandes, dass sie den ersten Anprall mit Weissen aushalten mussten,
unsere besondere Aufmerksamkeit verdienen, ist von dem vorhandenen
systematisch geordneten Beobachtungsmaterial nur ungemein wenig
über sie veröffentlicht worden. Der den Lesern bekannte Herr
A. Rocholl hat seine unter diesem Volke gemachten Beobachtungen
zu Papier gebracht und sie liebenswürdiger Weise dem Verfasser zur
Verfügung gestellt, der selbst nur selten mit den Jabim in Verkehr
trat und daher in nachstehender Schilderung dieses Volkes Herrn
A. Rocholl selbst das Wort ertheilt.

Die Jabim.

Als die Neu-Guinea-Compagnie ihre ersten Beamten zur Ansiedelung nach Kaiser Wilhelmsland schickte, nahmen diese zunächst am
Finschhafen Besitz vom Lande. Während der fünf Jahre, welche die
hier gegründete Station bestand, lernten die Weissen im Verkehr mit
den in dieser Gegend ansässigen Eingeborenen, den Jabim, deren
eigenthümliche, von den Gewohnheiten anderer Stämme des deutschen
Schutzgebietes sehr verschiedenen Sitten kennen.

Die Jabim sind kleine, schwächlich aussehende Menschen. Sie
leben, wie die meisten im deutschen Schutzgebiete wohnenden Völker,
in geschlossenen Dörfern und treiben Ackerbau mit grosser Sorgfalt,
indem sie gemeinschaftlich ein bis zu mehreren Morgen grosses Stück
Waldland urbar machen und mit Nahrungspflanzen bestellen. Als
solche findet man besonders Taro, Yams, Bataten und Bananen, ausserdem allenfalls etwas Tabak und im Gebirge eine Gurkenart. Der
Wald liefert den Eingeborenen eine Menge verschiedener Früchte,
auch essen sie die frischen Blätter einiger Pflanzen, besonders des
Brotfruchtbaumes, als Gemüse. Cocospalmen pflanzen sie in der Nähe
ihrer Hütten, doch sind die Bestände im Vergleiche zu denen bei
anderen Stämmen nur gering. Sie sind geschickte Fischer, fangen
die Fische mit gestrickten Netzen oder werfen sie mit besonders zu
diesem Zwecke gearbeiteten Speeren, deren Vorderende in zehn bis
zwölf im Kreise stehende Spitzen ausläuft. Als Hausthiere halten
sie Schweine und Hunde, doch geniessen sie deren Fleisch nur bei
Festen. Seitens der Frauen erfahren diese Thiere die sorgsamste
Pflege. Man sieht nicht selten hier, und wie es scheint auch

an anderen Stellen im Schutzgebiete, dass Frauen junge Schweine oder Hunde an ihren Brüsten säugen. Die Arbeit des Kochens fällt lediglich den Frauen zu. Sie kochen in grossen, irdenen Töpfen, welche die Jabim aber nicht selbst anfertigen, sondern im Wege des Tauschhandels von anderen Stämmen (von Bili-Bili?) beziehen. Die Frauen haben überhaupt den grössten Antheil an der Arbeit. Sie müssen die Gärten in Ordnung halten, jäten und das ganze Ernte-geschäft besorgen. Man sieht häufig, wie sie, ausser einem voll be-ladenen Tragnetz noch ihr Kind schleppend, mühsam einhergehen, während der Mann, nur den Speer oder Bogen und Pfeile tra-gend, hinter ihr her schlendert. Die Arbeit des Mannes ist lediglich der Fischfang, der Häuserbau und die erste Anlage der Plantage. Die weitere Bewirthschaftung der letzteren fällt ausschliesslich der Frau zu. Die Wohnungen der Jabim sind Pfahlbauten. Der Fussboden des einräumigen Hauses liegt in 1½ bis 2 m Höhe über dem Erd-boden, und ist von diesem aus durch einen schräg angelehnten und in Stufen ausgehauenen Baum zugänglich gemacht. Der einzige Raum im Hause wird durch Wände von 2 bis 3 Fuss Höhe umschlossen. Die letzteren sind aus Brettern hergestellt, welche die Männer je eins aus einem Baumstamme arbeiten, indem sie an beiden Seiten des Stammes so viel Holz abschlagen, bis schliesslich nur das Brett in der Mitte übrig bleibt. Häufig zieren sie ein solches Brett mit Schnitzereien, welche sie mit weisser, rother und schwarzer Farbe bunt bemalen, und befestigen es als Verzierung am Hause. Dessen Eingang bildet eine 1½ Fuss breite und 2 bis 3 Fuss hohe Oeffnung, welche mit einer aus Cocosblatt geflochtenen Matte von innen geschlossen wird. Vor der Thüröffnung ist der Fussboden zu einer freien Plattform erweitert. Auf dieser halten sich die Bewohner bei gutem Wetter oder dann auf, wenn sie eine Handarbeit vorhaben, zu welcher es in der Hütte zu dunkel ist. Das Dach des Hauses besteht in der Regel aus trockenem Gras, zuweilen auch aus Palmenblättern. Die Dielen des Fussbodens werden gewonnen von der Caryotapalme, deren Rinde sehr zähe und dauerhaft ist, und sich mit den Werkzeugen der Eingeborenen leicht abschälen lässt. Ausser diesen Wohnhäusern besitzt jedes Dorf wenigstens ein Gebäude, welches gemeinsamen Zwecken dient und sich äusserlich von den anderen Wohnungen wesentlich unterscheidet. Der Fussboden ist höchstens 2 Fuss über der Erde, die Seitenwände sind offen, das Dach ist steil und hoch. Im Allgemeinen stellt es nur einen offenen Schuppen dar. Zuweilen ist in ca. 3 m Höhe noch eine zweite Plattform angebracht, auf welcher einige Geräthe und Waffen verwahrt werden. Das Geräth der Leute ist sehr dürftig. Man findet in jedem Hause einen irdenen Topf, einige aus hartem Holze gearbeitete Näpfe, selbstgefertigte Beile und die Waffen des Mannes — Speere, Pfeile und Bogen. Zuweilen findet man noch eine Keule, die entweder platt aus hartem Holze gefertigt ist oder aus einem runden Stock besteht, auf dessen Ende ein durchlöcherter Stein gezogen ist. Im Allgemeinen sind die Waffen der Jabim kunstlos gearbeitet. Die Speere aus der Rinde der Caryota weisen ausser einigen Schnitzereien am dicken Ende kaum eine Verzierung auf. Die Sehne des Bogens besteht aus einem abgeschälten Streifen Rotang oder Bambu. Sie ist von auffallender Breite und mit den Enden des Bogens roh verknotet. Der Bogen selbst ist aus dem Holze der Caryota und im Feuer gehärtet. Die Pfeile sind von Schilf, die Spitzen von Bambu oder aus der Rinde der Caryota. Obwohl man selten hört, dass ein Jabimmann Gebrauch von seinen Waffen gemacht hätte, so sieht man ihn doch nie ohne diese gehen, auch nicht, wenn er das benachbarte Dorf desselben Stammes besucht.

Die äussere Erscheinung der Jabim bietet wenig Bemerkenswerthes. Männer und Weiber tragen die Haare meist kurz geschoren. Einzelne Männer schmücken sich zuweilen mit mächtigen Frisuren, bei denen das vom Träger sorgfältig gelockerte Haar den Kopf in dichtem Wulst umgiebt. Eine solche Frisur wird für gewöhnlich zur Schonung mit einem Stücke Bast umwickelt, bei einem Feste aber frei getragen. Sie ruht auf einem aus Holz und Rotang geflochtenen Ringe. Ueber dem Ohr sind die Haare in der Regel wegrasirt, so dass die ganze Frisur gleichmässig und rund erscheint. Die Kleidung der Jabim ist dürftig. Die Weiber tragen einen oder auch zwei aus Pandanusfasern gefertigte Schurze, welche, um die Lenden gebunden, in zwei Büscheln vorn und hinten herabhängen und die Oberschenkel vollständig frei lassen. Die Männer begnügen sich mit einem schmalen Streifen von dem Baste des Papiermaulbeerbaumes, den sie ein oder zwei Mal um die Hüften schlagen. Aeltere Leute tragen eine hohe, spitze Mütze aus eben solchem Bast. Kinder gehen bis zur Beschneidung nackt. Man findet im ganzen Schutzgebiete eine Bekleidung lediglich unter den Stämmen, bei welchen die Beschneidung üblich ist. Alle übrigen Stämme gehen überhaupt nackt. Es gilt im Allgemeinen als schimpflich, die entblösste Eichel zu zeigen; und so finden wir auch bei den Jabim die sonderbare Sitte, dass sie in dem um die Hüften geschlungenen Streifen nur die Eichel verknoten, eine weitere Verhüllung aber nicht vornehmen.

Gelegentlich der Beschneidung feiern die Jabim ein grosses Fest, das „Balum". Es findet vielleicht alle 10 Jahre statt, bei welcher Gelegenheit alle Knaben im Alter von 8 bis 18 Jahren von den Aeltesten beschnitten werden. Die Beschneidung geschieht in der Weise, dass mit einem Bambumesser, d. i. einem Streifen abgezogener Bamburinde, an welcher der aus Kieselsäure bestehende Ueberzug eine scharfe Schneide bildet, auch wohl mit einem scharfen Muschelstück oder Obsidiansplitter die Vorhaut von oben her der Länge nach aufgeschlitzt wird, zu welchem Zweck man ein schmales Brettchen vorher als Unterlage unterschiebt. Die Knaben werden in einem Gebäude eingeschlossen gehalten und der Reihe nach zur Vornahme der Operation vorgeführt. Während der ganzen Handlung wird von den Männern durch Rufen und Johlen ein entsetzlicher Lärm gemacht. Zugleich wird fern im Busch an einer für die Knaben unsichtbaren Stelle ein laut heulender, Furcht erregender Ton erzeugt. Er wird hervorgerufen mittelst eines Musikinstrumentes, welches nur aus einem schmalen Brettchen und einem Stock besteht. Ersteres wird mit einem Faden an das Ende des Stockes gebunden und mit diesem als Handhabe rasch umhergewirbelt, ähnlich dem „Brummteufel" genannten Spielzeug europäischer Knaben. Bald nach der Beschneidung werden die Knaben aus den Dörfern nach einem im Walde versteckt gelegenen Hause fortgeführt und dort etwa fünf Monate hindurch beobachtet. Angestellte Wachen verhindern jede Begegnung anderer Leute mit den Knaben, deren Zurückführung ins Dorf später unter grosser Festlichkeit stattfindet. Jeder Knabe erhält einen Pathen, der ihm möglichst vielen Schmuck anhängt und mit rother und weisser Farbe Gesicht und Körper mit allerlei Schnörkeln bemalt, nachdem er ihn vorher sorgsam in der See gewaschen hat. Alle Männer haben sich ebenfalls geschmückt und treffen die Vorbereitungen zum feierlichen Einzuge in das Dorf an einem in einiger Entfernung von diesem gelegenen Platze, welcher den Weibern zu betreten verboten ist. Im Gebüsch blasen fortwährend einige Männer auf einem flötenähnlichen Instrumente, einem Stück Rohr, welches am unteren Ende durch einen beweglichen Pfropfen verschlossen ist, durch dessen Herauf- und Herunterschieben beim Blasen man verschiedene Töne erzeugen kann. Keine dieser Vorbereitungen dürfen die Weiber sehen und die gebrauchten Instrumente werden nachher beim Einzuge von den Männern sorgfältig vor den Weibern versteckt. Nachdem sämmtliche Knaben festlich geschmückt sind, tritt der ganze Zug in Form einer Procession den Weg nach dem Dorfe an.

Die Jungen, welche offenbar ermüdet sind, werden von ihren Pathen an der Hand geführt. Jeder trägt einen aus Cocosblatt geflochtenen und mit farbigen Blättern verzierten, bunte Muscheln und wenige rothe Blüthen des Hibiskus enthaltenden Korb. Einige Männer halten lange Stöcke, deren Enden an einem Bindfaden Muscheln tragen, welche durch Aneinanderklappen einen hellen Ton hervorbringen. Von Zeit zu Zeit stösst der ganze Zug laute Rufe aus, und zwar um so häufiger, je mehr er sich dem Dorfe nähert. Inzwischen haben die Weiber im Orte ein grosses Essen bereitet. Viele Thontöpfe voll gekochter Taros etc. stehen neben einander, auch werden zu solchem Feste mehrere Schweine geschlachtet. Die Weiber befinden sich beim Annähern des Zuges in grosser Aufregung und brechen beim Anblick der zurückkehrenden Knaben in lautes Weinen aus. Einige tragen Körbe mit gekochtem Taro, die sie vor die Füsse der Knaben werfen, so dass diese, die während der ganzen Procession die Augen geschlossen halten müssen, den Taro zertreten. Die Knaben werden dann auf der Dorfstrasse in eine lange Reihe gestellt. Hinter Jeden legen die Männer einen frisch geschlagenen Cocospalmwedel und Bananenblätter. Während nun einige Männer zu den Jungen sprechen, treten zwei andere hinter sie und stossen sie mit dem Stiele eines Beiles in die Kniekehlen. Nachdem dann die Knaben kurze Zeit mit krummen Knien gestanden haben, stossen die beiden Männer sie vor die Knie, so dass sie wieder gerade stehen. Dann tritt ein anderer Mann mit der Rippe eines Cocosblattes an sie heran und indem er damit vor jedem Jungen einmal kräftig auf den Boden schlägt, giebt er das Zeichen, dass diese nunmehr die Augen öffnen und sich auf dem Cocosblatte hinter ihnen niederlassen können. Die ganze Ceremonie scheint das Erwecken aus tiefem Schlafe versinnbildlichen zu sollen. Während des Vorganges herrscht unter den Anwesenden tiefer Ernst, nur die Weiber weinen laut und scheinen sehr erschüttert. Den Schluss dieses, wie überhaupt jeden Festes bildet ein gemeinsames Essen. Die jungen Leute sieht man noch Tage lang nachher in ihrem Schmuck und Anstrich umhergehen, sie sind jetzt Männer geworden.

Die Gebräuche beim Heirathen sind folgende. Der junge Mann muss seine Frau von deren Vater kaufen. Vorher aber setzt er sich mit dem Mädchen in Verbindung und entführt sie in den Wald, um sie dort in einer Hütte heimlich unterzubringen. Er selbst muss sich dann selbst sorgfältig verbergen, denn er gilt während dieser Zeit als vogelfrei und des Mädchens Vater ist berechtigt, ihn zu tödten, wenn er ihn trifft. Die Bekannten des jungen Mannes unterhandeln daher für ihn und vereinbaren den Preis, gegen welchen der Vater die Tochter überlässt. Dieser erscheint danach wieder versöhnt und lässt die jungen Leute aus dem Busch zurückkehren.

Die Jabim haben manche Feste, bei denen ausser dem Essen noch Tanz und Gesang eine Hauptrolle spielen. Ihr Gesang klingt nicht unmelodisch und beim Tanz zeigen sie mehr Ausdauer und Geschick, als man diesen elenden Leuten sonst zutrauen sollte. Findet in einem Dorfe ein Tanz statt, so erscheinen die Einwohner der benachbarten Dörfer zum Besuch, geputzt mit hohen, durch Kakadu- und Papageienfedern geschmückten Kopfbedeckungen. Derartige Tanzfeste dauern oft mehrere Tage.

Stirbt ein Jabim, so begraben die Angehörigen seine Leiche neben oder auch unter seiner Hütte und legen nach seinem Tode äusserlich Zeichen der Trauer an. So tragen die Wittwen ein gestricktes grosses Tragnetz über den Kopf. Das Haus, in welchem der Todte gelegen, darf von den nächsten Angehörigen eine Zeit lang nicht benutzt werden. Beim Tode einer Frau baut sich der überlebende Wittwer auf dem Grabe einen Verschlag aus trockenen Cocosblättern, den er während eines Zeitraumes von etwa zwei Monaten nicht verlassen darf. Nahrung erhält er von seinen Kindern oder entfernteren Verwandten, welche sich neben seinem Verschlage aus Cocosblättern einen ebensolchen grösseren errichten, und in diesem eine Weile leben.

In der Regel hat jeder Mann nur eine Frau, doch kann er, wenn er reich ist, auch mehrere nehmen, so hatte z. B. der Häuptling Makiri bei Finschhafen deren vier oder fünf. Von einer Religion der Jabim ist nur Weniges bekannt. Sie glauben, dass ein unsichtbarer Geist im Walde lebe und bauen ihm sowohl in ihren Plantagen, als auch im Dorfe aus wenigen Stöcken ein Gerüst, es soll dem Geiste zur Wohnung dienen, sie verzieren es mit bunten Blättern und Cocosnüssen. Durch die Nähe des Geistes glauben sie sich vor allerlei Widerwärtigkeiten geschützt. Sie verfertigen auch aus Holz kleine Figuren, die einen Mann oder eine Frau vorstellen, ebenso findet man zuweilen in einem Dorfe eine grosse Figur, aus einem ganzen Holzstamm verfertigt; von einem Cultus, der mit diesen Bildwerken getrieben würde, ist nichts wahrzunehmen. Die Jabim sind sehr abergläubisch, auf diesen Umstand stützt sich der Einfluss einzelner Personen, welche ihn zu ihren Gunsten ausbeuten und den Leuten den Glauben beibringen, dass sie im Besitze übermenschlicher

Macht seien, Regen, Wind und Erdbeben machen könnten und dergleichen mehr. Der vorbenannte Makiri hatte es fertig gebracht, dass nicht allein seine Stammesgenossen, die Jabim, sondern auch benachbarte Stämme ihn für einen mächtigen Zauberer hielten, dem sie freiwillig Geschenke brachten. Fast in jedem Dorfe ist ein Mann, der sich als Beschwörer ein Ansehen giebt, und in allen schwierigen Fällen, wie Krankheit, Ermittelung eines Uebelthäters oder dergleichen, in Anspruch genommen wird. Er macht gewöhnlich bei seiner Arbeit irgend welchen Hokuspokus. Den Kranken bestreicht er am ganzen Körper mit der flachen Hand, indem er unverständliche Worte dabei murmelt, er bläst von der Hand etwas Kalk über ihn und macht in diesen mit dem Finger Zeichen. Um die Person eines Diebes oder sonstigen Urhebers eines Vergehens zu ermitteln, stellt er beispielsweise Folgendes auf. Auf einem senkrecht in der Erde stehenden Pfahl sucht er einen Topf zu balanciren und nennt fortwährend Namen von Personen dabei. Diejenige Person, bei Nennung von deren Namen der Topf auf dem Pfahle stehen bleibt, gilt für den Uebelthäter. Alles Unglück und Missgeschick, welches einen Jabim befällt, führt dieser auf Hexerei eines ihm übel gesinnten Mannes zurück, und wenn er glaubt, diesen zu kennen, sucht er sich an ihm zu rächen. Es ist wiederholt vorgekommen, dass Leute, welche beschuldigt waren, den Tod Jemandes durch Behexen herbeigeführt zu haben, von den Angehörigen des Todten umgebracht, oder dass ihr Haus und Eigenthum zerstört wurde.

Unter den Krankheiten, denen die Kanaken erliegen, ist die Dysenterie bei Weitem die gefährlichste. Sie tritt in weiten Strecken Landes endemisch auf und reisst grosse Lücken unter den Eingeborenen. Diese haben keinerlei Mittel gegen die Krankheit. Man sieht sie vor den Thüren ihrer Häuser auf einer Matte liegen, mit einem Stück glimmenden Holzes sich den Bauch wärmend. Dabei löschen sie den brennenden Durst fortwährend mit grossen Quantitäten Wassers oder trinken Cocosnüsse, wodurch ihr Zustand bald sich verschlimmert und sie gewöhnlich am dritten Tage eingehen. An Malaria leiden die Eingeborenen ebenfalls häufig, doch überwinden sie diese gewöhnlich schon am zweiten Tage. Hautkrankheiten hat gewiss der dritte Theil der Leute. Ringwurm und Psoriasis sind sehr verbreitet. Die Kranken sehen dabei abgezehrt aus, doch scheinen sie erhebliche Beschwerden davon nicht zu spüren. Auch ist solche Krankheit für die Gesunden kein Hinderungsgrund, mit den Befallenen aufs Engste zu verkehren oder gar eine hautkranke Person zu heirathen. Ein grosses Leiden für die Eingeborenen sind die entsetzlichen Wunden, welche man ungemein häufig bei ihnen sieht. Sie entstehen in der Regel aus kleinen Verletzungen, meist an den Beinen und unter den Füssen. Durch Eindringen von Schmutz und stete Belästigung durch Fliegen nehmen die Wunden bald einen erheblichen Umfang an. An Heilung ist um so weniger zu denken, da die Schwarzen keinen Verband haben und die Wunde allen äusseren Einflüssen schutzlos preisgegeben ist. In einzelnen Fällen findet man wohl, dass ein Mann zum Schutze gegen zudringliche Fliegen ein Blatt auf die Wunde gebunden hat. Noch ist die Elephantiasis zu bemerken, die allerdings bei den Jabim nicht so häufig ist, als etwa in der Astrolabebai. Doch kommt sie auch bei ihnen vor und befällt am häufigsten die Beine, das Scrotum und bei den Weibern die Brüste.

Als die ersten Weissen nach Neu-Guinea kamen, war den Schwarzen noch jedes Metall unbekannt. Sie benutzten Stein- und Muschelbeile zu allen ihren Arbeiten. Interessant ist ein Bohrer, der bei ihnen im Gebrauch ist. Er besteht aus einem einfachen Stock, an dessen Ende mittelst Fasern ein Stückchen Quarz befestigt ist. Beim Gebrauch legt man den zu durchbohrenden Gegenstand, z. B. ein Stück Schildpatt, auf das Keimloch einer Cocosnuss, setzt die Quarzspitze darauf und bewirkt durch Reiben mit den Händen eine Drehung des Bohrers, der nun ein Loch herstellt von der Grösse des Keimloches der Cocosnussschale. Es ist zu bewundern, dass die Leute mit solchem unzureichenden Werkzeuge selbst grössere Arbeiten herstellen können. So verfertigen sie ziemlich grosse Canoes. Dieselben bestehen aus einem ausgehöhlten Baumstamme, auf dem von Brettern ein kastenförmiger Aufbau angebracht ist. Ueber diesem ist der Ausleger befestigt und darauf noch eine Plattform, auf welcher sie die zu transportirenden Sachen unterbringen. Die Canoes werden gerudert, resp. auf seichten Stellen mit der Stange vorangestossen. Segel haben die Jabim nicht. Die einzelnen Theile der Canoes sind lediglich durch Lianen oder Bast zusammengebunden und die Löcher, sowie alle undichten Stellen mit einem Harze, welches sie durch Kochen aus den knolligen Früchten einer Schlingpflanze gewinnen, verpicht. Weiter fabriciren die Jabim aus hartem Holz Essnäpfe. Diese bestehen aus einem Stück, sind häufig am Rande mit Schnitzereien verziert und haben die Form einer Mulde. Im Uebrigen beschränkt sich die Kunstfertigkeit der Jabim auf die Herstellung von Schmucksachen, hauptsächlich für Männer. Wir finden zunächst aus Rotang geflochtene Armbänder, die

mit Muscheln, Federn oder Cuscusfell verziert sind; ferner Armbänder
von Schildpatt mit eingeritzten und mit Kalk ausgefüllten Mustern.
Brustschilder aus Rotang in Blattform, mit Muscheln besetzt, auch
Schmucksachen aus zwei verbundenen, weissen Ovulamuscheln, und
Ketten aus aufgeschnürten Hunde- oder Schweinezähnen werden auf
der Brust getragen. Besonders werthvoll sind die aus runden Eckzähnen der Eber hergestellten Brustschilder, so dass diejenigen Leute,
welche nicht in der Lage sind, richtige Eberzähne zu besitzen, wenigstens aus Muscheln hergestellte Imitationen tragen. Die Weiber verfertigen aus Bast sehr dauerhafte Tragnetze, die sie auch oft mit
Hundezähnen verzieren. Ein reich mit solchen besetztes Netz hat
bei ihnen grossen Werth. — Durch die Einführung des Eisens sind
den Eingeborenen die Holzarbeiten so erleichtert worden, dass ihr altes
Handwerkszeug in kurzer Zeit ganz verdrängt wurde. Eisen, und zwar
sowohl gewöhnliches Bandeisen als besonders fertiges Werkzeug, wie
Hobeleisen, Beile, Aexte, sind bei ihnen sehr gesuchte Artikel. Alle
anderen Tauschwaaren, wie Perlen, Tabak, Zeug, haben weniger Ansehen als Eisen. Alte Steinbeile werden kaum noch bei den Jabim
angetroffen. Sie haben aber die Form ihrer alten Werkzeuge beibehalten,
und befestigen das Hobeleisen in derselben Weise am Stiele, wie früher
den Stein, nämlich so, dass die Schneide des Eisens nicht in der
Ebene des Stieles, sondern vertical zu derselben liegt, etwa wie bei
unserer Platthacke oder beim Dechsel. Die beim Tausch erworbenen
Glasperlen sammeln sie, schnüren sie auf Bindfaden und tragen
sie als Halsbänder oder über der Brust. Bunte Stücke Zeug tragen
sie nur bei Festen, wenn sie sich besonders schmücken wollen. In der
ersten Zeit der Colonisation gewannen die Jabim Eisen und Perlen
durch Verhandeln ihrer eigenthümlichen Geräthe und Schmucksachen,
doch da der Vorrath an diesen Gegenständen mit der Zeit ein Ende
nahm und diese fast gar nicht mehr zu kaufen sind, so müssen
die Jabim nun, um Eisen zu erhalten, bei den Weissen arbeiten.
Erstere gebrauchen die eingetauschten Eisenwaaren nicht alle für sich,
sondern treiben damit Handel mit entfernter wohnenden Stämmen,
welche nicht mit den Weissen in Verbindung treten können, und erwerben von diesen Producte, welche sie selbst nicht hervorbringen,
wie z. B. Betelnüsse etc.

Zum Schlusse sei noch Einiges über die Nachbarn der Jabim, mit
denen diese im Hauptverkehr stehen, gesagt. Deren nächste sind die
Tamilente, Bewohner der Tami-(Cretin-)Inseln und eines Küstenstriches
am gegenüberliegenden Festlande. Die Tami sind ein schöner, kräftig

gebauter Menschenstamm, grösser und breiter als die Jabim, und von selbstbewusstem Auftreten. Sie sind ausschliesslich Seefahrer und Handelsleute. Ihre Canoes, weit grösser als die der Jabim, haben ein bis zwei Masten mit grossen, aus Pandanusblättern geflochtenen Segeln, auch ist die Plattform nicht direct auf dem Ausleger, sondern etwa 2 Fuss darüber angebracht und zur Unterbringung nicht unbedeutender Vorräthe eingerichtet. Die Seile, mit denen die Segel regiert werden, sind von Bast geflochten und sehr dauerhaft. Die Canoes sind mit Schnitzereien und bunten Schnörkeln verziert und an der Gaffel eines jeden Segels hängt ein grosser Busch von ausgekämmtem Bast und bunten Blättern. Die Tami machen in ihren Canoes grosse Handelsreisen an der Küste von Neu-Guinea entlang, nach der Rookinsel und an die Südküste von Neu-Pommern, so dass sie oft wochenlang von ihrer Heimath fortbleiben. Sie sind geschickte Seefahrer und kennen die Strömungen und gefährlichen Stellen des Meeres sehr genau.

Ein anderer Nachbarstamm, die Kaileute, wohnen im Gebirge westlich von den Jabim, sie sprechen eine andere Sprache, scheinen sich sonst aber nicht sehr von ersteren zu unterscheiden und kommen nirgends bis an die Küste. Sie haben dieselben Waffen und die nämliche Tracht, sehen aber wohl in Folge der dürftigeren Kost und des Mangels an Wasser noch elender und schwächer aus, als ihre Nachbarn. Sie wohnen in kleinen Dörfern von vier bis sechs Häusern und leben lediglich von Ackerbau.

Herr Rocholl hat in einfacher Weise aufgezeichnet, was er selbst gesehen hat, und wir erkennen aus seiner Darstellung, dass wir in den Jabim mit einem Volksstamme zu thun haben, der äusserlich ganz gewiss, innerlich höchst wahrscheinlich weit hinter den Völkern des Archipels zurücksteht. Schon der Vergleich der Handwerkszeuge, des Bohrers, wird sehr zu Gunsten der Neu-Pommern ausfallen, deren Instrument, wie wir gesehen haben, ein weit künstlicheres ist und grössere Präcision der Arbeit ermöglicht. Im Anschluss an die Beschreibung der Jabimleute will der Verfasser noch erwähnen, dass er selbst im Jahre 1887 einen Vorstoss in das Innere Neu-Guineas unternahm und während dessen Vorlauf mit Leuten in Berührung kam, auf welche die Beschreibung der Jabim und Kai durchweg passen könnte. Es kann nicht behauptet werden, dass sie etwas Einnehmendes besässen, was den Wunsch nach näherem Verkehr mit ihnen hätte erwecken können. Sie mutheten ebenso wenig an, als das Land, welches sie bewohnen.

Der Verfasser durchzog unwegsames Gelände, zwischen steilen Schluchten windet sich ein Bach einher, dessen Ufer kaum dem Fuss des Wanderers Raum bieten; die Karawane musste Tage lang das Bett des Flüsschens als Weg benutzen. Die Berglehnen sind von solcher Steilheit, dass an deren Bebauung nicht zu denken ist, sie sind ausserdem mit dichtem Busch bestanden, dessen Rodung mehr Kosten verursachen würde, als die Bewirthschaftung des Landes jemals einbringen könnte. Diese Darlegung passt indessen nicht auf alle Theile Neu-Guineas, wo es nach den Berichten der letzten Reisenden Gegenden giebt, die dem Plantagenbau die günstigsten Aussichten eröffnen. Dennoch scheint der Archipel, oder doch wenigstens die Insel Neu-Pommern, der werthvollste Theil unseres Besitzes in der Südsee zu sein, der jedenfalls einen Umstand als Beweis seiner Brauchbarkeit zu erbringen vermag, nämlich den, dass hier thatsächlich Ansiedler leben und dem Lande Unterhalt und Verdienst entnehmen. Unter jenem Völkchen thätiger deutscher Colonisten gelebt, ihre Sorgen und Freuden kennen gelernt, ihr fleissiges Treiben beobachtet zu haben, bildet eine Erinnerung, bei welcher der Verfasser oft und mit Liebe verweilt. Er schliesst sein Buch mit dem aufrichtigen Wunsche, dass alle jene Pioniere deutscher Arbeit und deutschen Culturlebens in jeder Richtung den Lohn ihres Wirkens und Strebens davontragen mögen, es wäre zugleich das denkbar beste aller Mittel, Schaaren unternehmender Ansiedler jenen Gebieten zuzuführen, deren wirthschaftliche Quellen zu erschliessen und sie wahrer Gesittung und Cultur zu eröffnen.

Druck

Canon Deutschland Business Services GmbH
Ferdinand-Jühlke-Str. 7
99095 Erfurt